ANSYS FLUENT 技术基础与工程应用

——流动传热与环境污染控制领域

陈家庆 俞接成 刘美丽 邹 玉 编著

U0264201

中国石化出版社

内 容 提 要

　　《ANSYS FLUENT 技术基础与工程应用》是能源环境领域第一本系统介绍 ANSYS FLUENT 软件操作使用的技术参考书。编著者根据亲身感受,从计算流体动力学理论与应用基础、CFD 实体模型建立与网格划分(前处理)、FLUENT 求解设置与后处理、流动传热工程问题数值模拟、环境污染控制工程问题数值模拟、FLUENT 动网格及 UDF 的应用简介等方面系统地阐述 CFD 数值分析的基本理论和工程应用的基本方法;基于知识循序渐进、能力逐步提高的原则,精心安排展示了能源环境工程领域多个独具特色、且兼顾先进性和实用性的数值分析案例。

　　本书可作为高等院校能源与动力工程、环境工程、过程装备与控制工程、油气储运工程等相关专业师生用书;也可作为 ANAYS FLUENT 软件用户的使用操作指导书、学习进阶宝典。

图书在版编目(CIP)数据

ANSYS FLUENT 技术基础与工程应用 / 陈家庆等编著.
—北京:中国石化出版社,2014.7(2023.2 重印)
ISBN 978-7-5114-2735-9

Ⅰ.①A… Ⅱ.①陈… Ⅲ.①流体力学-工程力学-
有限元分析-应用软件-高等学校-教材 Ⅳ.①TB126-39

中国版本图书馆 CIP 数据核字(2014)第 086395 号

中国石化出版社出版发行

地址:北京市东城区安定门外大街 58 号
邮编:100011 电话:(010)57512500
发行部电话:(010)57512575
http://www.sinopec-press.com
E-mail:press@ sinopec.com
北京富泰印刷有限责任公司印刷
全国各地新华书店经销
*
787×1092 毫米 16 开本 23 印张 553 千字
2023 年 2 月第 1 版第 2 次印刷
定价:45.00 元

前　言

　　著名科学家钱学森先生 1997 年曾说过，"展望 21 世纪，力学加计算机将成为工程设计的主要手段"。计算流体动力学(Computational Fluid Dynamics, CFD)就是通过计算机数值计算和图像显示，对包含有流体流动和热传导等相关物理现象的系统所做的分析。CFD 既属于典型的力学与计算机相结合的产物，又可以看作是利用计算机进行各种数值模拟实验。与传统的物理模型实验相比，计算机数值模拟实验不受场地、仪器、环境、资金等诸多因素的限制，因而具有较大的灵活性。正是得益于此，随着数值计算理论和计算机软硬件技术的不断发展，CFD 技术已经越来越广泛地被应用于流动传热问题的基础研究、复杂流动结构的工程设计、各种物理分离和化学反应过程的特性预测等，而且应用领域不断向汽车工程、航空航天、机械工程、化学工程、能源环境等行业拓展渗透。

　　聚焦能源环境行业领域，由于近年来国外在单元过程强化、流动精密计量、大气污染治理、水污染治理和污水再生利用等方面使用 CFD 软件进行工程辅助设计或科学研究已经非常普遍，从而带动了国内相关领域科研、设计人员对 CFD 软件应用的日益重视。从能源环境领域相关从业人员的学科知识体系背景来看，多数人员在校期间没有接受过 CFD 知识的系统学习和专门培养训练，而缺少有专业针对性的 CFD 课程配套教材和既懂专业又懂 CFD 知识的师资队伍则是深层次制约掣肘的关键因素。显然，编写出版一本紧密围绕解决能源环境领域实际工程问题的高水平出版物，其人才培养推动作用和工程实用价值都毋庸置疑。

　　作为一所培养高级应用型人才的普通本科院校，北京石油化工学院自 2003 年以来就开始尝试在能源与动力工程、环境工程等本科专业中以开设选修课的方式培养学生的 FLUENT 软件应用能力，2009 年与出版社达成了编写以 FLUENT 软件应用为题材之系列出版物的意向。客观而言，当时直接与 FLUENT 实战应用相关的出版物尚为数不多，带有明显行业背景色彩者堪谓凤毛麟角。但因教学、科研事务繁重等原因，致使本书的结集定稿工作一再推后延迟。与此形成鲜明对比的是，过去 3~4 年间市场上出现了多本 FLUENT 行业应用关联出版物，虽然相关编写人员的关注点和研究积累深度各不相同，但这无疑给编著者的工作进程带来了一些压力和挑战。

　　扼腕叹息之余和审时度势之下，编著者们商定从以下两个大的方面进一步强化本书的特色：一是及时跟随 ANSYS FLUENT 软件的最近发展动态，介绍展示 ICEM 等最新的建模技术，全部算例和界面重新在 ANSYS FLUENT 14.0 环境下调试运行；二是进一步从所精选的实际案例上下功夫，在流动传动领域列举了基于国家重点基础研究发展计划(973 计划)研究成果的"圆管内层流脉冲流动的对流传热"等算例，在环境污染控制领域国内首次列举了"污水紫外线杀菌消毒"等算例，并应用了国家自然科学基金面上项目(51079006)在油水分离方面的部分研究成果，对部分出版物已间或提及的同类算例则从建模准确性和工程实际可参考性方面予以大幅度完善提高，以便从侧面展示 CFD 在编著者们近几年科研工作中所扮演的重要角色。

全书共 6 章，根据编著者们多年来亲身学习、使用 CFD 软件的感受，结合 ANSYS FLUENT 软件这一当今世界 CFD 领域最为全面的软件包，努力从计算流体动力学理论与应用基础、CFD 实体模型建立与网格划分(前处理)、FLUENT 求解设置与后处理、流动传热工程问题数值模拟、环境污染控制工程问题数值模拟、FLUENT 动网格及 UDF 的应用简介等方面较为系统地阐述 CFD 数值分析的基本理论和工程应用的基本方法；基于知识循序渐进、能力逐步提高的原则，精心安排展示了能源环境领域多个独具特色、且兼顾先进性和实用性的数值分析案例，力图让读者切身产生一种开卷有益、物有所值的认同感。

北京石油化工学院编写团队的各位同事为本书最终定稿付梓倾注了大量心血，展示了致力于共同提升发展的坦诚胸怀。全书由陈家庆教授统筹策划和定稿，并承担了部分算例的调试编写工作；邹玉博士承担第 1 章、第 3 章部分内容并承担第 4 章、第 6 章部分算例的调试编写工作，刘美丽博士负责第 2 章并承担了第 5 章、第 6 章部分算例的调试编写工作，俞接成副教授承担了第 4~6 章部分算例的调试编写工作，初庆东老师承担了第 5 章部分算例的调试编写工作。本书的编写得到了北京市属高等学校人才强教深化计划之"创新人才建设计划"项目(PHR200906214)、"创新团队—环境治理与调控技术优秀教学团队"项目(PHR201107213)和"教育部高等学校专业综合改革试点—环境工程"项目的资助；韩占生副校长、曹建树、周翠红、姬宜朋、雷俊勇等领导或同事，安世亚太科技股份有限公司的行业总监赵亚辉先生等对该书提出了宝贵意见和建议，在此表示感谢。在资料收集、整理、分析、筛选的过程中，美国 ANSYS 公司网站资料、AN-SYS FLUENT 软件包的 User's Guide/Tutorial Guide、国内外同行的相关研究文献、国内外同类出版物、国内外 CFD 交流网站论坛等，也使编著者们受到了较大启发，虽难免挂一漏万但仍在此一并表示诚挚的谢意。

本书可以作为高等院校能源与动力工程、环境工程、过程装备与控制工程、油气储运工程等相关专业高年级本科生、研究生的教学用书，为日后从事能源环境领域的 CFD 分析工作打下坚实基础；也可以作为 ANAYS FLUENT 软件用户的使用操作指导书、学习进阶宝典，同时也是能源环境领域第一本系统全面介绍 ANSYS FLUENT 软件操作使用的技术参考书，读者可以根据自身的实际情况灵活选择使用本书的相关内容。希望本书的内容不仅对高等院校的师生，更希望对投身流动传热、环境污染控制行业的相关科研人员、工程设计人员和运行管理人员有所帮助，推动我国 CFD 软件整体应用水平的提高，进而共同促进我国节能减排目标的实现和节能环保等战略性新兴产业的发展。

限于学术见解、软件使用经验以及部分工程实际问题的复杂性，同时由于时间仓促，书中的缺点和错误在所难免，恳请广大读者、专家以及业内前辈提出宝贵意见，以使本书在再版中得以不断更新和完善。考虑到书中对各算例的操作步骤已经展示得十分详尽，故不再附网格和数据计算文件等，读者若有相关技术细节等方面的特殊需求，请直接与编著者联系：jiaqing@ bipt. edu. cn。

再次感谢您选用本书，祝您愉快！

目　录

第1章　计算流体动力学理论与应用基础

§1.1　计算流体动力学简介

计算流体动力学（Computational Fluid Dynamics，简称 CFD）于 20 世纪 60 年代伴随着计算机科学的迅速崛起而形成。1965 年，美国 Los Alamos 国家实验室的 Francis H. Harlow 和美国加州大学 Berkeley 分校的 Jacob E. Fromm 在 *Scientific American* 上共同发表了学术论文"流体力学中的计算机实验（*Computer Experiments in Fluid Dynamics*）"，受到各国学者的普遍关注。同年，E. O. Macagno 在 *La Houille Blanche* 杂志上发表了学术论文"流体力学模拟的某些新概念"。这两篇论文的发表标志着"计算流体动力学"作为一门独立学科正式被确立。

计算流体动力学以计算数学、近代流体力学和计算机科学为基础，通过计算机进行数值模拟和可视化处理，来探索分析自然界、工程实践和社会生活中各种流体流动和传热等物理现象的机理，研究和发现其规律和特点，实现对其进行准确分析和预报。在过去的半个世纪里计算流体动力学得到了飞速发展，已经深入到流体力学的各个领域。目前，计算流体动力学作为流体力学一个重要分支，仍然以旺盛的生命力不断地向前发展和开拓，并将对流体力学的发展产生重要影响。

根据流体力学知识，自然界所有与流体有关的现象都可以用连续性方程、运动方程（Navier-Stokes 方程）和能量方程等控制方程来描述。在 CFD 技术出现之前，人们主要通过实验测量和理论分析来研究流体力学问题。实验测量是研究流体力学问题最根本的方法。但实验往往受到模型尺寸、流场扰动、人身安全、测量精度和测量方法的限制，且测量仪器难免会对真实流场造成干扰，很难通过实验方法得到准确的结果。另外，受测量方法的限制，对于某些流场难以通过实验获得详细数据。此外，进行实验研究还会遇到经费投入、人力和物力的巨大耗费及周期长等诸多问题。理论分析是针对具体流体问题在给定边界条件下用数学知识对其控制方程直接进行求解、从而获得速度、压强等流动参数解析解的方法。理论上，只要给出了具体的控制方程和相应的边界条件，就可以求出该物理问题的解析解。解析解具有普遍性，各种影响因素清晰可见，但因描述流体流动方程的强非线性以及边界条件处理的困难，除少数简单问题可以获得解析解外，理论求解极具挑战性。

随着计算机硬件和软件的发展，计算流体动力学应运而生。从根本上来讲，CFD 的本质就是通过数值方法来求解流体力学的控制方程组。在确定了具体问题的基本控制方程组后，将其在网格节点上离散，把原来在时间域及空间域上描述流动的连续物理量，如速度场、密度场、压力场和温度场等，用有限离散节点上的变量集合来代替；通过一定的数值处理原则和计算方法，建立离散节点上各变量之间所满足的代数方程组，并进行数值求解，获得这些物理量在这些离散节点上的近似值以及它们随时间的变化情况，并结合计算机辅助设计（CAD），对各种科学问题、工程应用和生产实践进行预报和结构优化设计。

1.1.1 CFD 数值模拟的优缺点

目前，CFD 数值模拟与传统的理论分析方法、实验测量方法构成了研究流体流动问题的完整体系，下面将阐述计算流体动力学相比于实验测量和理论分析所独有的特点。

与理论分析和实验测量相比，CFD 数值模拟方法具有很多优势：①由于实际流动问题控制方程组的强非线性，在复杂几何形状和边界条件情况下很难求得它们的解析解，而 CFD 数值模拟就有可能找出满足工程设计需要的数值解；②通过各种 CFD 数值模拟仿真实验，可以对工程设计进行优化，例如，能够选择不同流动参数进行物理方程中各项有效性和敏感性试验，从而进行方案比较并给出详细和完整的计算资料；③CFD 数值模拟不受几何模型和实验条件的限制，可模拟具有特殊尺寸、高温、有毒、易燃等在实际模拟实验中无法实现的复杂物理问题；④CFD 数值模拟能在较短时间内预测流场、能帮助理解流体力学问题，为实验提供指导，为设计提供参考，从而节省人力、物力和时间。

CFD 数值模拟也存在一定的局限性：①CFD 数值模拟是一种离散近似求解算法，计算结果并不能提供解析表达式，只是给出在有限离散节点上的数值结果，并有一定的计算误差；②CFD 数值模拟不能像物理实验那样一开始就能给出清晰和客观的流动现象并定性地描述，而且需要由现场或实验测量提供某些流动参数对数学模型和计算结果进行验证；③CFD 数值模拟的程序编制及资料收集、整理与正确分析很大程度上依赖于计算者的经验与技巧；④由于某些原因，CFD 数值模拟有可能得不到真实的物理解(如由数值黏性和频散所产生的伪物理效应)；⑤CFD 数值模拟经常需要配备较高性能的计算机硬件设备。当然，上述某些缺点或局限性可以通过某种方式克服或弥补。

由此可知，CFD 数值模拟虽然有自身的理论、算法、特点和应用范围，但又不能完全替代理论分析和实验测量。流体力学的三种研究方法各有优势，又相互联系、相互补充和相互促进，同为研究流动问题服务。在实际研究中，需要注意三者有机的结合，争取做到取长补短，一方面应该把 CFD 看成一种研究手段、一个工具，将 CFD 技术与实验测量、理论分析结合起来，才可能比较顺利地解决问题；另一方面，CFD 分析人员应该加强 CFD 基本理论的学习和应用经验的积累，合理充分地使用好这个强大的工具。

1.1.2 CFD 的应用领域

目前，计算流体动力学已经广泛应用于航空航天、船舶、能源、石油、化工、机械、制造、汽车、生物、水处理、火灾安全、冶金、环境等众多领域。从高层建筑结构通风到微电机散热，从发动机、风机、涡轮、燃烧室等旋转机械到整机外流气动分析，可以认为只要有流动存在的场合，都可以利用计算流体动力学进行分析。具体的工程应用场合包括但不限于以下行业。

(1) 汽车与交通行业：分析行驶中的汽车外流场、两车相撞过程、地铁进站过程、车用空调效果等。

(2) 航空航天：飞机外流场、机翼设计、导弹发射过程等。

(3) 土木与建筑：建筑群风场、计算风工程、风荷载对建筑的影响、室内气流组织、排烟、隧道通风等。

(4) 热科学与热技术：电子仪器的散热分析、传热与流动过程、工业换热器、导热过程和辐射换热过程等。

（5）热能工程、化工工程、石油石化及冶金工程行业：燃烧过程的分析、加热炉与锅炉的模拟、工业窑炉的工作过程、钻头井底高压射流流动过程、油/气/水/砂多相分离过程、油水分离和钢水铸造过程模拟等。

（6）流体机械：水轮机、风机与泵等流体机械内部流动分析。

（7）环境工程：河流中污染物的扩散、工厂排放污染物在气体中的扩散、有限空间内污染物的扩散、污水处理厂各种构筑物和生化反应器的内部流动、污染物在重力或离心力作用下的分离过程、污水消毒/杀菌处理等。

（8）舰船领域：舰船潜水推流器非稳态流动分析等。

（9）生物工程行业：血管内血液流动过程模拟、人工肝/人工肺等仿生器管工作过程的模拟等。

上述问题过去主要靠经验或通过实验进行设计或研究，而今可采用 CFD 数值模拟技术提供快捷、全面的解决方案，而且这些应用领域还在迅速扩展。可以认为，只要有流动、传热、化学反应、传质存在的过程，都可以尝试利用 CFD 手段进行模拟分析。

1.1.3　CFD 数值模拟的工作步骤

1.1.3.1　CFD 数值模拟的技术思路

采用 CFD 方法进行数值模拟，整个过程通常遵循图 1-1-1 所示的技术路线或技术思路。对于稳态问题而言主要包括：建立反映工程问题或物理问题本质的数学模型（也称控制方程）；建立离散方程，寻求高效率、高准确度的计算方法；编制程序和进行计算；显示计算结果。

（1）建立反映工程问题或物理问题本质的数学模型（也称控制方程）

具体而言就是要建立描述具体问题各个量之间相互关系的微分方程及相应的定解条件，这是数值模拟求解任何问题的出发点和前提。没有正确完善的数学模型，数值模拟将无法进行。因此首先要对具体问题进行分析，比如，流动是否定常、是否是湍流、是二维还是三维、是否有内热源等，然后将通用的控制方程进行简化，得到该具体问题的控制方程。当然，数学模型的建立往往是理论研究的课题，一般由理论工作者完成。

（2）建立离散方程，寻求高效率、高准确度的计算方法

这里的计算方法不仅包括微分方程的离散化方法及求解方法，还包括贴体坐标的建立、边界条件的处理等，该部分内容是计算流体动力学的核心。由于所引入的因变量在节点之间的分布假设及推导离散化方程的方法不同，就形成了有限差分法、有限元法、有限元体积法等不同类型的离散化方法。在同一种离散化方法中，对对流项所采用的离散格式不同，也将导致最终有不同形式的离散方程。对于瞬态问题，除了在空间域上的离散外，还要涉及在时间域上的离散。离散时，将要涉及使用何种时间积分方案的问题。将所建立的控制方程在所建立的网格上离散，得到一组关于这些未知量的代数方程组，然后通过求解代数方程组来得到物理量在这些节点上的值，而计算域内其他位置上的值则通过插值函数根据节点上的值来确定。

（3）编制程序和进行计算

这部分工作包括计算网格划分、初始条件和边界条件的输入、控制参数的设定等。这是整个数值模拟工作中花时间最多的部分。由于求解问题的复杂性，数值求解方法在理论上并非绝对完善，所以需要通过实验加以验证。从这种意义上讲，数值模拟又叫数值试验。

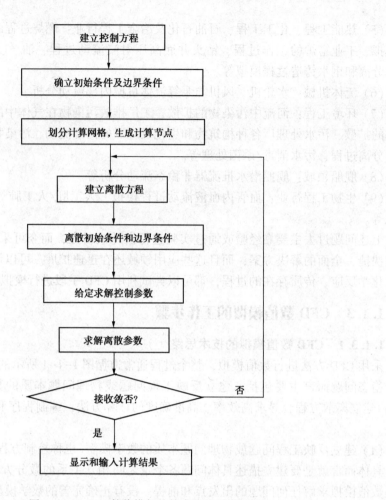

图 1-1-1 CFD 数值模似的技术路线示意图

（4）显示计算结果

计算结果一般通过云图、线图或表格等方式显示，这对检查和判断分析结果有重要参考意义。

如果所求解的问题为非稳态问题，则可以将上述过程理解为一个时间步的计算过程，完成该时间步的计算过程后继续循环求解下个时间步的解。

1.1.3.2 CFD 数值模拟的实施

概括地讲，对流动或传热问题实施 CFD 数值模拟可以分为前处理、求解、后处理三个过程。

（1）前处理

前处理的目的是将具体问题转化为求解器可以接受的形式，即建立计算域并划分网格。这是求解过程的准备工作，对求解结果的精确度起决定性的作用。

① 计算域

计算域即 CFD 分析的流动区域。对计算域进行合理处理可以极大地减小计算量，例如，对于具有对称性的流动，可以设置一个含对称面（或对称轴）的计算域处理。又例如，如果只关心流场的某一局部，可以只对该局部的计算域进行 CFD 分析，无须求解整个流场。

4

② 网格

网格即对计算域划分的单元。网格的数目和质量对求解过程有重要的影响。采用数值方法求解控制方程时，需要将控制方程在空间区域上进行离散，然后求解得到的离散方程组，这一过程必须使用网格。现已发展出多种对各种区域进行离散以生成网格的方法，统称为网格生成技术。不同的问题采用不同数值解法时，所需要的网格形式可能不同，但生成网格的方法基本相同。目前，网格分结构化网格和非结构化网格两大类。简单地讲，结构化网格在空间上比较规范，如对一个四边形区域，网格往往是成行成列分布的，行线和列线比较明显。而对非结构化网格在空间分布上没有明显的行线和列线。对于二维问题，常用的网格单元有三角形和四边形等形式；对于三维问题，常用的网格单元有四面体、六面体、三棱体等形式。在整个计算域上，网格通过节点联系在一起。在网格的质量方面，应该尽量使用结构化网格，即：对于二维流动的模拟，应尽量使用四边形网格；对于三维流动的模拟，应尽量使用六面体网格，以提高求解精度。

如果要对实际模型划分高质量的结构化网格，需要进行专门的训练和经验积累。目前各种 CFD 软件都配有专用的网格生成工具，多数 CFD 软件还可接收采用其他 CAD 或 CFD/FEM 软件产生的网格模型。

（2）求解

求解器读取前处理生成的网格文件后，应首先检查该文件的网格质量是否符合求解器的要求，网格是否出现负体积。然后根据具体问题设置求解器类型，如流动是定常还是非定常、是隐式还是显式等；再选择计算模型，如湍流模型、多相流模型、组分传输模型、化学反应模型、辐射模型等；再设置介质的物性，如密度、比热、导热速率、黏性等；给定计算域的边界条件，设置压力与速度耦合方式、离散格式、欠松弛因子。最后对计算域进行初始化，并根据需要设置关键位置的监测点，接下来就可以开始迭代计算。具体而言应包括以下步骤：

① 确定边界条件与初始条件

对计算域划分好网格后，即可定义相应的边界条件。初始条件与边界条件是控制方程有确定解的前提，控制方程与相应的初始条件、边界条件的组合构成对一个物理过程完整的数学描述。初始条件是所研究对象在过程开始时刻各个求解变量的空间分布情况。边界条件是在求解区域的边界上所求解的变量或其导数随地点和时间的变化规律。例如，对于锥管内的流动而言，在锥管进口断面上需要给定速度、压力沿径向的分布，而在管壁上一般取无滑移边界条件。

在商用 CFD 软件中，往往在前处理阶段完成了网格划分后，直接在边界上指定初始条件和边界条件，然后由前处理软件自动将这些初始条件和边界条件按离散方式分配到相应的节点上去。

② 给定求解控制参数

在离散空间上建立了离散化的代数方程组，并施加离散化的初始条件和边界条件后，还需要给定流体的物理参数和湍流模型的经验系数等。此外，还要给定迭代计算的控制精度、瞬态问题的时间步长和输出频率等——它们在实际计算时对计算的精度和效率有着重要影响。

③ 求解离散方程

在进行了上述设置后，生成了具有定解条件的代数方程组。对于这些方程组，数学上已有相应的解法，如线性方程组可采用 Gauss 消去法或 Gauss-Seidel 迭代法求解，而对非线性方程组，可采用 Newton-Raphson 方法。在商用 CFD 软件中，一般采用迭代法进行求解。

④ 判断解的收敛性

对于稳态问题的解，或是非稳态问题在某个特定时间步上的解，往往要通过多次迭代才能得到。有时因网格形式或网格大小、对流项的离散插值格式等原因，可能导致解的发散。对于非稳态问题，若采用显式格式进行时间域上的积分，当时间步长过大时，也可能造成解的振荡或发散。因此，在迭代过程中，要对解的收敛性随时进行监视，并在系统达到指定精度后结束迭代过程。这部分内容属于实践经验之类，需要针对不同情况进行分析。

（3）后处理

后处理是通过适当的手段，将整个计算域上已经计算收敛的结果继续处理，直到获得计算结果的线值图、矢量图、等值线图、流线图、云图等直观清晰的、便于交流的数据和图表。

后处理可以利用商业求解器自带的功能进行，也可以利用专业的后处理软件完成，如常用的 TECPLOT、Origin、FIELDVIEW 和 EnSight 等。用户也可以自己编写后处理程序进行结果显示。

§1.2　CFD 商用软件包概述

通过本章的相关介绍读者不难发现，完整的计算流体动力学模拟应该包括区域离散、方程离散以及求解方法确定、迭代求解等过程，这要求研究者不仅具有深厚的数学功底，而且拥有强大的程序编写调试能力。因此，数值模拟技术在初期阶段的发展受到了很大限制，属于"阳春白雪"式的高端研究工作；另外，研究者采用的程序语言不同、方程离散和求解方法不同时，所获得的结果存在很大差异，研究结果也缺乏可比性，这使得人们对计算流体动力学的实用性产生了误解和怀疑。在之后的半个世纪里，数值计算理论和计算机软硬件得到了突飞猛进的发展，各种计算流体动力学通用软件包陆续出现，其将成熟、稳定的计算方法集中在一起形成了商业化的数值软件，为解决工程实际问题提供了道路。

目前，市场占有率较高的计算流体动力学(CFD)商用软件包有 ANSYS FLUENT、ANSYS CFX、PHOENICS、STAR-CD 等，此外还包括前/后处理软件 GAMBIT、Tecplot、ParaView 等，本节予以简单介绍。

1.2.1　ANSYS FLUENT

位于美国新罕布什尔州 Hanover 的 Creare Inc. 是一家私营工程服务公司，在 20 世纪 60 年代、70 年代期间专门致力于涡轮机械和核工业领域的流体动力学问题。基于在 CFD 领域的长期积累和专门研究，该公司于 1983 年推出了 FLUENT 软件的第一版，1988 年分拆成立 FLUENT 公司致力于该软件的市场化推广。FLUENT 软件是目前国内外使用最多、最流行的商业计算流体动力学软件之一作为原 FLUENT 公司旗下的一款通用计算流动力学软件，FLUENT 软件被 ANSYS 收购之前的最高版本是 6.3.26。2006 年被 ANSYS 公司斥资 5.65 亿美元收购。当然，ANSYS 公司收购 FLUENT 与早些年收购 ICEM CFD 和 CFX 出于不同的战略考虑，收购 ICEM CFD 和 CFX 主要是看中其技术的先进性，而收购 FLUENT 主要是看中其互补的工程仿真解决方案市场。

FLUENT 软件在被整合成该公司软件产品中的一部分后，仍然能够独立运行且保持原有风格，并能与 ANSYS 公司的其他软件产品共享数据。总体来看，FLUENT 软件在被收购后得到了更快的发展，当前的最新版本是 ANSYS FLUENT 14.5，但 ANSYS FLUENT 15 版本已经面向用户进行公测。

FLUENT 软件采用 C/C++语言编写，通过交互界面和菜单界面进行操作，具有高效执行、交互控制、易操作以及灵活适应各种机器与操作系统的特点。FLUENT 软件包含基于压力的分离求解器、基于压力的耦合求解器、基于密度的隐式求解器、基于密度的显式求解器，多求解器技术使 FLUENT 软件可以模拟从不可压缩到高超音速范围内的各种复杂流场。与其他 CFD 软件相比，FLUENT 软件包含有非常丰富、经过工程确认的物理模型，如湍流模型、噪声模型、化学反应模型、多相流模型等。此外，FLUENT 软件还提供了其他与传热紧密相关的汽蚀模型、可压缩流体模型、热交换器模型、壳导热模型、真实气体模型、湿蒸汽模型、相变模型和表面反应模型等。相变模型可以追踪分析流体的融化和凝固，表面反应模型可以用来分析气体和表面组分之间的化学反应及不同表面组分之间的化学反应，以确保表面沉积和蚀刻现象被准确预测。

ANSYS FLUENT 软件是目前使用最多、最通用的商业计算流体动力学软件，与其他商业计算流体软件相比，ANSYS FLUENT 软件除了应用范围广之外，还具有以下一些突出的特点：

（1）网格灵活性和平台适应性

用户可以使用非结构化网格来解决具有复杂外形的流动，甚至可以用混合型非结构化网格，并允许用户根据解的具体情况对网格进行修改（细化/粗化）；FLUENT 软件产品可以在 32 位/64 位 Windows、LINUX 或 UNIX 平台上运行。

（2）便捷的并行计算

针对网格数较多的工程问题，用户可以很容易的运用 FLUENT 软件提供的并行计算功能，充分利用单机或服务器上多处理器同时计算。FLUENT 软件能动态加载平衡功能自动监测并分析并行性能，通过调整各处理器间的网格分配平衡各 CPU 的计算负载。FLUENT 软件的并行计算由软件自动完成，而用户要做的只是在进入 FLUENT 软件时选择并行计算选项即可。

（3）强大的用户定制功能

当标准的 FLUENT 软件界面不能满足用户的需要时，用户可以通过用户自定义函数（User Defined Functions，UDFs）来满足特殊要求、提高求解器的性能。用户可以通过 UDFs 定制 FLUENT 软件输运方程中的边界条件、材料属性、表面和体积反应率、源项等。此外，用户还可以自定义标量输运方程（User-Defined Scalar，UDS）中的源项、扩散率等，利用 FLUENT 求解器对其他标量输运方程进行求解。

（4）强大的后处理功能

FLUENT 软件的后处理可以生成有实际意义的图片、动画、报告，这使得 CFD 的结果非常容易地被转换成工程师和其他人员可以理解的图形，虽然表面渲染、迹线追踪仅是该工具的几个特征，但却使 FLUENT 的后处理功能独树一帜。除此之外，FLUENT 软件的数据结果还可以导入到第三方的图形处理软件或者 CAE 软件中进行进一步的分析。

总而言之，对于模拟复杂流场结构的不可压缩/可压缩流动来说，FLUENT 是很理想的软件。此外，对于不同的流动领域和模型，ANSYS 公司还提供了其他几种解算器，其中包括 NEKTON、FIDAP、POLYFLOW、IcePak 以及 MixSim。FIDAP 是一款专门解决流体力学传质及传热等问题的分析软件，是全球第一套将有限元法应用于 CFD 领域的软件，本身含有完整的前后处理系统及流场数值分析系统，典型应用领域包括汽车、化工、聚合物处理、薄膜涂层、玻璃应用、半导体晶体生长、生物医学、冶金、环境工程、食品、玻璃处理等。POLYFLOW 是针对粘弹性流动的专用 CFD 求解器，用有限元法仿真聚合物加工的 CFD 软件，主要应用于塑料射出成形机、挤型机和吹瓶机的模具设计。IcePak 作为专用的热控分析 CFD 软件，专门仿真电子电机系统内部气流、温度分布，特别是针对系统的散热问题作仿真分析，藉由模块化的设计快速建立模型。MixSim 则是针对搅拌混合问题的一个专业化前处理器，其图形人机接口和组件数据库能够让工程师直接设定或挑选搅拌槽大小、底部形状、折流板配置、叶轮的型式等，然后随即自动产生三维网络，并启动 FLUENT 做后续的模拟分析。

1.2.2　ANSYS CFX

CFX 是全球首个通过 ISO 9001 质量认证的大型商业 CFD 软件，是英国 AEA Technology 公司为解决其在科技咨询服务中遇到的工业实际问题而开发。1995 年，CFX 推出了全隐式多网格耦合算法，该算法以其稳健的收敛性能和优异的运算速度，成为 CFD 技术发展的重要里程碑。作为世界上唯一采用全隐式多网格耦合算法的大型商业软件，其算法上的独特性、丰富的物理模型和前/后处理的完善性，使得 CFX 在结果精确性、计算稳定性、计算速度和灵活性上都有着优异的表现。CFX 软件的应用遍及航空航天、旋转机械、能源、石油化工、机械制造、汽车、生物技术、水处理、火灾安全、冶金、环保等领域。CFX 是全球第一个在复杂几何、网格、求解这三个 CFD 传统瓶颈问题上均获得重大突破的商业 CFD 软件，具有异于其他 CFD 软件的一些技术特点和优势。

（1）精确的数值方法

与大多数 CFD 软件不同的是，CFX 采用了基于有限元的有限体积法，在保证有限体积法守恒特性的基础上，吸收了有限元法的数值精确性。CFX 在湍流模型的应用上也一直处于业界领先地位，除了常用的湍流模型外，CFX 最先使用了大涡模拟（LES）和离散涡模拟（DES）等高级湍流模型。

（2）快速稳健的求解技术

CFX 是全球第一个发展和使用全隐式多网格耦合求解技术的商业化软件，这种革命性的求解技术克服了传统算法需要"假设压力项-求解-修正压力项"的反复迭代过程而同时求解动量方程和连续性方程，加上其采用的多网格技术，使 CFX 的计算速度和稳定性较传统方法提高了 1~2 个数量级。更为重要的是，CFX 求解器获得了对并行计算最有利的、几乎线性的"计算时间-网格数量"求解性能，这使工程技术人员第一次敢于计算大型工程的真实流动问题。CFX 突出的并行功能还表现在，它可以借助网络在 UNIX、LINUX、WINDOWS 平台之间随意并行。

（3）丰富的物理模型

CFX 的物理模型建立在世界最大科技工程企业 AEA Technology 公司 50 余年实践经验基础之上，经过近 30 年的发展，CFX 拥有包括流体流动、传热、辐射、多相流、化学反应、燃烧等问题的丰富通用物理模型；还拥有诸如汽蚀、凝固、沸腾、多孔介质、相间传质、非牛顿流、喷雾干燥、动静干涉、真实气体等大批复杂现象的实用模型。

此外，CFX 为用户提供了从方便易用的表达式语言(CEL)到功能强大的用户子程序等一系列不同层次的用户接口程序，允许用户加入自己的特殊物理模型。

(4) 旋转机械一体化解决方案

在旋转机械领域，CFX 向用户提供了从设计到 CFD 分析的一体化解决方案，尤其是提供了三个旋转机械设计分析的专用工具：BladeGen、TurboGrid、TASCFlow。

BladeGen 是交互式涡轮机械叶片设计工具。用户通过修改元件库参数或完全依靠 Blade-Gen 中的工具设计各种旋转和静止叶片元件及新型叶片，对各种轴向流和径向流叶型，从 CAD 设计到 CFD 分析在数分钟即可完成。

TurboGrid 为叶栅通道网格生成工具，它采用了创新性的网格模板技术，结合参数化能力，工程师不仅可以既快捷又简单地为绝大多数叶片类型生成高质量叶栅通道网格。所需用户提供的只是叶片数目、叶片及轮毂和外罩的外形数据文件。

TASCflow 是全球公认最好的旋转机械工程 CFD 软件，由于特为旋转机械裁制的完整软件体系，以及在旋转机械行业十多年的专业经验，TASCflow 被旋转机械领域 90% 以上的企业作为主要的气动/水动力学分析和设计工具，其中包括 GE、Pratt & Whitney、Rolls Royce、Westing House、ABB、Siemens、Voith Hycho 等企业界巨擎。

2003 年，CFX 被 ANSYS 公司出资 2100 万美元收购，成为 ANSYS 公司的 CAE 仿真软件中的一部分。收购 CFX 是 ANSYS 公司在 CFD 领域的第二次收购，此前 ANSYS 公司于 2000 年 8 月收购了 ICEM CFD 公司。ICEM CFD 由于其先进的网格生成技术被 ANSYS 公司保留并作为通用的 CFD 软件前处理器而继续得到发展。目前，ANSYS CFX 也被集成在 ANSYS Workbench 环境下，方便用户在单一操作界面上实现对整个工程问题的模拟。从 CFX 与 FLUENT 的比较来看，CFX 采用的是混合了有限元的有限体积法，而 FLUENT 是纯粹的有限体积法。CFX 软件对内存的占用要比 FLUENT 多很多，而收敛速度则要比 FLUENT 快，单步计算时间 CFX 要比 FLUENT 长。

1.2.3 其他商用软件

1.2.3.1 PHOENICS

PHOENICS 是英国 CHAM(Concentration Heat and Momentum Limited)公司开发的模拟传热、流动、反应、燃烧过程的通用 CFD 软件，是 Parabolic Hyperbolic or Elliptic Numerical Integration Code Series 的缩写，这意味着只要有流动和传热，都可以使用 PHOENICS 程序来模拟计算。CHAM 公司由布赖恩·斯伯丁(Brian Spalding)教授 1974 年创立，总部位于英国伦敦的 Wimbledon Village，1981 年正式推出了 PHOENICS 软件。作为公司主席和管理经理，布赖恩·斯伯丁教授因其对机械工程行业的服务而荣获 2010 年本杰明·富兰克林奖 (Franklin Institute Award)。

布赖恩·斯伯丁教授与 STAR-CD™软件的创始人当年都是帝国理工学院(Imperial College)同一教研室的教授，因此这两个软件的核心算法大同小异。与 Fluent、CFX、Star-CD 这几个 CFD 软件相比，PHOENICS 软件的 VR(虚拟现实)彩色图形界面菜单系统最为方便，可以直接读入 Pro/E 建立的模型(需转换成 STL 格式)，使复杂几何体的生成更为方便，在边界条件的定义方面也极为简单，并且网格自动生成，但其缺点是网格比较单一、粗糙，针对复杂曲面或曲率小的地方网格不能细分，也就是说不能在 VR 环境里采用贴体网格。另外 VR 的后处理也不是很好，要进行更高级的分析则要采用命令格式进行，使得易用性比其他软件要差。

PHOENICS 软件的网格系统包括直角、圆柱、曲面(包括非正交和运动网格,但在其 VR 环境不可以)、多重网格、精密网格。可以对三维稳态或非稳态的可压缩流或不可压缩流进行模拟,包括非牛顿流动、多孔介质中的流动,并且可以考虑黏度、密度、温度变化的影响。在流体模型上,PHOENICS 软件内置了 22 种适合于各种雷诺数(Re)场合的湍流模型,包括雷诺应力模型、多流体湍流模型和通量模型及 $k\text{-}\varepsilon$ 模型的各种变异。另外,PHOENICS 软件自带了 1000 多个例题与验证题,附有完整的、可读可改的输入文件。PHOENICS 软件的开放性很好,提供了对软件现有模型进行修改、增加新模型的功能和接口,可以用 FORTRAN 语言进行二次开发。

1.2.3.2　STAR-CD 和 STAR-CCM+

STAR-CD 是目前世界上使用最广泛的专业 CFD 分析软件之一,由全球最大的 CFD 和 CAE 私有控股供应商英国 CD-adapco 公司于 1987 年开发。作为 CD-adapco 公司创始人之一,英国帝国理工学院的教授 David Gosman 先生带领开发了该软件。David Gosman 教授本科毕业于英哥伦比亚大学的化工专业,接着获得帝国理工学院机械工程博士学位,继而留校并成为计算流体力学教授——是布赖恩·斯伯丁教授的同事。CD-adapco 公司的首要目标是"工程成功(Engineering Success)",目前开发和销售 STAR-CD、STAR-CCM+、es-ice、SPEED、Battery Design Studio、STAR-Cast 和 DARS 软件产品。每一款软件产品作为世界领先的产品设计和开发工具,为各行各业的产品创新起到了不可超越的作用,已经在航空航天、汽车、电池、医疗、建筑、化工、电子、能源、环境、海洋、石油和天然气、透平机械和其他领域得到了证实。目前,CD-adapco 公司已经在中国上海成立了独资子公司——西递安科软件技术(上海)有限公司,向中国市场直接提供 CD-adapco 公司的所有软件和解决方案。

多年来,STAR-CD 一直是计算流体动力学模拟的通用平台,并获得了良好的声誉。STAR-CD 的解析对象涵盖基础热流解析、导热/对流/辐射(包含太阳辐射)传热问题、多相流问题、化学反应/燃烧问题、旋转机械问题、流动噪声问题等。在 V4 版本中,STAR-CD 更是将解析对象扩展到流体/结构热应力问题、电磁场问题和铸造领域,成为了分析流动、传热和应力模拟的一体化通用软件。在完全不连续网格、滑移网格和网格修复等关键技术上,STAR-CD 经过了超过 200 名知名学者的补充与完善。2013 年 7 月,STAR-CD 和 esice 内燃机模拟软件 V4.20 发布,给用户带来了更多全新的物理功能和前处理功能,能提供更迅速准确的缸内模拟仿真。首次发布的全新燃烧模型,即进度变量模型-多燃料(PVM-MF),将水平集(g-方程)模型和小火焰单元方法集成到单一合并模型中,从而消除了单个模型中预混或扩散控制燃烧的限制。

作为 CD-adapco 公司推出的新一代 CFD 软件,STAR-CCM+(Computational Continuum Mechanics)采用连续介质力学数值技术,不仅可以进行流体分析,还可以进行结构等其他物理场的分析。STAR-CCM+搭载了 CD-adapco 公司独创的最新网格生成技术,可以完成复杂形状数据输入、表面准备、表面网格重构、自动体网格生成(包括多面体网格、六面体核心网格、十二面体核心网格、四面体网格)等生成网格所需的一系列作业。STAR-CCM+使用 CD-adapco 公司倡导的多面体网格,相比于原来的四面体网格,在保持相同计算精度的情况下,可以使计算性能提高 3~10 倍。2013 年 10 月 23 日,CD-adapco 公司发布了 STAR-CCM+V8.06 版,引入了 Simulation Assistant 工具,通过引入适用于 Eulerian 多相流(Eulerian Multiphase)的雷诺应力模型(Reynolds Stress Modeling),进一步增强了多相流分析能力。

此外必须指出的是,除了商业 CFD 软件外,还有很多开源 CFD 平台因其可以提供方便快捷的接口，也逐渐受到了用户的关注，代表性的有 OpenFoam、OpenCimulation、Code_ Saturne、Salome-Meca、Code_ Aster、Palabos 等。OpenFOAM 是一个免费、开源的 CFD 软件包，由 OpenCFD 有限责任公司出品，有着庞大的商业和科研用户基础，涉及工程、科学等领域。OpenFOAM 求解的问题范围非常广，既能求解化学反应、湍流、热传递等复杂流动，又能求解固体动力学和电磁学等问题。OpenFOAM 是一个完全由 C++编写的面向对象的 CFD 类库，采用类似于我们日常习惯的方法在软件中描述偏微分方程的有限体积离散化。此外，OpenFOAM 还具有以下功能和特点：自动生成动网格；拉格朗日粒子追踪及射流；滑移网格，网格层消等；各种各样的工具箱，包括各种 ODE 求解器、ChemKIN 接口等；网格转换工具，可以转换为能够被 FOAM 处理的网格形式；支持多种网格接口，支持多面体网格(比如 CD-adapco 公司推出的 CCM+生成的多面体网格)，因而可以处理复杂的几何外形；支持大型并行计算，等。Code_ Saturne 是法国电力集团(EDF)研发中心基于有限体积法开发一个 Navier-Stokes 方程求解器，应用范围较广，包括二维、二维轴对称以及三维情况下的稳态或非稳态、层流或紊流、等温或非等温、不可压缩流动或弱膨胀流动(weakly dilatable flows)，也可以应用于标量输运。Code_ Saturne 包含有雷诺平均(Reynolds-Averaged)或大涡模拟(LES)等几种湍流模型，可用于以下特定物理模型的求解：气、煤和重质燃料油的燃烧，半透明辐射传递(Semi-transparent radiative transfer)，拉格朗日法颗粒跟踪，焦耳效应，电弧，弱可压缩流，大气层流动以及水力机械转子/定子的相互作用等专业模块。

1.2.4　前/后处理软件(GAMBIT、Tecplot、ParaView 等)

1.2.4.1　GAMBIT

GAMBIT 是 FLUENT 公司开发的前处理软件。GAMBIT 能处理主流 CAD 数据类型的几何文件，生成四面体、六面体、棱锥和棱柱形的结构化与非结构化网格，能生成边界层网格。对于复杂几何体，GAMBIT 能将几何体进行分区，以在每个区内生成高质量的结构化网格。

GAMBIT 通过其用户界面(GUI)来接受用户的输入。GAMBIT GUI 能简单而又直接地做出建立模型、网格化模型、指定模型区域大小等基本步骤，这对于很多的模型应用来说已经足够。GAMBIT 软件可对自动生成的 Journal 文件进行编辑，以自动控制修改或生成新几何与网格；可以导入由 Pro/E、UG、CATIA、SolidWorks、ANSYS、PATRAN 等大多数 CAD/CAE 软件所建立的几何和网格，导入过程可利用自动公差修补几何功能，以保证 GAMBIT 与 CAD 软件接口的稳定性和保真性，从而使得几何质量高，减小工程师的工作量；具备几何修正功能，在导入几何时会自动合并重合的点、线、面；具备几何修正工具条，在消除短边、缝合缺口、修补尖角、去除小面、去除单独辅助线和修补倒角时更加快速、自动、灵活，而且保证几何体的精度；G/TURBO 模块可以准确而高效地生成旋转机械中的各种风机以及转子、定子等几何模型和计算网格；可以划分包括边界层等 CFD 特殊要求的高质量网格；GAMBIT 中专用的网格划分算法可以保证在复杂的几何区域内直接划分出高质量的四面体、六面体网格或混合网格；可高度智能化地选择网格划分方法，可对极其复杂的几何区域划分出与相邻区域网格连续的、完全非结构化的混合网格；可为 FLUENT、POLYFLOW、FIDAP、ANSYS 等解算器生成和导出所需要的网格和格式。

1.2.4.2　ICEM CFD

ANSYS 公司在收购 FLUENT 公司之后，把 FLUENT 软件集成到了 ANSYS Workbench 平台中，因此越来越多的用户开始选择使用 ANSYS Workbench 平台中集成的网格划分工具，其中以 ICEM CFD 最具代表性。

虽然 ICEM CFD 中没有布尔运算的功能，创建几何模型显得有些麻烦，但是 ICEM CFD 对于第三方建模软件的支持非常好，可以导入市场上绝大多数主流 CAD 软件构建的模型以及一些中介文件格式。ICEM CFD 拥有强大的几何修建功能，对 CAD 模型的完整性要求很低，能够自动跨越几何缺陷及多余的细小特征，极大地弥补了其在几何构建上能力上的不足。

与 GAMBIT 实体分割的方式不同，ICEM CFD 采用虚拟块的方式进行拓扑构建，不直接对几何体分块，而是对拓扑分块，立足于拓扑结构到几何模型的映射，划分网格的思想先进。由于拓扑结构的形态很简单，都是多边形和六面体的组合，因此 ICEM CFD 对拓扑结构分块比直接对几何体分块容易得多，网格划分速度很快，改动也很方便。另外，拓扑结构构建灵活，采用了先进的 O-Grid 等技术，可以对非规则几何形状划出高质量的"O"形、"C"形、"L"形六面体网格，整个过程可以半自动化完成，不仅功能强大，而且网格质量高。

ICEM CFD 支持二百多种求解器，包括 CFD 流体动力学分析软件和固体力学有限元分析软件。

1.2.4.3 TECPLOT

TECPLOT 是绘图和数据分析的通用软件，是进行数值模拟、数据分析和测试理想的工具。作为功能强大的数据显示工具，TECPLOT 通过绘制 XY、2-D 和 3-D 数据图以显示工程和科学数据。它主要有以下功能：

（1）可直接读入常见的网格、CAD 图形及 CFD 软件（PHOENICS、FLUENT、STAR-CD）生成的文件；

（2）能直接导入 CGNS、DXF、EXCEL、GRIDGEN、PLOT3D 格式的文件；

（3）能导出的文件格式包括 BMP、AVI、FLASH、JPEG、Windows 等常用格式；

（4）能直接将结果在互联网上发布，利用 FTP 或 HTTP 对文件进行修改、编辑等操作，也可以直接打印图形，并在 Microsoft Office 系列办公软件中进行复制和粘贴；

（5）可在 Windows 和 UNIX 操作系统上运行，文件能在不同的操作平台上相互交换；

（6）利用鼠标直接单击即可知道流场中任一点的数值，能随意增加和删除指定的等值线（面）；

（7）ADK 功能使用户可以利用 FORTRAN、C、C++等语言开发特殊功能。

随着功能的扩展和完善，在工程和科学研究中 TECPLOT 的应用日益广泛，用户遍及航空航天、国防、汽车、石油等工业以及流体力学、传热学、地球科学等科研机构。

1.2.4.4 ParaView

ParaView 是对二维和三维数据进行可视化的一种 turnkey 应用。它既可以运行于单处理器的工作站，又可以运行于分布式存储器的大型计算机。这样，ParaView 既可以运行单处理应用程序，又可以通过把数据分布于多个处理器而处理大型数据。ParaView 工程的目的如下：

（1）开发出一个资源开放、多平台的可视化应用程序；

（2）支持分布式计算模型以处理大型数据；

（3）创造一个开放的、可行的，并且是直觉的用户接口；

（4）开发一个基于开放标准的可扩展的结构。

ParaView 使用可视化工具箱（Visualization Toolkit，VTK）作为数据处理和绘制引擎，并且有一个由 Tcl/Tk 和 C++混合写成的用户接口。这种结构使得 ParaView 成为一种功能非常强并且可行的可视化工具。既然所有的 VTK 数据源和数据处理过滤器要么是立即可以进行访问的，要么是可以通过写一些简单的构造文件来添加的，那么 ParaView 用户就可以使用成百上千的数据处理和可视化算法。另外，使用 TCL 脚本语言(Tool Command Language)作为核心元素也允许用户和开发人员更改 ParaView 的处理引擎和用户接口来适应用户的需要。

§1.3　物理现象的数学描述

1.3.1　流体的基本特征

自然界中的任何事物都以固体、液体和气体三种形式存在，其中液体和气体统称流体。流体不能承受拉力，在任何剪切力作用下会发生连续不断的变形，任何实际流体具有易流动性、黏性和可压缩性。流体力学就是研究流体的力学运动规律及其应用的一门科学，而CFD 则是通过数值方法对流体力学进行研究与分析。本节将介绍 CFD 所涉及的流体及流动的基本概念和术语。

1.3.1.1　流体质点与连续介质模型

从微观角度而言，流体由大量分子组成且处于不断热运动状态，它的空间位置和运动速度具有随机性质。而流体力学研究流体的宏观平衡和运动规律，所考虑的尺寸远大于分子的平均自由程，因此，在研究流体力学时引入了流体质点和连续介质模型假设。

所谓流体质点是这样的一个概念，它相对于宏观尺寸很小，相对于微观而言，又包含足够多的分子，使其平均物理性质不发生变化。而所谓的连续介质模型是假设组成流体的最小物质实体是流体质点，流体由无限多的流体质点连续不断地组成，质点之间不存在间隙。引入流体质点和连续介质模型后，就可以方便地应用数学工具来研究流体力学问题。

1.3.1.2　流体的黏性

流体的黏性(viscocity)是指流体抵抗剪切变形(或相对运动)的一种属性。如图 1-3-1 所示，牛顿对平板在静止液体中以速度 U 运动所受的阻力进行观测后，研究得出到以下结论：

（1）平板与池底之间的速度呈线性分布；

（2）阻力 τ 的大小与速度 U 在 y 方向的变化率成正比，即

$$\tau \sim \frac{U}{h} = \eta \frac{\partial u}{\partial y} \tag{1-3-1}$$

在速度相同情况下，对于不同的流体，平板所受阻力 τ 的大小不同，但阻力 τ 与速度 U 在 y 方向的变化率之间的比例系数保持不变。该比例系数称为流体的黏性系数，简称黏度或动力黏度 η，其单位为 Pa·s 或 N·s/m²。但在工程应用中常用 Poise，简称 P(泊)。1P = 1dyne·s/cm² = 0.1N·s/m² = 0.1Pa·s = 100cP(厘泊)。

黏性的大小取决于流体的种类，并随温度而变化。实验表明，黏性应力的大小与黏性及速度梯度成正比。当流体的黏性较小(如空气和水的黏性都很小，二者的动力黏度分别约为0.02、1.0mPa·s)，运动的相对速度也不大时，所产生的黏性应力比起其他类型的力(如惯性力)可忽略不计。此时，可以近似地把流体看成是无黏性的，称为无黏流体(inviscid fluid)，也叫做理想流体(perfect fluid)。

在流体力学中，把满足式(1-3-1)关系的流体为牛顿流体(Newtonian fluid)；不满足该关系的流体称为非牛顿流体 (non - Newtonian

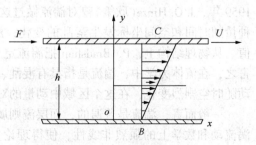

图 1-3-1　牛顿平板实验示意图

fluid)。空气、水等均为牛顿流体；聚合物溶液、含有悬浮粒杂质或纤维的流体为非牛顿流体。

动力黏度 η 主要用于流体动力计算，工程实际中为了便于测量，通常还使用运动黏度 ν，其实质为动力黏度 η 与该流体密度 ρ 之比，国际标准单位为 m^2/s。

1.3.1.3 流体的可压缩性

自然界中所有流体都具有一定的可压缩性，流体的可压缩性一般通过压缩性系数 β 来衡量，其定义如下式所示，

$$\beta = -\frac{1}{V}\frac{dV}{dp} \qquad (1-3-2)$$

式中，V 为与压力 p 达到平衡时流体原始体积，dV 为当压强增加 dp 后的体积改变量，由于压强增加后体积一般会减少，因此在式中有一个负号。此外，在压缩过程中系统的质量不会发生变化，并考虑到 $\rho\nu=1$，ν 为比容，压缩性系数还可表示成，

$$\beta = -\frac{1}{V}\frac{dV}{dp} = -\frac{1}{V/m}\frac{dV/m}{dp} = -\frac{1}{\nu}\frac{d\nu}{dp} = \frac{1}{\rho}\frac{d\rho}{dp} \qquad (1-3-3)$$

压缩性系数的值越大，表示流体越容易被压缩。压缩性系数的倒数称为流体的体积弹性模量 E_ν，即，

$$E_\nu = \frac{1}{\beta} = -\frac{\nu dp}{d\nu} = \frac{\rho dp}{d\rho} \qquad (1-3-4)$$

当流体的体积弹性模量很大或压强改变量很小时，流体密度的改变量很小，可看作不可压缩流体。一般液体和流速较低的气体均可看作不可压缩流体。流体的密度改变量不可忽略时即为可压缩流体。

1.3.1.4 定常与非定常流动

根据流体流动时其物理量（如速度、压力、温度等）是否随时间变化，将流动分为定常（steady）与非定常（unsteady）两大类。设表示流动的物理量用 η 表示，当 $\frac{\partial \eta}{\partial t}=0$ 时，为定常流动；当 $\frac{\partial \eta}{\partial t} \neq 0$，则为非定常流动。定常流动也常被称为恒定流动，或稳态流动；非定常流动常被称为非恒定流动、非稳态流动或瞬态（transient）流动。许多流体机械在起动或关机时的流体流动一般是非定常流动，而正常运转时可看作是定常流动。

1.3.1.5 层流与湍流

流体流动状态主要有两种形式，即层流（laminar flow）和湍流（turbulent flow）。层流是指流体在流动过程中两层之间没有相互混掺，而湍流是指流体不是处于分层流动状态。湍流也被称为紊流，顾名思义，它是一种很不规则的流动状态，因此很难对湍流给出确切的定义。1959 年，J. O. Hinze（欣策）曾对湍流做过这样的定义：湍流是流体的不规则运动，流场中各种量随时间和空间坐标发生紊乱的变化，然而从统计意义上说，可以得到它们的准确平均值。从物理结构上，P. Bradshan 把湍流定义为：湍流是由宽尺度范围的旋涡组成的。总而言之，在流体力学中，湍流是指具有混乱、随机特性的一团流体区域，流体的压力和速度脉动随时空剧烈变化，在这个区域中动量的对流效果要远大于扩散效果。

一般而言，湍流是普遍的，而层流则属于个别情况。湍流运动物理上近乎无穷多尺度漩涡流动和数学上的强烈非线性，使得理论实验和数值模拟都很难解决湍流问题。1883 年，雷诺（Reynolds）用玻璃管做试验，区别出发生层流或湍流的条件，把试验的流体染色，可以

看到染上颜色的质点在层流时都走直线，湍流时质点随机混合。时至今日，通常用雷诺数（Reynolds' Number）来判断流体的流动状态，

$$Re = \frac{uL}{\nu} \qquad (1\text{-}3\text{-}5)$$

式中，u 为液体流速，ν 为运动黏度，L 为特征长度。对于圆管内流动，一般取圆管内径为特征长度，当 $Re \leq 2300$ 时为层流；$Re \geq 10000$ 时为湍流；当 $2300 < Re < 10000$，流动处于层流与湍流间的过渡区。对于一般流动，在计算雷诺数时，可用水力直径 D_h 代替上式中的 d。水力直径的定义式为 $D_h = 4A/P$，A 为通流截面积，P 为湿润周边。

1.3.1.6　流体热传导及扩散

除了黏性外，流体还有热传导（heat transfer）及扩散（diffusion）等性质。当流体中存在着温度差时，温度高的地方将向温度低的地方传送热量，这种现象称为热传导。同样地，当流体混合物中存在着组分的浓度差时，浓度高的地方将向浓度低的地方输送该组分的物质，这种现象称为扩散。

流体的宏观性质，如扩散、黏性和热传导等，是分子输运性质的统计平均。由于分子的不规则运动，在各层流体间交换着质量、动量和能量，使不同流体层内的平均物理量均匀化。这种性质称为分子运动的输运性质。质量输运在宏观上表现为扩散现象，动量输运表现为黏性现象，能量输运则表现为热传导现象。

理想流体忽略了黏性，即忽略了分子运动的动量输运性质，因此在理想流体中也不应考虑质量和能量输运性质——扩散和热传导，因为它们具有相同的微观机制。

1.3.2　控制微分方程

流体流动要受物理守恒定律的支配，以系统为研究对象的基本守恒定律包括：质量守恒定律、动量守恒定律、能量守恒定律。但在流体力学的研究中，通常以控制体为研究对象，这三大守恒定律在流体力学中分别被称为连续性方程、动量方程（N-S 方程）和能量方程。如果流动包含有不同成分（组元）的混合或相互作用，系统还要遵守组分守恒定律。如果流动处于湍流状态，系统还要遵守附加的湍流输运方程。

1.3.2.1　连续性方程

在流体力学中以控制体为研究对象时，质量守恒定律表现为连续性方程，其表达式为，

$$\frac{\partial \rho}{\partial t} + \frac{\partial(\rho u)}{\partial x} + \frac{\partial(\rho v)}{\partial y} + \frac{\partial(\rho w)}{\partial z} = 0 \qquad (1\text{-}3\text{-}6)$$

式中，ρ 是密度，t 是时间，$\boldsymbol{u}$ 是速度矢量，u、v 和 w 是速度矢量 $\boldsymbol{u}$ 在 x、y 和 z 方向的分量。引入哈密尔顿算子 ∇，$\nabla = \frac{\partial}{\partial x}\vec{i} + \frac{\partial}{\partial y}\vec{j} + \frac{\partial}{\partial z}\vec{k}$，式（1-3-6）又可写成，

$$\frac{\partial \rho}{\partial t} + \nabla \cdot (\rho \boldsymbol{u}) = 0 \qquad (1\text{-}3\text{-}7)$$

若流体为不可压缩流体，密度 ρ 为常数，式（1-3-6）变为，

$$\frac{\partial u}{\partial x} + \frac{\partial v}{\partial y} + \frac{\partial w}{\partial z} = 0 \qquad (1\text{-}3\text{-}8)$$

1.3.2.2　动量方程（N-S 方程）

动量方程（N-S 方程）是牛顿第二定律在流体力学中的表达形式，该方程由纳维（Navier）在 1827 年初步推导、1845 年经斯托克斯（Stokes）完善，对于黏性系数为常数的不可压缩流

体，该方程的矢量形式为，

$$\rho \frac{\mathrm{d}\boldsymbol{u}}{\mathrm{d}t} = \rho\boldsymbol{f} - \nabla p + \mu\,\nabla^2\boldsymbol{u} \tag{1-3-9}$$

式中，$\boldsymbol{f}$ 为质量力，$\dfrac{\mathrm{d}()}{\mathrm{d}t}$ 为物质导数，$\dfrac{\mathrm{d}()}{\mathrm{d}t} = \dfrac{\partial()}{\partial t} + u\dfrac{\partial()}{\partial x} + v\dfrac{\partial()}{\partial y} + w\dfrac{\partial()}{\partial z} = \dfrac{\partial()}{\partial t} + \boldsymbol{u}\cdot\nabla() $，$\nabla^2$ 为拉普拉斯算子，$\nabla^2 = \dfrac{\partial^2}{\partial x^2} + \dfrac{\partial^2}{\partial y^2} + \dfrac{\partial^2}{\partial z^2}$。往三个坐标轴上投影可得到三个分量的方程为，

$$\begin{cases} \rho\dfrac{\partial u}{\partial t} + \rho\boldsymbol{u}\cdot\nabla u = \rho f_{\mathrm{x}} - \dfrac{\partial p}{\partial x} + \mu\,\nabla^2 u \\[2mm] \rho\dfrac{\partial v}{\partial t} + \rho\boldsymbol{u}\cdot\nabla v = \rho f_{\mathrm{y}} - \dfrac{\partial p}{\partial y} + \mu\,\nabla^2 v \\[2mm] \rho\dfrac{\partial w}{\partial t} + \rho\boldsymbol{u}\cdot\nabla w = \rho f_{\mathrm{z}} - \dfrac{\partial p}{\partial z} + \mu\,\nabla^2 w \end{cases} \tag{1-3-10}$$

将连续性方程(1-3-7)分别乘以 u、v 和 w，并分别与方程(1-3-10)中的三个方程相加，即可得到守恒型的动量方程，

$$\begin{cases} \dfrac{\partial(\rho u)}{\partial t} + \nabla\cdot(\rho\boldsymbol{u}u) = \rho f_{\mathrm{x}} - \dfrac{\partial p}{\partial x} + \mu\,\nabla^2 u \\[2mm] \dfrac{\partial(\rho v)}{\partial t} + \nabla\cdot(\rho\boldsymbol{u}v) = \rho f_{\mathrm{y}} - \dfrac{\partial p}{\partial y} + \mu\,\nabla^2 v \\[2mm] \dfrac{\partial(\rho w)}{\partial t} + \nabla\cdot(\rho\boldsymbol{u}w) = \rho f_{\mathrm{z}} - \dfrac{\partial p}{\partial z} + \mu\,\nabla^2 w \end{cases} \tag{1-3-11}$$

1.3.2.3　能量方程

能量定律是包含有热交换的流动系统必须满足的基本定律。该定律可表述为：微元体中能量的增加率等于进入微元体的净热流量加上体力与面力对微元体所作的功。该定律实际是热力学第一定律在传热学中的具体表现形式，能量方程如下，

$$\frac{\partial(\rho T)}{\partial t} + \nabla\cdot(\rho\boldsymbol{u}T) = \nabla\cdot\left(\frac{k}{c_{\mathrm{p}}}\mathrm{grad}\,T\right) + S_{\mathrm{T}} \tag{1-3-12}$$

式中，c_{p} 是比热容，T 为温度，k 为流体的传热系数，S_{T} 为流体的内热源及由于黏性作用流体机械能转换为热能的部分，有时简称 S_{T} 为黏性耗散项。

需要说明的是，虽然能量方程(1-3-12)是流体流动与传热问题的基本控制方程，但对于不可压流动，若热交换量很小以至可以忽略时，可不考虑能量守恒方程。这样，只需要联立求解连续方程(1-3-6)和动量方程(1-3-8)即可。

1.3.2.4　组分质量守恒方程

在一个特定的系统中，可能存在质的交换，或者存在多种化学组分(species)，每一种组分都需要遵守组分质量守恒定律。对于一个确定系统而言，组分质量守恒定律可表述为：系统内某种化学组分质量对时间的变化率，等于通过系统界面净扩散流量与通过化学反应产生的该组分的生产率之和。

根据组分质量守恒定律，可写出组分 s 的组分质量守恒方程(species mass-conservation equations)，

$$\frac{\partial(\rho c_{\mathrm{s}})}{\partial t} + \nabla\cdot(\rho\boldsymbol{u}c_{\mathrm{s}}) = \nabla\cdot(D_{\mathrm{s}}\,\nabla(\rho c_{\mathrm{s}})) + S_{\mathrm{s}} \tag{1-3-13}$$

式中，c_{s} 为组分 s 的体积浓度，ρc_{s} 是该组分的质量浓度，D_{s} 为该组分的扩散系数，S_{s} 为系

统内部单位时间内单位体积通过化学反应产生的该组分的质量，即生产率。上式左侧第一项、第二项、右侧第一项和第二项，分别称为时间变化率、对流项、扩散项和反应项。各组分质量守恒方程之和就是连续方程，因为 $\sum S_s = 0$。因此，如果共有 z 个组分，那么只有 z-1 个独立的组分质量守恒方程。

组分质量守恒方程常简称为组分方程（species equations），一种组分的质量守恒方程实际就是一个浓度传输方程。当水流或空气在流动过程中挟带有某种污染物质时，污染物质在流动情况下除有分子扩散外还会随流动传输，即传输过程包括对流和扩散两部分，污染物质的浓度随时间和空间变化。因此，组分方程在有些情况下称为浓度输运方程或浓度方程。

1.3.2.5 控制方程的通用形式

为了便于对各控制方程进行分析，并用同一程序对各控制方程进行求解，需要建立各基本控制方程的通用形式。

比较四组基本的控制方程（1-3-6）、方程（1-3-11）、方程（1-3-12）和方程（1-3-13）可以看出，尽管这些方程中的因变量各不相同，但它们均反映了单位时间单位体积内物理量的守恒性质。如果用 ϕ 表示通用变量，则上述各控制方程都可以表示成以下通用形式，

$$\frac{\partial(\rho\phi)}{\partial t} + \nabla \cdot (\rho u\phi) = \nabla \cdot (\Gamma \nabla\phi) + S \qquad (1-3-14)$$

式中，ϕ 为通用变量，可以代表 u、v、w、T 等求解变量；Γ 为广义扩散系数；S 为广义源项。对于特定的方程，ϕ、Γ 和 S 具有特定的形式，表 1-3-1 给出了三个符号与各特定方程的对应关系。

表 1-3-1　通用控制方程中各符号的具体形式

符号 方程	ϕ	Γ	S
连续方程	1	0	0
动量方程	u_i	η	$-\frac{\partial p}{\partial x_i}+S_i$
能量方程	T	k/c	S_T
组分方程	C_s	$D_s\rho$	S_s

所有的控制方程都可经过适当数学处理，将方程中的因变量、时变项、对流项和扩散项写成标准形式，然后将方程右端的其余各项集中在一起定义为源项，从而化为通用微分方程，我们只需要考虑通用微分方程（1-3-14）的数值解，写出求解方程（1-3-14）的源程序，就足以求解不同类型的流体流动及传热问题。对于不同的 ϕ，只要重复调用该程序，并给定 Γ 和 S 的适当表达式以及适当的初始条件和边界条件，便可求解。

1.3.3　初始条件和边界条件

前面对常见物理现象的控制方程进行了介绍，为了获得上述这些方程的定解，除了所研究问题通常已知的几何参数和物性参数如密度、导热系数、黏性系数等之外，还必须给出用以表征该特定问题的一些附加条件。这些使微分方程获得适合某一特定问题的解的附加条件称为定解条件。

如果所研究的问题是非稳态的，定解条件包括两方面：①必须给出所要求解物理量 ϕ

初始时刻在求解区域内的分布，称为初始条件；②给出所要求解的物理量 ϕ 在求解区域边界上所要满足的条件，称为边界条件。常见的边界条件有给定所要求解的物理量 ϕ 在边界上的值或其梯度。如果所研究的问题为稳态，则只需给出边界条件即可。

针对一个具体问题，控制方程和定解条件构成了它的完整的数学描述。

§1.4 离散方法与数值求解

1.4.1 求解区域的离散

在对指定问题进行 CFD 计算之前，首先要将计算区域离散化，即对空间上连续的计算区域进行划分，把它划分成许多个子区域，并确定每个区域中的节点，从而生成网格。然后，将控制方程在网格上离散，即将偏微分形式的控制方程转化为各个节点上的代数方程组。此外，对于瞬态问题，还需要涉及时间域离散。

1.4.1.1 离散化的目的

对于在求解域内建立的偏微分方程，理论上是有真解（或称精确解或解析解）的。但是，由于所处理问题自身的复杂性，如复杂的边界条件，或者方程自身的复杂性等，造成很难获得方程的真解，因此，就需要通过数值的方法把计算域内有限数量位置（即网格节点）上的因变量值当作基本未知量来处理，从而建立一组关于这些未知量的代数方程，然后求解代数方程组来得到这些节点值，而计算域内其他位置上的值则根据节点位置上的值来确定。这样，偏微分方程定解问题的数值解法可以分为两个阶段。首先，用网格线将连续的计算域划分为有限离散点（网格节点）集，并选取适当的途径将微分方程及其定解条件转化为网格节点上相应的代数方程组，即建立离散方程组；然后，在计算机上求解离散方程组，得到节点上的解。在节点之间的值可以应用插值方法确定，从而得到定解问题在整个计算域上的近似解。可以预料，当网格节点很密时，离散方程的解将趋近于相应微分方程的精确解。

除了对空间域进行离散化处理外，对于瞬态问题，在时间坐标上也需要进行离散化，即将求解对象分解为若干时间步进行处理。

1.4.1.2 离散时所使用的网格

网格是离散的基础，网格节点是离散化的物理量的存储位置，网格在离散过程中起着关键的作用。网格的形式和密度等，对数值计算结果有着重要的影响。

不同离散方法对网格的要求和使用方式不一样。表面上看起来一样的网格布局，当采用不同的离散化方法时，网格和节点具有不同的含义和作用。例如，有限元法将物理量存储在真实的网格节点上，将单元看成是由周边节点及形函数构成的统一体；而有限体积法往往将物理量存储在网格单元的中心点上，而将单元看成是围绕中心点的控制体积，或者在真实网格节点定义和存储物理量，而在节点周围构造控制体积。

1.4.2 控制微分方程的离散

1.4.2.1 有限差分法

有限差分法（Finite Difference Method，简称 FDM）是数值解法中最经典的方法。它是将求解域划分为差分网格，用有限个网格节点代替连续的求解域，然后将偏微分方程（控制方程)的导数用差商代替，推导出含有离散点上有限个未知数的差分方程组。求差分方程组（代数方程组）的解，就是微分方程定解问题的数值近似解，这是一种直接将微分问题变为代数问题的近似数值解法。

这种方法发展较早，比较成熟，较多的用于求解双曲型和抛物型问题。用它求解边界条件复杂、尤其是椭圆型问题不如有限元法或有限体积法方便。

1.4.2.2　有限元法

有限元法（Finite Element Method，简称 FEM）是将一个连续的求解域任意分成适当形状的许多微小单元，并在各微小单元上分片构造插值函数，然后根据极值原理（变分法或加权余量法），将问题的控制方程转化为所有单元上的有限元方程，把总体的极值作为各单元极值之和，即将局部单元总体合成，形成嵌入了指定边界条件的代数方程组，求解该方程组就得到各节点上待求的函数值。

有限元法的基础是极值原理和划分插值，它吸收了有限差分法中离散处理的内核，又采用了变分计算中选择逼近函数并对区域进行积分的合理方法，是这两类方法相互结合、取长补短发展的结果。有限元法具有很广泛的适应性，特别适用于几何及物理条件比较复杂的问题，而且便于程序的标准化。目前广泛应用于固体力学的分析中，几乎所有的固体力学商业分析软件包都采用有限元法。由于在对流项的处理方面比较复杂，同时因求解速度较有限差分法和有限体积法慢，有限元法在计算流体动力学领域的应用较少。

前已述及，在目前的商业 CFD 软件中，ANSYS 公司的 FIDAP 采用的是有限元法。基于有限元方法，FIDAP 提供了完整的网格灵活度与强健、高效率的计算法则，因此具有强大的流固耦合功能，可以分析由流动引起的结构响应问题，是唯一能够提供完整流固耦合功能的专用 CFD 软件。除此以外，FIDAP 软件还适合模拟动边界、自由表面、相变、电磁效应等复杂流动问题。

1.4.2.3　有限体积法

有限体积法（Finite Volume Method，简称 FVM）是近年来发展非常迅速的一种离散化方法，目前在 CFD 领域得到了广泛应用，大多数商用 CFD 软件都采用这种方法。其特点不仅表现在对控制方程的离散结果上，还表现在所使用的网格上。

（1）有限体积法的基本思想

有限体积法又称为控制体积法（Control Volume Method，CVM）。其基本思路是：将计算区域划分为网格，并使每个网格点周围有一个互不重复的控制体积；将待解微分方程（控制方程）对每一个控制体积积分，从而得出一组离散方程，未知数是网格点上的因变量 ϕ。为了求出控制体积的积分，必须假定 ϕ 值在网格点之间的变化规律。从积分区域的选取方法来看，有限体积法属于加权余量法中的子域法；从未知解的近似方法看来，有限体积法属于采用局部近似的离散方法。简言之，子域法加离散，就是有限体积法的基本方法。

有限体积法的基本思想易于理解，并能得出直接的物理解释。离散方程的物理意义就是因变量 ϕ 在有限大小控制体积中的守恒原理，如同微分方程表示因变量在无限小控制体积中的守恒原理一样。有限体积法得出的离散方程，要求因变量的积分守恒对任意一组控制体积都得到满足，因此自然对整个计算区域也得到满足，这是有限体积法的优点。有一些离散方法，例如有限差分法，仅当网格极其细密时，离散方程才满足积分守恒；而有限体积法即使在粗网格情况下，也能显示出准确的积分守恒。

就离散方法而言，有限体积法可视作有限元法和有限差分法的中间物。有限元法必须假

定 ϕ 值在网格节点之间的变化规律(即插值函数),并将其作为近似解。有限差分法只考虑网格点上 ϕ 的数值而不考虑 ϕ 值在网格节点之间如何变化。有限体积法只寻求 ϕ 的节点值,这与有限差分法相类似;但有限体积法在寻求控制体积的积分时,必须假定 ϕ 值在网格点之间的分布,这又与有限单元法相类似。在有限体积法中,插值函数只用于计算控制体积的积分,得出离散方程之后,便可忘掉插值函数;如果需要的话,可以对微分方程中不同的项采取不同的插值函数。

(2)有限体积法所使用的网格

与其他离散化方法一样,有限体积法的核心体现在区域离散方式上。区域离散化的实质就是用有限个离散点来代替原来的连续空间。有限体积法的区域离散实施过程是:把所计算的区域划分成多个互不重叠的子区域,即计算网格(grid),然后确定每个子区域中的节点位置及该节点所代表的控制体积。

区域离散化过程结束后,可以得到以下四种几何要素:①节点(node):需要求解的未知物理量的几何位置;②控制体积(control volume):应用控制方程或守恒定律的最小几何单位;③界面(face):它规定了与各节点相对应的控制体积的分界面位置;④网格线(grid line):联结相邻两节点而形成的曲线簇。

节点看成是控制体积的代表。在离散过程中,将一个控制体积上的物理量定义并存储在该节点处。图1-4-1给出了一维问题的有限体积法计算网格,图中标出了节点、控制体积、界面和网格线。图1-4-2是二维问题的有限体积法计算网格。

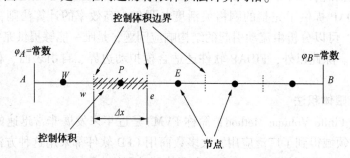

图1-4-1 一维问题的有限体积法计算网格

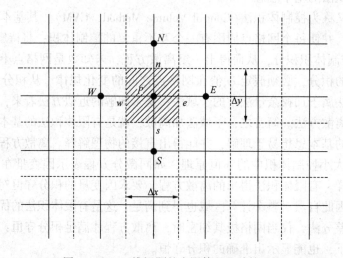

图1-4-2 二维问题的有限体积法计算网格

上面两个图中的节点排列有序，即当给出了一个节点的编号后，立即可以得出其相邻节点的编号，这种网格被称之为结构化网格。结构化网格是一种传统的网格形式，网格自身利用了几何体的规则形状。

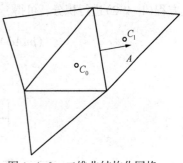

非结构化网格的节点以一种不规则的方式布置在流场中。这种网格虽然生成过程比较复杂，但却有着极大的适应性，尤其对具有复杂边界的流场计算问题特别有效。非结构化网格一般通过专门的程序或软件来生成。图1-4-3是一个二维非结构化网格示意图，图中使用的是三角形控制体积。三角形的质心是计算节点，如图中的 C_0 点所示。

图1-4-3　二维非结构化网格

（3）网格几何要素的标记

为便于后续分析，需要建立一套标记系统。通常沿用苏哈斯·帕坦卡（Suhas V. Patankar）所建立的体系来表示控制体积、节点、界面等信息：用 P 表示所研究的节点及其周围的控制体积；东侧相邻的节点及相应的控制体积均用 E 表示，西侧相邻的节点及相应的控制体积均用 W 表示；控制体积 P 的东西两个界面分别用 e 和 w 表示，两个界面间的距离用 Δx 表示，如图1-4-1所示。在二维问题中，在东西南北方向上与控制体积 P 相邻的四个控制体积及其节点分别用 E、W、S 和 N 表示，控制体积 P 的四个界面分别用 e、w、s 和 n 表示，在两个方向上控制体积的宽度分别用 Δx 和 Δy 表示，如图1-4-2所示。在三维问题中，增加上下方向的两个控制体积，分别用 T 和 B 表示，控制体积 P 的上下界面分别用 t 和 b 表示。帕坦卡在CFD领域最重要的贡献就是与斯伯丁教授一同提出SIMPLE算法，其次就是1980年首次出版的著作《传热与流体流动的数值计算》（*Numerical Heat Transfer and Fluid Flow*），由于该书强调流体流动和传热现象的物理认识和理解，被公认为是计算流体动力学领域的经典之作，也是科学与工程领域他引率最高的作者之一。

1.4.3　流场数值计算方法

1.4.3.1　常用差分格式

前已述及，流场数值计算的本质就是将描述流体流动现象的控制方程网格在节点上离散成代数方程组进行求解。我们在使用有限体积法建立离散方程时，需要将控制体积界面上的物理量及其导数由网格节点上的物理量通过插值求出。不同的插值方式将导致不同的离散结果，因此，插值方式又常被称为离散格式（discretization scheme）。下面将以一维、稳态、无源项的对流-扩散问题为例进行讨论。由式（1-3-14），待求未知量 ϕ 的控制方程如式（1-4-1）所示，

$$\frac{\mathrm{d}(\rho u\phi)}{\mathrm{d}x} = \frac{\mathrm{d}}{\mathrm{d}x}\left(\Gamma \frac{\mathrm{d}\phi}{\mathrm{d}x}\right) \qquad (1-4-1)$$

式中，u 为假定的速度场。此外，流体流动还必须满足连续方程，即，

$$\frac{\mathrm{d}(\rho u)}{\mathrm{d}x} = 0 \qquad (1-4-2)$$

一维控制体积如图1-4-4所示，沿用苏哈斯·帕坦卡的命名方法，所研究的节点及包含该节点的控制体积用 P 表示、东西两边的节点及控制体积分别用 E 和 W 表示、控制体积 P 的东西两边的界面分别用小写字母 e 和 w 表示，在控制体积 P 上分别对输运方程(1-4-1)和连续

方程(1-4-2)进行积分，可得，

$$(\rho u A\phi)_e - (\rho u A\phi)_w = \left(\Gamma A\frac{\mathrm{d}\phi}{\mathrm{d}x}\right) - \left(\Gamma A\frac{\mathrm{d}\phi}{\mathrm{d}x}\right)_w \qquad (1-4-3)$$

$$(\rho u A\phi)_e - (\rho u A\phi)_w = 0 \qquad (1-4-4)$$

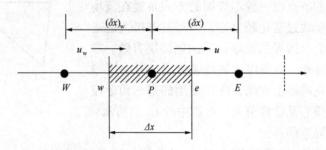

图1-4-4　控制体积 P 及界面上的流速

为了获得对流–扩散问题的离散方程，对式(1-4-3)界面上的物理量作某种近似处理。为了使方程紧凑，定义两个新物理量 F 和 D，

$$F \equiv \rho u \qquad (1-4-5)$$

$$D \equiv \frac{\Gamma}{\delta x} \qquad (1-4-6)$$

式中，F 表示通过界面上单位面积的对流质量通量(convective mass flux)，D 表示界面的扩散传导性(diffusion conductance)。

根据定义式，在控制体积 P 界面上的 F 和 D 分别为，

$$F_w \equiv (\rho u)_w, \ F_e \equiv (\rho u)_e \qquad (1-4-7)$$

$$D_w \equiv \frac{\Gamma_w}{(\delta x)_w}, \ D_e \equiv \frac{\Gamma_e}{(\delta x)_e} \qquad (1-4-8)$$

一维单元的贝克列数 Pe (Peclet Number，或称 Peclet 数)可由 F 和 D 表示如下，

$$Pe = \frac{\rho u\delta x}{\Gamma} = \frac{F}{D} \qquad (1-4-9)$$

Peclet 数 Pe 表示对流与扩散的强度之比。当 $Pe=0$ 时，对流——扩散问题演变为纯扩散问题；当 $Pe>0$ 时，流体沿正 x 方向流动，当 Pe 数很大时，扩散的作用可以忽略，对流——扩散问题演变为纯对流问题；当 $Pe<0$ 时，情况正好相反。

此外，再引入两条假定：①在控制体积的界面 e 和 w 处的界面面积 $A_w=A_e=A$；②方程(1-4-3)右端的扩散项总是用中心差分格式来表示，即 $\dfrac{\mathrm{d}\phi}{\mathrm{d}x}\Big|_e = \dfrac{\phi_E-\phi_P}{(\delta x)_e}$、$\dfrac{\mathrm{d}\phi}{\mathrm{d}x}\Big|_w = \dfrac{\phi_P-\phi_w}{(\delta x)_w}$。于是，方程(1-4-3)和(1-4-4)可以分别写为，

$$F_e\phi_e - F_w\phi_w = D_e(\phi_E - \phi_P) - D_w(\phi_P - \phi_W) \qquad (1-4-10)$$

$$F_e - F_w = 0 \qquad (1-4-11)$$

为便于讨论，先假定速度场已知，由式(1-4-7)便可以知道 F_w 和 F_e。为了求解方程(1-4-10)，还需要计算待求物理量 ϕ 在界面 e 和 w 处的值。采用何种插值方式由节点上的物理量来求出待求物理量 ϕ 在界面 e 和 w 处的值便形成了不同的离散格式。

（1）中心差分格式

如果采用线性插值方法来计算待求物理量 ϕ 在界面 e 和 w 处的值，这种离散格式称为中心差分格式（central differencing scheme）。通常，扩散项总是采用中心差分格式进行离散。如果对流项也采用中心差分格式，对于均匀网格，控制体积界面上物理量 ϕ 可以表示为，

$$\phi_e = \frac{\phi_P + \phi_E}{2} \tag{1-4-12}$$

$$\phi_w = \frac{\phi_P + \phi_W}{2} \tag{1-4-13}$$

将式(1-4-12)和式(1-4-13)代入式(1-4-10)中可得，

$$F_e \frac{\phi_P + \phi_E}{2} - F_w \frac{\phi_W + \phi_P}{2} = D_e(\phi_E - \phi_P) - D_w(\phi_P - \phi_W) \tag{1-4-14}$$

改写上式后，有，

$$\left[\left(D_w - \frac{F_w}{2}\right) + \left(D_e + \frac{F_e}{2}\right)\right]\phi_P = \left(D_w + \frac{F_w}{2}\right)\phi_W + \left(D_e - \frac{F_e}{2}\right)\phi_E \tag{1-4-15}$$

即，

$$\left[\left(D_w + \frac{F_w}{2}\right) + \left(D_e - \frac{F_e}{2}\right) + (F_e - F_w)\right]\phi_P = \left(D_w + \frac{F_w}{2}\right)\phi_W + \left(D_e - \frac{F_e}{2}\right)\phi_E$$

$$\tag{1-4-16}$$

将上式简写为，

$$a_P \phi_P = a_W \phi_W + a_E \phi_E \tag{1-4-17}$$

式中，

$$a_W = D_W + \frac{F_W}{2}, \quad a_E = D_e - \frac{F_e}{2}, \quad a_P = a_W + a_E + (F_e - F_w) \tag{1-4-18}$$

上式即为中心差分格式的对流－扩散方程的离散方程。如写出所有网格节点上具有式(1-4-17)形式的离散方程，进而组成一个线性代数方程组，方程组中的未知量就是各节点上的 ϕ 值。求解这个方程组，就可以得到未知量 ϕ 在空间的分布。

但对于流体力学的数值计算而言，中心差分格式在具体应用时有明显的局限性。可以证明，当 $|Pe| < 2$ 时，中心差分格式的计算结果与精确解基本吻合。但当 $|Pe| > 2$ 时，离散方程(1-4-17)中的系数 a_E 或 a_W 将小于零，从而使用中心差分格式所得的解失去物理意义。通常而言，在一个网格节点 P 上因变量 ϕ 的增加应导致相邻网格节点上该值的增加，而负系数将导致相反的结果。对于给定的 ρ 与 Γ，如果要满足 $|Pe| < 2$，只能是速度 u 很小或者网格间距很小。基于此限制，中心差分格式不能作为对于一般流动问题的离散格式，必须创建其他更合适的离散格式。

（2）一阶迎风格式

中心差分格式的致命弱点在于假设界面上的对流性质 ϕ_e 是 ϕ_E 和 ϕ_p 的平均值，而没有考虑对流与扩散之间的相对大小，从而导致负系数情况的发生。针对这种情况，一阶迎风格式（first order upwind scheme）提出了很好的解决方法。该方案保留扩散项的公式不变，而控制体界面上因变量 ϕ 的值被认为等于上游节点的 ϕ 值，于是，当流动沿着正方向，即 $u_w > 0$ （$F_w > 0$）、$u_e > 0$（$F_e > 0$）时，存在，

$$\phi_w = \phi_W, \quad \phi_e = \phi_p \tag{1-4-19}$$

此时，离散方程(1-4-10)可写为，

$$F_e\phi_P - F_w\phi_W = D_e(\phi_E - \phi_P) - D_w(\phi_P - \phi_W) \qquad (1-4-20)$$

考虑到连续方程的离散形式(1-4-11)，式(1-4-20)变成，

$$[(D_w + F_w) + D_e + (F_e - F_w)]\phi_P = (D_w + F_w)\phi_W + D_e\phi_E \qquad (1-4-21)$$

当流动沿着负方向，即 $u_w < 0(F_w < 0)$、$u_e < 0(F_e < 0)$ 时，

$$\phi_w = \phi_P, \quad \phi_e = \phi_E \qquad (1-4-22)$$

此时，离散方程(1-4-10)变为，

$$F_e\phi_E - F_w\phi_P = D_e(\phi_E - \phi_P) - D_w(\phi_P - \phi_W) \qquad (1-4-23)$$

即，

$$[D_w + (D_e - F_e) + (F_e - F_w)]\phi_P = D_w\phi_W + (D_e - F_e)\phi_E \qquad (1-4-24)$$

综合方程(1-4-20)和方程(1-4-24)，可得到一维对流—扩散问题一阶迎风格式的离散方程为，

$$a_P\phi_P = a_W\phi_W + a_E\phi_E \qquad (1-4-25)$$

式中，

$$\left.\begin{array}{l} a_P = a_E + a_W + (F_e - F_w) \\ a_W = D_w + \max(F_w, 0) \\ a_E = D_e + \max(0, -F_e) \end{array}\right\} \qquad (1-4-26)$$

很显然，一阶迎风格式的离散方程系数 a_E 和 a_W 永远大于零，因而所得的解在物理上总是真实的，从而克服了中心差分格式中的 $|Pe| < 2$ 的限制。也正是由于这一点，使一阶迎风格式长期得到了广泛应用，并以其绝对稳定的特性受到好评。

但一阶迎风格式也有一些不足：①一阶迎风格式只是简单地按界面上流速正负取因变量在上游节点上的值，但精确解表明，界面上的值还与 Pe 数有关；②一阶迎风格式中不管 Pe 数的大小，扩散项总是按中心差分进行计算，但当 $|Pe|$ 较大时，界面上的扩散作用接近于零，此时一阶迎风格式夸大了扩散项的影响。

一阶迎风格式虽然不会出现解的振荡，但其只有一阶截断误差，解的精度较低。如要提高解的精度，必须采用相当细密的网格，从而引起计算量的增加。研究证明，当网格节点相同、$|Pe| < 2$ 数值求解不出现振荡的情况下，采用中心差分格式的计算结果要比采用一阶迎风格式计算结果的误差小。因此，在正式计算时一阶迎风格式常被二阶迎风格式或其他高阶迎风格式所代替。

（3）混合格式

混合格式(hybrid scheme)综合了中心差分和迎风作用两方面的因素，即，当 $|Pe| < 2$ 时，采用具有二阶精度的中心差分格式；当 $|Pe| \geqslant 2$ 时，采用具有一阶精度但考虑流动方向的一阶迎风格式。

在混合格式下，与输运方程(1-4-1)所对应的离散方程为，

$$a_P\phi_P = a_W\phi_W + a_E\phi_E \qquad (1-4-27)$$

式中，

$$\left.\begin{array}{l} a_P = a_E + a_W + (F_e - F_w) \\ a_W = \max[F_w, (D_w + F_w/2), 0] \\ a_E = \max[-F_e, (D_e - F_e/2), 0] \end{array}\right\} \qquad (1-4-28)$$

混合格式根据流体流动的 Pe 数在中心差分格式和迎风格式之间进行切换，因此该格式

综合了中心差分格式和迎风格式的共同优点。由于其离散方程的系数总为正值，因此属于无条件稳定格式。与后面将要介绍的高阶离散格式相比，混合格式计算效率高，总能保证解在物理上比较真实且高度稳定。混合格式在当前的商业计算流体软件中广泛应用，是一种非常实用的离散格式，唯一的缺点是只具有一阶精度。

（4）指数格式

指数格式（exponential scheme）是根据输运方程（1-4-1）的精确解而建立的一种离散格式，它将扩散与对流的作用合在一起来考虑。

对于输运方程（1-4-1）而言，在计算域 $0 \leqslant x \leqslant L$ 内，如果当 $x=0$ 时有 $\phi = \phi_0$、当 $x = L$ 时有 $\phi = \phi_L$，可求得该微分方程的精确解为，

$$\frac{(\phi - \phi_0)}{(\phi_L - \phi_0)} = \frac{\exp(Pe \cdot x/L) - 1}{\exp(Pe) - 1} \qquad (1\text{-}4\text{-}29)$$

现考虑一个由对流通量密度 $\rho u \phi$ 与扩散通量密度 $-\Gamma \dfrac{\partial \phi}{\partial x}$ 所组成的总通量密度 J，

$$J = \rho u \phi - \Gamma \frac{\partial \phi}{\partial x} \qquad (1\text{-}4\text{-}30)$$

这里，总通量密度 J 是指单位时间内、单位面积上由对流及扩散作用而引起的某一物理量的总转移量。

根据定义的总通量密度 J，方程（1-4-1）可写成以下形式，

$$\frac{\partial J}{\partial x} = 0 \qquad (1\text{-}4\text{-}31)$$

将式（1-4-31）在图 1-4-5 所示的控制体内进行积分，可得，

$$J_e - J_w = 0 \qquad (1\text{-}4\text{-}32)$$

将精确解（1-4-29）应用于点 P 与 E 之间、用 ϕ_P 和 ϕ_E 分别代替 ϕ_0 和 ϕ_L，并用距离 $(\delta x)_e$ 代替 L，从而可以得到 J_e 的表达式，

$$J_e = F_e \left(\phi_P + \frac{\phi_P - \phi_E}{\exp(Pe_e) - 1} \right) \qquad (1\text{-}4\text{-}33)$$

式中，Pe_e 是界面 e 上的贝克列数（Peclet 数）。

同理可得 J_w 的表达式，

$$J_w = F_w \left(\phi_W + \frac{\phi_W - \phi_P}{\exp(Pe_w) - 1} \right) \qquad (1\text{-}4\text{-}34)$$

将 J_e、J_w 的表达式（1-4-33）和式（1-4-34）代入方程（1-4-32），得，

$$F_e \left(\phi_P + \frac{\phi_P - \phi_E}{\exp(Pe_e) - 1} \right) - F_w \left(\phi_W + \frac{\phi_W - \phi_P}{\exp(Pe_w) - 1} \right) = 0 \qquad (1\text{-}4\text{-}35)$$

写成标准离散格式，

$$a_P \phi_P = a_W \phi_W + a_E \phi_E \qquad (1\text{-}4\text{-}36)$$

式中，

$$\left. \begin{array}{l} a_P = a_E + a_W + (F_e - F_w) \\[2mm] a_W = \dfrac{F_w \exp(F_w/D_w)}{\exp(F_w/D_w) - 1} \\[4mm] a_E = \dfrac{F_e}{\exp(F_e/D_e) - 1} \end{array} \right\} \qquad (1\text{-}4\text{-}37)$$

当应用于一维稳态问题时，指数格式能保证对任何贝克列数以及任意数量的网格点均可得到精确解。但是，尽管这种方案具有如此理想的性质，但该方案由于存在以下不足并未得到广泛应用：①指数运算较为费时；②对于二维或三维问题以及源项不为零的情况，这种方案不太准确。

（5）幂函数格式

混合格式尽管结合了中心差分格式和一阶迎风格式两者的优点，但在 $Pe=\pm2$ 时与精确解偏差较大，幂函数格式（power-law scheme）给出了一个与精确解吻合得更好的曲线。在这种离散格式中，当 Pe 超过10时，扩散项按0对待；当 $0<Pe<10$ 时，单位面积上的通量按一多项式来计算。例如，对于控制体积的 w 界面有，

$$q_{\mathrm{w}} = \begin{cases} F_{\mathrm{w}}[\phi_{\mathrm{W}} - \beta_{\mathrm{w}}(\phi_{\mathrm{P}} - \phi_{\mathrm{W}})] & (0 < Pe < 10) \\ F_{\mathrm{w}}\phi_{\mathrm{W}} & (Pe > 10) \end{cases} \tag{1-4-38}$$

式中，$\beta_{\mathrm{w}} = \dfrac{(1-0.1Pe_{\mathrm{w}})^5}{Pe_{\mathrm{w}}}$。与幂函数格式对应的离散方程为，

$$a_{\mathrm{P}}\phi_{\mathrm{P}} = a_{\mathrm{W}}\phi_{\mathrm{W}} + a_{\mathrm{E}}\phi_{\mathrm{E}} \tag{1-4-39}$$

式中，

$$\left. \begin{aligned} a_{\mathrm{P}} &= a_{\mathrm{E}} + a_{\mathrm{W}} + (F_{\mathrm{e}} - F_{\mathrm{w}}) \\ a_{\mathrm{W}} &= D_{\mathrm{w}}\max[0, (1 - 0.1|Pe_{\mathrm{w}}|^5)] + \max[F_{\mathrm{w}}, 0] \\ a_{\mathrm{E}} &= D_{\mathrm{e}}\max[0, (1 - 0.1|Pe_{\mathrm{e}}|^5)] + \max[-F_{\mathrm{e}}, 0] \end{aligned} \right\} \tag{1-4-40}$$

由于幂函数格式是针对精确解（1-4-29）更好的近似，因此它与指数格式的精度非常接近，但运算时比指数格式省时。同时，由于幂函数格式与混合格式具有类似的性质，因此可用作混合格式的替代格式。在许多商业计算流体软件中，这种离散格式仍然在广泛使用。

（6）各种低阶离散格式的汇总

针对一维、稳态、无源项对流-扩散问题的通用控制方程（1-4-1），将各种低阶离散格式分别在图1-4-5所示的控制体积 P 积分，最终都得到相同形式的离散方程，

$$a_{\mathrm{P}}\phi_{\mathrm{P}} = a_{\mathrm{W}}\phi_{\mathrm{W}} + a_{\mathrm{E}}\phi_{\mathrm{E}} \tag{1-4-41}$$

式中，

$$a_{\mathrm{P}} = a_{\mathrm{E}} + a_{\mathrm{W}} + (F_{\mathrm{e}} - F_{\mathrm{w}}) \tag{1-4-42}$$

而系数 a_{W} 和 a_{E} 取决于所使用的离散格式，为便于编程计算，现将结果列于表1-4-1中。

表1-4-1　不同离散格式下离散方程（1-4-41）中系数 a_{E} 和 a_{W} 的计算公式

离散格式	系数 a_{W}	系数 a_{E}
中心差分格式	$D_{\mathrm{w}} + \dfrac{F_{\mathrm{E}}}{2}$	$D_{\mathrm{e}} - \dfrac{F_{\mathrm{E}}}{2}$
一阶迎风格式	$D_{\mathrm{w}} + \max(F_{\mathrm{w}}, 0)$	$D_{\mathrm{e}} + \max(0, -F_{\mathrm{e}})$
混合格式	$\max\left[F_{\mathrm{w}}, \left(D_{\mathrm{w}} + \dfrac{F_{\mathrm{w}}}{2}\right), 0\right]$	$\max\left[-F_{\mathrm{e}}, \left(D_{\mathrm{e}} - \dfrac{F_{\mathrm{e}}}{2}\right), 0\right]$
指数格式	$\dfrac{F_{\mathrm{w}}\exp(F_{\mathrm{w}}/D_{\mathrm{w}})}{\exp(F_{\mathrm{w}}/D_{\mathrm{w}})-1}$	$\dfrac{F_{\mathrm{e}}}{\exp(F_{\mathrm{e}}/D_{\mathrm{e}})-1}$
幂函数格式	$D_{\mathrm{w}}\max[0, (1-0.1|Pe_{\mathrm{w}}|^5)] + \max[F_{\mathrm{w}}, 0]$	$D_{\mathrm{e}}\max[0, (1-0.1|Pe_{\mathrm{e}}|^5)] + \max[-F_{\mathrm{e}}, 0]$

（7）低阶格式中的假扩散与人工黏性

以上介绍的各种离散格式均属于低阶离散格式，任何离散格式总会引起计算误差。对流-扩散方程中一阶导数项（对流项）离散格式的截断误差小于二阶而引起较大数值计算误差的现象称为假扩散（false diffusion）。因为这种离散格式截差的首项包含有二阶导数，使数值计算结果中扩散的作用被人为放大，相当于引入了人工黏性（artificial viscosity）或数值黏性（numerical viscosity）。

就物理过程本身的特性而言，扩散的作用总是使物理量的变化率减小，使整个流场均匀化。在一个离散格式中，假扩散的存在会使数值解结果偏离真解的程度加剧。

研究发现，除了非稳定项和对流项的一阶导数离散可以引起假扩散外，如下两个原因也可以引起假扩散：①流动方向与网格线呈倾斜交叉（多维问题）；②建立离散格式时没有考虑到非常数的源项的影响。现在一般把由这两种原因引起的数值计算误差都归入假扩散的名下。

为了降低数值计算中的假扩散的影响，可以采用高阶截断误差的离散格式，如二阶迎风格式和 QUICK 格式可减轻假扩散的影响，下面将对这两种格式进行介绍。

（8）二阶迎风格式

与一阶迎风格式类似，二阶迎风格式也是通过上游单元节点的物理量来确定控制体积界面的物理量。但二阶迎风格式将用到上游最近两个节点的值。

如图 1-4-5 所示的均匀网格，图中阴影部分为计算节点 P 处的控制体积。当流动沿着正方向，即 $u_w > 0$，$u_e > 0$（$F_w > 0$，$F_e > 0$）时，二阶迎风格式规定，

$$\left.\begin{aligned} \phi_w &= 1.5\phi_W - 0.5\phi_{WW} \\ \phi_e &= 1.5\phi_P - 0.5\phi_W \end{aligned}\right\} \tag{1-4-43}$$

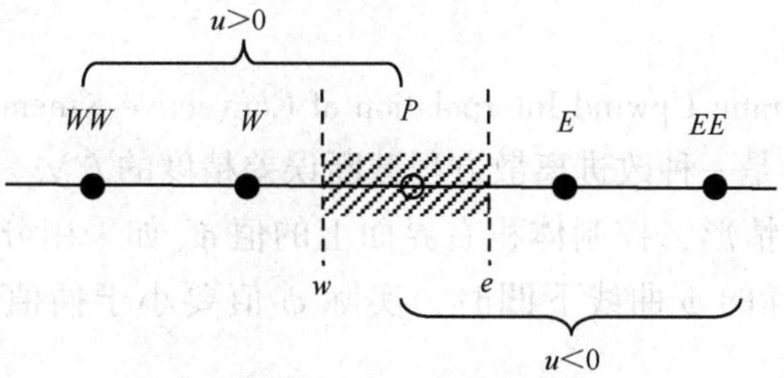

图 1-4-5　二阶迎风格式示意图

此时，离散方程（1-4-10）对扩散项仍采用中心差分格式进行离散，将式（1-4-43）代入离散方程（1-4-10），可得，

$$F_e(1.5\phi_P - 0.5\phi_W) - F_w(1.5\phi_W - 0.5\phi_{WW}) = D_e(\phi_E - \phi_P) - D_w(\phi_P - \phi_W) \tag{1-4-44}$$

整理后得，

$$\left(\frac{3}{2}F_e + D_e + D_w\right)\phi_P = \left(\frac{3}{2}F_w + \frac{1}{2}F_e + D_w\right)\phi_W + D_e\phi_E - \frac{1}{2}F_w\phi_{WW} \tag{1-4-45}$$

当流动沿着负方向，即 $u_w < 0$，$u_e < 0$（$F_w < 0$，$F_e < 0$）时，二阶迎风格式规定，

$$\left.\begin{aligned} \phi_w &= 1.5\phi_P - 0.5\phi_E \\ \phi_e &= 1.5\phi_E - 0.5\phi_{EE} \end{aligned}\right\} \tag{1-4-46}$$

此时，离散方程(1-4-10)变为，

$$F_e(1.5\phi_E - 0.5\phi_{EE}) - F_w(1.5\phi_P - 0.5\phi_E) = D_e(\phi_E - \phi_P) - D_w(\phi_P - \phi_W)$$
(1-4-47)

整理后得，

$$\left(D_e - \frac{3}{2}F_w + D_w\right)\phi_P = D_w\phi_W + \left(D_e - \frac{3}{2}F_e - \frac{1}{2}F_w\right)\phi_E + \frac{1}{2}F_e\phi_{EE}$$
(1-4-48)

综合方程(1-4-45)和方程(1-4-48)，将式中ϕ_P、ϕ_W、ϕ_{WW}、ϕ_E、ϕ_{EE}前的系数分别用a_P、a_W、a_{WW}、a_E、a_{EE}表示，得到二阶迎风格式对流-扩散方程的离散方程，

$$a_P\phi_P = a_W\phi_W + a_{WW}\phi_{WW} + a_E\phi_E + a_{EE}\phi_{EE}$$
(1-4-49)

式中，

$$\left.\begin{aligned}
a_P &= a_E + a_W + a_{EE} + a_{WW} + (F_e - F_w)\\
a_W &= \left(D_w + \frac{3}{2}\alpha F_w + \frac{1}{2}\alpha F_e\right)\\
a_E &= \left(D_e - \frac{3}{2}(1-\alpha)F_e - \frac{1}{2}(1-\alpha)F_w\right)\\
a_{WW} &= -\frac{1}{2}\alpha F_w, \quad a_{EE} = \frac{1}{2}(1-\alpha)F_e
\end{aligned}\right\}$$
(1-4-50)

其中，当流动沿着正方向，$\alpha=1$；当流动沿着负方向，$\alpha=0$。

二阶迎风格式可以看作是在一阶迎风格式的基础上，考虑了因变量在节点间分布曲线的曲率影响。在二阶迎风格式中，只针对对流项采用了二阶迎风格式，而扩散项仍采用中心差分格式。由于二阶迎风格式和中心差分格式都具有二阶截断误差，因此采用二阶迎风格式的离散方程具有二阶精度。

(9) QUICK 格式

QUICK 格式是 Quadratic Upwind Interpolation of Convective Kinematics 的缩写，意为"对流运动的二次迎风插值"，是一种改进离散方程截断误差精度的方法。

对图 1-4-6 所示的情形，控制体积右界面上的值 ϕ_e 如采用分段线性方式插值，有 $\phi_e = (\phi_P + \phi_E)/2$。但当实际的 ϕ 曲线下凹时，实际 ϕ 值要小于插值结果，而当曲线上凸时则又将大于插值结果。

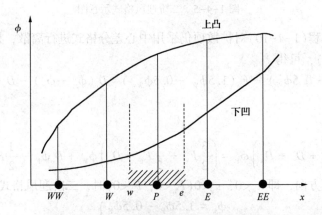

图 1-4-6　二阶迎风格式中的曲率修正

28

一种更合理的方法是在分段线性插值基础上引入一个曲率修正。Leonard 建议，

$$\phi_e = \frac{\phi_P + \phi_E}{2} - \frac{C}{8} \qquad (1\text{-}4\text{-}51)$$

式中，C 为曲率修正，按下式进行计算，

$$C = \begin{cases} \phi_E - 2\phi_P + \phi_W & u > 0 \\ \phi_P - 2\phi_E + \phi_{EE} & u < 0 \end{cases} \qquad (1\text{-}4\text{-}52)$$

同理可写出 ϕ_w 的表达式。

将上述 QUICK 格式的表达式合并，假设沿流动方向有连续三个节点 $i\text{-}2$、$i\text{-}1$ 和 i，则在节点 $i\text{-}1$ 与 i 之间界面处的物理量为，

$$\phi_{face} = \frac{6}{8}\phi_{i\text{-}1} + \frac{3}{8}\phi_i - \frac{1}{8}\phi_{i\text{-}2} \qquad (1\text{-}4\text{-}53)$$

例如，当流动沿着正方向，即 $u_w > 0$、$u_e > 0$（即 $F_w > 0$、$F_e > 0$）时，有，

$$\left. \begin{array}{l} \phi_w = \dfrac{6}{8}\phi_W + \dfrac{3}{8}\phi_P - \dfrac{1}{8}\phi_{WW} \\[2mm] \phi_e = \dfrac{6}{8}\phi_P + \dfrac{3}{8}\phi_E - \dfrac{1}{8}\phi_W \end{array} \right\} \qquad (1\text{-}4\text{-}54)$$

将式（1-4-54）代入方程（1-4-17），有，

$$\left(D_w - \frac{3}{8}F_w + D_e + \frac{6}{8}F_e\right)\phi_P = \left(D_w - \frac{6}{8}F_w + \frac{1}{8}F_e\right)\phi_W + \left(D_e - \frac{3}{8}F_e\right)\phi_E - \frac{1}{8}F_w\phi_{WW}$$
$$(1\text{-}4\text{-}55)$$

同样，可以写出当流动沿负方向时界面上物理量 ϕ 的表达式，

$$\left(D_w - \frac{6}{8}F_w + D_e + \frac{3}{8}F_e\right)\phi_P = \left(D_w + \frac{3}{8}F_w\right)\phi_W + \left(D_e - \frac{6}{8}F_e - \frac{1}{8}F_w\right)\phi_E + \frac{1}{8}F_e\phi_{EE}$$
$$(1\text{-}4\text{-}56)$$

综合正负两个方向的结果，可得到 QUICK 格式的离散方程，

$$a_P\phi_P = a_W\phi_W + a_{WW}\phi_{WW} + a_E\phi_E + a_{EE}\phi_{EE} \qquad (1\text{-}4\text{-}57)$$

式中，

$$\left. \begin{array}{l} a_P = a_E + a_W + a_{EE} + a_{WW} + (F_e - F_w) \\[2mm] a_W = D_w + \dfrac{6}{8}\alpha_w F_w + \dfrac{1}{8}\alpha_w F_e + \dfrac{3}{8}(1 - \alpha_w)F_w, \\[2mm] a_E = D_e - \dfrac{3}{8}\alpha_e F_e - \dfrac{6}{8}(1 - \alpha_e)F_e - \dfrac{1}{8}(1 - \alpha_e)F_w \\[2mm] a_{WW} = -\dfrac{1}{8}\alpha_w F_w, \\[2mm] a_{EE} = -\dfrac{1}{8}(1 - \alpha_e)F_e \end{array} \right\} \qquad (1\text{-}4\text{-}58)$$

式中，当 $F_w > 0$ 时，$\alpha_w = 1$，当 $F_e > 0$ 时，$\alpha_e = 1$；当 $F_w < 0$ 时，$\alpha_w = 0$；当 $F_e < 0$ 时，$\alpha_e = 0$。

在 QUICK 格式中，对流项的离散具有三阶精度的截断误差，但扩散项因仍采用中心差分格式而具有二阶截差。

对于与流动方向对齐的结构化网格，QUICK 格式可以得到比二阶迎风格式等更精确的计算结果，因此 QUICK 格式常用于六面体（或二维问题中的四边形）网格。对于其他类型的

网格，一般使用二阶迎风格式。

在 QUICK 格式所建立的离散方程中，系数不总是为正值。例如，当流动方向为正（即 $u_w>0$ 及 $u_e>0$）时，在中等的 Pe 数（$Pe>8/3$）下，系数 a_E 为负；当流动方向相反时，系数 a_W 为负。这样就会出现解的不稳定问题，因此 QUICK 格式属于条件稳定。

为了解决 QUICK 格式的稳定性问题，多位学者提出了改进的 QUICK 算法。例如，Hayase 等人于 1992 年提出的改进 QUICK 算法规定，

$$\left.\begin{aligned}
\phi_w &= \phi_W + \frac{1}{8}\left[3\phi_P - 2\phi_W - \phi_{WW}\right] \quad (\text{对于 } F_w > 0)\\
\phi_e &= \phi_P + \frac{1}{8}\left[3\phi_E - 2\phi_P - \phi_W\right] \quad (\text{对于 } F_e > 0)\\
\phi_w &= \phi_P + \frac{1}{8}\left[3\phi_W - 2\phi_P - \phi_E\right] \quad (\text{对于 } F_w > 0)\\
\phi_e &= \phi_E + \frac{1}{8}\left[3\phi_P - 2\phi_E - \phi_{EE}\right] \quad (\text{对于 } F_e > 0)
\end{aligned}\right\} \quad (1\text{-}4\text{-}59)$$

相应的离散方程为，

$$a_P\phi_P = a_W\phi_W + a_E\phi_E + \bar{S} \tag{1-4-60}$$

式中，

$$\left.\begin{aligned}
a_P &= a_E + a_W + (F_e - F_w)\\
a_W &= D_w + \alpha_w F_w,\\
a_E &= D_e - (1 + \alpha_e)F_e\\
\bar{S} &= \left[\frac{1}{8}(3\phi_P - 2\phi_W - \phi_{WW})\alpha_w F_w + \frac{1}{8}(\phi_W + 2\phi_P - 3\phi_E)\alpha_e F_e + \right.\\
&\quad \left. \frac{1}{8}(3\phi_W - 2\phi_P - \phi_E)(1 - \alpha_w)F_w + \frac{1}{8}(2\phi_E + \phi_{EE} - 3\phi_P)(1 - \alpha_e)F_e\right]
\end{aligned}\right\}$$
$$(1\text{-}4\text{-}61)$$

式中，当 $F_w>0$ 时有 $\alpha_w=1$，当 $F_e>0$ 时有 $\alpha_e=1$；当 $F_w<0$ 时有 $\alpha_w=0$；当 $F_e<0$ 时有 $\alpha_e=0$。

式（1-4-61）对应的方程系数总是正值，因此在求解方程组时总能得到稳定解。这种改进的 QUICK 格式与标准的 QUICK 格式得到相同的收敛解。

在 ANSYS FLUENT 软件包中，为了编程方便，给出了广义 QUICK 格式的表示方式，

$$\phi_e = \theta\left[\frac{S_d}{S_c + S_d}\phi_P + \frac{S_c}{S_c + S_d}\phi_E\right] + (1 - \theta)\left[\frac{S_u + 2S_c}{S_u + S_c}\phi_P - \frac{S_c}{S_u + S_c}\phi_W\right] \tag{1-4-62}$$

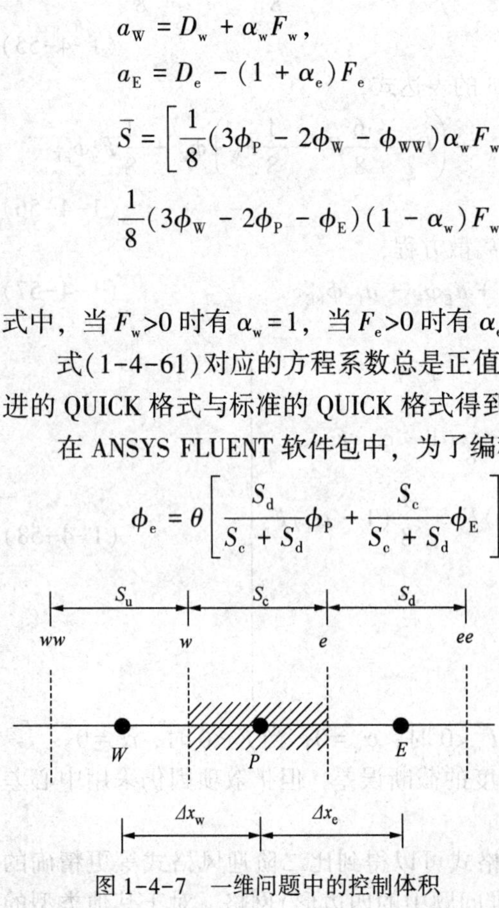

图 1-4-7 一维问题中的控制体积

式中，S_u、S_c、S_d 分别表示与计算节点 W、P、E 相对应的控制体积的边长，如图 1-4-7 所示。

当 $\theta=1$ 时，上式即转化为中心差分格式；当 $\theta=0$ 时，上式转化为二阶迎风格式；当 $\theta=1/8$ 时，上式转化为标准 QUICK 格式。

除了传统的高阶格式，Harten 在 20 世纪 80 年代初提出的 TVD 格式（Total Variation Diminishing Scheme)近年来也得到了普遍关注。该格式的提出使得激波捕捉方法有了重大发展，基本上解决了高精度差分解在激波附近的非物理振荡问题。在此之后进一步发展了TVD 类型的守恒律单调迎风格式(Monotonic Upstream Scheme for Conservation Laws, MUSCL)，高阶 TVD 格式迄今已在黏性流场计算中得到了广泛应用。

在模拟多种尺度流体运动的流场时，面临的一个重要问题是提高不同尺度物理现象的识别分辨率。可以通过以下两种方法来进行：(1)采用高精度差分格式；(2)增加网格点数。但增加网格点数要求增加计算机内存和运算时间。因此，探索精度高、使用方便的差分格式和计算方法仍是计算流体动力学今后研究的方向和重点之一。

1.4.3.2 压力-速度耦合方程的求解

对于将控制方程离散后所得到的代数方程组，我们既可以联立求解各变量的代数方程组，也可以分离式地求解单个变量代数方程组。目前在计算流体力学中使用最广泛的是求解原始变量的分离式解法。

在分离式解法中，由于不可压缩流动过程的压力没有独立方程(可压缩过程的压力-密度关系由状态方程决定)，因此压力的处理是不可压缩场模拟的困难之一，包括压力梯度项的离散以及压力与速度间的耦合关系，为了克服压力和速度间的失耦，可以采用交错网格，为了在分离求解时各变量同时更新，以提高收敛速度，发展了 SIMPLE 系列算法。

（1）SIMPLE 算法

SIMPLE 算法是目前工程上应用最为广泛的一种流场计算方法，它属于压力修正法的一种。由于该算法要依赖于交错网格，因此这里先介绍交错网格的概念，然后讨论 SIMPLE 算法及其改进算法。

① 交错网格

交错网格是为解决在普通网格中对动量方程进行离散时碰到一些特殊的压力场(如一维锯齿形压力场、二维棋盘形压力场)而提出来的，是 SIMPLE 算法实现的基础。所谓交错网格(staggered grid)，就是将标量(如压力 p、温度 T 和密度 ρ 等)在正常的网格节点上存储和计算，而将速度的各分量分别在错位后的网格上存储和计算，错位后网格的中心位于原控制体积的界面上。这样，对于二维问题，就有三套不同的网格系统，分别用于存储 p、u 和 v。而对于三维问题，就有四套网格系统，分别用于存储 p、u、v 和 w。

图 1-4-9 给出了二维流动计算的交错网格系统示例。其中，主控制体积为求解压力 p 的控制体积，称为标量控制体积(scalar control volume)或 p 控制体积，控制体积的节点 P 称为主节点或标量节点(scalar node)，如图 1-4-8(a)所示。速度 u 在主控制体积的东、西界面 e 和 w 上定义和存储，速度 v 在主控制体积的南、北界面 s 和 n 上定义和存储。u 和 v 各自的控制体积则分别以速度所在位置(界面 e 和界面 n)为中心，分别称为 u 控制体积(u-control volume)和 v 控制体积(v-control volume)，如图 1-4-8(b)和图 1-4-8(c)所示。可以看到，u 控制体积和 v 控制体积与主控制体积不一致，u 控制体积与主控制体积在 x 方向有半个网格步长的错位，而 v 控制体积与主控制体积则在 y 方向上有半个网格步长的错位。需要注意的是，为了描述不同变量在空间的分布，不必对不同的变量采取同样的网格系统，可以为每一个变量建立一个不同的计算网格。这一点是交错网格建立的基础。

为了阐述 SIMPLE 算法的基本思想，下面针对图 1-4-9 所示的网格图来说明基于交错网格的动量方程的离散过程。为讨论简单起见，此处只考虑了稳态情况。

在图 1-4-9 中，实线表示原始的计算网格线，实心小圆点表示计算节点(即主控制体积的中心），虚线表示主控制体积的界面。这里，实线所表示的网格线用大写字母标识，如在 x 方向上各条实竖线的号码分别是…，$I-1$，I，$I+1$，…；在 y 方向上各条实横线的号码分别是…，$J-1$，J，$J+1$，…。用于限定各标量控制体积界面的虚线用小写字母标识，如在 x 方向上各条虚竖线的号码分别是…，$i-1$，i，$i+1$，…；在 y 方向上各条虚横线的号码分别是…，$j-1$，j，$j+1$，…。

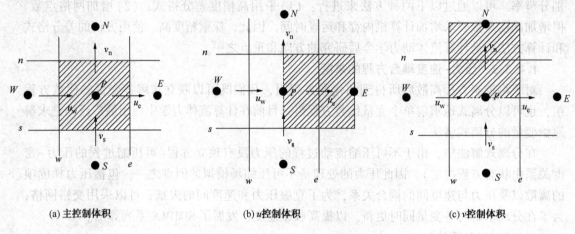

(a) 主控制体积　　　　　　　(b) u 控制体积　　　　　　　(c) v 控制体积

图 1-4-8　交错网格示意图

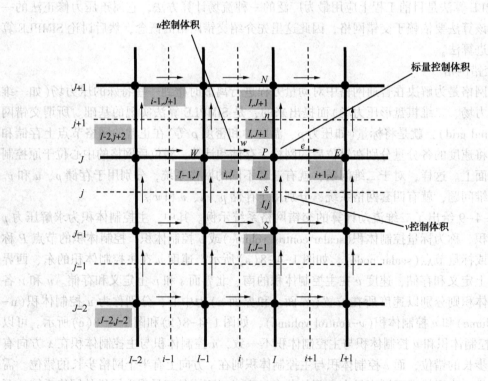

图 1-4-9　交错网格及其编码系统

对于在位置 (i, J) 处的关于速度 $u_{i, J}$ 的动量方程而言，其离散形式如下，

$$a_{i, J} u_{i, J} = \sum a_{nb} u_{nb} = (p_{I-1, J} - p_{I, J}) A_{i, J} + b_{i, J} \tag{1-4-63}$$

式中，$A_{i, J}$ 是 u 控制体积的东界面或西界面的面积。

同样，对于在位置(I, j)处的关于速度$\nu_{I,j}$的动量方程而言，其离散形式如下，

$$a_{I, j}\nu_{I, j} = \sum a_{\mathrm{nb}}\nu_{\mathrm{nb}} = (p_{I, J-1} - p_{I, J})A_{I, j} + b_{I, j} \qquad (1\text{-}4\text{-}64)$$

给定一个压力场p，可以针对每个u控制体积和ν控制体积写出式(1-4-64)所示动量方程的离散方程，并可从中求解出速度场。如果压力场正确，所得到的速度场将满足连续方程。但由于到目前为止压力场仍然未知，因此下一步的任务就是寻求计算压力场的方法。此问题将在SIMPLE算法中解决。

② 基本思想

SIMPLE 是英文 Semi-Implicit Method for Pressure-Linked Equations 的缩写，意为"求解压力耦合方程组的半隐式方法"。该算法由苏哈斯·帕坦卡(Suhas V. Patankar)与布赖恩·斯伯丁(Brian Spalding)教授于1972年一同提出，目前仍在广泛应用并且是商业计算流体软件中的一种主要算法。其核心是采用"猜测-修正"方法基于交错网格来计算压力场，从而达到求解动量方程的目的。

SIMPLE 算法的基本思想可描述如下：对于给定的压力场(它可以是假定的值，或是上一次迭代计算所得到的结果)，求解离散形式的动量方程，得出速度场。因为压力场是假定的或者是不精确的，所得到的速度场一般不满足连续方程，因此必须对给定的压力场加以修正。修正的原则是：与修正后压力场相对应的速度场能满足这一迭代层次上的连续方程。据此原则，把由动量方程的离散形式所规定的压力与速度的关系代入连续方程的离散形式，从而得到压力修正方程，由压力修正方程得出压力修正值；接着根据修正后的压力场，求得新的速度场；然后检查速度场是否收敛，若不收敛，则用修正后的压力值作为给定的压力场，开始下一层次的计算。如此反复，直至获得收敛的解。

在上述求解过程中，如何获得压力修正值(即如何构造压力修正方程)，以及如何根据压力修正值确定"正确"的速度(即如何构造速度修正方程)，是SIMPLE算法的两个关键问题。为此，下面先解决这两个问题，然后给出SIMPLE算法的求解步骤。

③ 速度修正方程

现考察一直角坐标系下的二维层流稳态问题。设有初始的猜测压力场p^*，动量方程的离散方程可借助该压力场得以求解，从而求出相应的速度分量u^*和ν^*。

根据动量方程的离散方程(1-4-63)和方程(1-4-64)，有，

$$a_{i, j}u_{i, j}^* = \sum a_{\mathrm{nb}}u_{\mathrm{nb}}^* + (p_{I-1, J}^* - p_{I, J}^*)A_{i, j} + b_{i, j} \qquad (1\text{-}4\text{-}65)$$

$$a_{i, j}\nu_{i, j}^* = \sum a_{\mathrm{nb}}\nu_{\mathrm{nb}}^* + (p_{I, J-1}^* - p_{I, J}^*)A_{I, j} + b_{I, j} \qquad (1\text{-}4\text{-}66)$$

定义压力修正值p'为正确的压力场p与猜测的压力场p^*之差，即，

$$p = p^* + p' \qquad (1\text{-}4\text{-}67)$$

同理，可以定义速度修正值u'和ν'，得到正确的速度场(u, ν)与猜测的速度场(u^*, ν^*)之间的关系，

$$u = u^* + u' \qquad (1\text{-}4\text{-}68)$$

$$\nu = \nu^* + \nu' \qquad (1\text{-}4\text{-}69)$$

将正确的压力场p代入动量离散方程(1-4-63)与方程(1-4-64)，得到正确的速度场(u, ν)。现在，从方程(1-4-63)和方程(1-4-64)中减去方程(1-4-65)和方程(1-4-66)，并假定源项b不变，有，

$$a_{i,J}(u_{i,J} - u_{i,J}^*) = \sum a_{nb}(u_{nb} - u_{nb}^*) + [(p_{I-1,J} - p_{I-1,J}^*) - (p_{I,J} - p_{I,J}^*)]A_{i,J}$$

$$\tag{1-4-70}$$

$$a_{I,j}(\nu_{I,j} - \nu_{I,j}^*) = \sum a_{nb}(\nu_{nb} - \nu_{nb}^*) + [(p_{I,J-1} - p_{I,J-1}^*) - (p_{I,J} - p_{I,J}^*)]A_{I,j}$$

$$\tag{1-4-71}$$

引入压力修正值与速度修正值的表达式(1-4-67)~式(1-4-69)，方程(1-4-70)和方程(1-4-71)可写成，

$$a_{i,J}u'_{i,J} = \sum a_{nb}u'_{nb} + (p'_{I-1,J} - p'_{I,J})A_{i,J} \tag{1-4-72}$$

$$a_{I,j}\nu'_{I,j} = \sum a_{nb}\nu'_{nb} + (p'_{I,J-1} - p'_{I,J})A_{I,j} \tag{1-4-73}$$

可以看出，由压力修正值 p' 可求出速度修正值 (u', ν')。上式还表明，任一点上速度的修正值由两部分组成：一部分是与该速度在同一方向上的相邻两节点间压力修正值之差，这是产生速度修正值的直接动力；另一部分是由邻点速度的修正值所引起，这又可以视为四周压力的修正值对所讨论位置上速度改进的间接影响。

为了简化式(1-4-72)式(1-4-73)的求解过程，我们作如下近似处理：略去方程中与速度修正值相关的 $\sum a_{nb}u'_{nb}$ 和 $\sum a_{nb}\nu'_{nb}$，于是有，

$$u'_{i,J} = d_{i,J}(p'_{I-1,J} - p'_{I,J}) \tag{1-4-74}$$

$$\nu'_{I,j} = d_{i,j}(p'_{I,J-1} - p'_{I,J}) \tag{1-4-75}$$

式中，

$$d_{i,J} = \frac{A_{i,J}}{a_{i,J}}, \quad d_{I,j} = \frac{A_{I,j}}{a_{I,j}} \tag{1-4-76}$$

将式(1-4-74)和式(1-4-75)所描述的速度修正值，代入式(1-4-68)式(1-4-69)，

$$u_{i,J} = u_{i,J}^* + d_{i,J}(p'_{I-1,J} - p'_{I,J}) \tag{1-4-77}$$

$$\nu_{I,j} = \nu_{I,j}^* + d_{I,j}(p'_{I,J-1} - p'_{I,J}) \tag{1-4-78}$$

对于 $u_{i+1,J}$ 和 $\nu_{I,j+1}$，存在类似的表达式，

$$u_{i+1,J} = u_{i+1,J}^* + d_{i+1,J}(p'_{I,J} - p'_{I+1,J}) \tag{1-4-79}$$

$$\nu_{I,j+1} = \nu_{I,j+1}^* + d_{I,j+1}(p'_{I,J} - p'_{I,J+1}) \tag{1-4-80}$$

式中，

$$d_{i+1,J} = \frac{A_{i+1,J}}{a_{i+1,J}}, \quad d_{I,j+1} = \frac{A_{I,j+1}}{a_{I,j+1}} \tag{1-4-81}$$

式(1-4-77)~式(1-4-80)表明，如果已知压力修正值 p'，便可对猜测的速度场 (u^*, ν^*) 作相应的速度修正，得到正确的速度场 (u, ν)。

④ 压力修正方程

上面的推导只考虑了动量方程，其实，如前所述，速度场还受连续方程的约束。对于稳态问题，连续方程可写为，

$$\frac{\partial(\rho u)}{\partial x} + \frac{\partial(\rho \nu)}{\partial y} = 0 \tag{1-4-82}$$

针对图1-4-10所示的标量控制体积，上述连续方程满足如下离散形式，

$$[(\rho u A)_{i+1,J} - (\rho u A)_{i,J}] + [(\rho \nu A)_{I,j+1} - (\rho \nu A)_{I,j}] = 0 \tag{1-4-83}$$

将正确的速度值，即式(1-4-77)~式(1-4-80)，代入连续方程的离散方

程(1-4-83)，有，

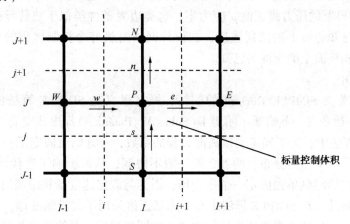

图 1-4-10　用于离散连续方程的标量控制体积

$$\{\rho_{i+1,\,J}A_{i+1,\,J}[u^*_{i+1,\,J}+d_{i+1,\,J}(p'_{I,\,J}-p'_{I+1,\,J})]-\rho_{i,\,J}A_{i,\,J}[u^*_{i,\,J}+d_{i,\,J}(p'_{I-1,\,J}-p'_{I,\,J})]\}$$
$$+\{\rho_{I,\,j+1}A_{I,\,j+1}[v^*_{I,\,j+1}+d_{I,\,j+1}(p'_{I,\,J}-p'_{I,\,J+1})]-\rho_{I,\,j}A_{I,\,j}[v^*_{I,\,j}+d_{I,\,j}(p'_{I,\,J-1}-p'_{I,\,J})]\}=0$$
$$(1-4-84)$$

整理后可得，

$$[(\rho dA)_{i+1,\,J}+(\rho dA)_{i,\,J}+(\rho dA)_{I,\,j+1}+(\rho dA)_{I,\,j}]p'_{I,\,J}$$
$$=(\rho dA)_{i+1,\,J}p'_{I+1,\,J}+(\rho dA)_{i,\,J}p'_{I-1,\,J}+(\rho dA)_{I,\,j+1}p'_{I,\,J+1}+(\rho dA)_{I,\,j}p'_{I,\,J-1}$$
$$+[(\rho u^*A)_{i,\,J}-(\rho u^*A)_{i+1,\,J}+(\rho v^*A)_{I,\,j}-(\rho u^*A)_{I,\,j+1}]\quad(1-4-85)$$

该式可简记为，

$$a_{I,\,J}p'_{I,\,J}=a_{I+1,\,J}p'_{I+1,\,J}+a_{I-1,\,J}p'_{I-1,\,J}+a_{I,\,J+1}p'_{I,\,J+1}+a_{I,\,J-1}p'_{I,\,J-1}+b'_{I,\,J}$$
$$(1-4-86)$$

式中，

$$\left.\begin{array}{l}a_{I+1,\,J}=(\rho dA)_{i+1,\,J}\\a_{I-1,\,J}=(\rho dA)_{i,\,J}\\a_{I,\,J+1}=(\rho dA)_{I,\,j+1}\\a_{I,\,J-1}=(\rho dA)_{I,\,j}\\a_{I,\,J}=(\rho dA)_{i+1,\,J}+(\rho dA)_{i,\,J}+(\rho dA)_{I,\,j+1}+(\rho dA)_{I,\,j}\\b'_{I,\,J}=(\rho u^*A)_{i,\,J}-(\rho u^*A)_{i+1,\,J}+(\rho v^*A)_{I,\,j}-(\rho v^*A)_{I,\,j+1}\end{array}\right\}\quad(1-4-87)$$

式(1-4-86)表示连续方程的离散方程，即压力修正值 p' 的离散方程。方程中的源项 b' 是由不正确速度场（u^*，v^*）所导致的"连续性"不平衡量。通过求解方程(1-4-86)，可得到空间所有位置的压力修正值 p'。

式(1-4-87)中的 ρ 是标量控制体积界面上的密度值，同样需要通过插值得到，这是因为密度 ρ 在标量控制体积中的节点（即控制体积的中心）定义和存储，在标量控制体积界面上不存在可直接引用的值。无论采用何种插值方法，对于交界面所属的两个控制体积，必须采用同样的 ρ 值。

为了求解方程(1-4-86)，还必须对压力修正值的边界条件作出说明。实际上，压力修正方程是由动量方程和连续方程派生而来，它不是基本方程，故其边界条件也与动量方程的边界条件相联系。在一般的流场计算中，动量方程的边界条件通常有两类：①已知边界上的压力(速度未知)；②已知沿边界法向的速度分量。若已知边界压力 $\overline{p}$，可在该段边界上令 $p^* = \overline{p}$，则该段边界上的压力修正值 p' 应为零。这类边界条件类似于热传导问题中已知温度的边界条件。若已知边界上的法向速度，在设计网格时最好令控制体积的界面与边界相一致，这样控制体积界面上的速度为已知。

（2）SIMPLER

SIMPLER 是英文 SIMPLE Revised 的缩写，顾名思义是 SIMPLE 算法的改进版本，由 SIMPLE 算法的创始者之一苏哈斯·帕坦卡（Suhas V. Patankar）提出并完成。

在 SIMPLE 算法中，为了确定动量离散方程的系数，一开始就假定了一个速度分布，同时又独立地假定了一个压力分布，两者之间一般不协调，从而影响了迭代计算的收敛速度。实际上，不必在初始时刻单独假定一个压力场，因为与假定速度场相协调的压力场可以通过动量方程求出。另外，在 SIMPLE 算法中对压力修正值采用了欠松弛处理，而欠松弛因子比较难确定，因此速度场的改进与压力场的改进不能同步进行，最终影响收敛速度。于是，帕坦卡便提出了这样的想法：p' 只用来修正速度，而压力场的改进则另找其他更合适的方法。将上述两方面的思想结合起来，就构成了 SIMPLER 算法。

在 SIMPLER 算法中，经过离散后的连续方程（1-4-83）用于建立一个压力的离散方程，而不像在 SIMPLE 算法中用来建立压力修正方程，从而可以直接得到压力而不需要修正。但是，速度仍然需要通过 SIMPLE 算法中的修正方程（1-4-77）~方程（1-4-80）来修正。

将离散后的动量方程（1-4-63）和方程（1-4-64）重新改写后，有，

$$u_{i,J} = \frac{\sum a_{nb} u_{nb} + b_{i,J}}{a_{i,J}} + \frac{A_{i,J}}{a_{i,J}}(p_{I-1,J} - p_{I,J}) \tag{1-4-88}$$

$$v_{i,J} = \frac{\sum a_{nb} v_{nb} + b_{I,j}}{a_{I,j}} + \frac{A_{I,j}}{a_{I,j}}(p_{I,J-1} - p_{I,J}) \tag{1-4-89}$$

在 SIMPLER 算法中，定义伪速度 $\hat{u}$ 与 $\hat{v}$ 如下，

$$\hat{v} = \frac{\sum a_{nb} u_{nb} + b_{i,J}}{a_{i,J}} \tag{1-4-90}$$

$$\hat{v} = \frac{\sum a_{nb} v_{nb} + b_{I,j}}{a_{I,j}} \tag{1-4-91}$$

这样，式（1-4-88）与式（1-4-89）可写为，

$$u_{i,J} = \hat{u}_{i,J} + d_{i,J}(p_{I-1,J} - p_{I,J}) \tag{1-4-92}$$

$$v_{I,j} = \hat{v}_{I,j} + d_{I,j}(p_{I,J-1} - p_{I,J}) \tag{1-4-93}$$

以上两式中的系数 d 采用计算公式（1-4-76）。同样可写出 $u_{i,J}$ 与 $v_{I,j+1}$ 的表达式。然后，将 $u_{i,J}$、$v_{I,j}$、$u_{i+1,J}$ 与 $v_{I,j+1}$ 的表达式代入离散后的连续方程（1-4-83），有，

$$\{\rho_{i+1,J} A_{i+1,J}[\hat{u}_{i+1,J} + d_{i+1,J}(p'_{I,J} - p'_{I+1,J})] - \rho_{i,J} A_{i,J}[\hat{u}_{i,J} + d_{i,J}(p'_{I-1,J} - p'_{I,J})]\}$$
$$+ \{\rho_{I,j+1} A_{I,j+1}[\hat{v}_{I,j+1} + d_{I,j+1}(p'_{I,J} - p'_{I,J+1})] - \rho_{I,j} A_{I,j}[\hat{v}_{I,j} + d_{I,j}(p'_{I,J-1} - p'_{I,J})]\} = 0$$
$$\tag{1-4-94}$$

整理后，得到离散后的压力方程，

$$a_{I,J} p_{I,J} = a_{I+1,J} p_{I+1,J} + a_{I-1,J} p_{I-1,J} + a_{I,J+1} p_{I,J+1} + a_{I,J-1} p_{I,J-1} + b_{I,J} \tag{1-4-95}$$

式中，

$$
\left.\begin{array}{l}
a_{I+1,\,J} = (\rho \mathrm{d}A)_{i+1,\,J} \\
a_{I-1,\,J} = (\rho \mathrm{d}A)_{i,\,J} \\
a_{I,\,J+1} = (\rho \mathrm{d}A)_{I,\,j+1} \\
a_{I,\,J-1} = (\rho \mathrm{d}A)_{I,\,j} \\
a_{I,\,J} = (\rho \mathrm{d}A)_{i+1,\,J} + (\rho \mathrm{d}A)_{i,\,J} + (\rho \mathrm{d}A)_{I,\,j+1} + (\rho \mathrm{d}A)_{I,\,j} \\
b_{I,\,J} = (\rho \hat{u} A)_{i,\,J} - (\rho \hat{u} A)_{i+1,\,J} + (\rho \hat{v} A)_{I,\,j} - (\rho \hat{v} A)_{I,\,j+1}
\end{array}\right\} \qquad (1\text{-}4\text{-}96)
$$

可以注意到方程(1-4-95)中的系数与压力修正方程(1-4-86)中的系数相同,差别仅在于源项 b,这里的源项 b 用伪速度来计算。因此,离散后的动量方程(1-4-65)和方程(1-4-66)可以借助上面得到的压力场来直接求解,这样便可以求出速度分量 u^* 与 v^*。

在 SIMPLER 算法中继续使用速度修正方程——式(1-4-77)~式(1-4-80),来得出修正后的速度值,因此也必须使用 p' 的方程——式(1-4-86),来获取修正速度时所需的压力修正量。

在 SIMPLER 算法中,初始的压力场与速度场是协调的,且由 SIMPLER 方法算出的压力场不必作欠松弛处理,迭代计算时比较容易得到收敛解。但在 SIMPLER 的每一层迭代中,要比 SIMPLE 算法多解一个关于压力的方程组,一个迭代步内的计算量较大。总体而言,SIMPLER 的计算效率要高于 SIMPLE 算法。

(3) SIMPLEC

SIMPLEC 是英文 SIMPLE Consistent 的缩写,意为协调一致的 SIMPLE 算法。它也是 SIMPLE 的改进算法之一,由 J. P. Van Doormal 和 G. D. Raithby 于 1984 年提出。

在 SIMPLE 算法中,为求解方便而略去了速度修正值方程中的 $\sum a_{nb} u'_{nb}$ 项,从而把速度的修正完全归结为由压差项的直接作用。这一作法虽然并不影响收敛解的值,但加重了修正值 p' 的负担,使得整个速度场迭代收敛速度降低。实际上,为了能在略去 $\sum a_{nb} u'_{nb}$ 的同时又能使方程基本协调,试在 $u'_{i,\,J}$ 方程(1-4-72)的等号两端同时减去 $\sum a_{nb} u'_{i,\,J}$,有,

$$
\left(a_{i,\,J} - \sum a_{nb}\right) u'_{i,\,J} = \sum a_{nb}(u'_{nb} - u'_{i,\,J}) + A_{i,\,J}(p'_{I-1,\,J} - p'_{I,\,J}) \qquad (1\text{-}4\text{-}97)
$$

可以预期, $u'_{i,\,J}$ 与其邻点的修正值 u'_{nb} 具有相同的量级,因而略去 $\sum a_{nb}(u'_{nb} - u'_{i,\,J})$ 所产生的影响远比在方程(1-4-70)中不计 $\sum a_{nb} u'_{nb}$ 所产生的影响要小得多。于是有,

$$
u'_{i,\,J} = d_{i,\,J}(p'_{I-1,\,J} - p'_{I,\,J}) \qquad (1\text{-}4\text{-}98)
$$

式中,

$$
d_{i,\,J} = \frac{A_{i,\,J}}{\left(a_{i,\,J} - \sum a_{nb}\right)} \qquad (1\text{-}4\text{-}99)
$$

类似地,有,

$$
v'_{I,\,j} = d_{I,\,j}(p'_{I,\,J-1} - p'_{I,\,J}) \qquad (1\text{-}4\text{-}100)
$$

式中,

$$
d_{I,\,j} = \frac{A_{I,\,j}}{\left(a_{I,\,j} - \sum a_{nb}\right)} \qquad (1\text{-}4\text{-}101)
$$

将式(1-4-98)和式(1-4-100)代入 SIMPLE 算法中的式(1-4-77)和式(1-4-78),得到修正后的速度计算式如下,

$$u_{i,J} = u_{i,J}^* + d_{i,J}(p'_{I-1,J} - p'_{I,J}) \qquad (1-4-102)$$

$$v_{I,j} = v_{I,j}^* + d_{I,j}(p'_{I,J-1} - p'_{I,J}) \qquad (1-4-103)$$

式(1-4-102)和式(1-4-103)在形式上与式(1-4-77)和式(1-4-78)一致，只是其中系数项 d 的计算公式不同，现在需要按式(1-4-99)和式(1-4-101)计算。

这就是 SIMPLEC 算法。SIMPLEC 算法与 SIMPLE 算法的计算步骤相同，只是速度修正值方程中的系数项 d 的计算公式有所区别。

由于 SIMPLEC 算法没有像 SIMPLE 算法那样将 $\sum a_{nb}u'_{nb}$ 项忽略，得到的压力修正值 p' 一般比较合适，因此可以不再对 p' 进行欠松弛处理。

（4）PISO 算法

PISO 是英文 Pressure Implicit with Splitting of Operators 的缩写，意为压力的隐式算子分割算法。PISO 算法由 Issa 于 1986 年提出，起初是针对非稳态可压流动的无迭代计算所建立的一种压力速度计算程序，后来在稳态问题的迭代计算中也得到了较广泛的应用。

PISO 算法与 SIMPLE、SIMPLEC 算法的不同之处在于：SIMPLE 和 SIMPLEC 算法是两步算法，即一步预测和一步修正；而 PISO 算法增加了一个修正步，包含一个预测步和两个修正步，在完成了第一步修正得到(u、v、p)后寻求二次改进值，目的是使其更好地同时满足动量方程和连续方程。由于 PISO 算法使用了"预测→修正→再修正"三个步骤，从而可加快单个迭代步中的收敛速度。

① 预测步

使用与 SIMPLE 算法相同的方法，利用猜测的压力场 p^*，求解动量离散方程(1-4-65)和方程(1-4-66)，得到速度分量 u^*、v^* 或速度场(u^*，v^*)。

② 第一修正步

除非压力场 p^* 准确，所得到的速度场(u^*，v^*)一般不满足连续方程。现在引入对 SIMPLE 的第一个修正步，该修正步给出一个速度场(u^{**}，v^{**})，使其满足连续方程。此处的修正公式与 SIMPLE 算法中的式(1-4-74)和式(1-4-75)完全一致，只不过考虑到在 PISO 算法还有第二个修正步，因此使用不同的记法，

$$p^{**} = p^* + p' \qquad (1-4-104)$$

$$u^{**} = u^* + u' \qquad (1-4-105)$$

$$v^{**} = v^* + v' \qquad (1-4-106)$$

这组公式用于定义修正后的速度 u^{**} 与 v^{**}，

$$u_{i,J}^{**} = u_{i,J}^* + d_{i,J}(p'_{I-1,J} - p'_{I,J}) \qquad (1-4-107)$$

$$v_{I,j}^{**} = v_{I,j}^* + d_{I,j}(p'_{I,J-1} - p'_{I,J}) \qquad (1-4-108)$$

如同在 SIMPLE 算法中一样，将式(1-4-107)与式(1-4-108)代入连续方程(1-4-83)，产生与式(1-4-86)具有相同系数与源项的压力修正方程。求解该方程，产生第一个压力修正值 p'。一旦压力修正值已知，可通过方程(1-4-107)与方程(1-4-108)获得速度分量 u^{**} 和 v^{**}。

③ 第二修正步

为了强化 SIMPLE 算法的计算，PISO 要进行第二步的修正。u^{**} 和 v^{**} 的动量离散方程是，

$$a_{i,J}u_{i,J}^* = \sum a_{nb}u_{nb}^* + (p_{I-1,J}^* - p_{I,J}^*)A_{i,J} + b_{i,J} \qquad (1-4-109)$$

$$a_{I,j}\nu^*_{I,j} = \sum a_{nb}\nu^*_{nb} + (p^*_{I,J-1} - p^*_{I,J})A_{I,j} + b_{I,j} \tag{1-4-110}$$

再次求解动量方程，可以得到两次修正的速度场(u^{***}, ν^{***})

$$a_{i,J}u^{***}_{i,J} = \sum a_{nb}u^{**}_{nb} + (p^{***}_{I-1,J} - p^{***}_{I,J})A_{i,J} + b_{i,J} \tag{1-4-111}$$

$$a_{I,j}\nu^{***}_{I,j} = \sum a_{nb}\nu^{**}_{nb} + (p^{***}_{I,J-1} - p^{***}_{I,J})A_{I,j} + b_{I,j} \tag{1-4-112}$$

请注意，修正步中的求和项用速度分量u^{**}和ν^{**}来计算。

现在，从式（1-4-111）中减去式（1-4-109）、从式（1-4-112）中减去式（1-4-110），有，

$$u^{***}_{i,J} = u^{**}_{i,J} + \frac{\sum a_{nb}(u^{**}_{nb} - u^*_{nb})}{a_{i,J}} + d_{i,J}(p''_{I-1,J} - p''_{I,J}) \tag{1-4-113}$$

$$\nu^{***}_{I,j} = \nu^{**}_{I,j} + \frac{\sum a_{nb}(\nu^{**}_{nb} - \nu^*_{nb})}{a_{I,j}} + d_{I,j}(p''_{I,J-1} - p''_{I,J}) \tag{1-4-114}$$

式中，记号p''是压力的二次修正值。有了该记号，p^{***}可表示为，

$$p^{***} = p^{**} + p'' \tag{1-4-115}$$

将u^{***}和ν^{***}的表达式（1-4-14）和式（1-4-15），代入连续方程（1-4-83），得到二次压力修正方程，

$$a_{I,J}p''_{I,J} = a_{I+1,J}p''_{I+1,J} + a_{I-1,J}p''_{I-1,J} + a_{I,J+1}p''_{I,J+1} + a_{I,J-1}p''_{I,J-1} + b''_{I,J} \tag{1-4-116}$$

式中，$a_{I,J} = a_{I+1,J} + a_{I-1,J} + a_{I,J+1} + a_{I,J-1}$。可以参考建立方程（1-4-86）同样的过程，写出各系数如下，

$$\left.\begin{array}{l} a_{I+1,J} = (\rho dA)_{i+1,J}, \quad a_{I-1,J} = (\rho dA)_{i,j}, \\ a_{I,J+1} = (\rho dA)_{I,j+1}, \quad a_{I,J-1} = (\rho dA)_{I,j} \\ b''_{I,J} = \left(\frac{\rho A}{a}\right)_{i,J}\sum a_{nb}(u^{**}_{nb} - u^*_{nb}) - \left(\frac{\rho A}{a}\right)_{i+1,J}\sum a_{nb}(u^{**}_{nb} - u^*_{nb}) \\ + \left(\frac{\rho A}{a}\right)_{I,j}\sum a_{nb}(\nu^{**}_{nb} - \nu^*_{nb}) - \left(\frac{\rho A}{a}\right)_{I,j+1}\sum a_{nb}(\nu^{**}_{nb} - \nu^*_{nb}) \end{array}\right\} \tag{1-4-117}$$

这里将对式（1-4-117）中源项$b''_{I,J}$的形式作简要分析和解释。对比建立方程（1-4-86）的过程可以发现，式（1-4-117）中的$b''_{I,J}$各项是因在u^{***}和ν^{***}的表达式（1-4-113）和式（1-4-114）中存在$\dfrac{\sum a_{nb}(u^{**}_{nb} - u^*_{nb})}{a_{i,J}}$和$\dfrac{\sum a_{nb}(\nu^{**}_{nb} - \nu^*_{nb})}{a_{I,j}}$项所导致，而在$u$和$\nu$的表达式（1-4-79）和式（1-4-80）中没有这样的项，因此式（1-4-86）不存在类似式（1-4-117）中$b''_{I,J}$的各项。但式（1-4-86）存在另外一个源项，即，$[(\rho u^* A)_{i,J} - (\rho u^* A)_{i+1,J} + (\rho \nu^* A)_{I,j} - (\rho \nu^* A)_{I,j+1}]$，这是因速度$u$和$v$表达式（1-4-77）和式（1-4-78）中的$u^*$与$\nu^*$项所导致。按此推断，在式（1-4-117）的$b''_{I,J}$中也应该存在类似的源表达式。但是，由于$u^{**}$和$\nu^{**}$满足连续方程，因此$[(\rho u^{**} A)_{i,J} - (\rho u^{**} A)_{i+1,J} + (\rho u^{**} A)_{I,j} - (\rho u^{**} A)_{I,j+1}]$，为0。

现在求解方程（1-4-116），就可得到二次压力修正值p''。这样，通过下式就可得到二次修正的压力场，

$$p^{***} = p^{**} + p'' = p^* + p' + p'' \tag{1-4-118}$$

最后，通过求解方程（1-4-113）与方程（1-4-114）得到二次修正的速度场。

在瞬态问题的迭代计算过程中，压力场 p^{***} 与速度场（u^{***}，v^{***}）被认为比较准确。PISO 算法需要两次求解压力修正方程，因此需要额外的存储空间来计算二次压力修正方程中的源项。尽管该方法涉及较多的计算，但对比发现其计算速度很快，总体效率比较高。FLUENT 的用户手册推荐，对于瞬态问题，PISO 算法有明显的优势；而对于稳态问题，可能选择 SIMPLE 或 SIMPLEC 算法更合适。

（5）SIMPLE 系列算法比较

SIMPLE 算法是 SIMPLE 系列算法的基础，目前在各种 CFD 软件中均保留这种算法。SIMPLE 算法的各种改进算法主要是提高了计算的收敛性，从而缩短计算时间。

在 SIMPLE 算法中，压力修正值 p' 能够很好地满足速度修正的要求，但对压力修正不是十分理想。改进后的 SIMPLER 算法只用压力修正值 p' 来修正速度，另外构建一个更加有效的压力方程来产生"正确"的压力场。由于在推导 SIMPLER 算法的离散化压力方程时，没有省略任何项，因此所得到的压力场与速度场相适应。在 SIMPLER 算法中，正确的速度场将导致正确的压力场，而在 SIMPLE 算法中则并非如此，因此 SIMPLER 算法能在很高的效率下正确计算压力场，这一点在求解动量方程时有明显优势。虽然 SIMPLER 算法的计算量比 SIMPLE 算法高出 30%左右，但其较快的收敛速度反而能使计算时间减少 30%~50%。

SIMPLEC 和 PISO 算法总体上与 SIMPLER 具有同样的计算效率，相互之间很难区分孰优孰劣，每种算法针对不同类型的问题都有自己的优势。一般来讲，如果动量方程与标量方程（如温度方程）没有耦合在一起，则 PISO 算法在收敛性方面表现较好且计算效率较高。而在动量方程与标量方程耦合非常紧密时，SIMPLEC 和 SIMPLER 的效果可能更好些。

1.4.3.3　离散方程组的求解

通过差分格式离散后，最终都将把非线性的偏微分方程组转化为线性的多元代数方程组。求解这些代数方程组是对物理过程进行模拟的最后一个重要环节。在计算流体力学和计算传热学中，该代数方程组通常采用迭代法进行求解。为了保证代数方程组在进行迭代求解过程的收敛性，通常要求代数方程组的系数矩阵满足对角线元素占优。通过有限体积法离散得到的方程组往往是对角方程组，其求解过程分为直接求解的 TDMA 方法和间接求解的迭代法，以及在此方法上发展起来的改进求解方法。许多介绍数值方法的教科书中都有关于代数方程组求解的详细介绍，对此感兴趣的读者可自行参考相关文献。

§1.5　FLUENT 的启动运行

1.5.1　使用 FLUENT Launcher 启动 ANSYS FLUENT

启动 FLUENT Launcher 可以通过 Windows 中"开始"菜单中或桌面上的快捷方式，或者是在 LINUX 命令行中输入命令。当不使用任何启动参数时，默认将启动 FLUENT Launcher，如图 1-5-1 所示。在 FLUENT Launcher 中，用户可以根据具体问题选择二维还是三维、单精度还是双精度。

Display Options 下方是三个与图形显示有关的选项：当选中 Display Mesh After Reading 时，FLUENT 会在读入网格 mesh 文件或 case 文件后立即显示出网格，该选项为默认选中状态。如果选中 Embed Graphics Windows 选项，FLUENT 将会用嵌入式窗格显示图形对话框，该选项也呈选中状态。若不选，FLUENT 将会以浮动式窗格显示图形对话框，复选

Workbench Color Scheme 复选框后，FLUENT 将使用 Workbench 颜色方案，而不是经典的黑色背景。

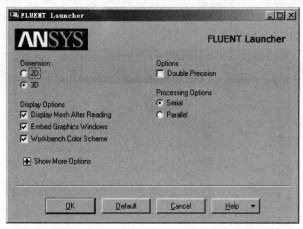

图 1-5-1　FLUENT Launcher 界面

　　缺省状况下，FLUENT 将启动单精度求解器。可根据具体问题复选 Double-Precision，让 FLUENT 启动双精度求解器。在 Processing Options 下面，选中 Serial 将启动单核求解器，选中 Parallel 将启动并行求解器。对于一些节点较多、计算量大的复杂问题，可选择并行计算。

　　单击点开 Display Options 前面的"+"号时，将显示缺省状态下被隐藏起来的选项。在 Working Directory 组合框中选择设定的工作目录，然后单击 OK 按钮，启动 FLUENT 求解器。

1.5.2　使用 Workbench 启动 CFD 模拟

　　ANSYS Workbench 实际上是个数据共享的平台，用户可以在该平台下实现 ANSYS 旗下大多数产品间的数据传递与交换，例如 ANSYS DesignModeler 与 ANSYS Meshing 间的数据传递等。

　　依据产品在研发过程中的使用阶段，可以把 ANSYS Workbench 平台下的产品分为四部分：第一部分是具有几何造型功能及简单分析功能的 ANSYS 产品，包括 ANSYS DesignModeler(DM)、BladeGEN、Vista TF 等软件；第二部分是具有网格划分功能的 ANSYS 产品，包括 ANSYS Meshing、TurboGrid、Finite Element Modeler 等软件；第三部分是具有主要求解功能的 ANSYS 产品，包括 ANSYS Mechanical、ANSYS CFX、ANSYS FLUENT、LS-DYNA、ICEPAK、PLOYFLOW 等软件；第四部分是后处理及其它功能的 ANSYS 产品，包括 CFD-POST、Design Exploration 等软件。

　　鉴于任何使用 CFD 进行工业设计等计算往往需要大量的工作，其中包括物理模型的改变、网格的调整、边界条件的选取以及求解设置的调整等，此时项目管理的好坏就体现出价值和意义。没使用 Workbench 前，FLUENT 采用的项目管理方法通常有以下两种方式：①利用 FLUENT 命名的原则进行项目管理；②利用记事本来进行项目管理。这两种方式由于人参与的因素较多，不能达到方便、灵活、自动的目的。而 Workbench 利用图形的方式把几何创建、网格生成、求解设置以及后处理有机地结合了起来，把不同模型、不同网格以及不同求解设置通过图形及连线的方式表现出来，使得用户能很好地从图形上找到各个模块间的数据交换关系。启动 Workbench 建立 FLUENT 分析项目的一般步骤如下：

（1）在 Windows 系统下执行菜单操作：开始→所有程序→ANSYS 14.0→Workbench 命令，启动 ANSYS Workbench 14.0，进入主界面。

（2）双击主界面 Toolbox 中的 Component Systems 里面的 Geometry 选项，即可在项目管理区创建分析项目 A，如图 1-5-2 所示。

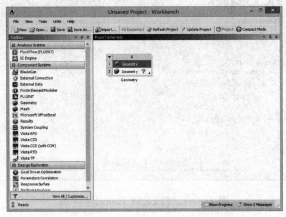

图 1-5-2　创建 Geometry 分析项目界面

（3）在工具箱中的 Component Systems 里面的 Mesh 选项上按住鼠标左键拖曳到项目管理区中，悬挂在项目 A 中的 A2 栏 Geometry 上，当项目 A2 的 Geometry 栏呈红色高亮显示时，即可放开鼠标创建项目 B，项目 A 和项目 B 中的 Geometry 栏（A2 和 B2）之间出现了条线相连，表示它们的之间几何体数据可共享，如图 1-5-3 所示。

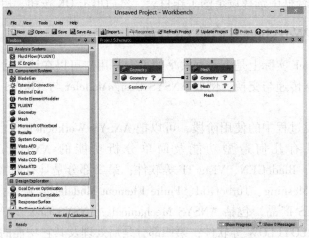

图 1-5-3　创建 Mesh 分析项目界面

（4）在工具箱中的 Analysis Systems 里面的 Fluid Flow（FLUENT）选项上按住鼠标左键拖曳到项目管理区中，悬挂在项目 B 中的 B2 栏和 B3 栏呈红色高亮显示时，即可放开鼠标创建项目 C。项目 B 和项目 C 中的 Geometry 栏（B2 和 C2）以及 Mesh 栏（B3 和 C3）之间各出现了一条线相连，表示它们之间的数据可共享，如图 1-5-4 所示。

建立项目后，当创建几何、划分网格，C4 前有数据时，便可启动 FLUENT。

在 Workbench 创建项目后，便可以进行项目，使数据在多个栏中共享，如图 1-5-5 所示。

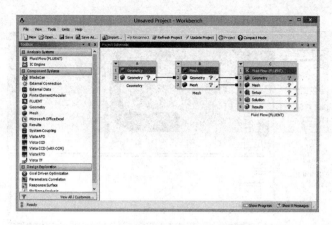

图 1-5-4   创建 Mesh 分析项目界面

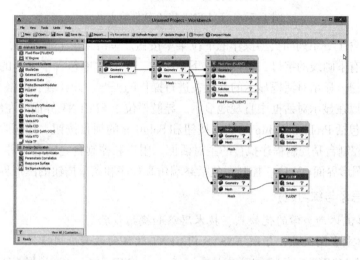

图 1-5-5   Workbench 项目管理界面

1.5.3   在 LINUX 系统下启动 FLUENT

在 LINUX 系统下启动 FLUENT 有两种方法。

(1) 直接使用命令"FLUENT"而不指定版本将启动求解器,然后使用 FLUENT Launcher 来选择相应的版本和其他选项。

(2) 在输入命令时加入启动参数。例如:①FLUENT 2d:启动二维单精度求解器; ②FLUENT 3d:启动三维单精度求解器;③FLUENT 2ddp:启动二维双精度求解器;④ FLUENT 3ddp:启动三维双精度求解器。

也可以通过命令行启动 FLUENT 并行计算。例如,要在 x 个处理器上进行并行计算,只需在命令提示符后键入命令:FLUENT version -tx,实际运行时把 version 替换成所需的求解器版本(2d、3d、2ddp、或 3ddp),把 x 换成处理器核心(进程)的数量。(例如,FLUENT 3d-t4 是在 4 个处理器上并行运行 FLUENT 三维求解器)。

1.5.4   运行 FLUENT

启动 FLUENT 14.0 软件后,其主界面如图 1-5-6 所示,根据各菜单和按钮的功能的不同,可将该主界面分为菜单栏、工具栏、导航栏、任务页面、显示对话框和控制台。

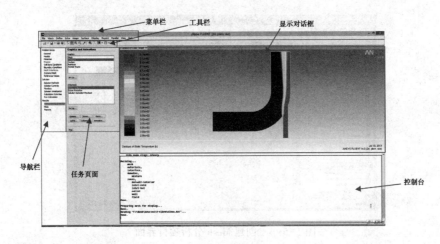

图 1-5-6 FLUENT 14.0 软件的主界面

菜单栏中包含了一系列同类型操作的下拉菜单按钮。单击菜单上的按钮，或按住 Alt 键的同时按菜单栏上有下画线的字母，可以弹出下拉菜单。工具栏中包含了常用的读/写文件和显示操作的快捷按钮。显示对话框显示的是正在进行操作的工况。计算域、网格、迭代过程、后处理结果等都可以在显示对话框中直观地显示。导航栏位于 FLUENT 界面的左侧，其包含了一系列任务页面，包括 Problem Setup 的项目按钮和 Solution 的项目按钮，还包含 Results 的项目按钮。FLUENT 控制台是控制程序执行的主对话框。用户和控制台之间有两种交流方式，即文本界面(TUI)和图形界面(GUI)。控制台包括终端仿真程序和菜单按钮的图形界面。

【本章复习思考与练习题】

1. 简述计算流体动力学的优缺点、技术思路和模拟步骤。

2. 通过网络或查阅文献，了解 ANSYS FLUENT 软件的最新应用情况。

3. 登录美国 ANSYS 公司官方网站 http：//www. ANSYS. com/、英国 CD-adapco 公司官方网站 http：//www. cd – adapco. com/以及英国 CHAM 公司官方网站 http：//www. cham. co. uk/，全面了解这三家公司的总体概貌、旗下的产品、所服务的行业领域以及所能提供的技术支持。

4. 登录爱思唯尔(ELSEVIER)公司的 ScienceDirect 数据库网站，查找 2009 年发表在《International Journal of Heat and Mass Transfer》8 月 Brian Spalding 纪念专辑上的两篇代表性专题综述(评述)文章【A tribute to D. B. Spalding and his contributions in science and engineering；Brian Spalding：CFD and reality – A personal recollection】，下载后认真阅读，通过了解 Brian Spalding 的人生足迹来加深对计算流体动力学发展历程的认识。

5. 何为流体质点、连续介质模型？与固体相比，流体有何特点？如何对流体以及流体流动进行分类？

6. 试写出不可压缩流体的连续性方程、动量方程和能量方程。

7. 在计算流体动力学中，常用差分格式有哪些？为什么在数学上认为相对准确的中心差分格式在计算流体动力学中反而不能获得较为准确的结果？

8. 通过查找文献，对计算流体动力学中广泛应用的 QUICK 格式进行详细的推导。

9. 何为交错网格？何为 SIMPLE 算法？参考相关文献，对该算法进行详细的推导。

第2章 CFD实体模型建立与网格划分(前处理)

§2.1 前处理概述

前处理主要是指创建模拟对象的几何结构并对该几何结构进行网格划分。如前所述,数值模拟计算的本质是利用控制方程在计算区域上的离散使控制方程转化为在各网格节点上定义的代数方程,然后通过迭代求解代数方程获得各网格节点上的场量分布,所以前处理是后续迭代求解的基础。另外,实际应用过程表明,数值模拟结果的精度以及计算效率对网格也有很大的依赖性。因此,前处理是数值计算过程中关键的一步。

2.1.1 实体模型的建立

在前处理阶段,用户首先需要构建模拟对象(流体区域)的实体模型,即通过点、线、面、体定义所求解对象的几何计算区域。常用的前处理软件如 GAMBIT、Tgrid、Gridgen、ICEM 及 Hypermesh 等通常具备全面的几何建模能力,可以直接建立点、线、面和体。除此之外,还可以借助于主流的 CAD/CAE 系统(如 Pro/E、UGII、IDEAS、CATIA、SolidWorks、ANSYS 和 Patran)导入几何模型,增强了对复杂几何模型的建模能力,同时提高了几何建模的效率。

2.1.2 网格划分

网格的基本构成元素是单元,常用的网格单元形状如图 2-1-1 所示。三角形和四边形网格是二维空间中常用的网格单元,四面体网格、五面体网格(棱柱和棱锥)、六面体网格和多面体网格是三维空间中常用的网格单元。按照网格节点之间的邻近关系可以将计算网格划分为结构化网格和非结构化网格。

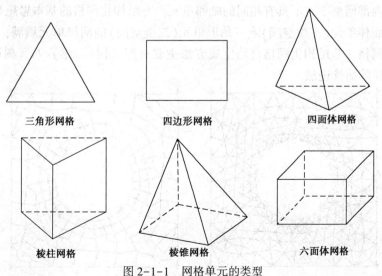

三角形网格　　　　四边形网格　　　　四面体网格

棱柱网格　　　　棱锥网格　　　　六面体网格

图 2-1-1　网格单元的类型

2.1.2.1 结构化网格

结构化网格中节点排列有序，相邻网格节点之间的关系明确、连接关系固定不变且隐含在所生成的网格中，因而不必专门设置数据去确认节点与邻点之间的这种联系。从严格意义上讲，结构化网格是指除了边界点之外，网格区域内所有的内部节点都具有相同的毗邻单元。结构化网格的组成单元是二维的四边形和三维的六面体，图 2-1-2 所示为二维结构化网格的示意图。对于单块计算区域而言，常用的结构化网格生成技术包括代数方法、保角交换方法、微分方程方法、变分原理方法等。

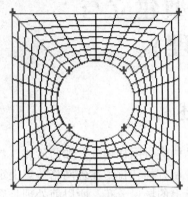

图 2-1-2　二维结构化网格的示意图

当计算区域比较复杂时，即使应用网格生成技术也难以妥善处理所求解的不规则区域，此时可以采用组合网格(又叫块结构化网格或分区结构化网格)。在这种方法中，把整个求解区域分为若干个小块，每一块中均采用结构化网格，块与块之间可以并接，即两块之间用一条共公边连接；也可以部分重叠。这种网格生成方法既有结构化网格的优点，同时又不要求一条网格线贯穿在整个计算区域中，给处理不规则区域带来了很多方便，目前应用很广，关键是块与块之间的信息传递。

结构化网格的生成速度快、网格质量好、数据结构简单，边界条件处理方便准确，计算精度和计算效率较高；同时，结构化网格采用参数化或样条插值对曲面或空间进行拟合，区域光滑，与实际模型较为接近，并易于实现区域的边界拟合。但是，结构化网格的适用范围比较窄，对于外形复杂的计算区域难以实现结构化的网格划分。尤其随着计算机软硬件和数值计算方法的快速发展，人们对求解区域复杂性的要求越来越高，结构化网格生成技术越发显得得力不从心。

2.1.2.2 非结构化网格

为了弥补结构化网格不能实现任意形状和任意连通区域内网格划分的欠缺，20 世纪 60 年代人们提出了非结构化的网格划分技术，自 80 年代以来得到迅速发展，90 年代时非结构化网格的文献达到高峰期。与结构化网格相对应，非结构化网格中网格单元和节点没有固定的规律可循，内部网格节点不具有相同的毗邻单元。非结构化网格的基本思想是任何空间区域都可以被四面体单元(三维空间)或三角形单元(二维空间)的网格单元填满，图 2-1-3 所示是非结构化网格。非结构化网格自动生成方法主要有四叉树(二维)/八叉树(三维)方法、Delaunay 方法和阵面推进法。

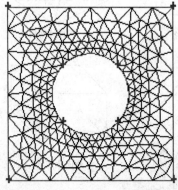

图 2-1-3　非结构化网格

非结构化能够实现对复杂区域的网格划分，其随机的数据结构有极大的自适应性，易于捕获具有复杂边界流场的物理特性。但是，在相同网格数量下，采用非结构化网格比结构化网格需要的内存大、计算周期长。同时，采用非结构化网格时，由于网格分布具有各向同性，所以会给计算结果带来一定的误差；对于黏性流计算还会导致边界层附近的流动分辨率低。

由于非结构化网格的区域内部点不具有相同的毗邻单元，即与网格划分区域内不同内点相连的网格数目不同。从定义上可以看出，结构化网格和非结构化网格有相互重叠的部分，即非结构化网格中可能包含有结构化网格的部分。

2.1.3 常用的网格生成软件

常用的网格生成软件有 Gridgen、Gambit、ICEM、Hypermesh、Tgrid 等，本章后续部分将对基于 Gambit、ICEM 的实体模型建立建模和网格划分进行详细介绍。

Gridgen 很容易生成二维、三维的单块网格或者分区多块对接结构化网格，也可以生成非结构化网格，但非结构化网格不是它的长项，该软件很容易入门，可以在一两周内生成复杂外形的网格，生成的网格可以直接输入到 FLUENT、CFX、StarCD、Phonics、CFL3D 等十几款计算软件中，非常方便，功能强大，网格也可以直接被用户的计算程序读取（采用Plot3D 格式输出时）。因此在 CFD 高级使用人群中有相当多用户。

Hypermesh 的图形用户界面易于学习，它支持直接输入已有的三维 CAD 几何模型（Pro/E、CATIA 等）已有的有限元模型，并且导入的效率和模型质量都很高，可以大大减少很多重复性的工作，使得能够投入更多的精力和时间到分析计算工作中去。Hypermesh 还包含一系列工具，用于整理和改进输入的几何模型。输入的几何模型可能会有间隙、重叠和缺损，这些会妨碍高质量网格的自动划分。通过消除缺损和孔，以及压缩相邻曲面的边界等，使用者可以在模型内更大、更合理的区域划分网格，从而提高网格划分的总体速度和质量。同时具有云图显示网格质量、单元质量跟踪检查等方便的工具，可以及时检查并改进网格质量。

§2.2　基于 GAMBIT 软件的前处理

GAMBIT 是面向 CFD 的专业前处理软件，也是 ANSYS FLUENT 软件包中通用的前处理工具，其几何建模和网格划分的功能极其强大和全面。同时，GAMBIT 具有灵活方便的几何修正功能，当从接口导入几何模型时会自动合并重合的点、线及面。另外，GAMBIT 划分网格的方法较为多样化，可以采用其专有的网格划分方法在较为复杂的几何区域中直接划分出高质量的六面体结构化网格；也可以通过 TGrid 方法在极其复杂的几何区域划分出与相邻区域网格连续的完全非结构化的网格；还可以使用 GAMBIT 的默认方法自动选择与几何区域最合适的网格划分方法。下面以 GAMBIT 2.4.6 为例，介绍利用 GAMBIT 建立几何模型的方法和步骤。

2.2.1　GAMBIT 的图形用户接口（GUI）

双击桌面上的图标，启动 GAMBIT 软件，弹出如图 2-2-1 所示的 GAMBIT 启动对话框。在"Working Directory"一栏中输入工作目录，如 E：\\test。然后，单击"Run"进入 GAMBIT 软件的图形用户（GUI）接口，其包括菜单栏、视图对话框、命令显示对话框、命令输入对话框、命令解释对话框、操作面板和视图控制面板 7 大部分，如图 2-2-2 所示。

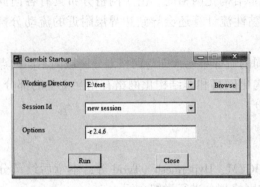

图 2-2-1　GAMBIT 激活对话框　　　　图 2-2-2　GAMBIT 图形用户界面

2.2.1.1　菜单栏

菜单栏位于图形用户接口的上方，包括文件（File）、编辑（Edit）、对象软件（Solver）和帮助（Help）四个菜单。绘图过程中经常用到的是 File 和 Solver 两个菜单，File 菜单可以完成新建、打开、保存、导入和输出等操作，Solver 菜单用于指定后续求解器。图 2-2-3 所示为 File 和 Solver 菜单。

2.2.1.2　视图对话框

视图对话框所占空间最大，是几何图形和网格划分的显示区域。可以通过视图任务页面来控制视图对话框中显示的视图个数（1 个或 4 个）、视图的坐标轴以及视图的渲染方式等，如图 2-2-4 所示。

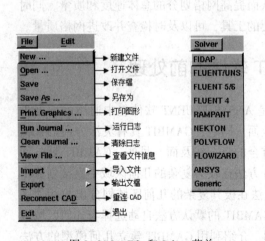

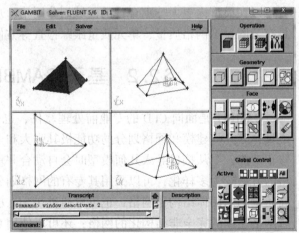

图 2-2-3　File 和 Solver 菜单

图 2-2-4　多视图对话框

2.2.1.3　视图控制面板

视图控制面板分为上、下两部分，如图 2-2-5 所示。上面一排图示控制视图是否被锁定，从左至右依次对应图 2-2-4 中的左上、右上、左下和右下 4 个视图，All 表示 4 个视图全部被启动。下面一排图示代表对视图进行的操作，常用的操作按钮如图 2-2-5 所示，只有被启动的视图才能进行相关操作。

图 2-2-5 视图控制面板

2.2.1.4 操作面板

GAMBIT 中的几何模型都通过操作面板完成,因此操作面板是 GAMBIT 的核心部分。对应于网格划分的过程,操作面板上的功能按钮从左到右依次为几何体、网格、区域以及相关工具,点击 Operation 面板中的按钮都会打开相应的子面板。例如,单击 Operation 面板中的几何建模(Geometry)功能按钮打开 Geometry 的子面板,从左向右依次为点、线、面、体和组合,如图 2-2-6 所示。子面板中又含有三级子面板来完成对相应几何形状的操作,如点击打开面(Face)子面板,则弹出对面进行操作的三级子面板,如图 2-2-7 所示。在后续具体实例中详细介绍各个按钮的含义和使用方法。

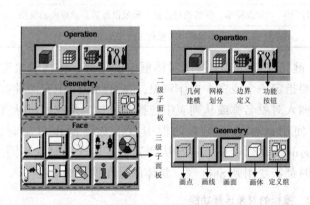

图 2-2-6 操作面板

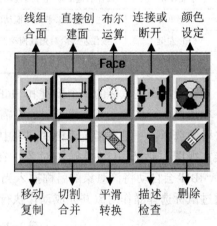

图 2-2-7 面操作面板

2.2.1.5 命令显示对话框和命令输入对话框

命令显示对话框类似于操作日志,其记录了每一步操作的命令和结果,可以通过该对话框及时地查看已执行的操作、得到的结果以及存在的问题,还可以通过该对话框查看相关信息,如查看点的坐标和线的长度等。

通过鼠标点击执行的相关操作都可以在命令输入对话框直接输入命令以实现相应的操作,但在实际过程一般不采用该种方式。

2.2.1.6 命令解释对话框

命令解释对话框用来帮助初学者认识操作按钮的功能。当鼠标指针移动至操作面板或视图任务页面上的按钮时,该按钮的功能将会在命令解释对话框显示。

2.2.2 鼠标与快捷键使用方法

在利用 GAMBIT 建立几何模型时，除了需要掌握上述功能按钮之外，还需要掌握鼠标与快捷键的使用方法。在图形用户接口下，鼠标按键的功能随着鼠标操作位置的不同而不同。在视图对话框中，鼠标操作是与键盘结合使用的。

2.2.2.1 在菜单和表格上使用鼠标

GAMBIT 菜单和表格上的鼠标操作相对简单，一般只需要鼠标的左、右键而不涉及到任何键盘操作，而且大部分只需要鼠标左键点击，右键通常用来打开操作面板上一些功能按钮的隐藏菜单（一般带有倒三角符号的按钮都含有隐藏菜单）。

2.2.2.2 在视图对话框上使用鼠标

在视图对话框上使用鼠标一般完成三个方面的任务：显示操作、任务操作和创建点。

显示操作是指通过鼠标的三个按键和 Ctrl 键调整视图对话框里模型的大小、角度和位置，具体操作见表 2-2-1。

表 2-2-1　鼠标的显示操作功能

鼠标/键盘	鼠标操作内容	操作结果
左键单击	按住左键向任意方向拖动游标	使模型旋转
中键单击	按住中键向任意方向拖动游标	使模型向该方向平移
右键单击	按住右键沿垂直方向拖动游标	使模型放大或缩小（向上缩小，向下放大）
右键单击	按住右键沿水平方向拖动游标	使模型围绕示图窗的中心旋转
Ctrl+左键	按住左键沿对角线拖动游标	放大模型，保留模型比例。释放鼠标后显示放大的模型
两次中键单击	—	在当前视角直接显示模型

任务操作是鼠标的 3 个按键和 Shift 键完成 GAMBIT 视图对话框中的任务，包括对象选择和动作执行。建立几何模型时通常需要指定一个或多个操作对象，在 GAMBIT 中有两种方法可供选择：一是在指定表格的列表中输入对象名称或从列表中选择对象；二是利用鼠标直接在视图对话框中选择操作对象。在使用鼠标从视图对话框中直接选择操作对象时，GAMBIT 会自动将该对象的名称插入当前的活动列表中，这与从列表中直接选择对象相同。通过鼠标选择操作对象并完成动作执行时都需要用到 Shift 键，具体的操作见表 2-2-2。

表 2-2-2　鼠标的对象选择功能

鼠标/键盘	鼠标操作内容	操作结果
Shift+左键	按住 Shift，左键单击目标对象	选中目标对象（对象的颜色变为红色）
	按住 Shift，按住左键，从左上方向右下方拖动游标画方框	选中与该方框相交的全部对象
	按住 Shift，按住左键，从右下方向左上方拖动游标画方框	选中该方框完全包围的全部对象
Shift+中键	按住 Shift，中键单击目标对象	在给定类型的相邻实体之间进行切换
Shift+右键	在当前视图对话框中，按住 Shift，右键单击	执行动作，等同于单击 **Apply** 按钮

利用鼠标可以在视图对话框中直接创建点，通常利用 GAMBIT 自身的坐标网格较为快捷地创建已知坐标的点，具体操作步骤如下所述。

（1）打开 Operation 面板中的功能按钮，选择 tools 区域中的坐标系统按钮，单击 Coordinate System 面板中的网格显示按钮，如图 2-2-8 所示；

（2）在弹出的 Display Grid 对话框中（见图2-2-8），保持 Plane 选项默认的 XY 平面，然后在 Axis 选项复选 X，在 Minimum、Maximum 和 Increment 栏内分别输入 x 坐标轴的最大范围、最小范围和网格间距，其它选项保持默认值，单击 Update list 按钮，则生成了 x 方向坐标网格，同理生成 y 方向坐标网格；

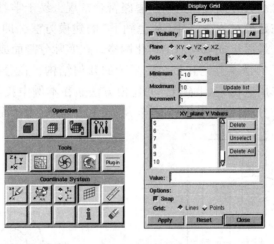

图2-2-8　坐标网格定义面板

（3）最后单击 Apply 按钮，则在视图对话框中生成了如图 2-2-9 所示的坐标网格；

（4）点击 Operation 面板中的几何建模功能按钮，选择 Geometry 区域中的画点功能按钮，打开绘制点的命令，如图 2-2-10 所示；

（5）按住 Ctrl 键，利用鼠标右键在坐标网格中的适当位置单击，即可创建点（图2-2-9）。

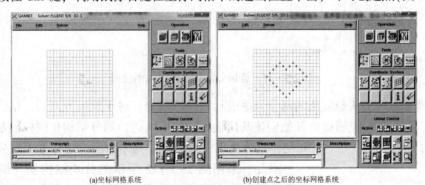

(a)坐标网格系统　　　　　　　　　　(b)创建点之后的坐标网格系统

图 2-2-9　坐标网格以及点创建

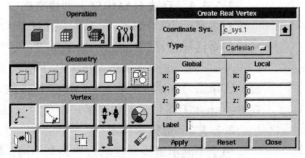

图 2-2-10　创建点任务页面

51

2.2.3 实体模型的建立

以图 2-2-11 所示的旋风分离器为例介绍 GAMBIT 创建几何模型和划分网格的方法步骤。GAMBIT 划分结构化网格的基本思想是将几何体划分为多个六面体，然后对每一个六面体进行结构化网格划分。其界面比较清晰、思路符合常规，易于学习和接受。但是，需要注意的是，初学者容易在建模过程中采用"从上到下"的建模方法，即直接建立几何体，然后再将几何体分割成块，最后生成多块的结构化网格。在实际分割面或者体的过程特别容易出现重点、重线或者重面的错误，尤其是对于复杂的几何结构，在分割时更容易出错跳出接口，所以一般不推荐采用这种"从上到下"的建模方法。在本例中我们采用"从下到上"的建模方法，根据构思好的分块模式，从点到线、从线到面，然后再从面到体的进行建模。

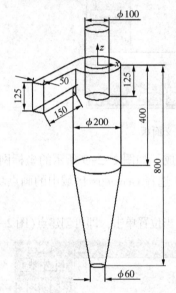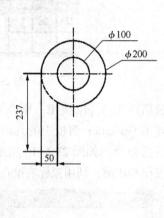

图 2-2-11　旋风分离器结构尺寸示意图

在建模时，一般从最复杂的部分入手进行块区域划分。对于旋风分离器，蜗壳部分的结构最复杂，因此从蜗壳横截面开始创建几何模型。如前所述，划分结构化网格的基本思想是将几何体划分为多个六面体，具体到面就是将平面划分为多个四边形。因此，采用图 2-2-12 所示的分块结构划分蜗壳的横截面。确定好分块方式之后，下面将讲解"从下到上"建模的具体方法和步骤。

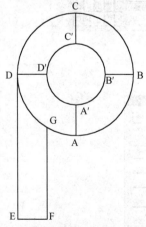

图 2-2-12　蜗壳横截面
划分示意图

2.2.3.1 启动 GAMBIT，创建文档

双击桌面上的图标，启动 GAMBIT 软件，弹出如图 2-2-13 所示的对话框。在"Working Directory"一栏中输入工作目录，如 E:\\test。然后，在 Sessions Id 一栏中输入文件名称，如 cyclone。最后，单击"Run"按钮进入 GAMBIT 软件的 GUI 接口。这样，就在 E:\\test 工作目录下创建了一个名为 cyclone 的工作文档。

2.2.3.2 选择求解器

由于不同求解器对应的边界类型不同，因此在划分网格之前首先确定求解器类型。点击菜单栏上的 Solver 菜单，然后在下拉列表中选择合适的求解器。本例采用 FLUENT 14.0 进行求解，因此在 Solver 菜单的下拉列表中选择 FLUENT5/6，可参考图 2-2-3。

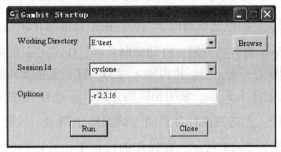

图 2-2-13　GAMBIT 激活对话框

2.2.3.3　创建节点

根据图 2-2-11 中的结构尺寸我们可以计算出图 2-2-12 中点 A、B、C、D、A′、B′、C′以及 D′的坐标分别为(0,-100, 0)、(100, 0, 0)、(0, 100, 0)、(-100, 0, 0)、(0,-50, 0)、(50, 0, 0)、(0,-50, 0)和(-50, 0, 0)。有以下两点需要说明：一是 GAMBIT 创建几何区域时一般默认以 mm 为单位；二是此处所取横截面为蜗壳上顶板，即 $z=0$ 位置处横截面。下面我们根据坐标创建上述各点。

（1）坐标建点

启动 Operation 面板中的几何建模■功能按钮，选择 Geometry 区域中的画点功能按钮，点击点创建按钮，打开由坐标创建点的命令（可参考图 2-2-10），弹出 Create Real Vertex 对话框，如图 2-2-14 所示。所有选项保持默认值不变，点击左下方的 **Apply**，生成坐标原点(0, 0, 0)；然后在 x、y、z 坐标栏里分别输入 0，-100 和 0，点击 **Apply**，生成点 A。由于此时只有一个坐标参考系，因此点的 Global 坐标和 Local 坐标相同，在任何一栏内输入坐标值均可。

按照同样的方法创建点 B、C、D、A′、B′、C′以及 D′，完成之后点击 Create Real Vertex 对话框右下方的 **Close** 关闭该对话框。然后，点击视图任务页面上的图形全图显示按钮，使所有点均显示在视图对话框中，如图 2-2-15 所示。需要注意的是 GAMBIT 绘图时，没有点的标号，在本例中标号是为了叙述方便。

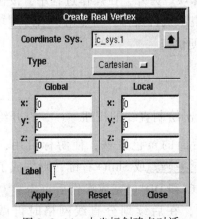

图 2-2-14　由坐标创建点对话

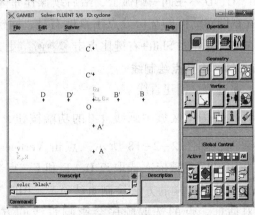

图 2-2-15　创建点

（2）移动/复制建点

点击移动/复制点的按钮 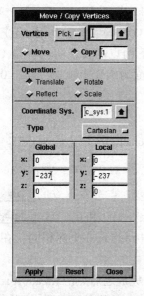，打开移动/复制的点对话框，如图 2-2-16 所示。点击 `Pick` 后面的黄色区域，启动点选取功能。然后，按住 shift 键用鼠标左键单击点 D，选中后该点变为红色，点击 Copy 前方的按钮，启动复制功能，Operation 选项中保持默认选项，即 Translate（移动）为启动状态，在 y 坐标栏内输入-237，其它保持默认值不变，点击 `Apply`，则通过移动/复制 D 点创建了 E 点。采用相同的方法，通过 D′点创建 F 点，完成之后点击 `Close` 关闭该对话框。点击视图任务页面上的图形全图显示按钮，使所有点均显示在视图对话框中，如图 2-2-17 所示。在操作的过程中，可以通过 Transcript 对话框查看执行的操作和产生的结果。完成操作后点击 File 菜单，选择 Save 命令，保存已完成的工作。

图 2-2-16　点移动/复制对话框

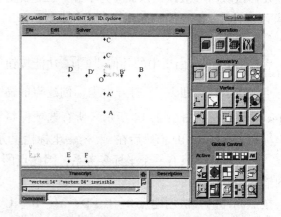

图 2-2-17　所有创建的点均显示在视图对话框中

注意，在此一般不采用输入坐标或者移动/复制点的方法创建 G 点，以免创建的 G 点和点 A、B、C、D 不在同一圆弧上，给后续操作带来麻烦。另外，在操作过程中，按住 Shift 键之后在视图对话框的空白处点击鼠标右键，同样表示执行操作，与点击 `Apply` 功能相同，但在连续操作时 Shift+右键比点击 `Apply` 更方便快捷。

2.2.3.4　由节点绘制线

（1）通过节点创建直线

启动 Geometry 区域中画线 的功能按钮，点击绘制直线的按钮，打开绘制直线的对话框，如图 2-2-18 所示。点击 Vertices 后面的黄色区域，使游标可用，按住 Shift 键并用鼠标左键依次选取点 D、E 和 F，点击 `Apply` 或 Shift+右键，则生成了直线 DE 和 EF。采用同样的方法绘制直线 AA′、BB′、CC′和 DD′。完成操作后点击 `Close` 关闭该对话框。点的选取顺序会影响直线的方向，在后续划分直线网格时再做详细介绍。

54

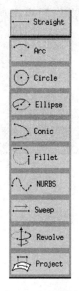

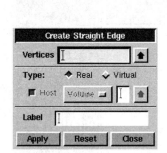

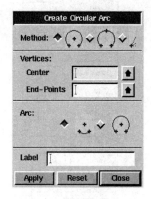

图 2-2-18 绘制直线对话框　　　图 2-2-19 绘制线方式　　　图 2-2-20 画圆弧对话框

（2）通过节点绘制圆弧

右键点击绘制直线的按钮 ⊢⊣，展开绘制线的下拉菜单，见图 2-2-19，选择创建圆弧的命令 ⌒ Arc，打开绘制圆弧的对话框，如图 2-2-20 所示。在 Method 选项中选择通过圆心和端点 ◆ ⊕ 绘制圆弧；点击 Center 后面的黄色区域，使游标可用，按住 Shift 键并用鼠标左键单击点 O；然后点击 End-Points 后面的区域，使游标可用，按住 Shift 键并用鼠标左键依次选取点 A 和 B；最后点击 Apply 或 Shift+右键执行操作。此时，视图对话框内出现圆弧 AB。

采用相同的方法依次绘制圆弧 BC、CD、DA、A'B'、B'C'、C'D' 和 D'A'。完成操作后点击 Close 关闭该对话框。

（3）通过线的切割创建点 G

点击移动/复制线的按钮 ⧉（此时 Geometry 区域中的画线 ▭ 功能按钮处于启动状态，该按钮 ⧉ 的操作对象是线），打开移动/复制线的对话框，如图 2-2-21 所示。点击 Edges 后面的黄色区域，使游标可用，按住 Shift 键并用鼠标左键选取直线 DE，启动 Copy 按钮，保持 Operation 中的 Translate 处于启动状态，在 x 坐标栏内输入 50，点击 Apply 或 Shift+右键，则在 x 正方向距离直线 DE 50mm 的位置处创建了一条与 DE 相同的直线，将其定义为 D_1E_1。所绘制的直线和曲线如图 2-2-22 所示，可以看到点 D_1 和 E_1 分别与点 D' 和 F 重合。完成操作后点击 Close 关闭移动/复制线的对话框。

点击分割线的按钮 ⊩，打开分割线的对话框，如图 2-2-23 所示。在上面的 Edge 栏内选取圆弧 DA，即 edge.10，此栏代表被分割的直线；在 Split With 选项中选择使用 Edge 分割，在其下面的 Edge 栏内选取直线 D_1E_1，即 edge.15，此栏代表用于分割的直线，其下面的 Retain 选项表示是否保留该分割线，Bidirectional 表示是否同时对该分割线进行分割。本例中这两个选项均保持默认值，即不保留直线 D_1E_1，也不对其进行分割。其它选项保持默认值，点击 [Apply] ，执行操作。完成操作后点击 [Close] 关闭分割线的对话框，结果如图 2-2-24 所示。

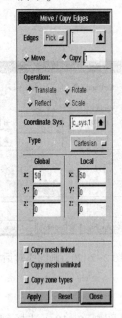

图 2-2-21 移动/复制线

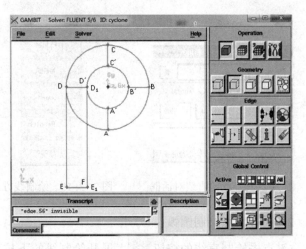

图 2-2-22 绘制的直线和圆弧

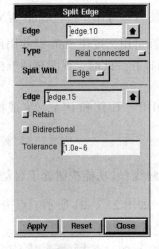

图 2-2-23 线分割对话框

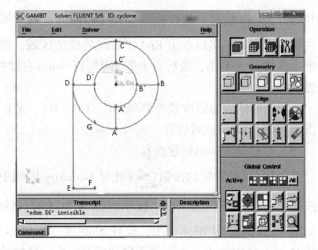

图 2-2-24 创建点 G 之后的视图

（4）通过创建直线的命令创建直线 FG

在绘图过程中可能会出现重点或者重线的情况，这是不允许的，因此要将重合的点或者线进行合并。点击合并线的按钮 ，打开合并线的对话框，如图 2-2-25 所示。启动 Edges 后面的输入栏，通过 Shift+左键组合的框选功能（参考表 2-2-2）选中所有直线，其它保持默认值不变，点击 [Apply] 或 Shift+右键完成操作。点击 [Close] 关闭合并线的对话框。至此，蜗壳横截面的区域划分线已全部创建完成，线的颜色默认为黄色，结果如图 2-2-26 所示。

56

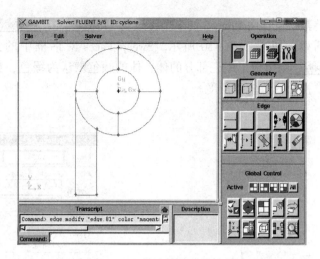

图 2-2-25　合并线对话框　　　　　　　图 2-2-26　蜗壳横截面的控制线

2.2.3.5　由线组成面

启动 Geometry 区域中创建面 ⬛ 的功能按钮，点击由线组成面的按钮 ⬛，打开由边框组面的对话框，如图 2-2-27 所示。点击 Edges 后面的黄色区域，使游标可用，按住 Shift 键并用鼠标左键选取线 AB、BB′、A′B′和 AA′，点击 Apply 或 Shift+右键，则创建了面 ABB′A′。采用同样的方法创建平面 BCC′B′、CDD′C′、D AA′D′、A′B′C′D′以及 DEFG。面的颜色默认为青色，创建完成后结果如图 2-2-28 所示。点击 Close 关闭由边框组面的对话框。通过 File→Save 保存已完成的工作。

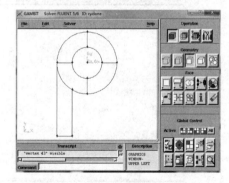

图 2-2-27　由线组面对话框　　　　　　图 2-2-28　创建的面区域

2.2.3.6　创建体

启动 Geometry 区域中创建体 ⬛ 的功能按钮，右键点击体创建按钮 ⬛，打开体创建方式的下拉菜单，如图 2-2-29 所示。在创建体时，根据实际情况灵活选择各种方法。

（1）创建蜗壳

在创建蜗壳时，由于该区域各处横截面均相同，故选择由面扫体 ⬛，对话框如图 2-2-30 所示。点击 Faces 后面的黄色区域，利用框选选中全部平面；Path 中启动 Vector 选项，通过定义向量指定面移动的距离；点击 Define，弹出 Vector Definition 对话框，见图 2-2-31，Method 选项中选择两点(2 Points)模式，Coordinate Values 一栏中 Point 1 的坐标保持默认值，将 Point 2 的 z 坐标改为-125，点击 Apply ，返回到由面扫体（Sweep Faces）对话框，如图 2-2-30 所示。Sweep Faces 对话框中的其它选项保持默认值不变，点击 Apply 则生成了蜗壳部分的体，体的颜色默认为绿色，如图 2-2-32 所示，通过鼠标可以调整视图的位置和角度。

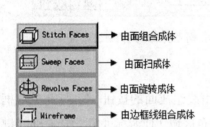

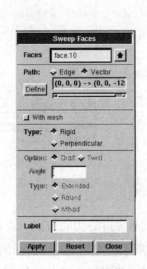

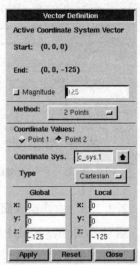

图 2-2-29　由线组面对话框　　图 2-2-30　由面扫体对话框　　图 2-2-31　定义向量点

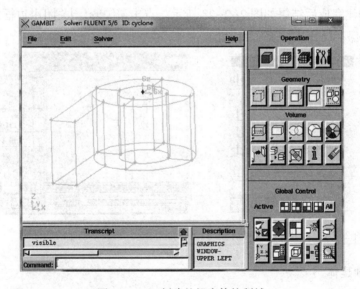

图 2-2-32　创建的蜗壳体控制域

（2）创建旋风分离器的排气管

打开 Sweep Faces 对话框，选取面 A′B′C′D′，Path 中启动 Vector 选项；点击 Define，在弹出 Vector Definition 对话框中选择两点（2 Points）模式，Point 1 的坐标保持默认值，将 Point 2 的 z 坐标改为 300，点击 Apply ，返回到由面扫体（Sweep Faces）对话框，点击该对话框中的 Apply ，则生成了排气管的控制体区域，结果如图 2-2-33 所示。点击 Close 关闭由面扫体的对话框。通过 File→Save 保存。

（3）创建筒体

筒体各处横截面也都相同，因此可以采用上述由面扫体的方法创建筒体区域，在此介绍另外一种创建方式。

启动 Geometry 区域中创建面 的功能按钮，右键点击面创建按钮 ，打开面创建方式的下拉菜单，选择由线扫面 的面创建方式，弹出 Sweep Edges 对话框，如图 2-2-34 所示。启动 Edges 后面的输入栏，选取圆弧 ab，bc 和 cd；Path 中启动 Vector 选项；点击 Define，在弹出 Vector Definition 对话框中选择两点（2 Points）模式，Point 1 的坐标保持默认值，将 Point 2 的 z 坐标改为-275，点击 Apply ，返回到由线扫面（Sweep Edges）对话框，点击该对话框中的 Apply ，则生成了筒体区域的曲面 aa_1b_1b、曲面 bb_1c_1c 和曲面 cc_1d_1d，如图 2-2-34所示。点击 Close 关闭由线扫面的对话框。

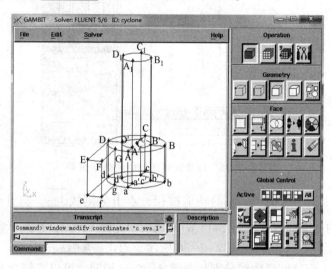

图 2-2-33　蜗壳和排气管的控制体区域

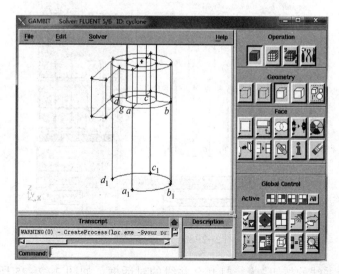

图 2-2-34　由线扫面创建筒体包络面

对于曲面 add_1a_1，为了保证圆弧 a_1d_1 的完整性，即不出现断点 g，在此应选用由线旋转成面的方式创建曲面 add_1a_1。右键点击面创建按钮 ⬚，打开面创建方式的下拉菜单，选择由线旋转成面 的面创建方式，弹出 Revolve Edges 对话框，如图 2-2-35 所示。启动 Edges 后面的输入栏，选取直线 dd_1；Angle 一栏内输入 90，Axis 保持默认 z 轴不变，点击 **Apply**，则生成了曲面 dd_1a_1a，如图 2-2-35 所示。但是，需要注意的是，此时曲线 da 和曲线 dg 以及 ga 重线，而且由于尺寸形状不完全一致，因此不能直接合并，需要做进一步处理。点击 **Close** 关闭 Revolve Edges 对话框。

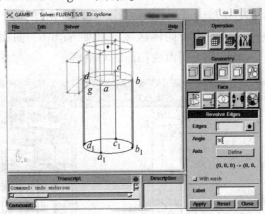

图 2-2-35　由线旋转成面创建筒体曲面

启动 Geometry 区域中创建线 ⬚ 的功能按钮，点击分割线 ⊩，打开分割线的对话框，在上面的 Edge 栏内选取曲线 da；在 Split With 选项中选择 Vertex，在其下面的 Vertex 栏内选取点 g；其他保持默认值不变，如图 2-2-36 所示，点击 **Apply**。这样，就用点将曲线 da 分割成了两段曲线，而这两段曲线分别与曲线 dg 和 ga 相同，可以直接合并。完全完成操作后点击 **Close** 关闭分割线的对话框。

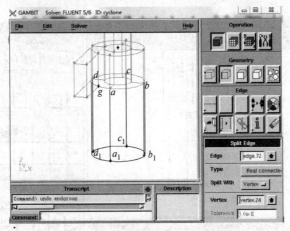

图 2-2-36　用点分割线

然后，点击合并线的按钮 ⬙⬗，打开合并线的对话框，如图 2-2-25 所示。在 Edges 后面的输入栏内，通过 Shift+左键组合的框选功能(参考表 2-2-2 中 dg、ga 以及与他们重合的

60

曲线，其它保持默认值不变，点击 Apply 完成线的合并。点击 Close 关闭合并线的对话框。

参照 2.2.3.5 创建平面 BCC′B 等的方法，通过由线组成面的功能创建平面 $a_1b_1c_1d_1$。然后启动 Geometry 区域的体创建功能按钮，选择由面组合成体的创建方式，弹出 Stitch Faces 对话框，如图 2-2-37 所示。启动 Faces 一栏的输入框，选取圆柱体 $abcd-a_1b_1c_1d_1$ 的所有包络面(abb′a′、bcc′d′、cdd′c′、daa′d′、a′b′c′d′、abb_1a_1、bcc_1b_1、cdd_1c_1、daa_1d_1、$a_1b_1c_1d_1$)，其它选项保持默认值不变，点击 Apply 生成圆柱体 $abcd-a_1b_1c_1d_1$，点击 Close 关闭对话框。通过 File→Save 保存文档。

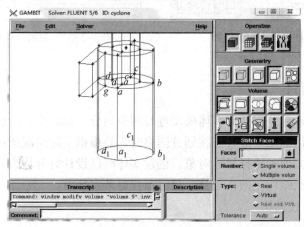

图 2-2-37　由面组合成体

（4）创建锥体

由于锥体是一个变横截面的几何体，所以不能采用由面扫体的命令创建该区域，这里采用由面围成体的方法。首先创建锥体的轮廓面，启动 Geometry 区域中的画点功能按钮，打开由坐标创建点的命令，可参考图 2-2-14 输入坐标(0，-30，-800)创建锥体下端面上的点 a_2。启动 Geometry 区域中的画线功能，打开绘制直线的对话框，创建直线 a_1a_2，此为锥体的一条母线。启动 Geometry 区域中面创建功能，打开由线旋转成面的对话框(见图 2-2-38)，通过直线 a_1a_2 绕 z 轴旋转创建曲面 $a_1a_2b_2b_1$，然后通过直线 b_2b_1 旋转创建曲面 $b_2b_1c_1c_2$，以此类推创建曲面 $c_1c_2d_2d_1$ 和曲面 $d_2d_1a_1a_2$。最后，通过由线组成面的功能创建平面 $a_2b_2c_2d_2$，结果如图 2-2-38 所示。

锥体的包络面创建完成后，参考圆柱体 $abcd-a_1b_1c_1d_1$ 的创建方法，由包络面组合形成圆锥体 $a_1b_1c_1d_1-a_2b_2c_2d_2$。

（5）其他辅助操作

实体模型创建完成后，需要删除多余的辅助点、辅助线以及辅助面，以免在计算时出错。在本例中，只需删除辅助点 O 既可。启动 Geometry 区域中的画点功能按钮，点击删除点的按钮，打开 DeleteVertices 对话框，选取点 O，然后点击 Apply 删除点 O，删除线、面以及体的操作与此类似。至此，已完成旋风分离器实体模型的创建，如图 2-2-39 所示。通过 File→Save 保存已完成的实体模型。

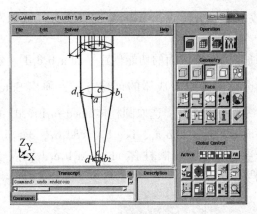
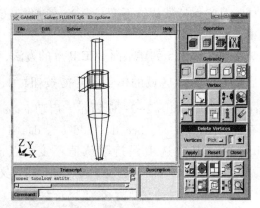

图 2-2-38　创建锥体的包络面　　　　图 2-2-39　旋风分离器的实体模型

2.2.4　网格划分

实体模型创建完成后，需要对实体模型进行网格划分，也就是进行区域离散。网格划分同样采用从线到面到体的顺序进行。在划分网格时需要根据实际情况通过鼠标调整视图的大小和角度，以便灵活方便的选择目标对象。创建实体时已设计好分块方式，保证每一个分块都是四面体，可以进行结构化网格划分，只需布置好节点即可。

2.2.4.1　划分线网格

（1）径向均布网格

启动 Operation 面板中的网格 ▦ 功能按钮，在 Mesh 面板中选择给线划分网格的图示 ▱，点击 Edge 子面板中的 ✍ 图标，打开给线划分网格的 Mesh Edges 对话框，如图 2-2-40 所示。采用结构化网格划分时，对应的两条线需采用相同的节点数目和布置方式，因此给线划分网格时，一般将相对应的线同时进行。启动 Edges 的输入栏，然后选取线 A′B′、B′C′、C′D′ 和 D′A′，将 Spacing 选项中的网格尺寸（Interval size）更改为网格数目（Interval count），并在输入栏内输入 9，其它选项保持默认设置，点击 **Apply**，则在线 A′B′、B′C′、C′D′ 和 D′A′ 上生成了均布的网格，网格节点数目为 9。

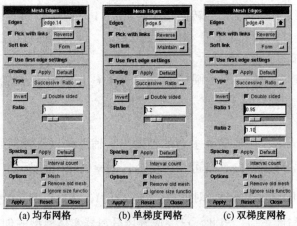

(a) 均布网格　　　(b) 单梯度网格　　　(c) 双梯度网格

图 2-2-40　Mesh Edges 对话框

（2）径向梯度网格

选取直线 DE 以及与之对应的直线 de，确定两直线的方向分别是从 D 指向 E 和从 d 指向 e。启动 Successive Ratio 选项中的 Double sides，在 Ratio 1 一栏内输入 0.95，即直线起点处的网格梯度为 0.95；在 Ratio 2 一栏内输入 1.10，即直线终点处的网格梯度为 1.10；在 Spacing 选项中的 Interval count 一栏内输入 12，其它选项保持默认设置，点击 **Apply**，则在直线 DE 和 de 上布置了具有双梯度的的非均布网格，如图 2-2-41 所示。仔细观察网格节点，体会梯度网格的具体内涵。

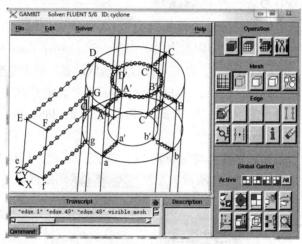

图 2-2-41　在线上布置网格

选取直线 GF 以及与之对应的直线 gf，确定两直线的方向分别是从 G 指向 F 和从 g 指向 f，启动 Successive Ratio 选项中的 Double sides，在 Ratio 1 一栏内输入 1.20，在 Ratio 2 一栏内输入 1.10，为了与直线 DE 以及 de 相对应，在 Spacing 选项中的 Interval count 一栏内输入 12，其它选项保持默认设置，点击 **Apply**，则在直线 GF 和 gf 上布置了具有双梯度的的非均布网格，如图 2-2-41 所示。

布置网格节点时，GAMBIT 中默认的网格节点是均匀布置的，因此如果采用均布网格，相对应的一组线仅布置一条线的网格节点数既可。但是，如果采用非均布的网格节点，相对应的一组线中的每条直线都需要单独指定网格节点的个数和布置方式。

考虑到边壁附近的流场变化相对剧烈，所需节点数目较多，内部流动场变化不大的区域，所需节点数相对较少，因此采用非均布的网格节点对径向直线 AA′，BB′、CC′、DD′以及与他们对应的线 aa′、bb′、cc′和 dd′进行网格划分。采用非均布的网格划分方式时，需要注意线的方向，以保证节点疏密的合理性。启动 Edges 的输入栏，选择直线 AA′，并保证直线 AA′上的红色箭头由外指向内，即由 A 指向 A′（如果箭头是由 A′指向 A，则按住 Shift 键，用鼠标中键点击直线 AA′，此时箭头方向将变为由 A 指向 A′），采用同样的方法选取直线 BB′、CC′、DD′以及与他们对应的 aa′、bb′、cc′和 dd′，在 Ratio 一栏内输入 1.2，在 Interval count 一栏内输入 7，其它选项保持默认设置，点击 **Apply**，则在直线 AA′、BB′、CC′、DD′以及 aa′、bb′、cc′和 dd′上布置生成了外密内稀的非均布网格，如图 2-2-41 所示。

（3）轴向梯度网格

横截面上的网格节点布置完成后，下面布置纵截面即高度方向上的网格节点数。右键单击视图任务页面中的视图坐标选择按钮 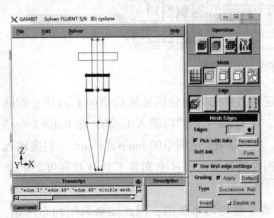，选择 -Y View，视图对话框如图2-2-42所示。

打开 Mesh Edges 对话框，启动 Edges 输入栏，通过 Shift+左键的框选功能（参考表2-2-2）选中排气管部分所有的轴向直线（$A'A_1$、$B'B_1$，$C'C_1$ 和 $D'D_1$），如图2-2-42所示，并确定这些直线的方向均为由下向上，然后启动 Successive Ratio 选项中的 Double sides，在 Ratio 1一栏内输入1.30，在 Ratio 2一栏内输入1.10，在 Spacing 选项中的 Interval count 一栏内输入10，其它选项保持默认设置，点击 **Apply**。

采用同样的方法选中蜗壳部分的全部轴向直线（Aa、$A'a'$、Bb、$B'b'$、Cc、$C'c'$、Dd、$D'd'$、Ee、Ff 和 Gg），确定直线的方向均为由上向下，Successive Ratio 中的 Ratiao 1 和 Ratio 2均设为1.15，Interval count 设为8，其它选项保持默认设置，点击 **Apply**。

然后选中筒体下端的四条直线（aa_1、bb_1，cc_1 和 dd_1），确定其方向均为由上向下，Successive Ratio 中的 Ratiao 1 均设为1.08，Ratio 2均设为1.0，Interval count 均设为13，其它选项保持默认设置，点击 **Apply**。

最后，在锥体的四条轴向直线上均匀布置14个节点。至此，旋风分离器所属线的网格已全部布置完毕，结果如图2-2-43所示。点击 **Close** 关闭线网格布置对话框。

图2-2-42　-Y View 视图以及框选直线

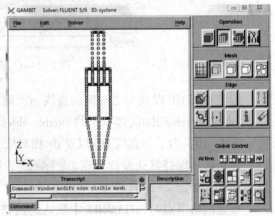

图2-2-43　线网格划分结果

2.2.4.2　划分体网格

线网格划分完成之后，可以直接给体划分结构化的网格。在 Mesh 面板中选择给体划分网格的图示 ⬚，点击 Volume 子面板中的 ⬚ 图标，打开给体划分网格的 Mesh Volumes 对话框，如图2-2-44所示。启动 Volumes 的输入栏，然后选取体 $A'B'C'D'-a'b'c'd'$，Elements 选项设置为 Hex，Type 选择 Map，其它选项保持默认设置，点击 **Apply**，则在体 $A'B'C'D'-a'b'c'd'$ 上生成了结构化的网格。图2-2-45给出了体 $A'B'C'D'-a'b'c'd'$ 网格的不同视图。

采用的相同的方法依次给体 $A'B'C'D'-A_1B_1C_1D_1$、体 $AA'B'B-aa'b'b$、体 $BB'C'C-bb'c'$c、体 $CC'D'D-cc'd'd$、体 $DD'A'A-dd'a'a$ 和体 DEFG-defg 划分结构化的网格。

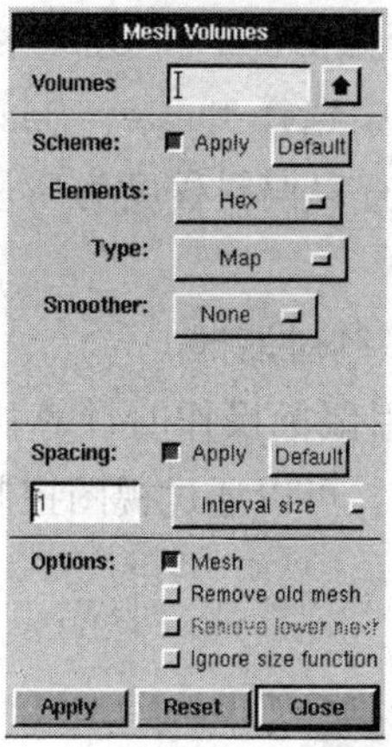

图 2-2-44　Mesh Volume 对话框

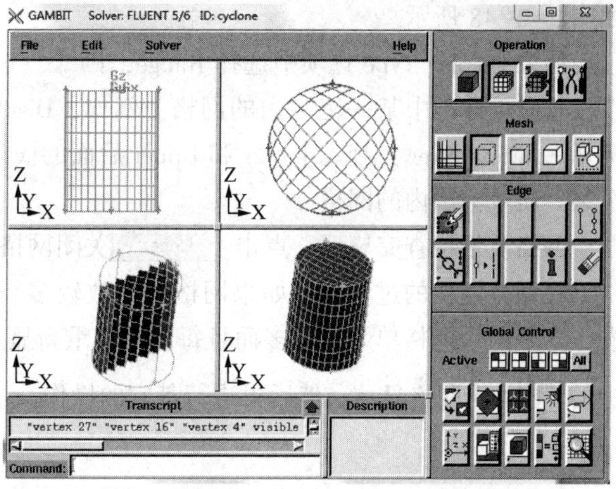

图 2-2-45　体 A′B′C′D′- a′b′c′d′上的结构化网格

然后，通过 Cooper 方法给筒体和锥体划分结构化的网格。启动 Volumes 的输入栏，然后选取体 abcd-$a_1b_1c_1d_1$，将 Elements 选项设置为 Hex，在 Type 中选择 Cooper，Sources 保持默认设置的面既可，点击 Apply ，则在体 abcd-$a_1b_1c_1d_1$ 上生成了结构化的网格。由于 Cooper 布置网格时是将已有网格横截面上的网格划分方式直接映射到对应截面上，因此作为面源(Sources)的两个面不能同时划分了网格。

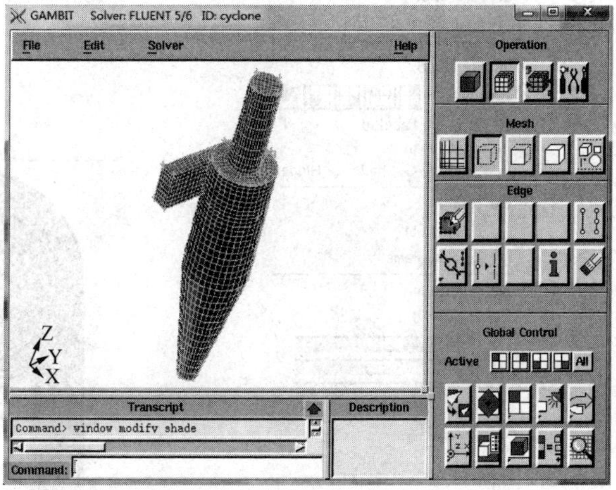

图 2-2-46　旋风分离器网格划分示意图

采用同样的方法给锥体 $a_1b_1c_1d_1$-$a_2b_2c_2d_2$ 布置结构化的网格。图 2-2-46 给出了旋风分离器的网格划分结果。给体划分完网格之后点击 Close 关闭对话框。

再次需要强调的是，Cooper 方法是从一个源面开始按照设定的单元高度向前扫面网格直到另一个源面为止，从而获得体网格。采用该方法时，一般只对其中一个面源进行网格划分，如果对两个源面都进行了网格划分的话，需保证两个面源的网格类型和数量完全相同。

2.2.4.3　检查网格

网格划分完成后，需要对网格质量进行检查。点击视图任务页面中网格检查功能按钮，打开网格检查对话框，如图 2-2-47 所示。Display Type 选项选择 Plane，即显示一个平面上的网格；由于采用的是六面体结构化网格，因此 3D Element 复选六面体的图示即可；Quality Type 选项中是表征网格质量的各种元素，如偏斜程度(EquiSize Skew)、纵横比(Aspect Ratio)和网格体积(Volume)等，这里选择 EquiSize Skew；其它选项保持默认值不变；拖动下面 Cut Orientation 选项中 X、Y、Z 后面的横条查看不同平面上的网格，如图 2-2-48 所示。

如果 Display Type 选项中选择 Range，则 X、Y、Z 滑动条变为 Lower 和 Upper，此时可以检查质量标准中某一范围内的网格。例如，Display Type 选项中选择 Range，Quality Type 选择 EquiSize Skew，拖动 Lower 和 Upper 后面的横条，则可以检查以偏斜程度为质量标准时在某一质量范围内的网格。

网格质量检查完毕后，点击 ▨ Close ▨ 关闭网格质量检查的控制对话框。

在划分网格的过程中，如果网格单元数较多，可能会在使用鼠标操作时计算机反应较慢，这是因为网格单元数较多而且每次都要重新显示网格。此时，可以通过视图控制对话框中的 ▨ 关闭网格显示，然后再进行其它的操作。

图 2-2-47　网格质量检查对话框

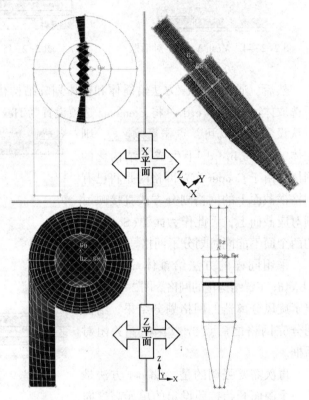

图 2-2-48　网格质量检查

2. 2. 5　边界类型的设置

网格划分完成后，需要设置控制区域的边界，以进行后续的操作。

启动 Operation 面板中的边界定义 ▨ 功能按钮，在 Zones 面板中选择指定边界类型的图示 ▨，打开 Specify Boundary Types 对话框，如图 2-2-49 所示。以定义旋风分离器的入口为例进行说明：

（1）在 Action 选项中点击 Add 即添加边界条件；

（2）在 Name 一栏内输入 inlet 作为入口的名称，并在 Type 选项中选择 VELOVITY_

66

INLET 类型；

（3）激活 Entity 中 Faces 后面的输入栏，选取旋风分离器的入口截面；

（4）点击 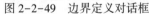，则在 Action 下面的对话框内添加了 Name 为 inlet，Type 为 VELOVITY_INLET 的一组边界。

按照同样的方法定义旋风分离器排气管的出口，其 Name 为 outlet，Type 为 PRESSURE_OUTLET；定义排气管插入蜗壳部分的壁面，其 Name 为 wallt，Type 为 WALL。详细的边界分布如图 2-2-50 所示。需要注意的是，对于旋风分离器的外侧壁面，由于其只有一侧具有网格，数据无法穿过壁面传递到旋风分离器外部空间，意味着流体无法流出，所以旋风分离器外侧壁面无需定义边界，就默认为壁面。但是，对于插入蜗壳的排气管而言，其壁面两侧均布置了网格，所以必须单独定义该壁面的边界类型为 WALL。

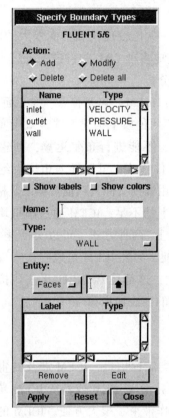

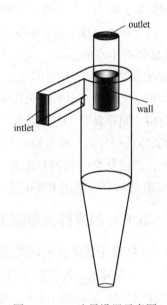

图 2-2-49　边界定义对话框　　　　　图 2-2-50　边界设置示意图

当控制区域内有固体和流体耦合计算时，还需要通过 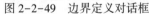 打开 Specify Continuum Types 对话框，定义连续的固体区域和流体区域。完成操作后通过 File→Save 保存已完成的模型。

2.2.6　网格输出

网格划分和边界定义完成后，需要输出 FLUENT 识别的网格文件，以便进行后续计算。点击 File 菜单，点击 Export 选项，然后选择 Mesh，弹出如图 2-2-51 所示的对话框。保持默

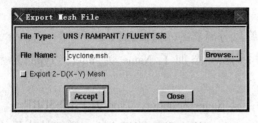

图 2-2-51　输出网格对话框

认的名称 cyclone. msh 不变，点击 Accept，则在工作目录下生成了名为 cyclone. msh 的网格文件，GAMBIT 自动将其余壁面设置为 WALL 边界条件。需要强调的是，输出二维问题的网格时，需要将 Export 2-D(X-Y) Mesh 激活。

至此，旋风分离器的网格划分已完成。保存文件，输出网格后点击菜单 File→Exit 退出 GAMBIT 即可。

§2.3　基于 ICEM 软件的前处理

相对于 GAMBIT 的传统和功能专一，ICEM 是一款比较现代和功能强大的前处理软件，不仅可以为 CFD 软件提供高质量的网格，还可以完成多种 CAE 软件的前处理工作，因此被广泛应用于流体计算动力学分析和固体有限元结构分析。

在几何建模方面，GAMBIT 的模型构建能力强于 ICEM，其拥有点、线、面、体的概念，可以进行布尔运算，拥有"从上到下"和"从下到上"两种模型构建方式，采用实体分割的方法划分网格，概念清晰易懂。ICEM 没有体的概念，不能进行布尔运算，创建模型稍显麻烦，但是 ICEM 拥有丰富的接口，支持各种数据文件格式，可以导入市场上绝大多数主流 CAD 软件构建的模型，同时支持 IGES、STEP 等通用数据文件、扫描数据以及格式化的点数据，这在很大程度上弥补了 ICEM 在几何构建能力上的不足；ICEM 通过虚拟块拓扑的方式创建结构化网格，同样具有"从上到下"和"从下到上"两种方式，可以灵活建立拓扑结构，ICEM 无需对实体进行分割，所以修改网格十分方便，另外 ICEM 可以轻松实现不同类型网格之间的装配，创建复杂结构网格的能力非常强大，这都是 GAMBIT 无法比拟的。下面以 ICEM CFD 14. 0 为例介绍利用 ICEM 建立几何模型的方法和步骤。

2.3.1　ICEM 的文件类型和工作流程

ICEM 的一个特点是其通过不同类型的文件分类储存信息，ICEM 涉及的主要文件格式及其功能如表 2-3-1 所述，各种类型的文件可以单独读入 ICEM 或者从 ICEM 单独导出，提高了使用过程中文件输入输出的速度，也给实际操作带来了很大方便。ICEM 的工作流程可以用图 2-3-1 表示。

表 2-3-1　ICEM 文件类型及其作用

文件类型	文件扩展名	文 件 内 容
Project	. prj	包含工程项目的设置信息，与其它所有文件相关联，可以通过打开 prj 文件打开与之相关的所有文件
Tetin	. tin	包含几何模型、材料、块关联情况以及网格尺寸等信息
Domain	. uns	非结构化网格文件

文件类型	文件扩展名	文 件 内 容
Blocking	. blk	包含块的拓扑结构信息
Boundary Conditions	. fbc	包含边界条件和局部参数等信息
Attributes	. atr	包含属性、局部参数和单元信息
Parameters	. par	包含模型参数和单元类型的信息
Journal	. jrf	记录用户的操作信息
Replay	. rpl	脚本文件,可用于批处理和二次开发

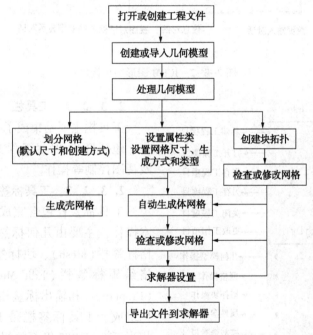

图 2-3-1　ICEM 的整体工作流程

2. 3. 2　ICEM 的图形用户接口(GUI)

启动 ICEM 之后,弹出如图 2-3-2 所示的图形用户接口,其包括菜单栏、工具栏、工具标签栏、显示控制栏、视图对话框和信息对话框等。点击工具标签将会激活相应的命令对话框,如数据输入对话框、柱状图显示对话框和选择工具栏等。

2. 3. 2. 1　菜单栏

菜单栏位于图形用户接口的上部,包括文件(File)、编辑(Edit)、视图(View)、信息(Info)、设置(Settings)和帮助(Help)六个菜单,用于完成模型的宏观操作。绘图过程中经常用到的是 File 菜单,通过 File 菜单可以新建、打开、保存和关闭工程项目,并完成导入和输出几何文件以及网格文件等操作。图 2-3-3 所示为 File 菜单。

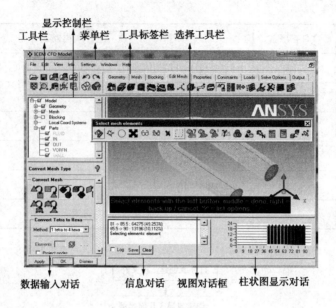

图 2-3-2　ICEM 图形用户接口

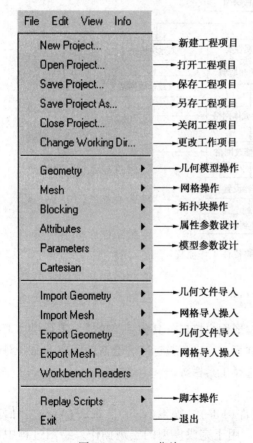

图 2-3-3　File 菜单

2. 3. 2. 2　工具栏

工具栏主要是集成了菜单栏里的常用操作，包括打开/保存工程文件、撤销/恢复以及视图控制等操作。

2. 3. 2. 3　工具标签栏

工具标签栏包含完成绘图过程的一些基本操作，主要由几何标签栏（Geometry）、网格标签栏（Mesh）、块标签栏（Blocking）、网格编辑标签栏（Edit Mesh）、属性标签栏（Properties）和输出标签栏（Output）等子标签栏组成。工具标签栏是 ICEM 的核心部分，相当于 GAMBIT 里面的操作面板，点击工具标签栏里面的标签可以打开相对应的子工具标签栏，图 2-3-4 是绘图过程中常用的几个子工具标签栏。

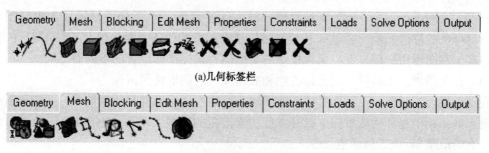

(a)几何标签栏

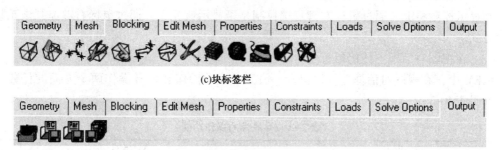

(b)网络标签栏

(c)块标签栏

(d)输出标签栏

图 2-3-4　工具标签栏

与 GAMBIT 类似，几何标签栏主要用来创建或者修改几何模型，包含与点、线、面和体操作相关的图标，点击图标则会在数据输入对话框打开与之相关的操作对话框。例如，点击几何标签栏中的点图标，则在数据输入对话框打开创建点的操作对话框，如图 2-3-5 所示。在该数据输入对话框中包含创建方式以及相关数据输入或元素选择两部分，读者可在练习过程中体会其含义和使用方法。

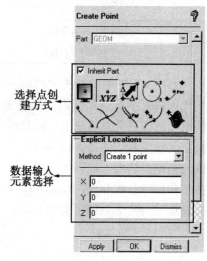

图 2-3-5　创建点的数据输入对话框

网格标签栏主要用于定义非结构化网格的尺寸、网格类型和生成方法等；块标签栏主要是在生成结构化网格时用于完成块的创建、划分或修改等操作；网格编辑标签栏主要完成检查网格质量、修改和光顺网格等针对网格的操作。上述标签栏下各图标的数据输入对话框与图 2-3-5 相似，包含创建方式、数据输入或者元素选择两部分。

2. 3. 2. 4　显示控制栏

显示控制栏位于图形用户接口的左上部，通过几何模型（geometry）、网格（Mesh）、块（blocking）和属性类（part）四个子类目录控制相关参数的显示情况。通过显示控制栏可以方便的显示或隐藏几何模型、块和网格及其元素，给绘图提供了很大的方便，尤其是对于复杂结构。

2. 3. 3　快捷键和基本术语

相对于 GAMBIT 而言，ICEM 对键盘的依赖性较低，键盘操作仅限于数据输入、模式转换和选择元素等。ICEM 有选择模式和视图模式两种显示模式，画图时通常使用 F9 快捷键在两种模式之间进行切换。当处于选择模式时，通过键盘上的 V 快捷键可以选中视图对话框中所有可视的待选元素，通过 A 快捷键可以选中所有的待选元素。但 ICEM 对鼠标的依赖性比较高，在图形用户接口下，鼠标按键的功能随着鼠标操作位置的不同而不同。

（1）在菜单栏、工具栏、工具标签栏和数据输入对话框使用鼠标

在菜单栏、工具栏、工具标签栏和数据输入对话框使用鼠标时比较简单，一般只需要鼠标左键点击，用于选择功能按钮、打开一些功能按钮的隐藏菜单（一般带有倒三角符号的按钮都含有隐藏菜单）或者激活数据输入框。

（2）在显示控制栏上使用鼠标

在显示控制栏上，通过鼠标左键复选控制是否显示该元素，通过鼠标右键控制该元素的显示方式。

（3）在视图对话框上使用鼠标

ICEM 中，在视图对话框上使用鼠标一般完成显示操作和任务操作两个方面的任务，具体操作见表 2-3-2。

表 2-3-2　鼠标的操作功能

鼠标操作内容	操 作 结 果
左键单击目标对象	选择目标
中键单击	确定操作
右键单击	取消操作
按住左键拖动	使模型围绕点旋转
按住中键移动	使模型按拖动方向平移
按住右键前后移动	缩放模型
按住右键左右移动	使模型在当前平面内旋转

利用 ICEM 创建结构化网格时需特别注意 ICEM 中的一些基本术语。由于 ICEM 创建结构化网格时不是对几何模型进行分割，而是对规则的块（blocking）进行分割，然后通过点、线或面的映射关系将块上的网格映射到几何模型上，所以 ICEM 中存在分别定义几何模型和块上元素的两类术语。Geometry 为待划分网格的几何模型，Surface、Curve 和 Point 分别为构成几何模型的面、线和点；Block 为与其对应拓扑结构，Face、Edge 和 Vertex 分别为构成拓扑结构的面、线和点；Geometry 与 Block 之间的元素存在一一对应关系，如图 2-3-6 所示。通过这种对应关系即可实现 Block 和 Geometry 之间网格的映射。

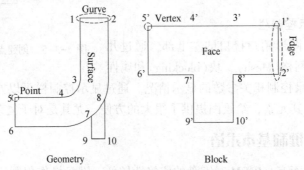

图 2-3-6　Geometry 和 Block 之间的对应关系

2. 3. 4　实体模型的建立

由于 ICEM 划分网格时无需对几何模型进行分割，同时 ICEM 提供了丰富的几何接口，可以借助于专业的 CAD 软件包创建几何模型，所以实体模型的建立在 ICEM 中非常简单。在此，借助于专业三维设计软件 Solidworks 创建图 2-2-11 所示结构尺寸的几何模型，完成后导出扩展名为. x_t 的文件。

打开 ICEM，首先要更改工作目录，以方便文件的保存和读取。点击 File→Change Working Dir 打开对话框，指定工作目录文件夹。然后，点击 File→Import Geometry，打开导入几何模型的下拉菜单，如图 2-3-7 所示。对于本例采用 SolidWorks 创建的几何模型，选择 ParaSolid 格式打开导入几何模型的对话框，如图 2-3-8 所示。在 Parasolid File 一栏指定导出的. x_t 文件，Tetin File 一栏则自动生成对应的. tin 文件，点击 **Apply** 按钮导入几何模型，结果如图 2-3-9(a)所示。

对于从 CAD 软件导入的几何模型，一般需要通过修复模型■功能对模型进行几何修复。修复之后会出现红、蓝、黄、绿四种颜色的曲线，红色曲线表示两个表面交汇得到的交线；蓝色曲线表示三个或者更多个表面交汇形成的曲线，要根据实际情况进行判定是否合理；黄色曲线表示独立表面拥有的曲线；绿色曲线表示与表面无关的曲线，一般需要删除。图 2-3-9(b)所示为几何修复之后的模型。

图 2-3-7　几何模型导入下拉菜单

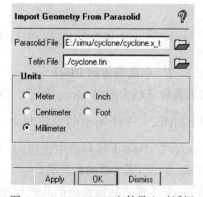

图 2-3-8　ParaSolid 文件导入对话框

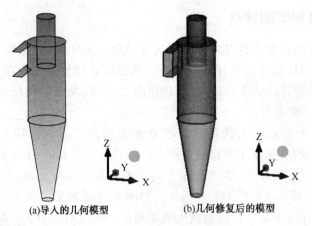

(a)导入的几何模型　　　　　　(b)几何修复后的模型

图 2-3-9　导入的几何模型

2.3.5　网格划分

ICEM 对实体模型划分结构化网格时，无需对实体进行分割，而是通过创建与实体对应的合理拓扑结构，即 Block，建立拓扑结构和实体模型的映射关系，然后在拓扑结构上划分网格，最后将结构化网格映射到实体模型上。

2.3.5.1　分析几何模型，构思 Block

观察几何模型，发现除矩形入口之外的其余部分可以从外向内划分为两层，第一层为旋风分离器的外壁，第二层为排气管的外壁。因此，可以采用图 2-3-10 所示的基本拓扑结构以及映射关系，其中拓扑结构中的 Vertex(V1-V11) 分别对应于几何模型中的 Point（P1-P11）。

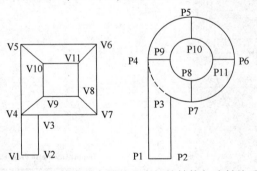

图 2-3-10　旋风分离器的基本拓扑结构与映射关系

2.3.5.2　创建整体的 Block

点击工具标签栏内的 Blocking 标签，打开 Blocking 标签栏，点击创建 Block 的功能按钮 ⬡，弹出如图 2-3-11 所示的创建 block 的对话框。在 Part 输入栏内输入 Fluid，作为该 Block 的 part；在 Type 下拉列表中选择 3D Bounding Box，其余设置保持默认值，点击 Apply 按钮生成 Block，如图 2-3-12 所示。

整体 Block 生成之后需要根据几何模型的特点划分 Block，将每一个特征区域都对应独立的 Block。首先，沿 Y 方向划分 Block。点击 Blocking 标签栏内划分 Block 的功能按钮 ⬡，在弹出的对话框中（如图 2-3-13 所示）选择划分 Block 的图标 ⬡，Block Select 和

Split Method 保持默认值，点击 Edge 输入栏后面的拾取 Edge 按钮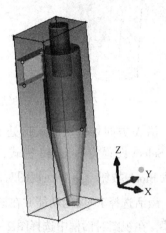，激活选择 Edge 功能，在视图对话框内用鼠标左键点击 Block 上一条与 Y 轴平行的直线，点击之后该线将变为粉红色，同时出现 Block 的分割面，如图 2-3-14 所示，分割面的位置随着鼠标点击的位置沿 Y 方向移动，选中 Edge 后点击鼠标中键确定，再点击对话框中的 Apply 执行，将 Block 沿 Y 方向划分为两个 Block，即完成了进气管与主体部分之间 Block 的划分。

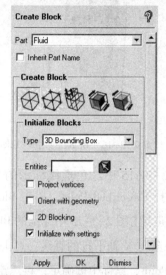

图 2-3-11　创建 Block 的对话框

图 2-3-12　创建的整体 Block

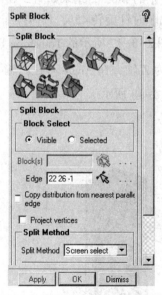

图 2-3-13　划分 Block 的对话框

图 2-3-14　沿 Y 轴划分 Block 的过程

　　然后，沿 Z 方向划分 Block。在 Split Method 下拉列表中选择 Prescribed Point 方式，单击拾取 Edge 按钮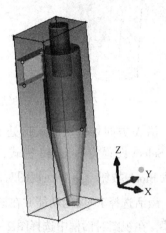，在视图对话框内用鼠标左键点击 Block 上一条与 Z 轴平行的直线；单击 Split Method 下面 Point 输入栏后面的拾取 Point 按钮，在视图对话框中选择图 2-3-12 中标示的 Point，点击鼠标中键确定，再点击对话框中的 Apply 执行，划分之后结果如图 2-3-15 所示。

75

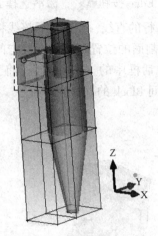

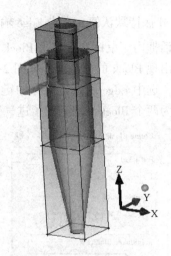

图 2-3-15　沿 Z 轴划分 Block 的结果　　　　　　图 2-3-16　Block 的划分结果

　　最后，沿 *X* 方向划分矩形入口处的 Block，即图 2-3-15 中红色虚线标示的 Block。此时，Block Select 设置为 Selected 模式，Split Method 选择 Prescribed Point，单击 Block 输入栏后面的拾取 Block 按钮 ，在视图对话框内用鼠标左键点击图 2-3-15 中标示的 Block，鼠标中键确定；激活选择 Edge 的功能并在该 Block 上选择一条与 X 轴平行的直线；点击拾取 Point 的按钮 ，在视图对话框中选择图 2-3-15 中标示的 Point，鼠标中键确定，再点击对话框中的 Apply 完成 Block 的划分。划分好 Block 之后，删除多余的 Block，结果如图 2-3-16 所示。

　　为了方便建立映射关系时，将划分好 Block 绕 Z 轴顺时针旋转 45°，具体操作如下所述。点击 Blocking 标签栏内的改变 Block 按钮 ，打开如图 2-3-17 所示的 Transform Blocks 对话框，选择旋转 Block 的图标 ，Rotation 内 Axis 设置为 Z 轴，在 Angle 一栏内输入 -45，然后选择全部 Block，点击 Apply 执行操作，结果如图 2-3-18 所示。

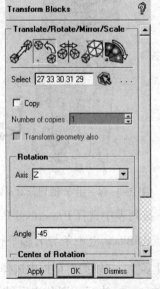

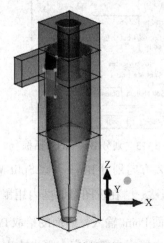

图 2-3-17　Transform Block 对话框　　　　图 2-3-18　旋转后的 Block

2.3.5.3 建立映射关系

Block 划分完之后，需要建立 Block 和 Geometry 之间，也就是拓扑结构和几何模型之间的映射关系。建立映射关系时发现几何模型上没有足够的特征线和特征点与拓扑结构相对应，因此建立映射关系之前首先创建几何模型上的辅助线和辅助点。

为了操作方便，创建辅助线和辅助点时隐藏 Block，只在视图对话框中显示几何模型上的面、线和点，通过显示控制栏内相应标签的复选与否即可实现该元素的显示或者隐藏，结果如图 2-3-19(a) 所示，请读者自行操作。

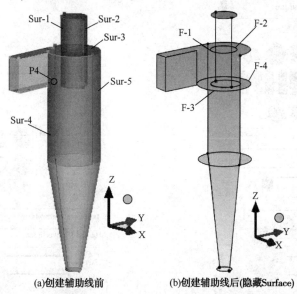

(a)创建辅助线前　　　　　　(b)创建辅助线后(隐藏Surface)

图 2-3-19　创建辅助线前后的对比情况

（1）创建辅助线和辅助点

点击工具标签栏上的 Geometry 标签，选择创建/修改面的图标 ▩，打开创建/修改面的对话框，如图 2-3-20 所示。选择分割/修剪面 ▦，Segment Surface 中 Method 一栏选择 By Plane，Surface 输入栏选择 Sur-1 面，PlaneSetup 中 Method 选择 Three Points，在三个 Point 输入栏内分别选择 Sur-3 面上的三个点，点击 Apply 执行操作。按照相同的方法将 Sur-2 面分割成两个平面，同时创建排气管外壁与蜗壳顶板的交线。点击 Geometry 标签栏内创建/修改线的图标 ⋎，打开创建/修改线的对话框，如图 2-3-21 所示。选择面-参数设定模式 ▩，Method 一栏选择 Point on Edge 模式，选择筒体外壁[图 2-3-19(a) 中 Sur-4、Sur-5]，UV 一栏中选择图 2-3-19(a) 中的点 P4，点击 Apply，执行两次操作完成蜗壳下端圆弧线，即图 2-3-19(b) 中的 F-3 和 F-4。

对比分析图 2-3-10 和图 2-3-19(b) 可以发现，几何模型上缺少的特征点主要是排气管、筒体和锥体圆上的四等分点，辅助点创建前后的对比情况如图 2-3-22 所示。除了图 2-3-22(a) 中标示的 C-1 和 C-2 两条线之外，其余圆弧均可利用等分比例创建特征点，以图 2-3-22(a) 中标示的 C-3 线为例进行说明。点击 Geometry 标签栏上的创建点标签 ✦，打开创建点的对话框，如图 2-3-23 所示，选择按比例在线上创建点的模式 ▧，见图 2-3-23(a)，

Method 设置为 Parameter 方法，输入分割比例 0.5，选择图 2-3-22(a)中标示的 C-3 线，点击 Apply 完成操作。按照相同的方法在除 C-1、C-2、C-3 和 C-4 四条线之外的其余圆弧上创建特征点。利用点映射到线的方法在 C-1 和 C-2 两条线上创建特征点，在创建点的对话框中选择点映射到线的模式 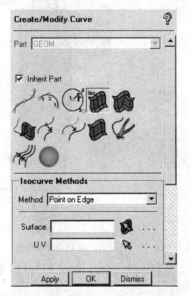，见图 2-3-23(b)，Curve 一栏中输入 C-1 线，Points 一栏中输入图 2-3-22(b)中的 P1 点，点击 Apply 执行操作，生成图 2-3-22(b)中 P3 点，通过相同的方法利用 P2 点生成 P4 点。

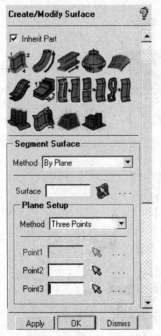

图 2-3-20　创建/修改面的对话框

图 2-3-21　创建/修改线的对话框

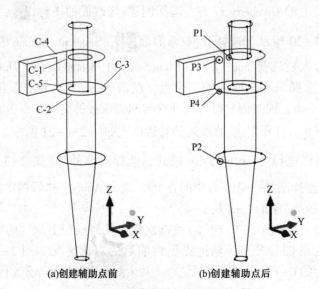

(a)创建辅助点前　　　　　　(b)创建辅助点后

图 2-3-22　创建辅助点前后的对比情况

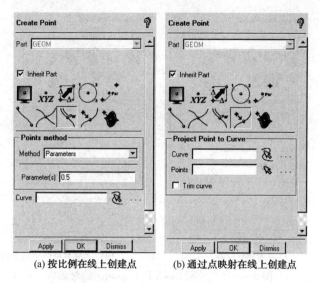

(a) 按比例在线上创建点　　　　　(b) 通过点映射在线上创建点

图 2-3-23　创建点的对话框

（2）建立拓扑结构和几何模型之间的映射关系

辅助线和辅助点创建完成后，建立拓扑结构和几何模型之间的映射关系。下面以蜗壳部分为例进行介绍，按图 2-3-24 所示的映射关系建立蜗壳部分 Block 和 Geometry 之间的对应。

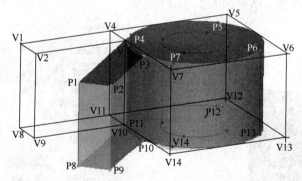

图 2-3-24　蜗壳部分拓扑结构和几何模型之间的映射关系

点击 Blocking 标签栏上的关联图标，打开建立映射关系的对话框，如图 2-3-25 所示。通过点关联按钮激活关联点的功能，见图 2-3-25(a)，Vertex 输入栏内选择 Block 上的 V1 点，Point 输入栏内选择 Geometry 上的 P1 点，点击 Apply 完成 V1 点和 P1 点的关联。按照相同的方法建立其他各点的关联。通过线关联按钮激活关联线的功能，见图 2-3-25 (b)，Edge 一栏内选择 Block 上的 V1-V2 线，Curve 一栏内选择 P1-P2 线，点击 Apply 完成对应线的关联。按照相同的方法建立其他各线的关联，完成后如图 2-3-26 所示。已建立映射关系的 Vertex 呈现粉红色，已建立映射关系的 Edge 呈现绿色，可以据此检查映射关系是否建立完整。

旋风分离器外壁第一层 Block 上的映射关系建立之后，通过 O-Block 创建排气管外壁上的第二层 Block。打开分割 Block 的对话框，选择 O-Block 分割模式，见图 2-3-27，点

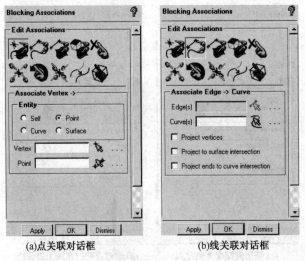

(a)点关联对话框　　　　　　　　(b)线关联对话框

图 2-3-25　关联 Block 和 Geometry 的对话框

击 Select Block 后面添加 Block 的图标 ，选择图 2-3-28 中所示的 Block，从上到下包括排气管处、蜗壳筒体处、筒体处和锥体处四个部分的拓扑块；点击 Select Face 后面添加面的图标 ，选择图 2-3-28 中所示的上、下两个端平面；Offset 设置为 1.2，其余保持默认值，点击 Apply 执行操作，结果如图 2-3-29 所示。

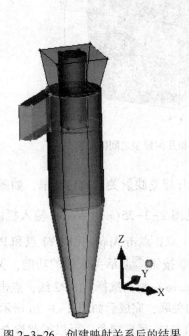

图 2-3-26　创建映射关系后的结果

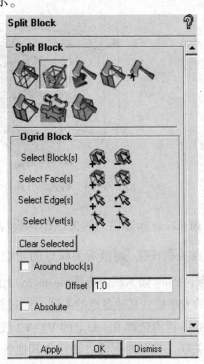

图 2-3-27　分割拓扑结构对话框

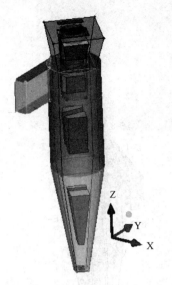
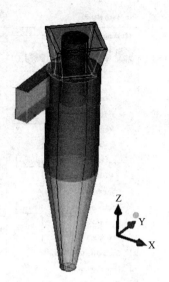

图2-3-28 选择Block和Face的示意图　　　图2-3-29 创建O-Block

在Blocking标签栏内单击删除Block的标签 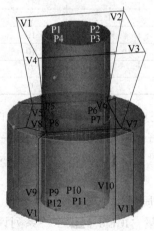，选择排气管处O-Block中外侧的
Block，按照图2-3-30所示的映射关系建立排气管部分拓扑结构和几何模型的对应关系，结
果如图2-3-31所示。在此需要特别注意的是：排气管插入部分(即圆柱体 P5P6P7P8-
P9P10P11P12)不仅要建立点和线的映射，而且要建立面的映射，即建立排气管壁与对应
Face的映射关系，否则该部分的排气管外壁将作为内部流通面处理。

至此，完成了Block的创建，点击File→Blocking→Save Blocking保存Block，通过File→
Save Project保存工作文件。

图2-3-30 排气管部分的映射关系　　　　图2-3-31 建立映射后的结果

2.3.5.4 定义节点分布

选择Blocking标签栏，选择划分网格的按钮 ，单击 打开定义Edge节点分布的
对话框，如图2-3-32所示，其中各参数的具体含义可参考ICEM帮助文档。参考表2-3-3
给图2-3-33所示的Edge定义节点。

81

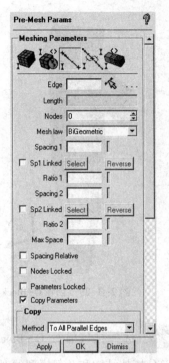

图 2-3-32 划分网格对话框

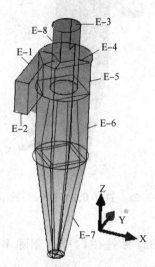

图 2-3-33 定义节点示意图

表 2-3-3 设置节点分布的参数表

Edge	Mesh law	Nodes	Spacing 1	Ratio 1	Spacing 2	Ratio 2
E-1	BiGeometric	12	15	2	15	1.5
E-2	BiGeometric	6	0	—	0	—
E-3	BiGeometric	9	0	—	0	—
E-4	Expinential1	7	5	1.2	0	—
E-5	BiGeometric	10	10	2	10	2
E-6	Expinential2	13	0	—	10	1.1
E-7	BiGeometric	14	0	—	0	—
E-8	BiGeometric	8	0	—	0	—

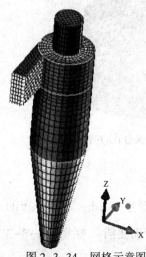

图 2-3-34 网格示意图

Edge 上的节点布置完成后，复选显示控制栏内 Blocking→Pre-Mesh，生成网格，右键单击 Blocking→Pre-Mesh，选择 Solid&Wire 显示模式，如图 2-3-34 所示。其他显示模式如 Scan planes 等请读者自行练习。

2.3.5.5 检查网格质量

对于结构化网格的质量，ICEM 提供了一系列评判标准，方便在计算之前判断网格质量如何，详细的参数及其含义可参考 ICEM 帮助文档。

点击 Blocking 标签栏内的 图标，打开检查网格质量的对话框，如图 2-3-35 所示。Ceterion 为判断网格质量的标准，在此选择 Determinant 2×2×2，Min-X value 为柱状图 X 坐标轴的最小值，Max-X value 是柱状图 X 坐标轴的最大值，Max-Y height

是柱状图 Y 坐标轴的最大值，Num. of bars 是柱状图的条数，参数设定后，点击 Apply，弹出如图 2-3-36 所示的柱状图。

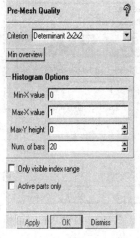

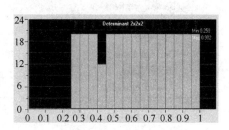

图 2-3-35　检查网格质量对话框　　　　图 2-3-36　质量分布柱状图

2.3.5.6　调整网格质量

相对于 GAMBIT 而言，ICEM 在通过调整网格尺寸和节点分布等措施以改善网格质量方面具有非常大的优势，不仅方法很多而且操作简便。例如，为了提高网格质量，采用图 2-3-37 所示的 O 形网格进一步划分排气管，如果采用 GAMBIT 需要对几何模型重新分割，较为麻烦；但是采用 ICEM 进一步划分 O 形网格，只需通过 O-Block 分割模式对中心一层 Block 分割即可，无需更改其他，操作大大简化，具体如图 2-3-38 所示。

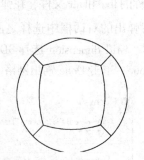

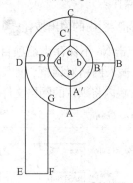

图 2-3-37　圆截面划分示意图　　　　图 2-3-38　横截面分块示意图

2.3.6　边界类型设置

与 GAMBIT 不同，ICEM 里没有传统意义上的边界类型设置，而是在读入 FLUENT 之后设置相应边界。一般而言，为了后续设置方便，在 ICEM 里将属性相同的元素设置为一个属性类。

右键点击显示控制栏内 Model→Part，弹出如图 2-3-39 所示的操作控制栏，单击 Create Part，打开创建 Part 对话框，如图 2-3-40 所示。通过显示控制栏的复选使视图对话框内仅显示 Surface，在 Part 输入栏内输入 part 的名称 Inlet，在 Entities 一栏内选择旋风分离器的入口截面，其他设置保持默认值，单击 Apply 执行操作。按照相同的方法定义旋风分离器的出口和壁面等边界。

图 2-3-39　Part 操作控制栏

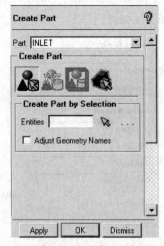

图 2-3-40　创建 Part 对话框

2.3.7　网格输出

ICEM 不能直接保存结构化网格，右击显示控制栏内 Model→Blocking→Pre-Mesh，选择 Convert to Unstruct Mesh，当信息对话框中提示 Current Coordinate system is global 时，表明网格转换已经完成。此时，方可通过 File→Mesh→Save Mesh As 命令保存为 cyclone. uns 格式。

点击工具标签栏内的 Output 标签，在 Output 标签栏内点击选择求解器按钮，弹出如图 2-3-41 所示的求解器选择对话框，从 Output Solver 下拉列表中选择 FLUENT_ V6 求解器，单击 Apply 执行操作。

点击 Output 标签栏内的输出按钮，保存默认名称的 fbc 和 atr 文件，在弹出的如图 2-3-42 所示的对话框中点击 No 不保存当前项目文件，在随后弹出的对话框中选择之前保存的 cyclone. uns 文件，则弹出输入网格对话框，如图 2-3-43 所示。Grid dimension 选择 3D，即输出三维网格；在 Output file 栏内将默认的网格文件名称改为 cyclone，单击 Done 输出网格。

图 2-3-41　选择求解器对话框

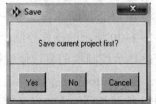

图 2-3-42　保存项目文件对话框

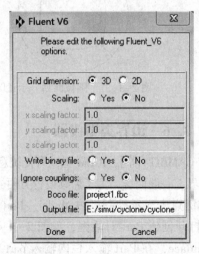

图 2-3-43　输出网格对话框

84

至此，利用 ICEM 划分旋风分离器网格的操作已全部完成，保存相关文件后退出 ICEM 即可。

【本章复习思考与练习题】

1. 熟悉点、线、面、体的不同创建方式，理解各种方式的适用场合。

2. 采用"从上到下"的方法通过 GAMBIT 对旋风分离器划分网格，思考两种方法的异同。

3. 为了改善网格质量，一般采用 O 形分块法对圆截面进行划分，请分别通过 GAMBIT 和 ICEM 采用图 2-3-38 所示的分块法对旋风分离器划分网格，对比两种软件在修改网格上的难易程度。

4. 分别通过 GAMBIT 和 ICEM 对旋风分离器进行非结构化网格划分，对比两种软件在结构化网格以及非结构化网格划分方面的异同。

5. 请读者自行完成下图所示 90°弯管、U 形管和三通管的网格划分。

(a)90°弯管   (b)U形管   (c)三通管

6. 改变网格节点数和网格梯度，结合后续算例，掌握网格无关性验证的方法。

第3章 FLUENT 的求解设置与后处理

§3.1 FLUENT 的操作界面

成功安装 FLUENT 14.0 后，选择"开始"菜单→"所有程序"→"ANSYS 14.0"→"Fluid Dynamics"→"FLUENT 14.0"命令启动 FLUENT，此时将弹出如第 1 章图 1-5-1 所示的启动界面。设定好求解器选项(维数、单双精度、图形对话框选项)，并在 Working Directory 组合框中设定好工作目录，单击 OK 按钮，启动 FLUENT 求解器。现以 FLUENT Tutorial Guide 中的算例说明 FLUENT 求解问题的基本操作。

3.1.1 问题描述与 FLUENT 求解器的启动

3.1.1.1 问题描述

图 3-1-1 所示为大直径弯管中冷热流体的混合问题，冷流体以 26℃ 的温度进入大直径的管道，在弯道处与初始温度为 40℃ 的热流体混合。管道尺寸单位为英寸，流体物性和边界条件以国际单位为主。主进口处的雷诺数为 2.03×10^5，为湍流流动。

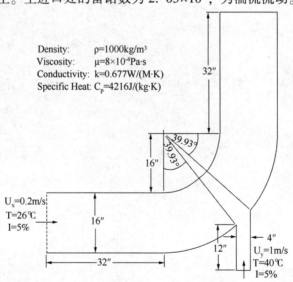

Density: ρ=1000kg/m³
Viscosity: μ=8×10⁻⁴Pa·s
Conductivity: k=0.677W/(M·K)
Specific Heat: C_p=4216J/(kg·K)

图 3-1-1 大直径弯管中冷热流体混合问题示意图

3.1.1.2 FLUENT 求解器的启动

在本地硬盘上新建一个文件夹，并命名此文件夹为 elbow(注：elbow 文件夹必须位于英文路径下)。将文件 elbow.msh 复制到此文件夹中，此文件夹将定义为本节算例的 FLUENT 工作文件夹。

启动 FLUENT："开始"菜单→"所有程序"→"ANSYS 14.0"→"Fluid Dynamics"→"FLUENT 14.0"。这时 FLUENT Launcher 将会启动(图 1-5-1)，通过 FLUENT Launcher 可以选择

启动相应的 FLUENT 求解器。这时进行以下操作：

（1）在 Dimension 选项组中选中 2D 选项（本算例为二维）。

（2）在 Processing Options 选项组中选中 Serial 选项（本算例无需采用并行计算）。

（3）确保 Display Mesh After Reading、Embed Graphics Windows 和 Workbench Color Scheme 复选框都被复选。

（4）确保没有复选 Double Precision 复选框，本算例使用单精度求解器即可。

如果进行以上设置时出现错误，可以通过单击 FLUENT Launcher 对话框下方的 Default 按钮来恢复默认设置。

单击 ⊞ Show More Options 前面的加号按钮出现如图 3-1-2 所示的更多选择，其中 General Options 选项卡提供了 FLUENT 的通用设置。在 Version 下拉列表中包含 FLUENT 所有可用的安装版本，在其下拉列表中选择合适的 FLUENT 版本。如果复选 Pre/Post Only 复选框，启动的 FLUENT 将只对算例进行设置与后处理，而不进行计算。本算例将不复选此复选框。在 Working Directory（工作目录）组合框中设置工作文件夹的路径，或通过单击 ▣ 按钮来选择文件夹。在 FLUENT Root Path（FLUENT 安装路径）组合框中是 FLUENT 安装的路径。复选 Use Journal File（使用日志文件）复选框后即可指定日志文件的路径与名称，也可以通过单击 ▣ 按钮来选择目录和文件。通过使用日志文件，可以自动加载算例，对相关参数自动设置，迭代直到收敛，并输出结果文件。

图 3-1-2　FLUENT Launcher 的 General Options 选项卡

单击 FLUENT Launcher 下的 OK 按钮完成 FLUENT Launcher 的设置并启动 FLUENT。

3.1.2　FLUENT 中常用的文件类型

为了后续章节的叙述方便，这里顺便简单介绍一下 FLUENT 的文件类型。FLUENT 中常用的文件类型为 msh、cas、dat 和 profile。

（1）msh 文件可以在 GAMBIT 或 ICEM CFD 等其他网格划分软件建好网格和设置好边界条件之后通过 export 功能进行输出，该文件可以被 FLUENT 求解器读取。

（2）cas 文件包括网格、边界条件、求解参数、用户界面和图形环境等信息。

（3）dat 文件包含每个网格单元的物理量的值。FLUENT 自动保存的文件类型，默认为 dat 和 cas 文件。

（4）profile 文件用于指定求解域边界上的流动条件。例如，它们可以用于指定入口的速度场。选择 File/Read/Profile 命令，弹出选择文件对话框，用户就可以读入边界 profile 文件了。用户也可以在指定边界或表面上创建 profile 文件。例如，用户可以在一个算例的出口边界上创建一个 profile 文件，然后在其他算例中读入该 profile 文件作为新算例的入口边界。要创建一个 profile 文件，用户需要使用 Write Profile 面板，菜单命令为：File→Write→Profile。

§3.2　计算模型的处理与设置

3.2.1　网格导入及检查

可以通过以下两种操作方法读入网格文件。

操作方法一：执行菜单栏 File→Read→Mesh 命令，弹出 Select File 对话框，选择 elbow.msh 文件，单击 OK 按钮。此时显示出的网格如图 3-2-1 所示。

操作方法二：单击菜单栏中的  Read a file 按钮（或单击 按钮右边的下三角号）在弹出的菜单中选择 Mesh，如图 3-2-2 所示。

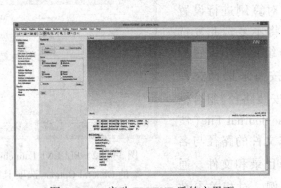

图 3-2-1　启动 FLUENT 后的主界面　　　　图 3-2-2　Mesh 命令

读入网格文件后，有关网格方面的信息和边界条件情况将显示在控制台上。

在 General 任务页面（图 3-2-3）中可以进行网格检查操作，单击 General 任务页面中的 Check 按钮进行网格检查，检查结果将显示在控制台中。在进行网格检查时应注意，最小体积不能为负值，若出现负值，则需重新进行网格划分。

由于本算例在用 GAMBIT 软件创建网格时是以 cm 为单位，而 FLUENT 认为导入的网格文件均以 m 为单位创建。因此需要进行 scale 操作。具体的操作方法是：单击 General 任务页面中的 Scale 按钮（图 3-2-3），在弹出的 Scale Mesh 对话框（图 3-2-4）中，通过 Mesh Was Created In 下拉列表选择创建网格时的单位，单击 Scale 按钮完成操作。最后单击 Close 按钮关闭 Scale Mesh 对话框。

图 3-2-3　General 任务页面

图 3-2-4   Scale Mesh 对话框

由于本算例所采用的网格为质量较高的结构化网格，因此本算例在网格导入后没有必要进行 Smooth 操作。但是在网格质量较低等情况下，可能需要进行 Smooth 操作。具体的操作方法是：在菜单栏中的 Mesh 下拉菜单中选择 Smooth/Swap 命令（图 3-2-5），将弹出 Smooth/Swap Mesh 对话框（图 3-2-6）。单击 Smooth 按钮，再单击 Swap 按钮，并重复该操作，直到控制台中提示 0 face(s) swapped 为止。

图 3-2-5   Mesh 菜单

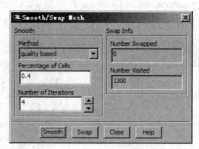

图 3-2-6   Smooth/Swap Mesh 对话框

在网格导入后，在 General 任务页面中还可进行网格显示操作。单击其中的 Display 按钮，将弹出 Mesh Display 对话框（图 3-2-7），保持默认设置，然后单击对话框中 Display 按钮，网格将显示在图形对话框中，如图 3-2-8 所示。

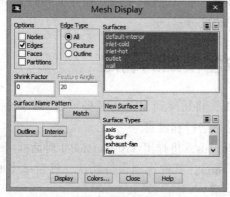

图 3-2-7   网格显示对话框

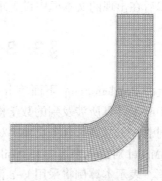

图 3-2-8   网格显示

除了 General 任务页面可以对网格进行查看和操作外，用户还可以通过 Mesh 菜单来对网格进行相应的操作。依次点击菜单 Mesh→Info→Size 来显示网格节点数、表面数、单元数以及网格分区数等信息。

3.2.2　General 任务页面中 Solver 的设置

如图 3-2-3 所示，FLUENT 中有两种求解器，即基于压力的求解器(Pressure-Based Solver)和基于密度的求解器(Density-Based Solver)。这两种求解器的求解对象相同，所求解的控制方程均为连续方程、动量方程和能量方程。在考虑湍流和化学反应时，还要加上湍流方程和化学组分方程。此外，两种求解器都用有限体积法作为对计算对象进行离散求解的基础方法。虽然两种求解器对大多数流动求解都适用，但某些模型只在基于压力的求解器中可供选择，而某些模型只在基于密度的求解器中可供选择。基于压力的求解器适用于求解不可压缩和中等程度的可压缩流体的流动问题，而基于密度的求解器最初用于高速可压缩流动问题的求解。对于高速可压缩流动而言，使用基于密度的求解器通常能获得比基于压力的求解器更为精确的结果。

在 Type 下选择基于压力或基于密度的求解器后，在 Velocity Formulation 下，选择基于 Absolute 绝对速度还是 Relative 相对速度来求解；在 Time 下，选择 Steady 稳态计算或是选择 Transient 非稳态计算；在 2D Space 下有 Planar 平面、Axisymmetric 轴对称和 Axisymmetric Swirl 轴对称旋转可供选择，Planar 平面针对一般的平面 2D 问题，如果 2D 计算域为轴对称，应选中 Axisymmetric 轴对称单选项。复选 Gravity 重力复选框可以设定加速度方向。在本算例中，速度采用绝对速度，因此采用默认的 Absolute。

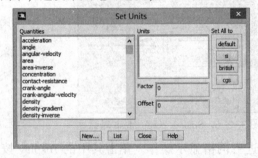

图 3-2-9　Set Units 对话框

FLUENT 可以使用如国际单位制或英制等多种尺寸系统。用户可以单击 General 任务页面中的 Units 按钮调出 Set Units 对话框(图 3-2-9)，然后对单位进行设置。

一般而言，保持默认的国际单位制 SI 即可，也可以使用其他如英制单位系统。本算例虽然来自 FLUENT Tutorial，但重新对其进行了网格划分和计算，在进行模型创建时使用的是 SI 单位制，因此本算例可采用默认的 SI 单位制。

如果计算时需要考虑重力等体积力的影响，可以复选 General 任务页面的 Gravity 前面的复选框，然后在出现的文本框中设置重力加速度分量。

§3.3　数学模型的确定

在导航栏 Problem Setup 下面单击 Models，将切换到 Models 任务页面(图 3-3-1)。用户可以对 FLUENT 计算所涉及到的数学模型进行选择和设置。

本算例中，在 Models 任务页面中双击 Viscous，将弹出 Viscous Model 对话框(图 3-3-2)。在 Viscous Model 对话框中选中 k-epsilon(2 eqn)，其他选项保持默认，然后单击 OK 按钮关闭此对话框，表示本算例将采用 k-ε 湍流模型。

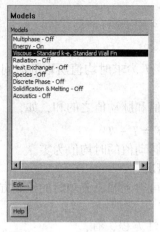

图 3-3-1　Models 任务页面

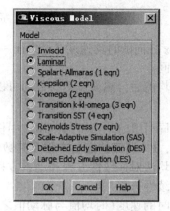

图 3-3-2　Viscous Model 对话框

设置完湍流模型后，在 Models 任务页面中双击 Energy，将出现 Energy 对话框(如图 3-3-3 所示)，选中 Energy Equation 选项，然后单击 OK 按钮。此步表示本算例将求解能量方程。

FLUENT 提供了多种模型供计算需要。本节将介绍 FLUENT 中所涉及到的模型，主要包括湍流模型、离散相模型、组分输运与化学反应模型、辐射模型、污染形成模型等几大类，下面分别进行简单介绍。

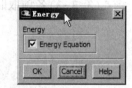

图 3-3-3　Energy 对话框

3.3.1　湍流模型

湍流是一种高度复杂的三维非稳态不规则流动。从物理结构上讲，湍流可以视为由各种不同尺度的涡旋叠加而成。大尺度的涡旋主要由边界条件决定，小尺度的涡旋主要是由黏性所决定。由于流体内不同尺度涡旋的随机运动，造成了湍流物理量的脉动特点。虽然动量方程(N-S 方程)能够准确描述湍流运动的细节，但一方面求解这样一个复杂的方程会花费大量的精力和时间，另一方面人们在工程实际中通常更为关心这种流动状态的时间平均特性。1895 年，雷诺(Reynolds)提出雷诺平均概念，将流场变量看作一个时均量与脉动量之和的形式，建立了所谓的 Reynolds 时均方程法(Reynolds Averaged Navier-Stokes Equations, RANS)。以速度为例，当流动为湍流时，速度表现为围绕着时均值不断发生脉动(图 3-3-4)。速度

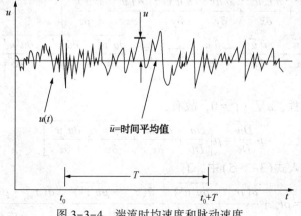

图 3-3-4　湍流时均速度和脉动速度

时均值的定义如下式所示，

$$\bar{u} = \frac{1}{T} \int_{t_0}^{t_0+T} u \mathrm{d}t \qquad (3-3-1)$$

式中，$\bar{u}$ 为 x 方向的时均速度；u 为任一瞬时的速度；T 为求时均值所取的时间段，需要取足够长的时间。

引入时均值后，湍流流动参数均可以表示为时均值和脉动值之的和，如，

$$p = \bar{p} + p' \qquad \rho = \bar{\rho} + \rho' \qquad T = \bar{T} + T' \qquad (3-3-2)$$

将两边同时取时均值可知，湍流中任一流动参数脉动值的时均值为零。

3.3.1.1 湍流的控制方程及其数值求解发展概况

采用时均法对连续性方程和动量方程进行处理，可得到湍流流动时的控制方程。

（1）连续性方程

将湍流时的速度（时均值与脉动值之和）代入连续性方程，有，

$$\frac{\partial(\bar{u}+u')}{\partial x} + \frac{\partial(\bar{v}+v')}{\partial y} + \frac{\partial(\bar{w}+w')}{\partial z} = 0 \qquad (3-3-3)$$

将式（3-3-3）各项取时均值可得，

$$\begin{cases} \dfrac{\partial \bar{u}}{\partial x} + \dfrac{\partial \bar{v}}{\partial y} + \dfrac{\partial \bar{w}}{\partial z} = 0 \\[2mm] \dfrac{\partial u'}{\partial x} + \dfrac{\partial v'}{\partial y} + \dfrac{\partial w'}{\partial z} = 0 \end{cases} \qquad (3-3-4)$$

式（3-3-4）表示，在湍流情况下，速度的时均值和脉动值均满足连续性方程。

（2）动量方程

在湍流情况下，对动量方程按时均值进行处理后将引入雷诺应力。下面以 x 方向的动量方程为例进行简单推导，x 方向的动量方程如下式所示，

$$\rho \frac{Du}{Dt} = \rho f_x + \frac{\partial \sigma_{xx}}{\partial x} + \frac{\partial \tau_{yx}}{\partial y} + \frac{\partial \tau_{zx}}{\partial z} \qquad (3-3-5)$$

假设流体不可压缩，对式（3-3-5）的左边用物质导数展开，并加上连续性方程后可化为，

$$\rho \frac{Du}{Dt} = \rho \left[\frac{\partial u}{\partial t} + \frac{\partial(uu)}{\partial x} + \frac{\partial(uv)}{\partial y} + \frac{\partial(uw)}{\partial z} \right] \qquad (3-3-6)$$

将式（3-3-6）的右边取时均值，有，

$$\rho \frac{D\bar{u}}{Dt} = \rho \left[\frac{\partial \overline{(\bar{u}+u')}}{\partial t} + \frac{\partial \overline{(\bar{u}+u')(\bar{u}+u')}}{\partial x} + \frac{\partial \overline{(\bar{u}+u')(\bar{v}+v')}}{\partial y} + \frac{\partial \overline{(\bar{u}+u')(\bar{w}+w')}}{\partial z} \right]$$

$$= \rho \left[\frac{\partial \bar{u}}{\partial t} + \frac{\partial \overline{uu}}{\partial x} + \frac{\partial \overline{u'u'}}{\partial x} + \frac{\partial \overline{uv}}{\partial y} + \frac{\partial \overline{u'v'}}{\partial y} + \frac{\partial \overline{uw}}{\partial z} + \frac{\partial \overline{u'w'}}{\partial z} \right]$$

$$= \rho \left[\frac{\partial \bar{u}}{\partial t} + \bar{u}\frac{\partial \bar{u}}{\partial x} + \bar{v}\frac{\partial \bar{u}}{\partial y} + \bar{w}\frac{\partial \bar{u}}{\partial z} + \bar{u}\nabla \cdot \vec{V} + \frac{\partial \overline{u'u'}}{\partial x} + \frac{\partial \overline{u'v'}}{\partial y} + \frac{\partial \overline{u'w'}}{\partial z} \right]$$

$$(3-3-7)$$

考虑到连续性方程，$\bar{u}\nabla \cdot \vec{V} = 0$，故有，

$$\rho \frac{D\bar{u}}{Dt} = \rho \left[\frac{D\bar{u}}{Dt} + \frac{\partial \overline{u'u'}}{\partial x} + \frac{\partial \overline{u'v'}}{\partial y} + \frac{\partial \overline{u'w'}}{\partial z} \right] \qquad (3-3-8)$$

将式（3-3-8）代入式（3-3-5）中，有

$$\rho \frac{D\bar{u}}{Dt} = \rho f_x + \frac{\partial(\sigma_{xx} - \overline{\rho u'u'})}{\partial x} + \frac{\partial(\tau_{xy} - \overline{\rho u'v'})}{\partial y} + \frac{\partial(\tau_{xz} - \overline{\rho u'w'})}{\partial z} \qquad (3-3-9)$$

同理可得 y 和 z 方向时均化的动量方程为，

$$\rho\frac{D\bar{v}}{Dt}=\rho f_{y}+\frac{\partial(\tau_{yx}-\overline{\rho v'u'})}{\partial x}+\frac{\partial(\sigma_{yy}-\overline{\rho v'v'})}{\partial y}+\frac{\partial(\tau_{yz}-\overline{\rho v'w'})}{\partial z} \quad (3-3-10)$$

$$\rho\frac{D\bar{w}}{Dt}=\rho f_{z}+\frac{\partial(\tau_{zx}-\overline{\rho w'u'})}{\partial x}+\frac{\partial(\tau_{zy}-\overline{\rho w'v'})}{\partial y}+\frac{\partial(\sigma_{zz}-\overline{\rho w'w'})}{\partial z} \quad (3-3-11)$$

与层流情况相比，对湍流动量方程进行时均化处理后，增加了称为雷诺应力的湍流附加应力。雷诺应力的表达式如下所示，

$$\tau'=\begin{bmatrix} -\rho\overline{u'u'} & -\rho\overline{u'v'} & -\rho\overline{u'w'} \\ -\rho\overline{v'u'} & -\rho\overline{v'v'} & -\rho\overline{v'w'} \\ -\rho\overline{w'u'} & -\rho\overline{w'v'} & -\rho\overline{u'w'} \end{bmatrix} \quad (3-3-12)$$

与湍流流动的动量方程类似，对湍流时的能量方程进行时均化处理后，则相应增加了湍流热流密度、湍流扩散流量密度等附加项。由于这些附加项的存在，从而形成了湍流基本方程的不封闭问题。于是，根据湍流运动规律寻找附加条件和关系式从而使得方程封闭，就促使了各种湍流模型的发展。

为了求解未知的雷诺应力项而使方程封闭，早期的处理方法是模仿黏性流体应力张量与变形率张量的关联表达式，直接将脉动特征速度与平均运动场中的速度联系起来，这就是大家所熟知的 Boussinesq 假定，

$$\tau'_{xx}=\eta_{t}\frac{\mathrm{d}\bar{u}}{\mathrm{d}y} \quad (3-3-13)$$

式中，η_{t} 为涡黏性系数，与流动的湍流程度有关，为非物性参数。

引入 Boussinesq 假定后，如何确定涡黏性系数成为求解湍流问题的关键。1904 年，德国物理学家路、"现代流体力学之父"德维希·普朗特(Ludwig Prandtl)提出边界层(Boundary Layer)概念；1925 年，普朗特基于湍流涡团脉动和分子热运动的相似性，参照分子运动论提出了混合长度理论(Mixed Length Hypothec，MLH)，即，

$$\eta_{t}=\rho l_{m}^{2}\frac{\mathrm{d}\bar{u}}{\mathrm{d}y} \quad (3-3-14)$$

式中，l_{m} 即为混合长度，通常由理论假设结合分析和归纳试验数据而得到，如在固体壁面附近可取：$l_{m}=Ky$，$K=0.41$。

自此以后，用混合长度的概念求解涡黏度成为湍流模式理论的基石(混合长度理论模型为零方程模型或称代数模型)。1942 年，苏联科学家 Andrey Nikolaevich Kolmogorov 提出 k-ω 模型，其中 k 为湍流动能，ω 为湍流动能耗散率(turbulent dissipation)，二者分别用相似的微分方程进行描述，被称为二方程模型。不过在随后的近 30 年里，由于计算机无法求解这两个非线性微分方程，因此该模型一直没有得到实际应用。1945 年，普朗特将涡黏度视为湍流动能 k 的函数，进而提出了描述 k 的微分方程，所建立的相关模型被称为普朗特一方程模型。从基本概念的层次上看，普朗特模型首次提出了湍流变量取决于流动历史这个重要概念，但因需要事先给出湍流长度尺度，一方程模型被认为是不完备的模型。1940 年，我国流体力学专家周培源教授在世界上首次推出了一般湍流的雷诺应力输运微分方程，通过增加一个涡量脉动平方平均值的方程式使 Reynolds 应力方程封闭(towards a practical closure)，即 17 方程模型。1951 年，西德的 dr. ing. J. C. Rotta 又发展了周培源教授的工作，他放弃

Boussinesq 假设而提出了二阶矩封闭模型。二阶矩封闭模型与 Boussinesq 假设模型相比，其优点在于可以在计算中考虑流线曲率、刚体旋转、体积力等影响。但由于该模型用一个方程描述湍流长度尺度、用六个方程描述雷诺应力张量的分量，故在很长时间内因计算机限制而未能得到实际应用。但是，湍流模型中的 4 种基本类型(零方程模型、一方程模型、二方程模型、二阶矩封闭模型)至此已经全部出现。

60 年代后期，由于计算机软硬件技术的飞速发展，周培源等人的理论重新获得了生命力，湍流模型的研究得到了迅速发展。1974 年，Tuncer Cebeci 和 Apollo M. O. Smith 证明了混合长度模型可用于大部分附着流的计算；1978 年，B. S. Baldwin 和 H. Lomax 提出了一种可用于更多种流动类型的新混合长度模型 —— Baldwin-Lomax model。1967 年，P. Bradshaw、Ferriss 和 Atwell 提出了新的一方程模型 —— Bradshaw-Ferriss-Atwell model，在 1968 年斯坦福湍流边界层计算大会上被证明是此类计算中与试验结果最接近的模型。因为一方程模型的计算量较小，其后 B. S. Baldwin 和 T. J. Barth(1990)、U. C. Goldberg(1991)、P. R. Spalart 和 S. R. Allmaras(1992)均提出了新的一方程模型，其中 P. R. Spalart 和 S. R. Allmaras 提出的 S-A 模型(Spalart-Allmaras model)被多数商用软件所采用。最引人注目的二方程模型是 B. E. Launder 和 D. B. Spalding 于 1972 年提出的 $k-\varepsilon$ 模型，脉动动能耗散率 ε 的定义是单位质量流体各向同性的小尺度涡机械能转化为热能的速率；1972 年，W. P. Jones 和 B. E. Launder 提出了标准 $k-\varepsilon$ 模型；1975 年，B. E. Launder 与 Gordon J. Reece、Wolfgang Rodi 一起合作，提出了较为完善的二阶封闭模型(Launder - Reece - Rodi model)。虽然 Rodi 等人于 1986 年证明，$k-\varepsilon$ 模型在带逆压梯度流动中存在明显误差，但该模型仍然像混合长度模型一样成为最著名的湍流模型。1970 年，在不知道 Andrey Nikolaevich Kolmogorov 前期工作的情况下，Philip G. Saffman 提出了 $k-\omega$ 模型，该模型因可以模拟逆压梯度问题而成为名声仅次于 $k-\varepsilon$ 模型的二方程模型。

迄今为止，一般可以根据微分方程的个数将湍流模型分为零方程模型、一方程模型、二方程模型和多方程模型。这里所说的微分方程是指除了时均 N-S 方程外，还要增加其他方程才能封闭，增加多少个方程，则该模型就被称为多少个模型。零方程模型如由 Cebeci-Smith 给出的 C-S 模型、由 B. S. Baldwin 和 H. Lomax 给出的 B-L 模型(B. S. Baldwin 和 H. Lomax)。一方程模型的来源有两种，一种从经验和量纲分析出发，针对简单流动逐步发展起来，如 S-A 模型(Spalart-Allmaras model)；另一种由二方程模型简化而来，如 B-B 模型(Baldwin-Barth model)。应用比较广泛的两方程模型有 W. P. Jones 与 B. E. Launder 提出的标准 $k-\varepsilon$ 模型，以及 $k-\omega$ 模型等。虽然目前湍流模型已经能十分成功地模拟边界层和剪切层流动，但对于大曲率绕流、旋转流动、透平叶栅动静叶互相干扰等复杂的工业流动，这些因素对湍流的影响还不清楚，这些复杂流动也构成了进入 21 世纪后学术上和应用上先进湍流模型的研究内涵。

ANSYS FLUENT 软件包对流体黏性的处理有多种模型，主要包括 Inviscid(无黏或理想流体)、Laminar(层流)、Spalart-Allmaras 模型、$k-\varepsilon$ 湍流模型、$k-\omega$ 模型、转捩 $k-kl-\omega$ 模型、转捩剪切应力输运(SST)模型、雷诺应力模型、大涡模型等，下面分别对这些模型的原理及应用范围进行简要介绍。

3. 3. 1. 2 Inviscid 和 Laminar 模型

如果在图 3-3-2 所示的 Viscous Model 对话框内选中 Inviscid(无黏或理想流体)单选项，FLUENT 会将流体视为没有黏性的理想流体，此时无须指定其他参数；如果在 Viscous Model 对话框中选中 Laminar(层流)单选项，FLUENT 会将流体视为层流流动求解，此时也无须指定其他参数。

3.3.1.3　Spalart-Allmaras 模型

1992，P. R. Spalart 和 S. R. Allmaras 针对航空流动问题提出了单方程湍流模型，解决了一个关于湍流运动学黏度的改良型输运方程，相应的模型也被简称为 Spalart-Allmaras 模型。该模型是一个相对简单的单方程 RANS 模型，只求解一个修正涡黏性输运方程，不需要求解当地剪切层厚度的长度尺度。如果用 $\tilde{v}$ 表示湍流动黏滞率，除了近壁区域，$\tilde{v}$ 的偏微分方程为，

$$\frac{\partial}{\partial t}(\rho\tilde{v}) + \frac{\partial}{\partial x_i}(\rho\tilde{v}u_i) = G_v + \frac{1}{\sigma_{\tilde{v}}}\left[\frac{\partial}{\partial x_j}\left\{(\eta + \rho\tilde{v})\frac{\partial\tilde{v}}{\partial x_j}\right\} + C_{b2}\rho\left(\frac{\partial\tilde{v}}{\partial x_j}\right)^2\right] - Y_v + S_{\tilde{v}}$$

$$(3-3-15)$$

式中，G_v 是湍流黏度生成项，Y_v 是由于壁面阻碍和黏性阻尼作用发生在近壁区域湍流黏度损失项，$S_{\tilde{v}}$ 是由用户定义的源项。

在修正形式下近壁区的湍流黏性更容易求解。Spalart-Allmaras 模型主要在空气动力学和透平机械等含有中度分离现象的场合中使用，如在接近音速或超音速的机翼绕流情况下以及边界层流动等。Spalart-Allmaras 模型对于预测低雷诺数模型十分有效，在这种流动过程中，边界层中黏性影响的区域能被很好地处理。

在图 3-3-2 所示的 Viscous Model 对话框内选中 Spalart-Allmaras（1 eqn）选项，即选择了 Spalart-Allmaras 模型。如图 3-3-5 所示，Spalart - Allmaras Production 选项组中的 Vorticity-Based（基于涡的生成）选项和 Strain/Vorticity-Based（基于应变/涡的生成）选项为两种计算变形张量的方法。FLUENT 的默认选项（Vorticity-Based）只考虑了涡旋张量，可能过度预测涡黏性。Model Constants 数项组中将出现 Spalart - Allmaras 模型方程中常数的推荐值。

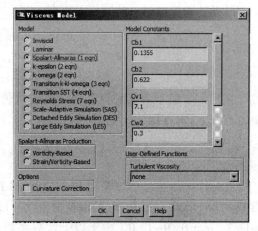

图 3-3-5　Spalart-Allmaras 模型设置对话框

在 ANSYS FLUENT 中，Spalart-Allmaras 模型中的输运变量在近壁处的梯度要比 $k-\varepsilon$ 中的小，这使得该模型对网格粗糙带来的数值误差不太敏感，这在当湍流并不十分需要精确计算时是最好的选择。但由于 Spalart-Allmaras 模型没有考虑长度尺度的变化，这对一些流动尺度变化比较大的流动问题不太适合。比如平板射流问题，此时从有壁面影响流动突然变化到自由剪切流；流场尺度变化明显等问题。

3.3.1.4　$k-\varepsilon$ 模型

在一方程模型中，虽然湍流黏性系数与脉动动能联系了起来，但要用经验方法规定长度标尺 l 的计算公式，这是一方程模型的主要缺点。实际上，长度标尺 l 是一个变量，可以通过求解微分方程而得出。如果将 l（或者是有关 l 的变量 Z）写成微分方程，那么控制方程就包括连续性方程、动量方程、能量方程、k 方程和与变量 l 有关的量 Z 的微分方程。当 Z 取脉动动能的耗散率 ε 时，便构成了 $k-\varepsilon$ 模型。$k-\varepsilon$ 模型是在工程中被普遍使用的两方程湍流

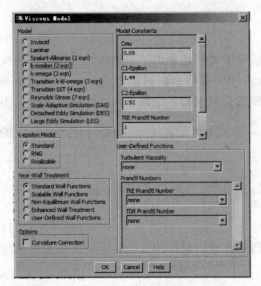

图 3-3-6　k-ε 模型设置对话框

模型，在满足工程计算精度的条件下，收敛性和计算效率最高。

FLUENT 包含了考虑压缩效应、浮力和燃烧的 k-ε 湍流模型。在图 3-3-2 中 Viscous Model 对话框内选中 k-epsilon（2 eqn）单选项，即选择了 k-ε 模型。如图 3-3-6 所示，如果在 k-epsilon Model 选项组中选中 Standard 单选项、RNG 单选项或 Realizable 单选项，则会分别激活 Standard k-ε（标准 k-ε 模型）、RNG k-ε（重整化 k-ε 模型）或 Realizable k-ε（可实现 k-ε 模型）。

（1）标准 k-ε 模型

Brian Edward Launder 和 Brian Spalding 于 1972 年提出标准 k-ε 模型。其中，关于湍流动能 k 的微分方程为，

$$\frac{\partial(\rho k)}{\partial t}+\frac{\partial(\rho u_j k)}{\partial x_j}=\frac{\partial}{\partial x_j}\left[\left(\eta+\frac{\eta_t}{\sigma_k}\right)\frac{\partial k}{\partial x_j}\right]+\eta_t\frac{\partial u_j}{\partial x_i}\left(\frac{\partial u_j}{\partial x_i}+\frac{\partial u_i}{\partial x_j}\right)-\rho\varepsilon \quad (3-3-16)$$

脉动动能耗散率 ε 的微分方程为，

$$\frac{\partial(\rho\varepsilon)}{\partial t}+\frac{\partial(\rho u_k\varepsilon)}{\partial x_k}=\frac{\partial}{\partial x_k}\left[\left(\eta+\frac{\eta_t}{\sigma_\varepsilon}\right)\frac{\partial\varepsilon}{\partial x_k}\right]+\frac{c_1\varepsilon}{k}\eta_t\frac{\partial u_i}{\partial x_j}\left(\frac{\partial u_i}{\partial x_j}+\frac{\partial u_j}{\partial x_i}\right)-c_2\rho\frac{\varepsilon^2}{k}$$

$$(3-3-17)$$

采用 k-ε 模型来求解湍流对流换热问题时，控制方程包括连续性方程、动量方程、能量方程及 k、ε 方程与 η_t 计算式。其中，η_t 计算式的计算式为，

$$\eta_t=c'_\mu\rho k^{\frac{1}{2}}l=(c'_\mu c_D)\rho k^2\frac{1}{c_D k^{\frac{3}{2}}}l=c_\mu\rho k^2\frac{1}{\varepsilon} \quad (3-3-18)$$

在标准 k-ε 模型中，根据 Brian Edward Launder 等人的推荐值及后来的实验验证，模型常数 c_1、c_2、σ_k、σ_ε 和 σ_T 的取值分别为：$c_1=1.44$、$c_2=1.92$、$c_\mu=0.09$、$\sigma_k=1.0$、$\sigma_\varepsilon=1.3$、$\sigma_T=0.9\sim1.0$。由于以上常数系根据一些特殊条件下的实验结果而确定，因此对 k-ε 模型的适应性与准确性有重要影响。经验表明，在这 6 个常数中，对计算结果影响最大的是 c_1 和 c_2 值。近年来，k-ε 模型已被广泛地用来计算边界层流动、管内流动、剪切流动、平面倾斜冲击流动、有回流的流动、三维边界层流动、渐扩或渐缩方形截面管道内的流动与换热及方形截面扭转通道中的流动与换热。

此外，此模型及参数适用于离开壁面一定距离的高 Re 数湍流区域。在与壁面相邻接的黏性流层中，湍流 Re 数很低，需对 k、ε 方程进行修改。

（2）RNG k-ε 模型（或重整化 k-ε 模型）

1986 年，Victor Yakhot 和 Steven A. Orszag 将非稳态 Navier-Stokes 方程对一个平衡态作 Gauss 统计展开，对脉动频谱的波数段作滤波，从理论上导出了适用于高 Re 数的 k-ε 模型，即重整化 k-ε 模型（即所谓的 renormalization group，RNG）。重整化 k-ε 模型形式上同标准 k-ε 模型完全一样，但不同的是，5 个系数的值并非根据实验数据得到，而是由理论分析得到。其中各系数计算如下，

$$c_\mu = 0.085, \quad c_1 = 1.42 - \frac{\widetilde{\eta}(1 - \widetilde{\eta}/\widetilde{\eta}_0)}{1 + \beta\widetilde{\eta}^3}, \quad c_2 = 1.68, \quad \sigma_k = 0.7179, \quad \sigma_\varepsilon = 0.7179$$

$$\widetilde{\eta} = S\frac{k}{\varepsilon}, \quad S = (\nu S_{i,j} S_{i,j})^{\frac{1}{2}}, \quad \widetilde{\eta}_0 = 4.38, \quad \beta = 0.015, \quad S_{i,j} = \frac{1}{2}\left(\frac{\partial u_i}{\partial x_j} + \frac{\partial u_j}{\partial x_i}\right)$$

$$(3-3-19)$$

RNG k-ε 模型在 ε 方程中增加了一个条件以考虑湍流漩涡，从而有效地提高了精度。RNG 理论在考虑低雷诺数流动黏性时，为湍流 Prandtl 数提供了一个解析公式，使得 RNG k-ε 模型比标准 k-ε 模型在更广泛的流动中有更高的可信度和精度。

（3）可实现（Realizable）k-ε 模型

标准 k-ε 模型对时均应变率特别大的情形会导致负的正应力，这种情况不可能实现。为保证计算结果的可实现性，计算湍流动力黏度计算式中的系数 c_μ 应该不是常数，而应该与应变率联系起来。可实现 k-ε 模型采用了下列计算参数 c_μ 的公式，

$$c_\mu = \frac{1}{A_0 + A_s U^* \dfrac{k}{\varepsilon}} \qquad (3-3-20)$$

其中，$A_0 = 4.0$；$A_s = \sqrt{6}\cos\phi$，其中 $\phi = \frac{1}{3}\arccos(\sqrt{6}\,W)$、$W = \dfrac{S_{i,j}S_{j,k}S_{k,j}}{(S_{i,j}S_{i,j})^{\frac{3}{2}}}$；$U^* = \sqrt{S_{i,j}S_{i,j} + \widetilde{\Omega}_{i,j}\widetilde{\Omega}_{i,j}}$，其中 $\widetilde{\Omega}_{i,j} = \Omega_{i,j} - 2\varepsilon_{i,j,k}\omega_k$，而 $\Omega_{i,j} = \overline{\Omega}_{i,j} - \varepsilon_{i,j,k}\omega_k$，$\overline{\Omega}_{i,j}$ 是从角速度为 ω_k 的参考系中观察到的时均转动速率。$\widetilde{\Omega}_{i,j}\widetilde{\Omega}_{i,j}$ 专门描述旋转影响，若流动为无旋流则 $\widetilde{\Omega}_{i,j}\widetilde{\Omega}_{i,j} = 0$。

可实现 k-ε 模型的 ε 方程为，

$$\frac{\partial(\rho u_i \varepsilon)}{\partial x_i} = \frac{\partial}{\partial x_i}\left[\left(\eta + \frac{\eta_t}{\sigma_\varepsilon}\right)\frac{\partial \varepsilon}{\partial x_i}\right] + c_1\rho S\varepsilon - c_2\rho\frac{\varepsilon^2}{k + \sqrt{\sigma_\varepsilon \varepsilon}} \qquad (3-3-21)$$

其中，$\sigma_\varepsilon = 1.2$，$\sigma_k = 1.0$，$c_1 = \max\left\{0.43, \dfrac{\widetilde{\eta}}{5+\widetilde{\eta}}\right\}$，$\widetilde{\eta} = \dfrac{Sk}{\varepsilon}$，$S = (2S_{i,j}S_{i,j})^{\frac{1}{2}}$。

其它方程（包括连续性方程、动量方程、能量方程及 k 方程）与标准 k-ε 模型相同。这一模型用于计算有旋的均匀剪切流、平面混合流、平面射流、圆形射流、管道内充分发展流动和后台阶流时，都取得了与实验数据比较一致的结果。

3.3.1.5 标准 k-ω 模型

对于标准 k-ε 模型而言，存在 ε 方程在固壁上有奇点的问题，即壁面上的湍流动能 $k = 0$，这是因为模型不合理造成的非物理奇点。另外，计算过程中 k 和 ε 在壁面附近变化剧烈，需要将壁面附近的网格划分得很细。为了克服这些困难，David C. Wilcox 用比耗散率 ω 方程代替了 ε 方程，提出了 k-ω 方程。k-ω 模型主要求解湍流动能 k 方程和比耗散率 ω 方程，该模型比 k-ω 模型具有更好的稳定性。

k-ω 模型中的 k 方程和 ω 方程分别为，

$$\frac{\partial(\rho k)}{\partial t} + \frac{\partial}{\partial x_j}\left[\rho u_j k - (\eta + \sigma^* \eta_t)\frac{\partial k}{\partial x_j}\right] = (\tau_{i,j})_t S_{i,j} - \beta^* \rho\omega k \qquad (3-3-22)$$

$$\frac{\partial(\rho\omega)}{\partial t} + \frac{\partial}{\partial x_j}\left[\rho u_j \omega - (\eta + \sigma \eta_t)\frac{\partial \omega}{\partial x_j}\right] = \alpha\frac{\omega}{k}(\tau_{i,j})_t S_{i,j} - \beta\rho\omega^2 \qquad (3-3-23)$$

其中 η 为动力黏度系数。模型中各个常数为，

$$\alpha = \frac{5}{9}, \ \beta = \frac{3}{40}, \ \beta^* = \frac{9}{100}, \ \sigma = 0.5, \ \sigma^* = 0.5 \qquad (3-3-24)$$

剪切应力输运(Shear-Stress-Transport, SST) k-ω 模型是指在近壁处采用 k-ω 模型，在边界层边缘和自由剪切层采用 k-ε 模型，中间用混合函数来转换。SST 模型为了结合 k-ω 和 k-ε 模型，将两种模型写成统一的 k-ω 形式。定义涡运动黏性，

$$v_t = \frac{\alpha_1 k}{\max(\alpha_1 \omega, \ \Omega F_2)} \qquad (3-3-25)$$

其中，Ω 是涡量的绝对值；$\alpha_1 = 0.31$；F_2 是混合函数，为，

$$F_2 = \tanh\left[\max\left(2\frac{\sqrt{k}}{0.99\omega y}, \ \frac{500\mu}{\rho y^2 \omega}\right)\right]^2 \qquad (3-3-26)$$

这样，k、ω 的控制方程分别为，

$$\frac{\partial(\rho k)}{\partial t} + \frac{\partial}{\partial x_j}\left[\rho u_j k - (\eta + \sigma_k \eta_t)\frac{\partial k}{\partial x_j}\right] = (\tau_{i,j})_t S_{i,j} - \beta^* \rho \omega k \qquad (3-3-27)$$

$$\frac{\partial(\rho\omega)}{\partial t} + \frac{\partial}{\partial x_j}\left[\rho u_j \omega - (\eta + \sigma_\omega \eta_t)\frac{\partial \omega}{\partial x_j}\right] = P_\omega - \beta\rho\omega^2 + 2(1-F_1)\frac{\rho\sigma_{\omega2}}{\omega}\frac{\partial k}{\partial x_j}\frac{\partial \omega}{\partial x_j}$$
$$(3-3-28)$$

其中，P_ω 为交错扩散项。P_ω、F_1 分别为，

$$P_\omega = 2\gamma\rho\left(S_{ij} - \frac{\omega S_{nn} S_{ij}}{3}\right)S_{ij} \approx \gamma\rho\Omega^2 \qquad (3-3-29)$$

$$F_1 = \tanh\left\{\min\left[\max\left(\frac{\sqrt{k}}{0.99\omega y}, \ \frac{500\mu}{\rho y^2 \omega}\right), \ \frac{4\rho\sigma_{\omega2}k}{CD_{k\omega}y^2}\right]\right\}^2 \qquad (3-3-30)$$

其中，

$$CD_{k\omega} = \max\left(\frac{2\rho\sigma_{\omega2}}{\omega}\frac{\partial k}{\partial x_j}\frac{\partial \omega}{\partial x_j}, \ 10^{-20}\right) \qquad (3-3-31)$$

如果用 φ 表示模型中的参数 β、γ、σ_k 和 σ_ω，用 φ_1 表示原始 k-ω 系数，用 φ_2 表示转化后 k-ε 系数，则 φ 与 φ_1、φ_2 的关系为，

$$\varphi = F_1 \varphi_1 + (1 - \varphi_1)\varphi_2 \qquad (3-3-32)$$

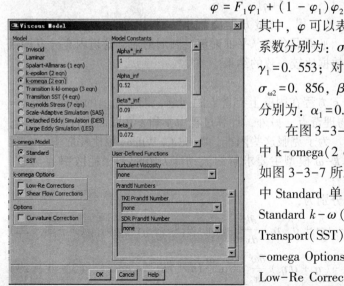

其中，φ 可以表示 β、γ、σ_k 和 σ_ω。对于内层，其系数分别为：$\sigma_{k1} = 0.85$，$\sigma_{\omega1} = 0.85$，$\beta_1 = 0.075$，$\gamma_1 = 0.553$；对于外层，其系数分别为：$\sigma_{k2} = 1.0$，$\sigma_{\omega2} = 0.856$，$\beta_2 = 0.0828$，$\gamma_2 = 0.440$；其它常数分别为：$\alpha_1 = 0.31$，$\beta^* = 0.09$，$\kappa = 0.41$。

在图 3-3-2 所示的 Viscous Model 对话框内选中 k-omega(2 eqn)单选项，即选择了 k-ω 模型，如图 3-3-7 所示。在 k-omega Model 选项组中选中 Standard 单选项或 SST 单选项可分别激活 Standard k-ω(标准 k-ω 模型)和 Shear-Stress Transport(SST) k-ω(剪切应力输运 k-ω 模型)。k-omega Options 选项组中有两个备选项，分别为 Low-Re Corrections(低雷诺数修正)和 Shear Flow Corrections(剪切流修正)。Low-Re Corrections 指

图 3-3-7 k-ω 两方程湍流模型设置对话框

98

定是否考虑低雷诺数时预测流动精度的修正；而 Shear Flow Corrections 指定是否考虑预测自由剪切流的修正，该选项仅在选择标准 k-ω 模型时才会出现。

3. 3. 1. 6　转捩 k-kl-ω 模型

研究雷诺数效应的本质问题是边界层由层流流动向湍流流动转捩的问题。转捩是一个具有强烈的非定常、非线性、对干扰极其敏感的复杂过程，边界层转捩将导致壁面摩擦力急剧增加，同时对边界层的分离状态产生决定性影响。工程问题中的边界层转捩预测主要基于两种方法，一种利用低雷诺数湍流模型的壁面阻尼函数求解转捩的发生，这一概念基于输运方程，易于实现，但经验表明该方法无法可靠地捕捉影响转捩的不同因素，如来流的湍流程度、压力梯度和流动分离等；另一方法依赖于由实验总结出的经验准则。

转捩 k-kl-ω 模型通常用于预测边界层发展和计算转捩开始时的情况，该模型可以有效预测边界层从层流到湍流的转捩。转捩 k-kl-ω 模型是三方程模型，即包括湍流动能(k_{T})、层流动能(k_{L})和逆湍流时间尺度(ω)三个输运方程，分别如以下三式所示，

$$\frac{Dk_{\mathrm{T}}}{Dt} = P_{k_{\mathrm{T}}} + R + R_{\mathrm{NAT}} - \omega k_{\mathrm{T}} - D_{\mathrm{T}} + \frac{\partial}{\partial x_j}\left[\left(v + \frac{\alpha_{\mathrm{T}}}{\alpha_{\mathrm{k}}}\right)\frac{\partial k_{\mathrm{T}}}{\partial x_j}\right] \quad (3-3-33)$$

$$\frac{Dk_{\mathrm{L}}}{Dt} = P_{k_{\mathrm{L}}} - R - R_{\mathrm{NAT}} - D_{\mathrm{L}} + \frac{\partial}{\partial x_j}\left[v\frac{\partial k_{\mathrm{L}}}{\partial x_j}\right] \quad (3-3-34)$$

$$\frac{D\omega}{Dt} = C_{\omega 1}\frac{\omega}{k_{\mathrm{T}}}P_{k_{\mathrm{T}}} + \left(\frac{C_{\omega R}}{f_{\mathrm{w}}} - 1\right)\frac{\omega}{k_{\mathrm{T}}}(R + R_{\mathrm{NAT}}) - C_{\omega 2}\omega^2 + C_{\omega 3}f_\omega\alpha_{\mathrm{T}}f_{\mathrm{W}}^2\frac{\sqrt{k_{\mathrm{T}}}}{d^3} + \frac{\partial}{\partial x_j}\left[\left(v + \frac{\alpha_{\mathrm{T}}}{\alpha_{\mathrm{k}}}\right)\frac{\partial\omega}{\partial x_j}\right]$$
$$(3-3-35)$$

上式中各参数的详细说明可参考 ANSYS FLUENT Theory Guide 第 4 章第 5 小节，v 为由于分子黏性造成的运动黏度系数。当选用转捩 k-kl-ω 模型时，其界面如图 3-3-8 所示。由于无需修改模型中的任何参数，故在此不进行详细描述。

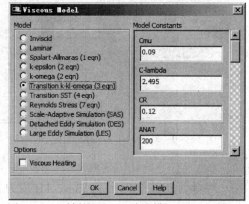

图 3-3-8　转捩 k-kl-ω 湍流模型设置对话框

3. 3. 1. 7　转捩剪切应力输运(SST)模型

转捩 SST(Transition SST)模型是在 k-ω SST 的基础上，又加上了关于间歇性 γ 的输运方程和判断转捩的方程，因此转捩 SST 模型是四方程模型。其中，描述间歇性 γ 的输运方程为，

$$\frac{\partial(\rho\gamma)}{\partial t} + \frac{\partial(\rho u_j\gamma)}{\partial x_j} = P_{\gamma 1} - E_{\gamma 1} + P_{\gamma 2} - E_{\gamma 2} + \frac{\partial}{\partial x_j}\left[\left(\eta + \frac{\eta_{\mathrm{t}}}{\sigma_\gamma}\right)\frac{\partial\gamma}{\partial x_j}\right] \quad (3-3-36)$$

式中，常数 $\sigma_\gamma = 1.0$。转捩源项 $P_{\gamma 1}$ 和 $E_{\gamma 1}$ 的定义为，

$$P_{\gamma 1} = c_{\alpha 1}F_{\mathrm{length}}\rho S[\gamma F_{\mathrm{onset}}]^{c_{\gamma 3}}, \quad E_{\gamma 1} = c_{e1}P_{\gamma 1}\gamma \quad (3-3-37)$$

式中，S 为应变率，F_{length} 为控制转捩区域长度的经验性相关系数。c_{a1} 和 c_{e1} 为两个常数，其数值分别为：$c_{a1} = 2$，$c_{e1} = 1$。

间歇性 γ 的破裂源项为，

$$P_{\gamma 2} = c_{a2}\rho\Omega\gamma F_{\mathrm{turb}}, \quad E_{\gamma 2} = c_{e2}P_{\gamma 2}\gamma \quad (3-3-38)$$

其中，Ω 为涡量大小。c_{a2} 和 c_{e2} 为两个常数，其数值分别为 $c_{a2} = 0.06$、$c_{e2} = 50$。

转换的判断通过以下方程实现，

$$\left.\begin{array}{l} Re_{\mathrm{V}} = \dfrac{\rho y^2 S}{\eta} \\[3mm] R_{\mathrm{T}} = \dfrac{\rho k}{\eta \omega} \\[3mm] F_{\mathrm{onset1}} = \dfrac{Re_{\mathrm{v}}}{2.193 Re_{\theta\mathrm{c}}} \\[3mm] F_{\mathrm{onset2}} = \min(max(F_{\mathrm{onset1}},\ F_{\mathrm{onset1}}^4),\ 2.0) \\[3mm] F_{\mathrm{onset3}} = \max\left(1 - \left(\dfrac{R_{\mathrm{T}}}{2.5}\right)^3,\ 0\right) \\[3mm] F_{\mathrm{onset}} = \max(F_{\mathrm{onset2}} - F_{\mathrm{onset3}},\ 0) \\[3mm] F_{\mathrm{turb}} = e^{-\left(\frac{R_{\mathrm{T}}}{4}\right)^4} \end{array}\right\} \quad (3-3-39)$$

其中，$Re_{\theta\mathrm{c}}$ 为间歇性开始增加边界层厚度的临界雷诺数。

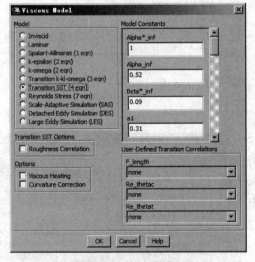

图 3-3-9　转换 SST k-ω 模型设置对话框

在图 3-3-2 所示的 Viscous Model 对话框内选中 Transition SST（4 eqn）单选项，即选择了转换 SST 模型，如图 3-3-9 所示。如果 Transition SST 模型用来模拟粗糙壁面参与的流体湍流流动，需要在 Transition SST 选项组中选中 roughness correlation 单选项可激活壁面粗糙度修正。这需要输入壁面粗糙度 K。如果使用基于密度的求解器，则 viscous heating（黏热效应）选项框会始终被选中；选中 curvature correction 可打开曲率修正。

3.3.1.8　雷诺应力模型（RSM）

自 20 世纪 90 年代以来，直接对湍流切应力进行求解的方法日益受到重视。Reynolds 应力方程模型（Reynolds Stress equation Model，RSM）是其中被认为最有发展前途的湍流模型。

经量纲分析和整理后，Reynolds 应力方程可写成，

$$\frac{\partial(\rho \overline{u'_i u'_j})}{\partial t} + C_{ij} = D_{\mathrm{T},ij} + D_{\mathrm{L},ij} + P_{ij} + G_{ij} + \Phi_{ij} - \varepsilon_{ij} + F_{ij} \quad (3-3-40)$$

式中，$C_{ij} = \dfrac{\partial(\rho u_k \overline{u'_i u'_j})}{\partial x_k}$ 为对流项；$D_{\mathrm{T},ij} = -\dfrac{\partial}{\partial x_k}[\rho \overline{u'_i u'_j u'_k} + \overline{p'u'_i}\delta_{kj} + \overline{p'u'_j}\delta_{ik}]$ 为湍流扩散项；

$D_{\mathrm{L},ij} = \dfrac{\partial}{\partial x_k}\left[\mu \dfrac{\partial}{\partial x_k}(\overline{u'_i u'_j})\right]$ 为分子扩散项；$P_{ij} = -\rho\left(\overline{u'_i u'_k}\dfrac{\partial u_j}{\partial x_k} + \overline{u'_j u'_k}\dfrac{\partial u_i}{\partial x_k}\right)$ 为应力产生项；$G_{ij} = -\rho\beta$

$(g_i \overline{u'_j\theta} + g_j \overline{u'_i\theta})$ 为浮力产生项；$\phi_{ij} = \overline{p'\left(\dfrac{\partial u'_i}{\partial x_j} + \dfrac{\partial u'_j}{\partial x_i}\right)}$ 为压力限制项；$\varepsilon_{ij} = 2\mu \overline{\dfrac{\partial u'_i}{\partial x_k} + \dfrac{\partial u'_j}{\partial x_k}}$ 为损耗项；

$F_{ij} = -2\rho\Omega_k(\overline{u'_j u'_m}\varepsilon_{ikm} + \overline{u'_i u'_m}\varepsilon_{jkm})$ 是由于系统旋转造成的产生项。

在使用 RSM 时，还需要补充 k 和 ε 的方程。RSM 中的 k 方程和 ε 方程分别为，

100

$$\frac{\partial(\rho k)}{\partial t} + \frac{\partial(\rho u_j k)}{\partial x_j} = \frac{\partial}{\partial x_j}\left[\left(\eta + \frac{\eta_t}{\sigma_k}\right)\frac{\partial k}{\partial x_j}\right] + \frac{1}{2}(P_{ii} + G_{ii}) - \rho\varepsilon \qquad (3-3-41)$$

$$\frac{\partial(\rho\varepsilon)}{\partial t} + \frac{\partial(\rho u_k\varepsilon)}{\partial x_k} = \frac{\partial}{\partial x_k}\left[\left(\eta + \frac{\eta_t}{\sigma_\varepsilon}\right)\frac{\partial\varepsilon}{\partial x_k}\right] + c_{1\varepsilon}\frac{1}{2}(P_{ii} + c_{3\varepsilon}G_{ii}) - c_{2\varepsilon}\rho\frac{\varepsilon^2}{k}$$

$$(3-3-42)$$

式中，P_{ii} 和 G_{ii} 可按照以上各式计算，对于不可压缩流体而言，$G_{ii}=0$。$c_{1\varepsilon}$、$c_{2\varepsilon}$、c_η、σ_k、σ_ε 为常数，其值分别为：$c_{1\varepsilon}=1.44$、$c_{2\varepsilon}=1.92$、$c_\eta=0.09$、$\sigma_k=0.82$、$\sigma_\varepsilon=1.0$。$c_{3\varepsilon}$ 为可压流体流动计算中与浮力相关的系数。当主流方向与重力方向平行时，$c_{3\varepsilon}=1$，主流方向与重力方向垂直时，$c_{3\varepsilon}=0$。η_t 的计算公式为，

$$\eta_t = \rho c_\eta \frac{k^2}{\varepsilon} \qquad (3-3-43)$$

由此，连续性方程、Reynolds 应力方程、k 方程和 ε 方程组成了雷诺应力方程模型。

在图 3-3-2 所示的 Viscous Model 对话框内选中 Reynolds Stress(7 eqn)单选项，即选择了雷诺应力模型，如图 3-3-10 所示。Reynolds-Stress Model 选项组中的 Linear Pressure-Strain、Quadratic Pressure-Strain 和 Stress-Omega 三个选项用于选择雷诺应力模型的子模型。Linear Pressure-Strain 为线性的压力应变模型。Quadratic Pressure-Strain 为二次压力应变模型，能优化平面应变、旋转平面应变和轴对称突扩或收缩等各类基本剪切流动的预测结果。Stress-Omega 选项激活基于 ω 方程和 LRR 模型的应力输运模型，该模型适合模拟流经曲面的绕流和旋流流动。Reynolds-Stress Options 选项组中的 Wall BC from k Equation 和 Wall Reflection Effects 两个选项能对雷诺应力模型做进一步的参数指定。Wall BC from k Equation 激活了壁面附近雷诺应力边界条件的显式设置，该复选框

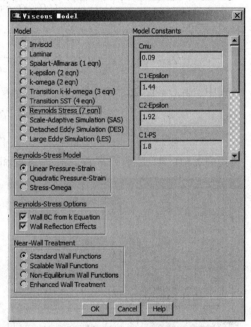

图 3-3-10　RSM 模型设置对话框

默认为勾选状态；Wall Reflection Effects 考虑了壁面附近垂直应力再分配影响的压力应变项分量的计算。在预测强旋流时，需选用雷诺应力模型。

3. 3. 1. 9　尺度自适应模型(SAS)

尺度自适应方法的提出有一定背景：虽然当时大涡模拟早就被用于工程计算中，但因受计算资源的限制而使大涡模拟仅限于计算简单流动，因此提出了将大涡模拟与雷诺时均法混合起来模拟湍流的方法。混合大涡模拟和雷诺时均方法的出发点就是通过最小的计算消耗，获取尽可能多的非稳态特征。

混合方法可以通过分离计算域法或者统一计算域法来实现。其中，分离计算域方法是在整个计算域内根据需要划分出不同的子计算域，在部分子计算域中使用雷诺时均法，在部分子计算域中使用大涡模拟，这种方法需要在子计算域的交界面采取特殊处理手段，使得雷诺时均法区域和大涡模拟区域能自然过渡。统一计算域方法则是对整个计算域采

用一套数学模型，因此实施方便，可广泛应用。统一计算域法基本思想是：尽管雷诺时均法和大涡模拟法的控制方程在数学上有着本质差别，但在结构形式上非常近似，可以通过算子将两种模型写成一种形式。如果算子为平均运算算子，则统一控制方程为含有雷诺应力的方程；如果算子为过滤算子，则统一控制方程为含有亚格子应力的方程。根据方程中的雷诺应力或亚格子应力的显式或隐式以及根据网格的划分情况，可将统一计算域法分为显式网格法和隐式网格法。尺度自适应(Scale-Adaptive Simulation, SAS)方法是一种混合算法的隐式网格方法。

SAS 方法来源于 1994 年 F. R. Menter 等人直接利用剪切湍流的实验规律将标准 k-ε 湍流模型转换成单方程湍流模型的工作。经过一些调整后，基于 SST 模型的 SAS 模型为，

$$\frac{\partial k}{\partial t}+\bar{u}_j\frac{\partial k}{\partial x_j}=P_k-\beta^*\omega k+\frac{\partial}{\partial x_j}\left[\left(v+\frac{v_t}{\sigma_\omega}\right)\frac{\partial k}{\partial x_j}\right] \tag{3-3-44}$$

$$\frac{\partial k}{\partial t}+\bar{u}_j\frac{\partial \omega}{\partial x_j}=\frac{\gamma}{v_t}P_k-\beta\omega^2+\frac{\partial}{\partial x_j}\left[\left(v+\frac{v_t}{\sigma_\omega}\right)\frac{\partial \omega}{\partial x_j}\right]+Q_{\text{SST-SAS}} \tag{3-3-45}$$

$$Q_{\text{SST-SAS}}=F_{\text{SAS}}\cdot\max\left[\xi_2\kappa\frac{L}{L_{\text{vK}}}S^2-\frac{2}{\sigma_\omega}k\cdot\max\left(\frac{1}{\omega^2}\frac{\partial \omega}{\partial x_j}\frac{\partial \omega}{\partial x_j}, \frac{1}{k^2}\frac{\partial k}{\partial x_j}\frac{\partial k}{\partial x_j}\right), 0\right] \tag{3-3-46}$$

式中，$F_{\text{SAS}}=1.25$，$\xi_2=3.51$；L_{vK} 为卡门长度尺度，

$$L_{\text{vK}}=\kappa\left|\frac{\partial u_i}{\partial x_j}\right|\bigg/\left|\frac{\partial^2 u_i}{\partial x_j^2}\right| \tag{3-3-47}$$

其中 $\kappa=0.41$ 是卡门常数。其余参数和 SST 模型相同。

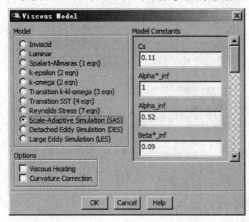

图 3-3-11　SAS 模型设置对话框

在图 3-3-2 所示的 Viscous Model 对话框内选中 Scale-Adaptive Simulation (SAS) 单选项，即选择了尺度自适应模型，如图 3-3-11 所示。选中 viscons heating 复选框会激活黏性加热效应，选中 curvature correction 复选框，可打开曲率修正。

3.3.1.10　分离涡模拟(DES)模型

总体而言，湍流的数值计算方法大致可分为三类：直接数值模拟(Direct Numerical Simulation, DNS)、大涡模拟(Large Eddy Simulation, LES)和 Reynolds 时均方程法(RANS)。RANS 方法对流动参数进行时均化处理且建立湍流模型时将不同尺度的涡同等对待，抹去了脉动运动的时空变化细节，所以对大尺度分离流动的预报性较差。LES 方法对流场的模拟能力高于 RANS，但其庞大的计算量对于大多数工程问题来说仍是难以接受的。为了在有限的计算资源条件下获得尽量高的模拟精度，1997 年，P. R. Spalart 和 S. R. Allmaras 等人首次提出了基于 Spalart-Allmaras 湍流模型的分离涡模拟(Detached Eddy Simulation, DES)模型。DES 模型是对标准的 Spalart-Allmaras 一方程模型的改进，兼有 RANS 方法计算量较小和 LES 方法计算精度高的优点，可用于求解非定常三维湍流流动。DES 模型的思想是：是在近壁采用 RANS 模拟，在主流和分离区采用 LES 模拟。

基于 Spalart-Allmaras 模型的 DES 模型的控制方程为，

$$\frac{\partial \tilde{\nu}}{\partial t} + \langle u_i \rangle \frac{\partial \tilde{\nu}}{\partial x_i} = C_{b1}(1-f_{t2})\tilde{S}\tilde{\nu} + \frac{1}{\sigma}\left\{\frac{\partial}{\partial x_i}\left[(\nu+\tilde{\nu})\frac{\partial \tilde{\nu}}{\partial x_i}\right] + C_{b2}\left(\frac{\partial \tilde{\nu}}{\partial x_i}\right)^2\right\} - \left(C_{w1}f_w - \frac{C_{b1}}{c^2}f_{t2}\right)\left(\frac{\tilde{\nu}}{d}\right)^2$$

$$(3-3-48)$$

式中，$C_{w1}f_w\left(\dfrac{\tilde{\nu}}{d}\right)^2$ 为湍流黏性损耗，$C_{b1}\tilde{S}\tilde{\nu}$ 为湍流黏性产生项；ν 为运动黏度，$\tilde{\nu}$ 为修正的湍动黏度，两者之间的关系为，

$$\tilde{\nu} = \frac{\nu}{f_{v1}} \qquad (3-3-49)$$

式中，f_{v1} 为黏性阻尼函数，表达式为，

$$f_{v1} = \frac{\chi^3}{\chi^3 + C_{v2}^3}, \quad \chi = \frac{\tilde{\nu}}{\nu} \qquad (3-3-50)$$

f_w 的表达式为，

$$f_w = g\left(\frac{1+C_{w3}^6}{g^6+C_{w3}^6}\right)^{\frac{1}{6}}, \quad g = r + C_{w2}(r^6-r), \quad r = \frac{\tilde{\nu}}{\tilde{S}c^2d^2} \qquad (3-3-51)$$

式中，$\tilde{S}$ 为修正涡度。其与涡度 S 之间的关系为，

$$\tilde{S} = f_{v3}S + \frac{\tilde{\nu}}{c^2d^2}f_{v2}, \quad f_{v2} = \left(1+\frac{\chi}{C_{v2}}\right)^{-3}, \quad f_{v3} = \frac{(1+\chi f_{v1})(1-f_{v2})}{\chi} \qquad (3-3-52)$$

函数 f_{t2} 的表达式为，

$$f_{t2} = C_{t3}\exp(-C_{t4}\chi^2) \qquad (3-3-53)$$

方程中的各个参数值分别为：$\sigma = \dfrac{2}{3}$，$c = 0.41$，$C_{b1} = 0.1335$，$C_{b2} = 0.622$，$C_{w1} = \dfrac{C_{b1}}{k^2} + \dfrac{1+C_{b2}}{\sigma}$，$C_{w2} = 0.3$，$C_{w3} = 2$，$C_{v1} = 7.1$，$C_{v2} = 5$，$C_{t1} = 1$，$C_{t2} = 2$，$C_{t3} = 1.1$，$C_{t4} = 2$。

除了基于 Spalart-Allmaras 的 DES 模型外，还有基于可实现 $k-\varepsilon$ 模型的 DES 模型和基于 SST 的 $k-\omega$ 模型。不管采用哪种形式的模型，其思想都是一致的。

在图 3-3-2 所示的 Viscous Model 对话框内选中 Detached Eddy Simulation（DES）单选项，即选择了分离涡模型，如图 3-3-12 所示。在 RANS 选项框里有 Spalart-Allmaras、Realizable k-epsilon 和 SST k-omega 三个选项，用来选择所适用的分离涡模型所基于的 RANS 模型。每种所基于的 RANS 模型均有不同的设置选项。对于 Spalart-Allmaras DES 模型中，如果在 Spalart-Allmaras production 选项组中选中 vorticity-based，则表示计算形变应力是基于涡量计算，如果选

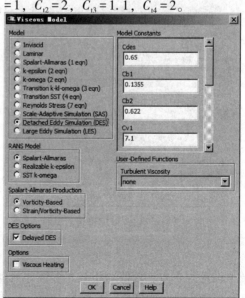

图 3-3-12　DES 模型设置对话框

中 Strain/Vorticity-Based，则表示计算变形应力是基于涡量和应变。对于 DES 模型推荐选中 Delayed DES，这样在计算时即使是边界层也会确保使用 DES 模型。另外，在设置 SST k-o-mega DES 模型时，还可以设置计算时是否要进行曲率修正和低雷诺数修正。

3. 3. 1. 11 大涡模拟(LES)模型

大涡模拟(LES)是近几十年发展起来的一种介于雷诺时均平均(RANS)法与直接数值模拟(DNS)法之间的流体模拟方法。一方面，LES 比 RANS 法更容易建立普适通用的湍流模型，能够得到精度相当高的真实瞬态流场；另一方面，LES 的计算量要比直接数值模拟小得多，这使其有可能被应用到复杂流动之中。20 年来，LES 法取得了重要进展，已成功应用于机理性的湍流研究中。

湍流能谱分为含能区、惯性子区和耗散区三个区。含能区就是大涡尺寸，对平均流影响大，主要产生和输出湍动能，耗散小，具有各向异性。惯性子区主要是传递能量，湍动能产生和耗散都小，近似各向同性。耗散区吸入能量，耗散大，具有各向同性，几乎不产生湍能。惯性子区和耗散区都对应小涡尺寸。大涡模拟的基本实现方法是把包括脉动运动在内的湍流瞬时运动通过某种滤波方法分解成大尺度运动和小尺度运动两部分，大尺度量通过数值求解运动方程直接计算出来，小尺度量对大尺度量的影响通过建立模型来模拟。这样的模型被称为亚格子模型，小尺度量产生的影响称为亚格子耗散。

在大涡模拟的主导方程中，任何流动变量都可以表示为大尺度变量与小尺度脉动的叠加，

$$\phi = \hat{\phi} + \phi' \qquad (3-3-54)$$

式中，$\hat{\phi}$ 为变量滤波之后的得到的大尺度变量，ϕ' 为被滤掉的小尺度变量。大涡模拟主导方程，特别是可压缩流主导方程的形式相当复杂，但在雷诺数较大的条件下，大涡模拟主导方程可简化成与雷诺时均方程的形式一致，区别在于大涡模拟考虑了亚格子黏性系数，即将层流动力黏度置换为亚格子动力黏度。

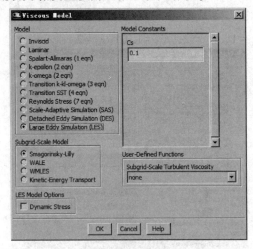

图 3-3-13　LES 模型设置对话框

在图 3-3-2 所示的 Viscous Model 对话框内选中 Large Eddy Simulation(LES) 单选项，即选择了大涡模型，如图 3-3-13 所示。在 Subgrid-Scale Model 选项组中可以选择大涡模型的亚格子模型，包括 Smagorinsky-Lilly、WALE、WMLES 和 Kinetic-Energy Transport。Smagorinsky-Lilly 为 Smagorinsky-Lilly 亚格子模型。WALE 为局部涡黏性的壁面自适应亚格子模型。WMLES 为壁面模拟亚格子模型。Kinetic-Energy Transport 为动能输运亚格子模型。勾选 LES Model Options 下的 Dynamic Stress 复选框能激活动态应力模型。此时 Smagorinsky 常数(C_s)的值将基于运动过滤尺度的信息动态计算得出。若不激活 Dynamic Stress 选项，Fluent 将 Smagorinsky 常数

(C_s)设定为 0. 1，该值对于绝大多数的流动都能获得较好的结果。如果激活 Dynamic Stress 选项，那么动态计算 Smagorinsky 常数(C_s)能进一步提高计算精度。在选择 Smagorinsky-Lilly 亚格子模型后会出现 Dynamic Stress 选项。

至此，可以将各湍流模型的简单描述、特点与应用场合总结列于表 3-3-1 中。

表 3-3-1 湍流模型选择及应用场合

模　　　型	简　单　描　述	特点与应用场合
Spalart-Allmaras（基于 RANS 的模型）	直接求解修正的湍流黏性的单方程模型，主要用于气动和封闭腔内流动，可以选择包括湍动能产生项的应变率以提高对涡流的模拟精度	对大规模网格，计算较经济；对三维流、自由剪切流、强分离流模拟较差，适合不太复杂的流动（准二维），如翼型、机翼、机身、导弹、船身等
Standard k-ε（基于 RANS 的模型）	求解 k 和 ε 的基本两方程模型，模型系数通过试验拟合得到，适合完全湍流，可以处理黏性加热、浮力、压缩性等物理现象	稳定性好，尽管有缺陷，使用仍很广泛。对包括严重压力梯度、分离、强曲率模拟较差，适合初始迭代、预研阶段、参数研究
RNG k-ε（基于 RANS 的模型）	是标准 k-ε 模型的修正，方程和系数是分析得到，主要修正了 ε 方程以提高强应变流动的模拟精度，附加的选项能帮助模拟旋涡流和低雷诺数流动	适合包括快速应变的复杂剪切流、中等旋涡流动、局部转捩流（如边界层分离、钝体尾迹涡、大角度失速、房间通风等）
Realizable k-ε（基于 RANS 的模型）	是标准 k-ε 模型的修正，可实现体现在施加数学约束，以服从提供模型性能的目标	应用范围类似 RNG，可能更精确和更易收敛
Standard k-ω（基于 RANS 的模型）	求解 k 和 ω 的两方程模型，对封闭腔流动和低雷诺数流动有优势，可以选择包括转捩、自由剪切、压缩流动	对封闭腔内边界层、自由剪切流、低雷诺数流模拟较好，适合有反向压力梯度和分离的复杂边界层（外气动和旋转机械），可用于转捩流动。一般预测的分离点过早
SST k-ω（基于 RANS 的模型）	是标准 k-ω 模型的修正，通过使用混合函数，在近壁面处使用 k-ω 模型，其他区域使用 k-ε 模型。也限制了湍流黏性确保 $\tau_T \sim k$，包括转捩和剪切流选项，不包括压缩性选项	优势类似于 k-ω。由于对壁面距离的敏感，不太适合自由剪切流
Reynolds Stress（基于 RANS 的模型）	直接求解输运方程，克服了其他模型的各向同性黏性的缺陷，用于高旋流。可以适用于剪切流满足压力-应变二次关系式的流动	物理上是最可靠的 RANS 模型，克服了涡黏模型的各向同性假设。由于方程间强耦合性，收敛稍差，需要更多的 CPU 时间和内存。适合复杂三维流动、强旋流等，如旋流燃烧器、旋风分离器等
LES	介于 DNS 与 RANS 之间，需要高质量的网格及很大的计算量，通常用于求解小尺度的湍流流动问题	

此外还要指出的是，在近壁面处湍流边界层很薄，求解变量的梯度很大，但精确计算边界层对仿真来说非常重要。虽然可以使用很密的网格来解析边界层，但对工程应用来说代价很大。壁面函数允许在近壁面使用相对粗的网格，减少计算代价。标准壁面函数对简单剪切流动模拟得很好，非平衡壁面函数提高了大压力梯度和分离流动的模拟精度，加强壁面函数用于对数定律不适合的更复杂的流动（例如非平衡壁面剪切层或低雷诺数流动）。当然，有时可以采取下列措施来提高湍流流动计算的收敛性：①如果使用过分粗劣的初始值开始计算可能导致解的发散，此时可以采用保守的（小的）松弛因子和（对于耦合求解）一个保守的 Courant 数开始计算，然后随着迭代的进行和解的稳定再逐渐地增大它们的值。②用合理的 k

和 ε（或 k 和 ω）的初始值开始计算也有助于更快收敛，尤其当使用增强壁面处理时，从一个充分发展的湍流域开始计算非常重要，而要避免用额外的迭代去发展湍流域。③在使用 RNG k-ε 模型和雷诺应力模型（RSM）时，为了更快收敛，可以用标准 k-ε 模型的求解数据作为计算的起始点，并结合以更低的松弛因子和（对耦合求解）更低的 Courant 数。

3.3.2 多相流模型

多相流动广泛存在于自然界和工程设备中，如含尘埃的大气和云雾、含沙水流、悬浮体的燃烧和气化、冶炼和石油天然气开采集输等方面。多相流的"相"是指不同的热力学集态（如固、液、气等不同物态），也可指同一集态下不同的物理性质或力学状态，如气/液、液/液、气/固、液/固等。多相流体系统分为一种主流体相和多种次流体相，主流体相为连续相，多种次流体相为离散相，存在于连续相中，代表不同尺寸的颗粒。多相流的流场需用两组或两组以上流体力学和热力学参量来描述，通常数值模拟研究多相流的方法主要有欧拉-拉格朗日（Euler-Lagrange）方法和欧拉-欧拉方法两种。

在欧拉-拉格朗日方法中，把液体作为连续相，仍遵从连续性方程和动量方程，用连续相速度时均值的 Navier-Stokes 方程求解，同时追踪每一个颗粒的运动轨迹。但将离散相的每一个颗粒均视为无体积的质点，总计连续相流体作用在质点上的相间作用力，在颗粒自身重力、浮力、其他体积力（例如电磁场产生的力）和相间作用力合力的驱动下，按牛顿第二定律描述颗粒的运动，确定此颗粒的速度矢量和位置矢量。欧拉-拉格朗日模型的一个基本假设是，离散相的体积比率应很低。

在欧拉-欧拉方法（也叫两流体模型）中，把两相分别当作连续介质，两相在同一空间点上共存，各自遵从自身的动量、质量和能量输运方程，两相间通过相间作用力和共用的压力场互相耦合。由于一种相所占的体积无法再被其他相占有，故此引入相体积率（phasic volume fraction）的概念。体积率是时间和空间的连续函数，各相的体积率之和等于 1。欧拉-欧拉两流体模型通常采用雷诺时均方法处理瞬时运动方程组，然后封闭因湍流脉动而产生的二阶和高阶关联项，最终得到的通用模型方程仍由连续性方程和动量方程构成。常见的相间作用力有曳力、升力（Lift force）、虚拟质量力（Virtual mass force）或附加质量力（Added mass force）、Basset 力（又称为历史力，History force）等，它们的机理各不相同，其物理意义得到普遍承认，在欧拉-欧拉方法的数值计算中一般以体积力的形式出现在动量方程中。

当分散相的浓度较低、且连续相流动的推动力主要不是相间作用力时，才可以近似地忽略分散相对连续相的作用力，只考虑连续相对分散相颗粒的作用力（单向耦合）；当颗粒的浓度较高时，分散相对连续相的总作用力增大，逐渐变得不能忽略，必须在连续相动量方程中包括颗粒对连续相流体的作用力（双向耦合），这在概念上更为合理。相间作用力在欧拉-拉格朗日方法中比在欧拉-欧拉方法中容易处理，例如对单个固体颗粒、两颗粒间的弹性碰撞、材料塑性对碰撞能量的吸收、颗粒间的接触摩擦力等，都能较准确地用公式表达出来。但欧拉-拉格朗日方法的主要缺点是，由于需要对每个颗粒进行追踪，而当实际体系中的颗粒总数较为可观、颗粒运动速度也不小时，需要采用很小的时间步长来进行积分，因此计算量很大，对计算机硬件和软件的要求都很高。

ANSYS FLUENT 软件包括离散相模型（Discrete Phase Model，DPM）、流体体积模型（Volume of Fluid Model，VOF）、欧拉模型（Eulerian Model）和混合模型（Mixture Mode）等四种不同的多相流模型，第一种为欧拉-拉格朗日多相流模型，后面三种为欧拉-欧拉多相流模型。选择合适的模型非常重要，这一般取决于流体是分层的还是离散的——可以通过两相间的长度尺度界定这个区别，此外 Stokes 数(颗粒松弛时间和流体特征时间的比例)也应该考虑进来。双击 Models 任务页面中的 Multiphase，即可打开如图 3-3-14 所示的 Multiphase Model 对话框。

3. 3. 2. 1 VOF 模型

VOF 模型是一种在固定欧拉网格下的表面跟踪方法，通过求解单独的动量方程和处理穿过区域每一流体的体积分数来模拟两种或三种不能混合的流体。当需要得到一种或多种互不混溶流体间的交界面时，可以采用这种模型。在 VOF 模型中，不同的流体组分共用着一套动量方程，计算时在全流场的每个计算单元内，都记录下各流体组分所占有的体积率。VOF 模型通常用于计算非稳态问题，其典型的应用包括分层流、自由表面

图 3-3-14 Multiphase Model 设置对话框(VOF)

流动、灌注、晃动、液体中大气泡的流动、水坝决堤时的水流、喷射衰竭(jet breakup)(表面张力)的预测，以及求得任意液-气分界面的稳态或瞬时分界面。

在 Multiphase Model 对话框中的 Volume Fraction Parameters 栏中，Scheme 可选择显式(Explicit)格式和隐式(lmplicit)格式。当选择显式格式时，需要输入适当的 Courant 数(Courant Number)，FLUENT 默认值为 0. 25。在 Number of Eulerian Phases 文本框中可以指定多相流模型计算的相数。选中 Open Channel Flow 复选框表示问题为明渠流(即包含自由液面)。涉及体积力计算时，还需要选中 Implicit Body Force 复选框，以通过解决压力梯度和动量方程中体积力的部分平衡加快解的收敛。

3. 3. 2. 2 Mixture 模型

混合模型(Mixture 模型)是一种简化的多相流模型，可用于模拟两相或多相具有不同速度的流动(流体或颗粒)。混合模型主要实现求解混合相的连续性方程、动量方程、能量方程、第二相的体积分数及相对速度方程的功能，典型的应用包括低质量载荷的粒子负载流、气泡流等，也可用于没有离散相相对速度的均匀多相流。

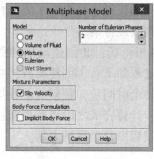

图 3-3-15 Multiphase Model 设置对话框(Mixture)

在 Multiphase Model 对话框中，用户可以通过选中 Model 下面的 Mixture 设置 Mixture 模型(如图 3-3-15 所示)。其中，Mixture Parameters 栏中的 Slip Velocity 为滑移速度，若选中该复选框则考虑相间滑移，若取消选中该复选框则表示相间速度一致。Number of Eulerian Phases 和 Implicit Body Force 与 VOF 模型设置一致。

3. 3. 2. 3 Eulerian 模型

欧拉(Eulerian)模型可以模拟多相流动及相间的相互作用，相可以是气体、液体、固体的任意组合。采用欧拉模型时，第二相的数量仅因为内存要求和收敛行为而受到限制，只要有足够的内存，任意多个第二相都可以模拟。然而，对于复杂的多相流流动，解会受到收敛性的限制。欧拉多相流模型没有液-液、液-固的差别，其颗粒流是一种简单的流动，定义时至少涉及有一相被指定为颗粒相。ANSYS FLUENT 的 Eulerian 模型中各相共享单一的压力场，对每一相都求解动量和连续性方程。颗粒相才可以根据颗粒动力学理论计算

颗粒拟温度、粒子相剪切和体积黏性、摩擦黏性。

图 3-3-16　Eulerian 模型设置对话框

在 Multiphase Model 对话框中，用户可以通过选中 Model 下面的 Eulerian 设置 Eulerian 模型(如图 3-3-16 所示)。其中，Eulerian Parameters 栏中的 Dense Discrete Phase Model 和 Immiscible Fluid Model 分别供稠密离散相和不混溶流体计算时选用，Number of Eulerian Phases 和 Volume Fraction Parameters 与 VOF 模型设置一致。

此外应该指出的是，模拟多相流的方法还有 Lattice-Boltzmann 法(LBM)、拟颗粒模型等。Lattice-Boltzmann 法以微观粒子动力学为基础，统计粒子在规则网格上按一定规则游动的平均值，来模拟宏观流体力学和动力学现象，模拟对象已由简单的单相流动向有自由界面的多相流动和化学反应流方向发展。拟颗粒模型是一种与 LBM 类似的数值模拟方法，它将连续性的流体模型化为假想的固体颗粒，在气固两相流数值模拟中的应用正在发展。当然，这两种方法描述相间作用力的概念和方法与经典的方法明显不同，在此不过多涉及。

3.3.3　离散相模型

前已述及，ANSYS FLUENT 中的离散相模型为基于欧拉-拉格朗日法的多相流模型。该模型要求离散的第二相的体积比率应很低(体积分数一般不能超过 10%~12%)，且主要以球形颗粒(如液滴、气泡等)的形式分布在连续相中，颗粒之间的相互作用、颗粒体积分数对连续相的影响均未考虑。ANSYS FLUENT 可以计算这些颗粒的轨迹以及由颗粒引起的质量和热量的传递，相间耦合以及耦合结果对离散相轨迹、连续相流动的影响均可考虑进去，模拟如颗粒分离与分级、喷雾干燥、气溶胶扩散过程、液体中气泡搅浑、液体燃料的燃烧以及煤粉燃烧等过程。

在 ANSYS FLUENT 中可以通过定义颗粒的初始位置、速度、尺寸以及每个(种)颗粒的温度来使用离散相模型。既可以通过在一个固定的流场中(非耦合方法)来预测离散相的分布，也可以在考虑离散相对连续相有影响的流场(相间耦合方法)中考察颗粒的分布。相间耦合计算中，离散相的存在影响了连续相的流场，而连续相的流场反过来又影响了离散相的分布。可以交替计算连续相和离散相直到两相的计算结果都达到收敛标准。

稳态离散相问题的设定和求解过程一般如下：①求解连续相流场；②创建离散相射流源；③求解耦合流动。非稳态离散相问题的设定和求解的一般过程如下：①创建离散相喷射入口；②初始化流场；③设定求解的时间步长和时间步数。在每个时间步，颗粒的位置将得到更新。如果求解问题是非耦合流动，颗粒位置将在每个时间步计算完成之后得到更新；如果是耦合流动，颗粒位置在每个时间步内的相间耦合迭代计算过程中都会得到更新。

3.3.3.1　离散相轨迹计算

湍流中颗粒处理有随机轨道模型(Stochastic Tracking)或颗粒群模型(Cloud Tracking，也称粒子云模型)两种，前者用随机方法来考虑瞬时湍流速度对颗粒轨道的影响；后者运用统计方法来跟踪颗粒围绕某一平均轨道的湍流扩散，通过计算颗粒的系统平均运动方程得到颗粒的某个"平均轨道"。

在 FLUENT 中，通过积分拉氏坐标系下的颗粒作用力微分方程来求解离散相颗粒的轨迹。颗粒的作用力平衡方程在笛卡儿坐标系下的形式(x 方向)为，

$$\frac{\mathrm{d}u_p}{\mathrm{d}t} = F_D(u - u_p) + \frac{g_x(\rho_p - \rho)}{\rho_p} + F_x \qquad (3-3-55)$$

$$F_D = \frac{18\mu}{\rho_p d_p^2} \frac{C_D Re}{24} \qquad (3-3-56)$$

$$Re = \frac{\rho d_p |u_p - u|}{\mu} \qquad (3-3-57)$$

$$C_D = a_1 + \frac{a_2}{Re} + \frac{a_3}{Re^2} \qquad (3-3-58)$$

式中，u 为流体相速度，m/s；u_p 为颗粒速度，m/s；μ 为流体动力黏度，Pa·s；ρ 为流体密度，kg/m³；ρ_p 为颗粒密度，kg/m³；d_p 为颗粒直径，m；Re 为相对雷诺数；C_D 为曳力系数；g_x 为 x 方向重力加速度，m/s²；F_x 为 x 方向的其他作用力，N。这些力包括：

（1）虚拟质量力——用于使颗粒周围的流体加速所需要的附加作用力。

（2）热泳力——悬浮在具有温度梯度的气体中的小颗粒受到的与温度梯度相反的作用力。

（3）布朗力——亚观粒子受到布朗运动的影响。

（4）Saffman 升力——由于横向速度梯度（剪切层流动）引起。

当流动状态为湍流时，FLUENT 使用流体的时均速度 $\bar{u}$，通过轨迹方程式(3-3-19)来计算颗粒的轨迹。颗粒的湍流扩散既可以通过随机轨道模型模拟，也可以通过代表一定颗粒尺寸组的颗粒群模型模拟。

3.3.3.2 离散相的设定步骤

在如图 3-3-1 所示的 Model 任务页面中双击 Discrete Phase，打开如图 3-3-17 所示的 Discrete Phase Model 对话框，下面对设置和求解离散相问题的步骤进行概述。

（1）考虑离散相与连续相发生相互作用

当离散相与连续相发生相互作用时（例如质量、动量和能量交换），复选 Discrete Phase Model 对话框中 Interaction with Continuous Phase 前面的复选框。在 Number of Continuous Phase Iterations per DPM Iteration 右边的文本框填入数字，来控制粒子追踪的频率和 DPM 源的更新频率。对于稳态问题，增加该值可以增加模拟的稳定性，但收敛需要的迭代步数将增加。对于非稳态问题，建议复选 Update DPM Sources Every Flow Iteration。这样，每一步 DPM 迭代都将重新计算粒子源。

（2）考虑粒子运动处于稳态模式还是非稳态模式

在 Discrete Phase Model 对话框中用户通过是否复选 Unsteady Particle Tracking 来确定处理粒子是以稳态模式还是非稳态模式。此选项与求解器的设置无关，也就是说，如果求解器设置的是非稳态，对于轨迹计算也可以执行稳态模拟。另外，当进行稳态连续相计算时，也可以执行非稳态粒子追踪，这对于大粒子源项可以提高数值模拟的稳定性，并可以简化后处理步骤。

（3）求解进程的控制

在 Discrete Phase Model 对话框的 Tracking 选项卡中指定 Max. Number of Steps 和 Step Length Factor。Max. Number of Steps 是用来设置当粒子计算此步数后还没有离开求解域便停止该粒子的轨迹计算；Step Length Factor 用来设置每一个控制体内的积分时间步。

（4）设置离散相所需的物理子模型

在如图 3-3-17 所示的 Discrete Phase Model 对话框中单击 Physical Models 以切换到 Physical Models 选项卡，如图 3-3-18 所示。在 Physical Models 选项卡中，用户可以设置计算粒子轨迹时所用到的其他物理模型，如 Thermophoretic Force（热泳力）、Brownian Motion（布朗运动）、Saffman Lift Force（Saffman 升力）、Erosion/Accretion（腐蚀冲击）等。

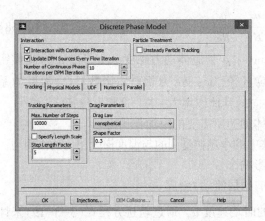

图 3-3-17　Discrete Phase Model 设置对话框

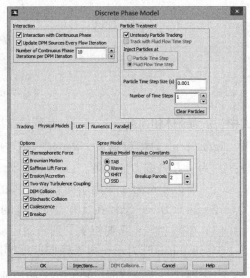

图 3-3-18　Physical Models 选项卡

（5）指定离散相所采取的数值算法参数

在如图 3-3-17 所示的 Discrete Phase Model 对话框中单击 Numerics 以切换到 Numerics 选项卡，如图 3-3-19 所示。与描述连续相的方程均为偏微分方程不同的是，描述粒子运动的方程均为常微分方程，因此离散相模型有其自己的离散方法和数值计算方法。Numerics 选项卡使用户指定离散相数值算法的参数，包括传热传质计算等。在 Numerics 选项卡中，Tracking Scheme Selection 用来设置离散相的数值算法，Tracking Options 中，Accuracy Controls 指定求解运动方程时所允许的残差。

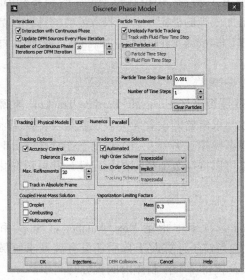

图 3-3-19　Numerics 选项卡

图 3-3-20　Injections 对话框

(6) 设置喷射源的初始状态和粒子尺寸分布

单击图 3-3-17 中的 Injections 按钮，打开 Injections 对话框（图 3-3-20）。单击 Create 按钮创建喷射源（或者单击已经存在的喷射源后单击 Set 按钮）打开 Set Injections Properties 对话框（图 3-3-21）。用户可以在 Set Injections Properties 对话框的 Point Properties 选项卡设置粒子的初始速度和温度，在 Diameter Distribution 中设置粒子尺寸的分布函数。

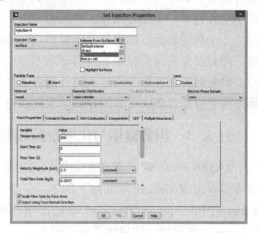

图 3-3-21　Set Injections Properties 设置对话框

当设定一系列初始条件时，用户还应该定义如下颗粒的类型：

① 惰性颗粒（inert）：服从力平衡及受到加热/冷却影响的一种离散相类型（颗粒、液滴或气泡）。在 FLUENT 任何模型中，惰性颗粒总是可选的。

② 液滴（droplet）：存在于连续相气流中的液体颗粒，服从力平衡并受到加热/冷却的影响。此外，还需由液滴蒸发定律、液滴沸腾定律确定自身的蒸发与沸腾。

③ 燃烧颗粒（combusting）：固体颗粒，遵从力平衡、加热冷却过程、挥发份析出过程及异相表面反应机制。

一旦选择了特定的颗粒类型，ANSYS FLUENT 将会选择与之相匹配的适用定律，复选图 3-3-8 中 Laws 栏中的 Custom 复选框，会弹出 Custom Laws 对话框来选择相关定律。所有不同类型的颗粒都具有一个预先设定好的适用定律范围。

(7) 设置离散相边界条件

当颗粒与壁面发生碰撞时，将会发生下述四种情况：

① reflect 边界条件：反射边界；颗粒在此处反弹而发生动量变化，变化量由反弹系数确定。

② trap 边界条件：捕捉边界；此处颗粒被标记为 trapped 并终止轨道计算。

③ escape 边界条件：逃逸边界；此处颗粒被标记为 escaped 并终止轨道计算。

④ interior 边界条件：内部边界；颗粒在此处将穿越内部流动区域。

(8) 定义离散相的材料属性

在用户第一次定义射流源的特定颗粒类型时，可以从材料数据库中直接复制某个材料，此种颗粒材料将变为该颗粒类型的复制材料类型，即此时再创建这种颗粒类型的新射流源时，用户已经选定的颗粒材料就是这个新定义射流源的颗粒材料。如果需要的话，用户可以修改预设颗粒材料的各种性质。

3.3.3.3　颗粒间互相作用的研究方法

实际上，多相体系中分散相颗粒的粒数密度都比较高，因此颗粒的运动和传递过程都伴随着颗粒间的相互影响。颗粒有时互相接触、碰撞，即使互不接触，邻近的颗粒也会改变连续相流体在颗粒周围流动的方式，进而间接影响颗粒的运行特性。因此，在多相流系统的数值模拟中，直接需要的本构方程应该针对颗粒群（如固体颗粒群、气泡群、液滴群），而不仅仅是静止或剪切流动中单颗粒与连续相之间各种相间作用力的理论或经验关联式。

从理论或用数值方法来研究颗粒间的相互影响大致有两种方式：一是研究两个、多个或成百上千个颗粒的运动;第二种是将稠密的颗粒群看作完全相同的平均单元(cell)的集合,每个单元包含一个中心颗粒,外面包围着每个颗粒平均分配到的连续相流体层,只需研究这样的1个典型单元,称为单元胞模型(Cell model)。由于单元胞模型只需处理1个典型的颗粒,因此目前的计算技术和计算软硬件的能力可以满足数值计算的要求。但在单元胞模型中,颗粒间的相互影响用模型的外边界条件来表达,因此合理地选择和改进数学模型的外边界条件是得到合理、可靠的计算结果的关键。

3.3.4 组分输运与化学反应模型

ANSYS FLUENT 具有强大的化学反应模拟能力,能够模拟各种复杂的燃烧和化学反应过程。双击 Models 任务页面下的 Species,打开 Species Model 对话框(图 3-3-22),选中 Model 栏中的 Species Transport 单选按钮,即启动了组分输运模型。在 Reactions 栏中选中 Volumetric 复选框,即启用了反应模型。

Species Model 对话框中的 Mixture Material 下拉列表框中为待选混合物,包括了目前 FLUENT 数据库中定义的混合物。用户选择混合物后,可通过单击 Edit 按钮查看混合物的特性。若 Mixture Material 下拉列表框中不存在用户希望模拟的混合物,可选择 Mixture-template 选项,然后单击 Edit 按钮,弹出如图 3-3-23 所示的 Edit Material 对话框,可对混合物的物性参数进行设置。若想更改混合物组分,则需要单击 Edit 按钮,弹出如图 3-3-24 所示的 Species 对话框。Selected Species 列表框中为已选择的混合物组分,Selected Solid Species 列表框中则显示了混合物中所有的凝聚固体组分,Selected Site Species 列表框中将显示所有的现场组分(当用户模拟壁面表面化学反应时,现场组分是被吸收到壁面边界上的组分),Available Materials 列表框中是可以添加到混合物中的待选组分,用户可以通过 Create/Edit Materials 对话框调入更多的待选组分。Add 和 Remove 按钮用于组分的添加和移除。

图 3-3-22　Species Model 对话框

图 3-3-23　Edit Material 对话框

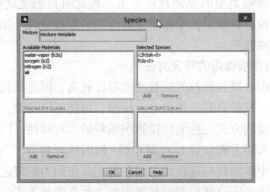

图 3-3-24　Species 对话框

改变组分后，单击 OK 按钮回到 Edit Material 对话框，需要单击 Change 按钮，以实现组分的更新，最后回到 Species Model 对话框，此时 Number of Volumetric Species 数据输入框中即会显示当前混合物中体积组分的数量。

Species Model 对话框的 Turbulence-Chemistry Interaction 栏中有 4 个模型：①Laminar Finite-Rate 模型，只计算阿伦尼乌斯速率，忽略湍流和化学反应的相互作用；②Finite-Rate/Eddy-Dissipation 模型，既计算阿伦尼乌斯速率，也计算混合速率，并使用两者中的较小值，适用于湍流流动；③ Eddy-Dissipation 模型，只计算湍流混合速率，适用于湍流流动；④Eddy-Dissipation Concept 模型，使用详细的化学反应机理对湍流和化学反应相互作用建模，适用于湍流流动。

Species Model 对话框中 Options 栏中的 Full Multicomponent Diffusion 和 Thermal Diffusion 复选框在模拟完全多组分扩散和热扩散问题时才选中。对于层流化学反应，选中 Options 栏中的 CHEMKIN-CFD from Reaction Design 复选框，就允许用户使用来自 Reaction Design 的化学反应速率应用和求解方法，该算法基于 CHEMKIN 技术，并与之相容。

除了 Species Transport 模型，ANSYS FLUENT 还提供了非预混燃烧模型、预混燃烧模型、部分预混燃烧模型及 PDF 输运方程模型多种模拟反应的模型，其中：①非预混燃烧模型用于求解一个或两个守恒标量的输运方程，然后从预测的混合分数分布推导出每一个组分的浓度。此方法主要用于模拟漏流扩散火焰。②预混燃烧模型主要用于单一、完全预先混合好的燃烧系统。在这些问题中，完全的混合反应物和燃烧产物被火焰前缘分开，通过求解反应发展变量来预测火焰前缘的位置。③部分预混燃烧模型用于描述非预混燃烧与完全预混燃烧结合的系统。通过结合混合分数方程和反应物发展变量来分别确定组分浓度和火焰前缘的位置。④PDF 输运方程模型结合 CHEMKIN 可以考虑详细的化学反应机理，而且高度的非线性化学反应项是精确模拟，无须封闭模型，可以合理地模拟湍流和详细化学反应动力学之间的相互作用。缺点是该方法需要消耗极大的计算机存储量和计算时间。

3.3.5 辐射模型

ANSYS FLUENT 辐射换热模型能够应用于火焰辐射、表面辐射换热、导热对流与辐射等传热过程中的耦合辐射换热问题、采暖通风和空调工业中的辐射换热、汽车工业中车厢的传热分析、玻璃加工过程以及陶器工业中的辐射传热等典型场合。

双击 Models 任务页面中的 Radiation 选项打开 Radiation Model 对话框，如图 3-3-25 所示。ANSYS FLUENT 提供了 Rosseland 模型、Pl 模型、Discrete Transfer（DTRM）模型、Surface to Surface（S2S）模型和 Discrete Ordinates（DO）模型供用户选择。

图 3-3-25 Radiation Model 对话框

3.3.5.1 选择辐射换热模型

对于某些问题，某个辐射模型可能比其他模型更适用。在确定使用何种辐射模型时，需要考虑的因素如下。

（1）光学厚度

光学厚度 αL 是确定选择辐射模型较好的指标。其中，L 为计算域的长度。例如，对于燃烧室内的流动，L 为燃烧室的直径。如果 $\alpha L>1$，最好选择使用 P1 或 Rosseland 辐射模型。P1 模型一般都用于光学厚度大于 1 的情况。若光学厚度大于 3，

Rosseland 模型的计算量更小，而且更加有效。DTRM 和 DO 对于任何光学厚度都适用，但是它们计算量也更大。因此，如果精度可以接受，应尽可能地选择虽具有"光学厚度限制"但计算量较小的 P1 或 Rosseland 辐射模型。对于光学厚度较小的问题，只有 DTRM 和 DO 模型适用。

（2）散射与发射

P1、Rosseland 和 DO 模型可考虑散射的影响，而 DTRM 忽略此项。由于 Rosseland 模型在壁面使用具有温度滑移的边界条件，因此它对壁面发射率不敏感。

（3）气体与颗粒之间的辐射换热

只有 P1 和 DO 模型考虑气体与颗粒之间的辐射换热。

（4）半透明介质与镜面边界

只有 DO 模型允许出现镜面反射（全反射，如镜子）以及在半透明介质（如玻璃）内的辐射。

（5）非灰体辐射

只有 DO 模型能够允许用户使用灰带模型计算非灰体辐射。

（6）局部热源

对于具有局部热源的问题，P1 模型可能会过高估计辐射热流。在这种情况下，DO 模型可能会是最好的辐射计算方法。当然，如果具有足够多的射线数目，DTRM 模型的计算结果也可以接受。

（7）表面辐射换热模型（S2S）

适用于没有辐射介质情况下的封闭腔体内的辐射传热。

由上述确定使用辐射模型需考虑的因素可以看到，只有 P1 模型和 DO 模型能同时考虑散射和气体与颗粒间辐射换热的影响，而只有 DO 模型能在考虑散射和气体与颗粒间辐射换热的影响的同时，还考虑镜面反射或半透明介质以及非灰体辐射和局部热源的影响。而在应用场合方面，P1 模型仅适用于光学厚度较大的场合，即仅适用于计算域较大的场合，而 DO 模型在所有场合都可应用。因此，综合考虑，无论实际模拟对象是什么现象，都可以采用 DO 模型，不仅精度高，而且考虑的因素多。在计算域较大时，采用 P1 模型也能得到较为合理的结果，且此时 P1 模型的计算量相比 DO 模型少。总之，在实际计算中，P1 和 DO 模型是使用频率最多的模型。一般而言，光学厚度大于 1 且计算精度要求不高时，可使用 P1 模型；DO 模型在任何场合都可使用，其精度相对较高，但计算量也较大。

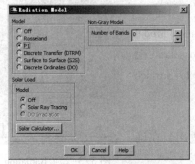

图 3-3-26　P1 辐射模型

3.3.5.2　P1 辐射模型的设置

在 Radiation Model 对话框的 Model 中选中 P1 打开 P1 辐射模型，如图 3-3-26 所示。在该对话框内选择 P1 辐射模型，在辐射模型参数方面，用户不需要进行其他设定。需注意的是，P1 模型仅适用于光学厚度较大的场合。

求解控制方面，用户可控制求解任务页面中 Solve 下面的 Monitors 和 Controls 来实现。P1 模型默认的收敛标准为 10^{-6}，由于此项残差与能量方程的残差紧密关联，其收敛标准与能量方程相同。P1 模型的欠松弛因子的设定与其他变量相同，需要注意的是，由于辐射温度方程是相对稳定的标量输运方程，多数情况下，用户可以设定较大的欠松弛因子（0.9~1.0）。

3. 3. 5. 3 Discrete Ordinates 辐射模型的设置

在 Radiation Model 对话框的 Model 中选中 Discrete Ordinate（DO）打开 Discrete Ordinate（DO）辐射模型，如图 3-3-27 所示。DO/Energy Coupling 选项允许用户将能量方程和 DO 辐射方程耦合同时计算。当光学厚度大于 10 时，可以复选该复选框，以加速辐射传热的收敛。该选项可以在灰体或非灰体辐射模型中使用。

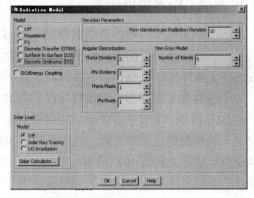

图 3-3-27 Discrete Ordinates（DO）辐射模型

（1）Iteration Parameters 选项组

Iteration Parameters 下的 Flow Iterations per Radiation Iteration 数值框用于设置经过多少次流场迭代计算更新一次辐射的迭代。此参数默认为 10，即进行 10 次流场迭代计算才进行一次辐射换热方程组的迭代。如果计算过程中辐射方程的残差收敛得较为顺利，没有遇到残差振荡或残差不下降的问题，可以尝试减小此参数，从而进一步提高残差下降的速度，但此时可能引起残差的振荡而导致不收敛。增大此参数会使收敛过程更稳健，更容易使残差收敛，但这需耗费更多计算时间。

（2）Angular Discretization 选项组

Angular Discretization 选项组中的 Theta Divisions 和 Phi Divisions 用于设置空间每个象限的离散控制角的数量。默认情况下 Theta Divisions 和 Phi Divisions 的数目均为 2。对于多数实际问题，这个设置是足够的。增大此参数意味着更细的空间离散角的划分，可以更好地求解出较小的几何特征或者是温度在空间的强烈不均匀性。但是 Theta Divisions 和 Phi Divisions 参数值的增大也意味着计算量的增大。

Angular Discretization 选项组中的 Theta Pixels 和 Phi Pixels 用于设置像素，理解为求解辐射的分辨率。分辨率越高求，解越精确，同时计算量也越大。对于漫灰辐射，1×1 的默认像素设置是足够的。对于具有对称面、周期性条件、（辐射）镜面或者半透明边界而言，推荐使用 3×3 的设置。但应该注意的是，提高分辨率将加大计算量。

（3）用 DO 模型模拟非灰体辐射

若用户想用 DO 模型模拟非灰体辐射，可在 Radiation Model 对话框中的 Non-Gray Model 选项组中设定 Number of Bands 选项。默认情况下，Number of Bands 被设定为 0，表明仅考虑灰体辐射。由于计算量与非灰体带的数目直接相关，用户应尽量减少灰带的数目。多数情况下，对于具体问题所遇到的温度范围所对应的主要辐射波长，（气体）吸收与壁面的发射率接近于常数。对于这种情况，使用灰体 DO 辐射模型会稍有误差。而对其他的情况，非灰体的特征很重要，但只需要较少的灰带即可。例如，对普通玻璃而言，设定两三个灰带就足够。

对于多数问题，默认的欠松弛系数 1 足够。对于光学厚度较大（$\alpha L > 10$）的问题，用户可能会遇到收敛较慢或解发生振荡的问题。在这种情况下，对能量方程和 DO 方程进行欠松弛处理是有效的，建议将所有方程的欠松弛因子设为 0. 9~1. 0。

在 ANSYS FLUENT 中，当使用 P1、DO 或 Rosseland 辐射模型时，用户应在 Create/Edit Materials 对话框（通过 Define/Materials 命令调出）中设定流体的吸收系数与散射系数。若使用 DO 模型模拟半透明介质，用户应为半透明流体和固体介质设定折射率。对于 DTRM 模型，用户仅需要定义吸收系数。

3.3.6 污染形成模型

ANSYS FLUENT 中 NO_x 模型能够模拟温度型 NO_x、快速温度型 NO_x、燃料型 NO_x 的形成以及由于燃烧系统里回燃导致的 NO_x 的消耗。其速率模型采用英国 Leeds 大学以及其他公开发表的文献。

为了预测 NO_x 的排放，ANSYS FLUENT 求解了一个 NO 浓度的输运方程，对于燃料 NO_x 源，ANSYS FLUENT 求解了一个中间组分（HCN 或 NH_3）的输运方程。NO_x 的输运方程通过给定的流场和燃烧结果来求解。换句话说，NO_x 的预测是燃烧模拟的后处理过程，因此准确的燃烧模拟结果是进行 NO_x 预测的前提。所以必须提供给燃烧模型准确的热物理参数和边界条件，必须采用湍流、化学、辐射和其他子模型。

事实上，用户所得结果的精确度取决于用户的输入数据和选择的物理模型。在大多数情况下，NO_x 的变化趋势能够被准确预测，但 NO_x 的量不能精确预测。NO_x 参量变化趋势的准确预测可以减少实验室试验的次数，方便更多针对设计参量变化的研究，缩短设计周期，减少产品开发的费用。

在层流火焰和湍流火焰的分子级别中，NO_x 的形成可以分为四个不同的化学动能过程：温度型 NO_x、快速温度型 NO_x、燃料型 NO_x 的形成和回燃。温度型 NO_x 通过氧化燃烧空气中的的氮气而形成，快速温度型 NO_x 通过在火焰前锋面的快速反应形成，燃料型 NO_x 通过氧化燃料中的氮而形成，回燃机制通过 NO 和碳氢化合物的反应而减少了总体上 NO_x 的形成。FLUENT 中的 NO_x 模型能够模拟所有这四个过程。使用 NO_x 模型时，用户必须用分离求解器；也就是说，当用户用耦合求解器时，NO_x 模型则不可用。另外，NO_x 模型不能和预混燃烧模型联合使用。

ANSYS FLUENT 在求解 NO 组分质量输运方程的同时，也考虑了 NO 及相关组分的对流、扩散、生成和消耗。因来源于质量守恒的基本原则，这种方法完全通用。对于温度型和快速温度型 NO_x 机制，仅需要 NO_x 组分的输运方程，

$$\frac{\partial}{\partial t}(\rho Y_{NO}) + \nabla(\vec{\rho v} Y_{NO}) = \nabla(\rho D \nabla Y_{NO}) + S_{NO} \qquad (3-3-59)$$

跟踪含氮的中间产物组分很重要。ANSYS FLUENT 除了 NO_x 组分，还求解了 HCN 或 NH_3 组分的输运方程。

$$\frac{\partial}{\partial t}(\rho Y_{HCN}) + \nabla(\vec{\rho v} Y_{HCN}) = \nabla(\rho D Y_{HCN}) + S_{HCN} \qquad (3-3-60)$$

$$\frac{\partial}{\partial t}(\rho Y_{NH_3}) + \nabla(\vec{\rho v} Y_{NH_3}) = \nabla(\rho D Y_{NH_3}) + S_{NH_3} \qquad (3-3-61)$$

式中，Y_{HCN}、Y_{NH_3} 和 Y_{NO} 是气相 HCN、NH_3 和 NO 的质量分数。根据不同的 NO_x 形成机理确定源项 S_{HCN}、S_{NH_3} 和 S_{NO}。

使用 NO_x 模型的最有效方式就是作为主燃烧计算的后处理器，推荐的步骤如下：

（1）使用 ANSYS FLUENT 计算燃烧问题；

（2）激活所需的 NO_x 模型（温度型 NO_x、快速温度型 NO_x、燃料型 NO_x 和回燃），双击 Models 任务页面中的 Pollutants 进入 Pollutants Models 对话框设置 NO_x 模型参数；

（3）在 Solution 下 Solution Controls 任务页面中关闭除 NO 组分外的所有参数，如果激活

116

了燃料 NO_x 模型，则关闭 HCN 或 NH_3；

（4）同样在 Solution Controls 任务页面中，在 Under-Relaxation factors 选项下为 NO 设置合适的值（有时还要调 HCN 或 NH_3）。尽管对于特定问题可能需要较低值，但通常建议选用 0.8~1.0。也就是说，如果无法收敛，尝试使用较低的松弛因子；

（5）在 Solution 下的 Residuals Monitor 对话框中，降低 NO 的收敛临界值（有时也调 HCN 或 NH_3）到 10^{-6}；

（6）进行计算直至收敛（比如，直到 NO 组分残量低于 10^{-6}）以确保 NO 和 HCN 或 NH_3 的浓度场不再变化；

（7）以通常方式，用阿拉伯数字或图形工具显示 NO（和 HCN 或 NH_3）的质量分数；

（8）如果需要的话，保存新的 case 和 data 文件。

§3.4 材料定义

本章算例的介质为液态水，下面对 ANSYS FLUENT 模拟所用的材料进行定义。

单击 Problem Setup 下的 Materials，切换到 Materials 任务页面（图3-4-1）双击 Materials 下方的 Fluid 选项，弹出 Create/Edit Materials 对话框（图3-4-2）。单击"FLUENT Database…"按钮，弹出 FLUENT Database Materials 对话框（图3-4-3）。

图 3-4-1 Materials 任务页面

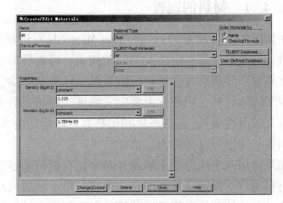

图 3-4-2 Create/Edit Materials 对话框

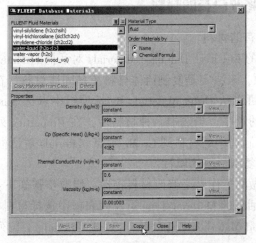

图 3-4-3 FLUENT Database Materials 对话框

117

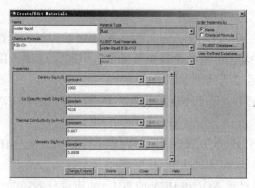

图 3-4-4　修改 water-liquid 物性对话框

在 FLUENT Database Materials 对话框中，保持 Material Type 中的 fluid 不变，Order Materials by 下面保持 Name 被选中，在 FLUENT Fluid Materials 中选择"water-liquid(h2o<l>)"，单击 Copy 按钮，然后单击 Close 按钮关闭此对话框。在 Create/Edit Materials 对话框中修改 water-liquid 的 Properties 为：Density 为 1000，Cp(Specific Heat) 为 4216，Thermal Conductivity 为 0. 667，Viscosity 为 0. 0008(图 3-4-4)。

单击 Change/Create 按钮完成修改，单击 Close 关闭对话框。这样，定义完热物性参数的液态水便会增加到 FLUENT 算例的 Materials 库中。

在 FLUENT 14. 0 中，要求为每个参与计算的区域指定一种材料，设定材料属性是模型设定中的重要一步，其关系到能否精确模拟实际问题的情况。用户可从 FLUENT 14. 0 中复制一些常用材料的数据，也可以自定义材料的属性。用户可以设定材料属性为不变量，也可以设定其满足一些方程的变化规律。

3. 4. 1　材料的属性

在如图 3-4-4 所示的 Create/Edit Materials 对话框中，FLUENT 允许用户输入材料的各种物性值，这些物性值和所涉及的问题相关。可设置的材料物性有：密度或者分子量、黏性系数、比热容、导热系数、质量扩散系数、标准状态焓、分子运动论中的各个参数。

对于固体材料，用户只需要定义密度、导热系数和比热容(若模拟的是半透明介质，则需要定义辐射性质)。导热系数和比热容可以指定为常值，也可以指定为温度的函数或者自定义函数，密度可以指定为常值。

如果使用基于压力的求解器，除非是在模拟非稳态流动或者运动的固体区域，否则对于固体材料用户不需定义其密度和比热容。对于稳态流动来说，固体材料列表中也会出现比热容一项，但是该项值只用于焓的后处理程序中，计算时并不需要。

3. 4. 2　复制并修改已有的材料

3. 4. 2. 1　复制已有的材料

在如图 3-4-3 所示的 FLUENT Database Materials 对话框的 Material Type 下拉列表框中可以选择 fluid 或 solid 选项，来决定是复制流体材料还是固体材料，在 FLUENT Fluid Materials 列表中选择材料名称，可以从 Order Materials By 选项组中点选 Name 或者 Chemical Formula 单选框，设置材料排列的顺序。当选中一种材料后，在 Properties 列表中会显示此材料的物性，单击 Copy 按钮，复制选中的材料到 Create/Edit Materials 对话框中。

3. 4. 2. 2　修改已复制材料的属性

使用材料面板最常做的工作就是修改材料物性，修改步骤如下：

(1) 在 Materials 对话框的 Material Type 下拉列表框中选择材料类型(流体、固体等)。

(2) 在 FLUENT Fluid Materials 或 FLUENT Solid Materials 下拉列表框中选择要修改属性的材料。

（3）修改相关物性。对于有些物性，除了常数值之外还可以选择一些特定的函数，当选择某一函数类型后，相关的参数就会显示出来。

（4）单击 Change/Create 按钮，将所选择材料的物性改变为新的设定值。

要改变别的材料物性只需重复上述步骤即可。需要注意的是在改变每个材料物性之后一定要单击 Change/Create 按钮。

3.4.3 创建新材料或删除

3.4.3.1 创建新材料

如果数据库中没有所要使用的材料，用户可以简单地为当前列表创建材料，其操作步骤如下：

（1）在 Materials 对话框的 Material Type 下拉列表框中选择材料类型（流体、固体等），在流体、固体或其他材料中选什么材料均可。

（2）在 Name 文本框中输入材料名称。

（3）在物性区域设定材料属性，物性参数太多可以用滚动条。

（4）单击 Change/Create 按钮，会弹出对话框询问是否覆盖原来的物性，单击 No 按钮，保留原来的材料并将新的材料加到列表中。此时会要求用户输入新材料的分子式，如果已知，输入分子式并单击 OK 按钮，否则保留空白并单击 OK 按钮，此时 Materials 对话框会更新，并在流体材料（或固体材料等）列表中显示出新材料的名称和分子式。

3.4.3.2 删除材料

如果不想使用某些材料，用户可以删除它们，具体操作步骤如下：

（1）在 Materials 对话框的 Material Type 下拉列表框中选择材料类型（流体、固体等）。

（2）在 FLUENT Fluid Materials 或 FLUENT Solid Materials 下拉列表框中选择要删除的材料（列表名称与在第一步中选择的材料类型相同）。

（3）单击 Delete 按钮。注意：在当前表中删除材料对全局数据库中的材料没有影响。

§3.5　边界条件设置

边界条件与初始条件是控制方程有确定解的前提。边界条件是在求解区域的边界上所求解的变量（流动变量和热变量）或其导数随时间和地点变化的规律，任何问题都需要设定边界条件。广义而言，ANSYS FLUENT 中的边界条件可以分为区域条件、外部边界条件、内部边界条件三大类。

3.5.1 区域条件设置

ANSYS FLUENT 中的区域条件包括流体区域（Fluid）、固体区域（Solid）和多孔介质（Porous media）。

本算例是二维问题，Face 区域全部由 Fluid 液态水组成，因此需要设置区域条件。设置的具体方法是：单击 Problem Setup 下面的 Cell Zone Conditions，转换到如图 3-5-1 所示的 Cell Zone Conditions 任务页面。将该任务页面中 Zone 下面的 fluid 单击选中，单击 Edit 按钮弹出如图 3-5-2 所示的 Fluid 对话框，在该对话框中的 Material Name 下拉列表下选择 water-liquid，其他设置保持默认，然后单击 OK 按钮。这样，本算例 fluid 域的介质被定义为 water-liquid。

3.5.1.1 流体区域

流体区域是网格单元的集合，所有需要求解的方程都要在流体区域上被求解。流体区域上需要输入的唯一信息是流体的材料性质，即在计算之前必须指定流体区域中包含何种流体。在计算组分输运或燃烧问题时不需要选择材料，因为在组分计算中，流体由多种组分组成，而组分的特性在 Species Model 对话框中设置。同样，在多相流计算中也不需要指定材料性质，流体的物性在指定相特征时被确定。

其他可以选择输入的参数包括源项、流体质量、动量、热或温度、湍流以及组分等流动变量，还可以定义流体区域的运动。如果流体区域附近存在旋转式周期性边界，则需要指定转动轴。如果计算中使用了湍流模型，可以将流体区域定义为层流区。如果计算中使用 DO 模型计算辐射，则可以确定流体是否参与辐射过程。

在如图 3-5-1 所示的 Cell Zone Conditions 任务页面中选择相应的 fluid 域（Type 的下拉列表中的 fluid 被选中），单击 Edit 按钮，即可弹出如图 3-5-2 所示的 Fluid 对话框，在该对话框中即可设置流体区域的相关参数。

图 3-5-1 Cell Zone Conditions 任务页面   图 3-5-2 Fluid 对话框

（1）定义流体属性

可以从材料列表中（Material Name）选择材料，如果材料参数不符合要求，还可以点击后面的 Edit 按钮，编辑材料参数以便满足计算要求。

（2）定义旋转轴

如果流体区域周围存在周期性边界或者流体区域是旋转的，则必须为计算指定转动轴。通过定义 Rotation-Axis Direction 和 Rotation-Axis Origin 即可定义三维问题中的转动轴。在二维问题中只需要指定转轴原点就可以确定转动轴。

（3）定义区域的运动

在 Motion Type 下拉列表中选择 Moving Reference Frame，可以为运动的流体区域定义转动或平动的参考系。如果想为滑移网格定义区域的运动，则可以在运动类型下拉列表中选择 Moving Mesh，然后进行相关参数的设置。对于平动运动而言，则只要在 Translational Velocity 中设定速度在 x、y、z 方向上的分量即可。

120

（4）定义化学反应机制

选择 Reaction 选项卡后可以在 Reaction Mechanisms 列表中选择需要的反应机制，从而可以计算带化学反应的组分输运过程。

（5）定义源项

在 Source Terms 选项卡中可以定义热、质量、动量、湍流、组分和其他流动变量的源项。

（6）定义固定参数值

复选 Fixed Values 复选框可以为流体区域中的变量设置固定值。

（7）设定层流区

当计算中使用了 k-ε 模型、k-ω 模型或 Spalart-Allmaras 模型时，可以在特定的区间上关闭湍流设置，从而设定一个层流区域。这个功能在已知转换点位置或层流区和湍流区位置时非常有用。

（8）定义辐射参数

如果计算中使用了 DO 辐射模型，可以确定流体区域是否参与辐射过程。

3.5.1.2 固体区域

固体区域是一类网格的集合，在这个区域上只需求解导热方程，无需求解与流场相关的方程。被设定为"固体"的区域实际上可能是流体，只是这个流体上被假定没有流动发生。所有与固体区域相关的设置均在 Solid 对话框（图 3-5-3）中完成，这个对话框可通过如图 3-5-1所示的 Cell Zone Conditions 任务页面弹出。

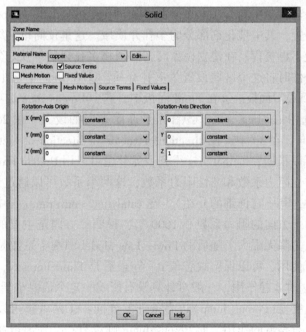

图 3-5-3　Solid 设置对话框

（1）定义固体材料

在 Material Name 下拉列表中可以选择固体的材料，如果材料参数不符合要求，还可以通过编辑来改变这些参数。

（2）定义热源

选择 Source Terms 为固体区域设置热源。

（3）定义固定温度

在 Fixed Values 选项卡中为固体区域设置一个固定的温度值。

（4）定义转动轴

转动轴通过定义轴的方向和原点位置进行定义的，在二维情况下仍然是只要确定转轴原点即可。

（5）定义区域运动

定义参考坐标系在 Motion Type 下拉列表中选择 Moving Reference Frame 选项完成定义。对于带有直线运动的固体区域而言，则可以通过定义 Translational Velocity 的三个分量来定义。

（6）定义辐射参数

如果使用 DO 模型计算辐射过程，则可以在 Participates in Radiation 选项中确定固体区域是否参与辐射过程。

3.5.1.3 多孔介质区域

多孔介质是一种特殊的流体域，用来模拟通过多孔介质的流动，或者流过其他均匀阻力的物体（如堆积床、过滤纸、多孔板、流量分配器、管束等）。在 Fluid 面板中激活多孔介质域（Porous zone）后，输入各方向的黏性系数和惯性阻力系数，通过用户输入的集总阻力系数来确定流动方向的压降。

ANSYS FLUENT 软件包中自带了一个多孔介质的例子（catalytic_ converter. cas），是一个汽车尾气催化还原装置，其中催化剂部分为多孔介质域。这里仅简单介绍一下与多孔介质有关的设置，其他设置不再赘言。在建立模型时，必须将多孔介质单独划分为一个区域，然后才可以在设置边界条件时将这个区域设置为多孔介质。①在 zone 中选中该区域，在 type 中选中 fluid，点 set 来到设置面板。②在 Fluid 面板中，选中 Porous zone 选项，如果忽略多孔区域对湍流的影响，选中 Laminar zone。③首先是速度方向的设置，在 2d 中，在 direction-1 vector 中填入速度方向；在 3d 中，在 direction-1 vector 和 direction-2 vector 中填入速度方向，余下的未填方向，可以根据 principal axis 得到；另外也可以用 Update From Plane Tool 来得到这两个量。④填入黏性阻力系数和惯性阻力系数，这两个系数可以通过经验公式得到（经验公式可以看帮助文件，其中有详细的介绍）。在 catalytic_ converter. cas 中可以看到 x 方向的阻力系数都比其他两个方向的阻力系数小 1000 倍，说明 x 方向是主要的压力降方向，其他两个方向不流通，压力降无限大。随后的 Power Law Model 中两个系数是另一种描述压力降的经验模型，一般不使用，可以保留缺省值 0。⑤最后是 Fluid Porosity，这个值只在模型选择了 Physical Velocity 时才起作用，一般对计算没有影响，这个值要小于 1。

多孔介质和多孔突变（Porous Jump）边界条件的异同：①两者都可以模拟压力降，但是多孔介质对速度场也有整流的作用，而 Porous Jump 则没有；②在离散相模型中，多孔介质对离散相没有作用，而 Porous Jump 可以选择对离散相的作用；③多孔介质可以考虑黏性阻力项和惯性阻力项，而 Porous Jump 只可以考虑惯性阻力项，其经验公式与多孔介质相同；④在收敛性方面，Porous Jump 要比多孔介质好很多，因此 ANSYS FLUENT 一般推荐使用 Porous Jump 条件。

122

3.5.2 外部边界条件设置

本章的算例需要定义热水入口和冷水入口的边界条件，其他边界条件保持默认设置。单击 Problem Setup 中的 Boundary Conditions，打开 Boundary Conditions 任务页面(图 3-5-4)。在 Boundary Conditions 任务页面中双击 inlet-cold，弹出 Velocity Inlet 对话框设置冷水入口边界条件(图 3-5-5)。

图 3-5-4　Boundary Conditions 任务页面

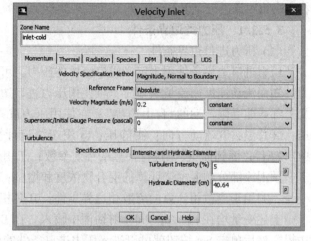

图 3-5-5　Velocity Inlet 对话框

在 Velocity Inlet 对话框中，Velocity Magnitude 的文本框填入 0.2，表示冷水入口速度大小为 0.2m/s。在 Turbulence 下的 Specification Method 下拉菜单中选择 Intensity and Hydraulic Diameter，在 Turbulent Intensity 文本框中填入 5，表示湍流强度为 5%，在 Hydraulic Diameter 中填入 40.64，表示冷水入口边界的水力直径为 40.64cm。单击 Thermal 选项卡名称切换到 Thermal 选项卡，如图 3-5-6 所示。在 Thermal 选项卡的 Temperature 中填入 299.15，表示冷水入口温度为 299.15K。按照同样方法，设置 inlet-hot 边界，这里不再阐述。inlet-hot 边界速度大小 1m/s，湍流强度 5%，水力直径 10.16cm，热水温度 313.15K。

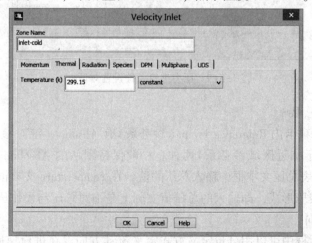

图 3-5-6　Thermal 选项卡

外部边界条件包括通用边界条件——压力进口（Pressure Inlet）、压力出口（Pressure Outlet）；不可压缩流体用边界条件——速度进口（Velocity Inlet）、自由出（Outflow）；可压缩流体用边界条件——质量流量进口（Mass Flow Inlet）、压力远场（Pressure Far Field）；特定边界条件——通风口进口（Inlet Vent）、排风口出口（Outlet Vent）、进口风机（Intake Fan）、出口风机（Exhaust Fan）以及其他边界条件——如壁面（Wall）、对称性（Symmetry）、轴（Axis）、周期性（Periodic）。当然，外部边界条件也可以通过用户自定义函数（UDF）和分布文件定义，前者将在本书第6章进行介绍。

3.5.2.1 压力类边界条件

（1）压力进口边界条件

压力进口边界条件用于定义进口流体的压力，可用于可压缩和不可压缩流动。当进口压力已知而流动速度或流量未知时，可使用压力进口边界条件。压力进口边界条件也可用于定义外部或非受限流动的"自由边界"。在使用压力进口边界条件时需要设置下列参数：①总压；②总温；③流动方向；④静压；⑤用于湍流计算的湍流参数；⑥用 P1 模型、DTRM、DO 模型和"面到面"模型进行计算的辐射参数；⑦用于组分计算的化学组分质量浓度；⑧用于非预混或部分预混燃烧计算的混合物浓度和增量；⑨用于预混或部分预混燃烧计算的过程变量；⑩用于离散相计算的离散相边界条件；⑪多相流边界条件（用于普通多相流计算）。

上述变量均在 Pressure Inlet 对话框中输入。在 Boundary Conditions 面板中选择压力进口边界，然后单击 Set 按钮就可以进入压力进口条件的设置对话框，如图 3-5-7 所示。

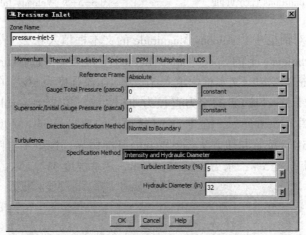

图 3-5-7　压力进口条件设置对话框

① 定义总压和总温

在 Momentum 选项卡内 Reference Frame（参考系）有 Absolute（绝对参考系）和 Relative to Adjacent Zone（相对于临近区域参考系）两种。一般保持默认的 Absolute 即可。选项卡内的 Gauge Total Pressure 表总压文本框中输入总压的值，在 Temperature 文本框中输入温度。这里总压输入仍然采用表压形式，即输入的总压值实际上是绝对总压与操作压力之差。

② 定义流动方向

在压力进口对话框中可以用分量定义方式定义流动方向。在进口速度垂直于边界面时，可以直接将流动方向定义为 Normal to Boundary（垂直于边界）。具体设置过程中既可以用直角坐标形式定义 x、y、z 三个方向的速度分量，也可以用柱坐标形式定义径向、切向和轴向

124

三个方向的速度分量。

③ 定义静压

静压在 FLUENT 中被称为超音速/初始表压(Supersonic/Initial Gauge Pressure)。如果进口流动是超音速，或者准备用压力进口边界条件进行初始化工作，则必须定义静压。当流场为亚音速流场时，ANSYS FLUENT 将忽略 Supersonic/lnitial Gauge Pressure 的输入数据，而用驻点参数求出静压。如果在计算中使用了湍流模型、辐射模型和燃烧模型等物理模型，还需要定义与这些模型相关的参数。

(2) 压力出口边界条件

压力出口边界条件在流场出口边界上定义静压，而静压的值仅在流场为亚音速时使用。如果在出口边界上流场达到超音速，则边界上的压力将从流场内部通过插值得到。其他流场变量均从流场内部通过插值获得。

压力出口边界还需要定义回流(Backflow)条件。回流条件是在压力出口边界上出现回流时使用的边界条件。推荐使用真实流场中的数据作为回流条件，这样计算将更容易收敛。FLUENT 在压力出口边界条件上可以使用径向平衡条件，同时可以给定预期的流量。

压力出口边界条件需要设置的参数如下：①静压；②回流条件，其中包括的参数有能量计算中的总温、回流方向定义方法、湍流计算中的湍流参数、组分计算中的化学组分质量浓度、非预混或部分预混燃烧计算中的混合物浓度和增量、预混或部分预混燃烧计算中的过程变量、多相流计算中的多相流边界条件；③辐射计算中的辐射参数；④离散相计算中的离散相边界条件。

(3) 压力远场边界条件

压力远场条件用于设定无限远处的自由边界条件，主要设置项目为自由流马赫数和静参数条件。压力远场边界条件也被称为特征边界条件，因为这种边界条件使用特征变量定义边界上的流动变量。采用压力远场边界条件时，要求密度用理想气体假设进行计算，为了满足"无限远"的要求，计算边界需要与物体相隔足够远的距离。

在压力远场边界条件中需要设置下列参数：①静压；②马赫数；③温度；④流动方向；⑤湍流计算中的湍流参数；⑥辐射计算中的辐射参数；⑦组分计算中的组分质量浓度；⑧离散相计算中的离散相边界条件。

3.5.2.2　速度进口边界条件

速度进口边界条件用进口处流场速度及相关流动变量作为边界条件。在速度进口边界条件中，流场进口边界的驻点参数是不固定的。为了满足进口处的速度条件，驻点参数将在一定范围内波动。需要注意的是，因为这种条件中允许驻点参数浮动，所以速度进口条件仅适用于不可压流，如果用于可压流，则可能导致出现非物理解。同时还需注意的是，不要让速度进口条件过于靠近进口内侧的固体障碍物，这样会使驻点参数的不均匀程度大大增加。

在速度进口条件中需要设置下列参数：①速度值及方向或速度分量；②二维轴对称问题中的旋转速度；③用于能量计算的温度值；④使用耦合求解器时的出流表压；⑤湍流计算中的湍流参数；⑥采用 P1 模型、DTRM、DO 模型或"面到面"模型时的辐射参数；⑦组分计算中的化学组分质量浓度；⑧非预混模型或部分预混模型燃烧计算中的混合物浓度及增量；⑨预混模型或部分预混模型燃烧计算中的过程变量；⑩离散相计算中离散相的边界条件；⑪多相流计算中的多相流边界条件。

所有数值均在 Velocity Inlet 对话框中输入，如图 3-5-8 所示。在 Boundary Condition 面板中选择定义速度入口的边界，单击 Set 按钮就可以弹出 Velocity Inlet 对话框。

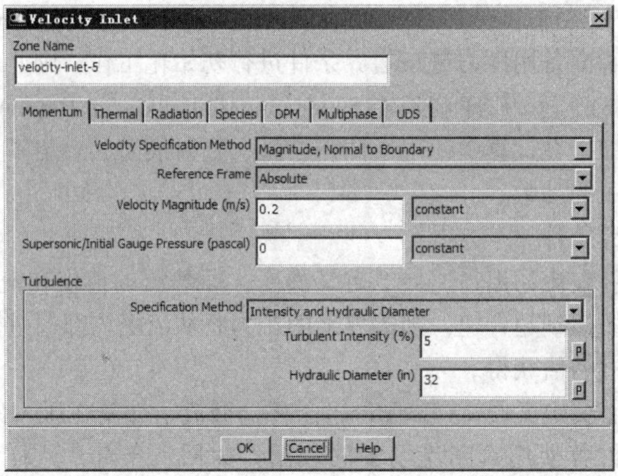

图 3-5-8　Velocity Inlet 速度进口对话框

3.5.2.3　质量流量进口边界条件

在已知流场进口处的流量时，可以通过定义质量流量或者质量通量分布的形式定义边界条件。这样定义的边界条件称为质量流进口边界条件。在质量流量被设定的情况下，总压将随流场内部压力场的变化而变化。如果流场在进口处的主要流动特征是质量流量保持不变，则适合采用质量流进口条件。但是因为流场进口总压的变化将直接影响计算的稳定性，所以在计算中应该尽量避免在流场的主要进口处使用质量流条件。

在不可压流计算中不需要使用质量流进口条件，这是因为不可压流中的密度为常数，采用速度进口条件就可以确定质量流量，所以没有必要再使用质量流进口条件。

在采用质量流进口条件时需要输入下列参数：①质量流量、质量通量或混合面模型计算时的平均质量通量；②总温；③静压；④流动方向；⑤湍流计算中的湍流参数；⑥在使用辐射模型时输入辐射参数；⑦组分计算中的化学组分质量浓度；⑧非预混和部分预混燃烧计算中的混合物浓度与增量；⑨预混或部分预混燃烧计算中的过程变量；⑩离散相模型计算中离散相的边界条件；⑪多相流计算中的多相流边界条件。

3.5.2.4　通风口进口边界条件

通风口进口边界条件通过给定损失系数、流动方向、环境压力和温度定义流场进口处的边界条件。在通风口进口边界条件中需要输入的参数如下：①总压；②总温；③流动方向；④静压；⑤湍流参数；⑥辐射参数；⑦化学组分浓度；⑧混合物浓度和增量；⑨预混或部分预混燃烧计算中的过程变量；⑩离散相计算中的离散相边界条件；⑪多相流计算中的多相流边界条件；⑫损失系数。

3.5.2.5　进口风机边界条件

在流场进口处为进口风机时，可以用压力跃升、流动方向、环境压力和温度等参数的集合作为进口风机的简化模型并作为进口边界条件。进口风机边界条件中需要输入如下参数：①总压；②总温；③流动方向；④静压；⑤湍流计算中的湍流参数；⑥辐射计算中的辐射参数；⑦组分计算中的化学组分的质量浓度；⑧非预混或部分预混燃烧计算中的混合物浓度和增量；⑨预混或部分预混燃烧计算中的过程变量；⑩离散相计算中的离散相边界条件；⑪多相流计算中的多相流边界条件；⑫压力跳跃。

3.5.2.6 出流边界条件

如果在流场求解前流场出口处的流动速度和压力未知，就可以使用出流(Outflow)边界条件。除非计算中包含辐射换热和离散相等问题，在出流边界上不需要定义任何参数，FLUENT会用流场内部变量通过插值得到出流边界上的变量值。需要注意的是，下列情况不适合采用出流边界条件：①如果计算中使用了压力进口条件，则应该同时使用压力出口条件；②流场可压流时；③在非定常计算中，如果密度变化，则不适合使用出流边界条件。只有在确信出口边界的流动与充分发展流动假设的偏离可以忽略不计时，才能使用出流边界条件。

在FLUENT中可以使用多个出流边界条件，并且可以定义每个边界上出流的比率。如果出流边界只有一个或者流量在所有边界上是均匀分配的，则不必修改这项设置，系统会自动将流量权重的值进行调整，以使得流量在各个出口上均匀分布。如果有两个出流边界，而每个边界上流出的流量是总流量的一半，则无须修改默认设置。但是如果两个出流边界流量不同，则需要定义流量权重。

3.5.2.7 对称边界条件

流场及边界形状具有镜像对称性时，可以在计算中设定使用对称(Symmetry)边界条件。这种条件可以用来定义黏性流动中的零剪切力滑移壁面。在对称边界上不需要设定任何边界条件，但是必须正确定义对称边界的位置。

需要注意的是，在轴对称流场的对称轴上应该使用Axis边界条件，而不是对称边界条件。采用对称边界条件可以将计算域缩小，进而降低计算工作量，加快计算速度。

对称面上的所有流动变量的通量为零。由于对称面上的法向速度为零，因此通过对称面的对流通量等于零。对称面上也不存在扩散通量，因此所有流动变量在对称面上的法向梯度也等于零。对称边界条件可以总结为：①对称面上法向速度为零；②对称面上所有变量的法向梯度为零。

综上所述，对称面的含义就是零通量。因为对称面上剪切应力等于零，在黏性计算中对称面条件也可以被称为"滑移"壁面。

3.5.2.8 周期性边界条件

在流场的边界形状和流场结构存在周期性变化特征时，可以采用周期性边界条件。在FLUENT中可以设置两种周期性边界条件：第一种类型的周期性边界条件不允许在周期平面上出现压力降；第二种周期性边界条件则允许在周期边界上出现压力降，从而可以计算充分发展的周期性流动。当流场中的两个相对平面上的流动完全相同时，可以采用周期性边界条件。在不考虑压力降时，周期性边界中只需要设置一个参数，即定义几何边界是旋转周期性边界还是平移周期性边界的参数。旋转周期性边界是绕一个中心线转过一定的角度后出现的周期性边界，平移周期性边界则是平移过流场时出现的周期性边界。

3.5.3 内部边界条件设置

ANSYS FLUENT 的内部边界条件包括风机(Fan)、内部区域(Interior)、多孔突变(Porous Jump)、散热器(Radiator)、壁面(Wall)，下面逐一介绍。

3.5.3.1 风机边界条件

在已知风机几何特征和流动特征的条件下，风机的这些特征可以被参数化以用于计算风机对流场的影响。在风机边界条件中可以设置一条确定风机前后压力头与速度关系的经验曲线，同时可以确定的量还包括风机旋转速度的径向与周向速度分量。风机模型不是绕风机流动的精确模型，但是它可以计算流过风机的流量。风机可以与其他类型的源项共同使用，也可以作为唯一的源项使用。在作为唯一源项时，系统流量的计算是在考虑系统损失和风机曲线的前提下完成的。

风机边界的设置包括定义风机区域、压力跃升、风机的离散项边界条件和旋转速度。

3.5.3.2 散热器边界条件

ANSYS FLUENT 可以计算换热器件(如散热器或冷凝器)的流场。散热器边界条件是将压力降系数和热交换系数作为散热器法向速度的函数定义其数学模型的。在散热器计算中需要定义的设置参数有散热器区域、压力损失系数、热流通量、热交换系数和散热器温度、离散相边界(如果计算中包含离散相问题)、散热器区域、压力损失系数函数和热流通量参数。

3.5.3.3 多孔突变边界条件

在已知一个肋板前后的速度或压力的增量时，可以用多孔突变边界条件对这个肋板进行定义。多孔突变模型比多孔介质模型简单，采用这种模型时的计算过程将更稳健，收敛性更好，更不容易在扰动下发散，因此在计算过滤器、薄肋板等内部边界时应该尽量采用这种边界条件。多孔突变边界条件需要设置的参数有：多孔突变区域、面的渗透率(Face Permeability，即设定 α 的值)、多孔介质的厚度 Δm、压力跃升系数 C_2 和离散相边界条件(如果需要考虑离散相)。

多孔突变模型是对多孔介质模型的一维简化，因此就像多孔介质模型一样，多孔突变模型应用于无厚度的内部面上。

3.5.3.4 壁面边界条件

在黏性流计算中，ANSYS FLUENT 使用无滑移条件作为默认设置。在壁面有平移或转动时，也可以定义一个切向速度分量作为边界条件，或者定义剪切应力作为边界条件。在壁面边界条件中需要设置如下参数：①热交换计算中的热力学边界条件；②移动、转动壁面计算中的壁面运动条件；③滑移壁面中的剪切力条件；④湍流计算中的壁面粗糙度；⑤组分计算中的组分边界条件；⑥表面化学反应计算中的化学反应边界条件；⑦辐射计算中的辐射边界条件；⑧离散相计算中的离散相边界条件；⑨VOF 计算中的多相流边界条件。

§3.6 求解控制的设置

在本章算例中，单击 Solution 下面的 Solution Methods 切换到 Solution Methods 任务页面(图 3-6-1)，在 Spatial Discretization 选项组中的 Momentum、Turbulent Kinetic Energy、Turbulent Dissipation Rate 和 Energy 下拉列表中选择 Second Order Upwind(二阶迎风)格式。

3.6.1 求解方法选取

如图 3-6-1 所示，FLUENT 在 Solution Methods(求解方法)任务页面中完成计算格式的选择。在 Solution 下面单击 Solution Methods，即可弹出该任务页面。

在 Pressure-Velocity Coupling 下的 Scheme 下拉菜单中可以选择压力速度耦合算法。在 Spatial Discretization 空间离散选项组中，可以在使用分离求解器时定义动量、能量、湍流动能等项目，并为这些项目选择一阶迎风格式、二阶迎风格式、指数律格式、QUICK 格式和中心差分格式，也可以在使用耦合求解器时定义湍流动能、湍流耗散率等项，并为这些项选择一阶迎风格式、二阶迎风格式。

在使用分离算法时，可以在 Pressure 压力下拉列表中选择压力插值格式，其中包括标准格式、线性格式、二阶格式、彻体力加权格式和 PRESTO 格式。在计算可压流时，需要在 Density 密度下拉列表中选择密度插值格式，包括一阶迎风、二阶迎风和 QUICK 格式。单击 Default 按钮可以将所有设置恢复为默认设置。

同时，对于瞬态问题，用户可以在 Transient Formulation 中选择空间离散格式。

3.6.2　设置松弛因子

在本章的算例中，可以通过以下方法设置松弛因子：在 Solution 下面单击 Solution Controls 切换到 Solution Controls 任务页面。将 Solution Controls 任务页面中 Under-Relaxation Factors 下的 Energy 的松弛因子设置为 0.8，如图 3-6-2 所示。

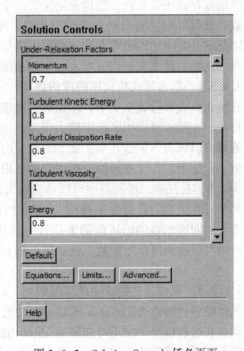

图 3-6-1　Solution Methods 任务页面　　　　图 3-6-2　Solution Controls 任务页面

因为流场控制方程的非线性，FLUENT 在分离求解方法中采用小于 1 的松弛因子控制流场变量的增量，即令经过迭代得到的增量略小于实际计算值。

$$\phi = \phi_{\text{old}} + \alpha \Delta \phi \tag{3-6-1}$$

式中，ϕ 为实际计算结果；ϕ_{old} 为前一步的计算结果；α 为松弛因子；$\Delta \phi$ 为计算中得到的增量。

这就意味着，使用 Pressure-Based 求解器中的 SIMPLE、SIMPLEC 和 PISO 算法解方程

时，包括耦合求解方法所解的非耦合方程(湍流和其他标量)都会有一个相关的松弛因子。

对于大多数流动而言，不需要修改默认的松弛因子。但如果出现不稳定或者发散问题，就需要减小默认的松弛因子，其中压力、动量、k 和 ε 的松弛因子的默认值分别为 0.2、0.5、0.5 和 0.5。对于 SIMPLEC 格式而言，一般不需要减小压力的松弛因子。在密度和温度强烈耦合的问题中，如相当高的瑞利数的自然或混合对流流动，应该对温度或密度(所用的松弛因子小于 1.0)进行欠松弛。相反，当温度和动量方程没有耦合或者耦合较弱时，流动密度是常数，温度的松弛因子可以设为 1.0。其他的标量方程，如旋涡、组分、PDF 变量，对于某些问题而言，默认的松因子弛可能过大，尤其是对于初始计算，这时可以将松弛因子设为 0.8 以使得收敛更容易。

用户可以通过 Solution Controls 任务页面中(图 3-6-2)修改松弛因子。单击 Default 按钮可以恢复默认设置。值得注意的是，如果使用分离求解方法，那么所有的方程都有相关的松弛因子。如果使用耦合求解方法，则只有在非耦合方程中有松弛因子。

3.6.3 设置库朗数

在 FLUENT 的耦合求解方法中，对时间步进格式起主要控制作用的是 Courant 数(CFL)。由于本章算例是稳态问题，因此暂不涉及到库朗数的设置。

库朗数存在由线性稳定性理论定义的一个范围，在这个范围内计算是稳定的。给定一个库朗数，就可以相应地得到一个时间步长。库朗数越大，时间步长越长，计算收敛速度越快，因此在计算中库朗数都在允许的范围内尽量取最大值。耦合隐式和显式求解器的稳定性极限是不同的。显式求解器有更大的限制范围，需要比隐式求解器更小的 Courant 数。

3.6.3.1 耦合显式格式中的库朗数

在显式格式和隐式格式中，库朗数的取值范围差别很大，在显式格式中，库朗数的取值范围很小，在隐式格式中，范围则大很多。

通常可以认为库朗数在小于 2.5 的范围内是稳定的，但由于控制方程的非线性，库朗数的取值一般达不到线性稳定性分析得到的极限值。在耦合算法的显式格式中，系统设定的默认值为 1.0，在某些二维问题中可以适当放大这个值，但不要超过 2.0。

如果计算模型的设定是正确的，并且进行了初始化，但计算中发现残差快速上升的现象，通常说明库朗数的值可能需要降低。另外，在计算的开始阶段，因为初始流场相对粗糙，所以可以适当降低库朗数，比如降低到 0.5~1.0，然后在计算相对稳定后再适当调高库朗数。

3.6.3.2 耦合隐式格式中的库朗数

线性稳定性理论表明 Gauss-Seidel 格式无条件稳定，但是由于控制方程的非线性，实际上库朗数在这种情况下也不可能取为无限大值。在隐式格式中，库朗数的默认值为 5.0，在很多情况下可以将默认值改为 10、20、100，甚至更高，具体数值主要取决于问题的复杂程度。与显式格式一样，在计算开始的时候可以把库朗数设得小一些，而在经过几个迭代步后可以将库朗数调高。

在选择了 Density-Based 隐式求解器时，可以通过 Solution Controls 任务页面来设置 Density-Based 隐式求解器的求解任务页面，如图 3-6-3 所示。

3.6.4 初始化设置

在本章的算例中，单击 Solution 面板中的 Solution Initialization 切换到 Solution Initialization

任务页面，在 Solution Initialization 设直面板内的 Compute from 下拉列表中选择 inlet-cold 选项，如图 3-6-4 所示。这样，FLUENT 便会用 inlet-cold 边界上的值初始化整个流场。单击 Initialize 按钮对计算域变量进行初始化。

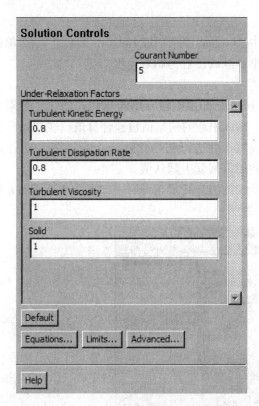

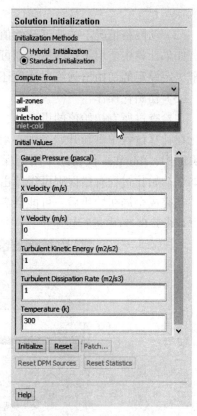

图 3-6-3　隐式求解器的 Solution Controls 任务页面　　　图 3-6-4　Solution Initialization 任务页面

　　在开始进行计算之前，必须为流场设定一个初始值。设定初始值的过程被称为初始化。如果把每步迭代得到的流场解按次序排列成一个数列，则初始值是这个数列中的第一个数，而达到收敛条件的解则是最后一个数。显然如果初始值比较接近最后的收敛解，则会加快计算速度，反之则会增加迭代步数，使计算过程加长，更严重的是，如果初始值设置得不当，那么有可能得不到收敛解。

　　在 FLUENT 中，初始化的方法有以下两种：①全局初始化，即对全部网格单元上的流场变量进行初始值设置；②对流场进行局部修补，即在局部网格上对流场变量进行修改。

　　在进行局部修补之前，应该先进行全局初始化。全局初始化在 Solution Initialization 任务页面(图 3-6-4)中设置，双击 Solve/Initialization 即可弹出这个任务页面。初始化的步骤如下：

　　(1) 设定初始值

　　如果想用某个区域上设定的初始值进行全局初始化，应该先在 Compute from 下拉列表中选择需要定义初始值的区域名。在 Initial Values 选项组中设置各变量的值，则所有流场区域的变量的值都会根据设置的初始值完成初始化过程。

如果用平均值对流场进行初始化，则在 Compute from 下拉列表中选择 all-zones，则 FLUENT 将根据边界上设定的值计算出初始值以完成对流场的初始化。

如果希望对某个变量的值做出改变，那么可以直接在相应的文本框中输入新的变量值。

（2）动网格情况下的速度初始值

如果计算中使用了动网格，则可以通过选中 Absolute 单选项或 Relative to Cell Zone 单选项来决定设定的初始值为绝对速度还是相对速度。默认设置为相对速度。

（3）初始化操作

在检查过所有初始值的设定后，可以单击 Initialization 按钮开始流场的初始化。如果初始化在计算过程中重新开始，则必须用 Initialize 确认用新的初始值覆盖计算值。在初始化任务页面中，Initialize 按钮的作用为保存初始值设置，并进行初始化计算；Reset 按钮的作用为如果初始化过程有错误则可以单击此按钮将初始值恢复为默认值。

在完成全局初始化后，可能会需要对某些变量的值进行局部修补。局部修补在 Patch 对话框（图 3-6-5）中进行设定。

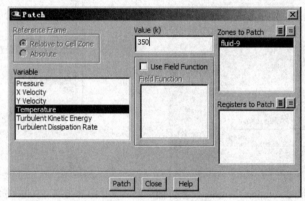

图 3-6-5　Patch 对话框

因为局部修补不影响流场的其他变量，所以也可以在计算过程中用局部修补的方法改变某些变量的值，从而对计算过程进行人工干预。局部修补的步骤如下：

（1）在 Patch 对话框的 Variable 列表中选择需要修补的变量名。

（2）在 Patch 对话框的 Zones to Patch 或 Registers to Patch 中选择需要修补的变量所在的区域。

（3）如果需要将变量的值修补为常数，则直接在文本框中输入变量的值。如采需要用一个预先设定的函数定义变量，则可以复选 Use Field Function 复选框，并在 Field Function 列表中选择合适的场函数。

（4）如果需要修补的变量为速度，则除了要定义速度的大小外，还要定义速度为绝对速度还是相对速度。

（5）单击 Patch 按钮即可更新流场数据。

局部修补通常针对某个流场区域进行，而用标记区进行局部修补则可以对某个流场区域中的一部分网格上的变量值进行修补。标记区可以用网格的物理坐标、网格的体积特征、变量的梯度或其他参数进行标记。在创建了标记区后，就可以对标记区上的初始值进行局部修补。

132

3.6.5 迭代步长与迭代次数设置

在 General 任务页面中的 Solver（图 3-2-3）下方选中 Transient 单选按钮，则启动了非稳态模型。与稳态问题不同的是，非稳态问题需要设置迭代的时间步长及步数。

在 Solution 下单击 Run Calculation 切换到 Run Calculation 任务页面（图 3-6-6）。在 Run Calculation 任务页面中，Time Stepping Method 为时间步长的格式，其下拉列表中有 Fixed 和 Variable 两个选项。其中，Fixed 表示时间步长在计算的过程中是固定的，Variable 则表示时间步长在计算的过程中根据需要自动调整，即为可变的。

Run Calculation 任务页面中的 Time Step Size(s) 为时间步长，用户可根据实际问题设置相应步长。若没有把握，可以在 Time Stepping Method 下拉列表框中选择 Variable 选项，让 FLUENT 在计算的过程中自动调节步长。

Number of Time Steps 为时间步，乘以时间步长则为该问题总的流动计算时间。Max Iterations/Time Step 为每一时间步迭代的最大次数，FLUENT 默认为 20，用户可适当调整，建议调大不调小。

由于本章的算例为稳态问题，因此暂不涉及到迭代步长和迭代次数的设置。

3.6.6 Monitors 控制界面

在本算例中，单击 Solution 下面的 Monitors 切换到 Monitors 任务页面（图 3-6-7）。

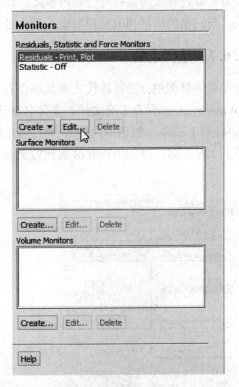

图 3-6-6　Run Calculation 任务页面　　图 3-6-7　Monitors 任务页面

在 Monitors 任务页面中，选中 Residuals，单击 Edit 按钮。弹出 Residual Monitors 对

话框(图3-6-8)。在 Residual Monitors 对话框中，将 Absolute Criterial 下面的数值均改为 1e-6，保持默认设置即可，然后单击 OK 按钮。也就是说，收敛标准均改为 10^{-6}，单击 OK 按钮关闭 Residual Monitors 对话框。在计算过程中，FLUENT 会监视 Monitors 中所有的变量，并在迭代过程中确认其是否满足收敛标准。收敛将在满足变量的收敛标准后实现。

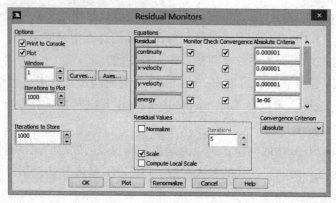

图 3-6-8　Residual Monitors 对话框

需说明的是，对于一般问题的模拟，残差越小越好。但残差曲线是全场求平均的结果，有时其大小并不能完全代表收敛性，有时即使残差并未下降到收敛标准，但计算也可能收敛。关键要看计算结果是否符合物理事实，即是否为物理解。残差的大小与模拟对象的复杂性有关，与网格的质量和疏密程度也有关，必须从实际物理现象上看计算结果。

3.6.7　迭代求解

在本章的算例中，进行迭代之前最好保存一下 cas 文件。操作方法是：执行菜单操作：File→Write→Case，保存工况文件，文件名默认为 elbow.cas。在 Run Calculation 任务页面内的 Number of Iterations 数值框内输入 500，如图 3-6-9 所示。单击 Calculate 按钮开始迭代。当计算到 128 步时，FLUENT 提示达到收敛标准，迭代计算完成后，残差图如图 3-6-10 所示。

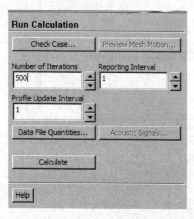

图 3-6-9　Run Calculation 任务页面

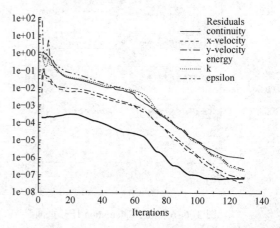

图 3-6-10　计算过程残差

§3.7 求解数据的后处理

3.7.1 图形化与可视化

FLUENT 本身具有很强的后处理功能，可以方便地进行流场区域的显示，观察 CFD 求解的结果，用于定性或定量地分析流场。

3.7.1.1 标量图(云图)

在本算例中，单击 Results 下面的 Graphics and Animations 切换到 Graphics and Animations 任务页面(图 3-7-1)。选择其中 Contours 项，然后单击 Set Up 按钮，弹出 Contours 对话框(图 3-7-2)。复选 Filled 复选框，在 Contours of 下拉列表内选择 Velocity 选项，然后单击 Display 按钮，将出现速度云图(图 3-7-3)。在 Contours of 的下拉列表内选择 Temperature 选项，然后单击 Display 按钮，将出现如图 3-7-4 所示的温度云图。

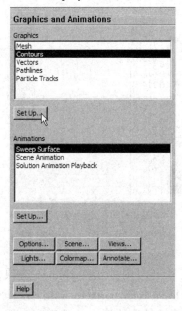

图 3-7-1 Graphics and Animations 面板

图 3-7-2 Contours 对话框

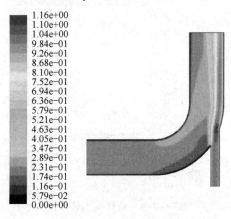

图 3-7-3 速度云图

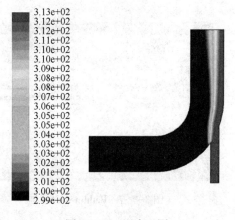

图 3-7-4 温度云图

135

等值线云图是流场显示的一个重要方式。等值线是指选定变量为某一固定值时所对应的线，一系列这样的线就可以组合成等值线云图。

3.7.1.2 矢量图

在本章的算例中，在如图 3-7-1 所示的 Graphics and Animations 任务页面内单击 Vectors 选项，单击 SetUp 按钮，弹出 Vectors 对话框（图 3-7-5）。在 Vectors of 的下拉菜单中选择 Velocity，在 Color by 下面选择 Velocity，并在其下面的下拉菜单中选择 Velocity Magnitude，单击 Display 按钮便显示整个计算域的速度矢量图，如图 3-7-6 所示。

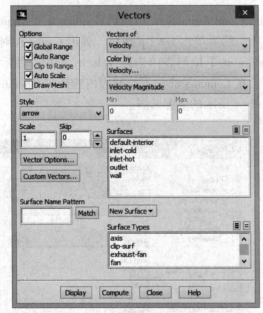
图 3-7-5　Vectors 对话框

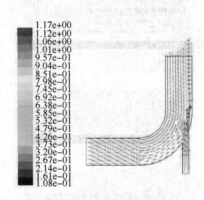
图 3-7-6　速度矢量图

3.7.1.3 迹线图

在如图 3-7-1 所示的 Graphics and Animations 任务页面内单击 Pathlines 选项，单击 SetUp 按钮，弹出 Pathlines 对话框（图 3-7-7）。在 Release from Surfaces 窗格中选择 inlet-cold，单击 Display 按钮便显示从 inlet-cold 边界进入计算域的流体质点迹线图，如图 3-7-8 所示。

图 3-7-7　Pathlines 对话框

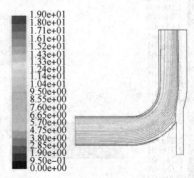
图 3-7-8　流体质点迹线图

轨迹被用来显示求解对象的质量微粒流。粒子是从 Surface 菜单中定义的一个或多个表

136

面释放出来的。

3.7.1.4 坐标图

在本章的算例中，单击 Results 下面的 Plots 切换到 Plots 任务页面，如图 3-7-9 所示。在 Plots 任务页面中选择 XY Plot 选项，然后单击 Set Up…按钮，出现 Solution XY Plot 对话框，如图 3-7-10 所示。在 Solution XY Plot 对话框中。在 Y Axis Function 下拉列表中选择 Temperature 选项，在 Surfaces 列表中选择 outlet 选项，然后单击 Plot 按钮，即可出现出口温度的 XY 点图(图 3-7-11)，其中 X 值为 outlet 的位置，Y 值为该处的温度值。

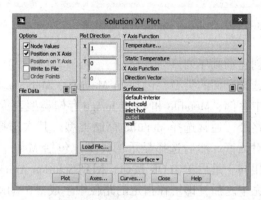

图 3-7-9　Plots 任务页面　　　　图 3-7-10　Solution XY Plot 对话框

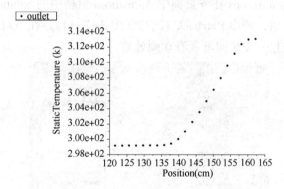

图 3-7-11　出口温度的 XY 点图

3.7.1.5 动画

用户在 FLUENT 软件中可以制作动画，通过把静态的图像转化为动态的图像，可以大大加强结果的演示效果。具体创建步骤如下：

(1) 激活动画序列

单击 Solution 下面的 Calculation Activities 转换到 Calculation Activities 任务页面。单击 Calculation Activities 任务页面中 Solution Animations 下面的 Create/Edit 按钮，出现 Solution Animation 对话框(图 3-7-12)。在 Animation Sequences 数值框中输入数字 2，将激活两个动画序列。When 下拉列表中有两个选项，即 Iteration 和 Time Step，分别表示以迭代次数和时间步为间隔生成动画序列。对于非稳态流动，通常选择 Time Step。单击 Define 按钮，弹出 Animation Sequence 对话框，如图 3-7-13 所示。

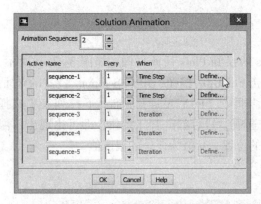
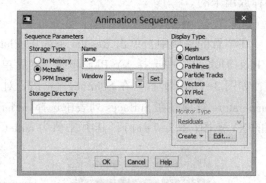

图 3-7-12 Solution Animations 对话框　　　图 3-7-13 Animiation Sequence 对话框

（2）创建动画序列

首先选择存储的类型，包括 In Memory、Metafile 和 PPM Image，In Memory 类型表示直接在内存中存储，Metafile 和 PPM Image 存储类型表示将动画序列保存在硬盘中，因此需要设置存储路径，通常选择 Metafile 存储类型。其次选择对话框号，单击 Set 按钮，定义一个新的显示对话框。然后选择显示的类型，包括 Mesh、Contours 和 Pathlines 等，操作步骤与之前所述相同。最后单击 OK 按钮，回到 Solution Animation 对话框，再次单击 OK 按钮即可。

计算完毕之后，即可在指定的路径中生成一个动画序列。

（3）观看动画

单击 Graphics and Animations 任务页面中 Animations 窗格中的 Solution Animation Playback 以选中，单击 Set Up 按钮，调出 Playback 对话框（图 3-7-14）。在该对话框中设直播放模式和播放速度等，然后单击 ▸ 按钮即可观看动画效果。

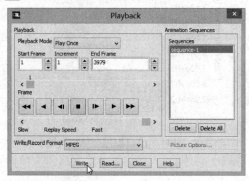

图 3-7-14 Playback 对话框

（4）动画的保存

在 Write/Record Format 下拉列表中选择动画保存格式，包括 Animation Frames、Picture files 和 MPEG。然后单击 Write 按钮即可生成动画。

3.7.2 数据显示与文字报告的产生

在后处理过程中，用户可以利用 FLUENT 提供的工具计算边界上或内部面上各种变量的积分值，如图 3-7-15 所示。可以计算的项目包括边界上的质量流量和热流量、边界上的作用力和力矩、流场变量的平均值和质量平均值，并且可以设置无量纲系数的参考量、计算几

138

何体的投影面积、绘制几何数据和计算数据的柱状图，最后可以打印或者以文件形式保存一个包括模型参数、边界条件和求解参数设置等信息的简要报告。

 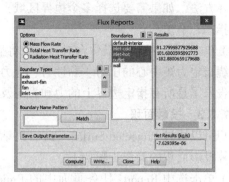

图 3-7-15　Reports 任务页面　　　　　图 3-7-16　Flux Reports 对话框

3.7.2.1　边界通量报告

在所选择的边界区域上可以计算三种不同变量的流量，即质量流量（Mass Flow Rate）、总热流量（Total Heat Tramsfer Rate）和辐射换热量（Radiation Heat Tramsfer Rate）。其中：①边界上的质量流量由边界区域各个网格面上的质量流量相加得到，各个面的质量流量等于密度乘以法向速度再乘以所在平面的投影面积；②边界上总热流量由边界区域各个网格面的热流量相加得到。各个面的热流量等于对流传热与辐射换热之和。热流量的计算与计算中设置的边界条件有关；③边界上的辐射换热量等于边界区域每个网格面上的辐射换热量之和。辐射换热量的计算取决于计算中所使用的辐射模型。

生成边界通量报告的步骤如下：

（1）单击 Reports 任务页面中的 Fluxes，单击 SetUp 按钮弹出 Flux Reports 对话框（图 3-7-16）。从 Options 中选择计算变量，包括质量流量 Mass Flow Rate、总热流量 Total Heat Transfer Rate 和辐射换热量 Radiation Heat Transfer Rate。

（2）在 Boundaries 边界列表中选择目标边界。如果想生成所有相同类型的边界区域的流量报告，可以在 Boundary Types 边界类型列表中选择某个类型来集中选择某类型下的所有边界。这样，所有与选定的类型相同的边界区域都将在 Boundaries 边界列表中自动被选择。

（3）单击 Compute 按钮，Results 列表框中将显示所选择的边界区域的流量计算结果，并且在 Results 列表框下面的 Net Result 中显示参与计算的所有区域流量的和。

3.7.2.2　受力报告

在 FLUENT 中可以计算和报告指定方向上的作用力以及以指定点为参考点的力矩。该功能可以用来计算升力系数、阻力系数和力矩系数等空气动力学系数。生成受力报告的具体步骤如下：

（1）单击 Reports 任务页面中的 Forces，单击 SetUp 按钮弹出 Force Reports 对话框（图 3-7-17）。在 Options 选项组中选择 Forces 作用力或 Moments 力矩来设定计算内容。

（2）若选择生成作用力报告，则需要在 Force Vector（作用力矢量）中指定作用力方向的 x、y 和 z 分量。若选择

图 3-7-17　Force Reports 对话框

生成力矩报告，则需要在 Moment Center 力矩中心中指定力矩中心的 x、y 和 z 坐标。

（3）在 Wall Zones 边界区域列表中选择需要计算力和力矩的边界。类似于边界流量报告中的选择方法，如果需要选择多个边界区域，可以通过 Wall Name Pattern 边界名称样式选项组来选择。

（4）单击 Print 按钮。操作台对话框中将显示对于已选择的边界沿着指定方向的作用力矢量或绕指定力矩中心的压力、黏性力、合力或力矩，以及压力、黏性力、合力或力矩的系数。报告末尾是所有指定边界上的力和力矩及与它们相关的系数。

3.7.2.3 投影面积

用户可以通过 Projected Surface Areas 对话框计算指定的面沿 x、y 或 z 轴方向的投影面积。计算投影面积的操作步骤如下：

（1）单击选中 Reports 任务页面中的 Projected Areas 后，单击 SetUp 按钮弹出 Projected Surface Areas 对话框（图 3-7-18）。首先选择 Projection Direction 投影方向（x、y 或 z）。

（2）在 Surfaces 表面列表中选择准备计算其投影面积的面。

（3）设置 Min Feature Size 最小特征尺寸，用来指定面中最小的几何形的长度。如果用户不能确定最小的几何特征的尺寸，那么可以使用软件中设定的默认值。

（4）单击 Compute 按钮，面积值将出现在 Area 框和控制台对话框中。

3.7.2.4 表面积分

单击选中 Reports 任务页面中的 Surface Integrals，然后单击 SetUp 按钮弹出 Surface Integrals 对话框（图 3-7-19）。

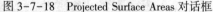
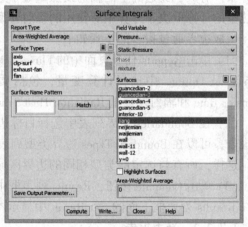

图 3-7-18　Projected Surface Areas 对话框　　　图 3-7-19　Surface Integrals 对话框

在 Surface Integrals 对话框中，可以获得一份含有表面面积、质量流量、变量积分、变量流量、加法和、面最大值、面最小值、节点最大值、节点最小值或质量加权平均、面积加权平均、单元面平均和顶点平均等变量的平均值等数据在内的计算报告。生成计算报告的步骤如下：

（1）在 Report Type 报告类型下拉列表中选择 Area（面积）、Integral（积分）、Area-Weighted Average（面积加权平均）、Flow Rate（流量）、MassFlow Rate（质量流量）、Mass-Weighted Average（质量加权平均）、Sum（求和）、Facet Average（单元面平均）、Facet Minimum（单元面最小值）、Facet Maximum（单元面最大值）、Vertex Average（节点平均值）、

Vertex Minimum(节点最小值)或 Vertex Maximum(节点最大值)等准备计算的参数。

（2）如果需要计算的是面积或质量流量报告，则忽略此步，直接进入下一步。否则在 Field Variable(场变量)下拉列表中选择用户在表面积分中准备使用的场变量。首先在上面的下拉列表中选择变量的种类，然后在下面的下拉列表中确定最终计算的变量。

（3）在 Surfaces 面列表中选择表面积分所使用的面。如果准备选择几个类型相同的面，那么可以通过在 Surface Types 面类型列表中选择面类型来实现，所有属于被选定类型的面将被自动选择。如果某个面已经被选择，则该操作将取消对它的选择。

（4）单击 Compute 按钮。根据用户选择的不同，结果显示栏上方的名称将显示为 Area（面积）、Integral（积分）、Area-Weighted Average(面积加权平均)、Flow Rate（流量）、Mass Flow Rate(质量流量)、Mass-Weighted Average(质量加权平均)、Sum（求和）、Facet Average（单元面平均）、Facet Minimum（单元面最小值）、Facet Maximum（单元面最大值）、Vertex Average(节点平均值)、Vertex Minimum(节点最小值)或 Vertex Maximum(节点最大值)等。

3.7.2.5 体积分

用户可以计算某个区域的体积，并可以计算该区域上某个场变量的加法和、体积积分、体积加权平均、质量积分和质量加权积分等指标。

单击选中 Reports 任务页面中的 Volume Integrals，然后单击 SetUp 按钮弹出 Volume Integrals 对话框（图3-7-20）。

生成体积分报告的步骤如下：

（1）如图 3-7-20 所示，选择报告类型（Report Type），如 Volume（体积）、Sum（求和）、Volume Integral(体积积分)、Volume-Average(体积平均)、Mass Integral（质量积分）或者 Mass-Average(质量平均)等。

图 3-7-20 Volume Integrals 对话框界面

（2）如果只希望计算区域的体积，则忽略此步，直接进入下一步，否则在 Field Variable 场变量下拉列表中选择参与计算的场变量。首先，在上面的下拉列表中选择场变量的种类，然后从下面的下拉列表中确定最后计算的变量。

（3）在 Cell Zones 网格区域列表中选择将要进行计算的区域。

（4）单击 Compute 按钮。根据用户选择的不同，结果显示栏上面的名称将自动调整为 Total Volume（总体积）、Sum（求和）、Total Volume Integral(总体积积分)、Volume-Weighted Average(体积加权平均)、Total Mass-Weighted Integral(总质量加权平均)或 Mass-Weighted Average(质量加权平均)等。

3.7.3 参考值的设定

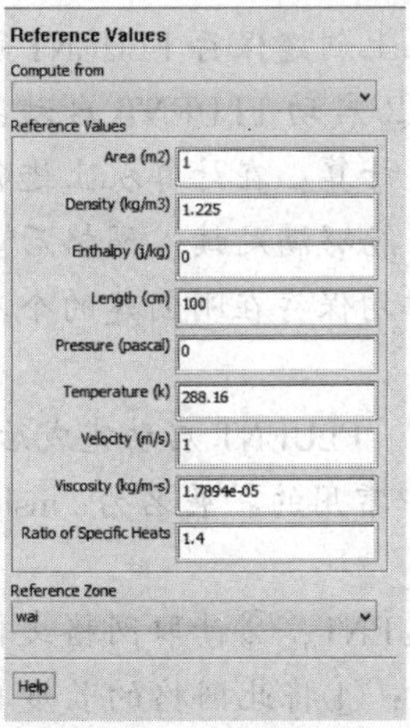

用户可以控制参考值的设定，这些参考值用于导出物理量和无因次系数的计算，并且仅用于后处理过程。

参考值的设定在 Reference Values 任务页面中进行。单击导航栏 Problem Setup 下面的 Reference Values 切换到 Reference Values 任务页面（图3-7-21）。启动该面板是为了进行 Report 下的 refer-

图 3-7-21 Reference Values 任务页面

ence values 操作。

（1）输入参考值或者以边界上的物理量为基准计算参考值。可以被设定的参考值有 Area（面积）、Density（密度）、Enthalpy（焓）、Length（特征长度）、Pressure（压力）、Temperature（温度）、Velocity（速度）和 Ratio of Specific Heats（比热比）等。对于二维问题，还可以定义 Depth（深度）。这个仅用于计算通量和作用力，其单位是单独设定的，与 Set Units 单位任务页面中设置的长度单位无关。如果用户想根据某个边界条件计算参考值，需要在 Compute from 下拉列表中选择该边界区域的名称。需要注意的是，这种获得参考值的方法仅能用于部分参考值的设置。在使用人工方式设定参考值时，用户只要简单地在 Reference Values（参考值）选项组中的文本栏中输入每个值即可。

（2）如果计算模型中使用了多个参考坐标系或者在计算中使用了滑移网格，则可以画出相对于指定参考区域的速度和其他相关量。在 Reference Zone 参考区域下拉列表中选择期望的区域，改变参考区域可以使用户获得不同区域的速度值（还有总压和温度等）。

【本章复习思考与练习题】

1. 简要说明应用 ANSYS FLUENT 软件进行数值模拟时的大致步骤，并简要说明应用 ANSYS FLUENT 软件模拟流体流动与传热时主要有哪些步骤？

2. ANSYS FLUENT 软件中有哪些湍流模型？它们之间有何区别，分别应用于什么场合？总结黏性模型中 k-epsilon、k-omega、Spalart-Allmaras、Reynolds Stress 模型的异同，并比较其应用场合。

3. ANSYS FLUENT 软件有哪些多相流模型？分别应用于哪些场合？

4. ANSYS FLUENT 软件有哪些常用的边界条件？以其中的一两种为例，简要说明其设置方法。

5. 在应用 ANSYS FLUENT 软件进行模拟计算时，简要说明如何设置一个监控窗口、如何设置动画；并简要说明在 ANSYS FLUENT 软件的后处理中 XYplot 的实现过程？参考值如何进行设置？

6. 实战进阶综合训练，请读者自主逐步完成以下工作。相信做到最后一个操作题目时，读者会发现自己已经完成了一个简单的二维气液两相流动传热的算例模拟。

（1）在安装有 ANSYS 14 的计算机上完成以下操作：①在计算机上创建保存 FLUENT 计算结果的文件夹，例如，在 D 盘上创建名为 my_ fluent 文件夹；②启动 FLUENT 启动器（FLUENT Launcher）；③使用 FLUENT 启动器设置 FLUENT 进行以下计算：在计算机上进行二维、单精度的单处理器核心计算，要求启动 FLUENT 后，FLUENT 能够满足读入网格后能够立即显示网格和嵌入式窗格显两点要求。计算用的 cas 和 data 文件均保存在刚创建的个人文件夹（例如"D：\ my_ fluent"）。

（2）在完成上述工作的基础上通过 FLUENT 启动器启动 FLUENT。FLUENT 启动完成后，指出组成 FLUENT 窗口界面的各个部分名称；并简述 FLUENT 计算中常用的扩展名为 .msh、.cas 和 .dat 文件中所包含的内容。

（3）在安装有 ANSYS 14 的计算机上完成以下操作：①启动 FLUENT；②读取网格文件 elbow.msh；③进行网格检查，在进行网格检查时注意观察检查结果；④将此网格的长度单位更改为 mm，并将 FLUENT 长度显示单位也更改为 mm；⑤通过检查网格，分别指出此网格的表面数、单元数、节点数和分区信息。

（4）在完成上述工作的基础上，设置 FLUENT 进行基于压力的非稳态平面流动，并考虑重力的影响，重力方向为 y 轴负方向；比较 FLUENT 设置中基于密度求解器和基于压力求解器应用场合的不同，并比较 FLUENT 设置中稳态求解器和瞬态求解器的异同。

（5）在完成上述工作的基础上进行以下操作：①需要计算弯道中冷热流体间的对流换热情况，请选择所用到的模型；②选用湍流模型为 k-epsilon 模型；③流体中涉及到液相和气相，其中主管入口为温度较低的液态水，侧面小管入口为温度较高的空气。要求模拟出两相流动和传热情况，并计算出液气界面，请选择所涉及到的模型。

（6）试在 FLUENT 材料库中创建密度为 1003kg/m³、定压比热容为 4200J/（kg·K）、导热系数为 0.667W/（m·K）、黏度为 0.0008kg/（m·s）的液态水。

（7）在完成上述工作的基础上进行以下操作：①将所创建的液态水加入本题算例；②确保气态空气 air 仍在本题算例的材料库中。

（8）在完成上述工作的基础上进行以下操作：①将主相选为液态水，并更名为 water；②将第二相选为空气，并更名为 air；③检查 mixture、water 和 air 的区域条件。

（9）在完成上述工作的基础上进行如下边界条件的设置：①inlet-cold 边界为速度入口边界，要求入口流速为 0.2m/s，入口处均为液态水；湍流强度为 5%，入口水温为 27℃；②inlet-hot 边界也为速度入口边界，要求入口流速为 1m/s，入口处均为热空气，湍流强度为 5%，入口空气温度为 80℃。

（10）在完成上题的基础上完成以下初始条件的设置：初始时刻管道为全部为水，其温度为 27℃，各处流速为 0。并根据上述条件从流动开始后每隔 5s 记录 5 次气液两相相界面分布和温度场、压力场和流速场分布图。

第4章 流动传热工程问题的数值模拟案例

§4.1 孔板流量计的数值模拟

孔板流量计因其结构简单、耐用而成为目前国际上标准化程度最高、应用最为广泛的一种流量计。本节将学习如何应用 FLUENT 软件来模拟孔板流量计的内部流场，并将数值模拟计算出的流出系数与根据 ISO 公式计算得到的流出系数进行了分析对比，验证数值模拟的正确性。

4.1.1 问题描述

标准孔板流量计有 D 和 $D/2$ 取压、角接取压和法兰取压等多种方式，其中 D 和 $D/2$ 取压法的结构如图 4-1-1 所示。

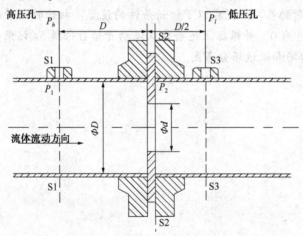

图 4-1-1 D 和 $D/2$ 取压标准孔板流量计的结构示意图

对于不可压缩流体的水平管流动，在忽略沿程摩擦阻力损失的情况下，根据流体流动的伯努利方程(能量守恒)和连续性原理，管道中流体的理论体积流量 Q_v 的计算如式(4-1-1)所示，

$$Q_v = \frac{1}{\sqrt{1-\beta^4}} \cdot \frac{\pi d^2}{4} \cdot \sqrt{\frac{2\Delta p'}{\rho}} \qquad (4\text{-}1\text{-}1)$$

式中，β 为孔板流量计的直径比，$\beta = \dfrac{d}{D}$，d、D 分别为孔板孔径和上游管道内径；$\Delta p'$ 为截面 S1-S1、S2-S2 上流体平均压力 P_1、P_2 之差；ρ 为管道内流体的密度。

实际上，对于不可压缩流体，下游取压口并非设置在截顶 S2-S2 处，而是在与 S2-S2 有一定距离的截面 S3-S3 处。考虑到在截面 S1-S1、S3-S3 上测取的平均流体压力差 ΔP 一定大于 $\Delta P'$，故定义流出系数 C 来修正上述公式，流体的实际体积流量值 q_v 的计算如式

(4-1-2)所示，

$$q_{\mathrm{v}} = C \cdot Q_{\mathrm{v}} = \frac{C}{\sqrt{1-\beta^4}} \cdot \frac{\pi d^2}{4} \cdot \sqrt{\frac{2\Delta P'}{\rho}} \tag{4-1-2}$$

一般在出厂前通过建立的试验装置实测标定出孔板流量计的流出系数 C；在工程实际应用过程中，只需通过测定实际的 ΔP 值，将 C、ΔP 代入式(4-1-2)，即可得到所关心的实际体积流量 q_{v}。对于不可压缩流体，当采用标准孔板结构时，也可不用实测标定，而使用国际标准化组织(ISO)的里德-哈利斯/加拉赫公式确定流出系数 C，该公式是基于大量实测实验而回归出的一个经验公式[18]。

在已知 q_{v} 的前提下，可以通过 CFD 数值模拟方法获得孔板前 D 和孔板后 $D/2$ 截面上的压力差 ΔP，然后将 q_{v}、ΔP 代入式(4-1-2)，求出由数值模拟方法获得的流出系数 C'。下面将详细介绍运用 FLUENT 软件的二维轴对称模型来模拟标准孔板流量计内部场的步骤。

4.1.2 运用 GAMBIT 建模

4.1.2.1 建立几何模型

在本实例中，取上游管段和下游管段的直径 D 为 100mm，孔板上游管段的长度取 20D，即 2000mm；下游管段的长度取 10D，即 1000mm；孔板厚度取 3mm；β 取 0.5，即孔板的孔直径取 50mm。由于采用二维轴对称模型对其进行模拟，因此在几何建模时，只需取装置轴截面的一半即可。在建模时采用先确定点、然后将点连成线，最后将相应的线段构成面的最基本的几何建模方法，所有的尺寸先按 mm 为单位创建，具体步骤如下：

(1) 创建半轴对称面上径向的三个特征点

打开 GAMBIT 软件，点击右侧 Operation 下方的 ▣ 按钮(启动之初，这个按钮是默认的)；然后点击 Geometry 栏下方创建点的按钮 ▣，将弹出创建点的对话框，分别将三个点的坐标(0，0，0)、(0，25，0)和(0，50，0)输入创建点的对话框中，并点击 Apply 按钮，创建这三个点，如图 4-1-2 所示。

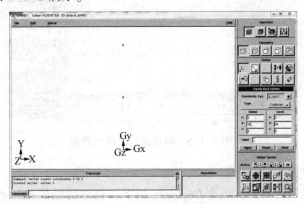

图 4-1-2　创建的三个特征点

(2) 复制点

点击 Vertex 下方的点复制按钮 ▣，将弹出 Move/Copy Vertices 对话框，如图 4-1-3 所示。选中刚刚创建的三个点，在 x 的坐标中填入 2000，y 和 z 的坐标为 0，点击 Apply 按钮，将在 x 的坐标为 2000mm 处(孔板左端面)复制这三个点。按相同的步骤，在 x 的坐标中分别再键入 2003(孔板右端面)，3003(下游出口处)，再复制两次，模型所需的所有点将创建完毕，如图 4-1-4 所示。

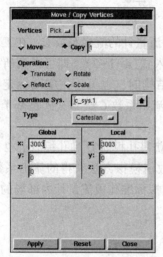

图 4-1-3　移动/复制点对话框　　　　　图 4-1-4　所有的点创建完毕后的情况

（3）将点连成线

将刚刚创建的点依次连成线段，点击 Geometry 栏下方创建线段的按钮，将上述创建的所有点按最近的点连成线段，但孔板所在的壁面位置的两个点不连接，如图 4-1-5 所示。

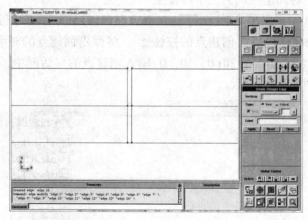

图 4-1-5　将点连成线段的界面

（4）将线段构成面

将刚刚创建的线段构成面，点击 Geometry 栏下方创建线段的按钮，将上述创建的线段，按构成最小四边形的原则构成面，构成面以后，除了面的默认颜色将变成蓝色外，其他与图 4-1-5 类似。至此，几何模型已建立完毕。

4.1.2.2　划分网格

点击 Operation 下方的 按钮，在 Operation 下方将出现一排 Mesh 按钮。网格的相对疏密一般根据物理量变化的剧烈程度来确定。在本实例中，孔板附近以及径向的速度变化较大，应将网格划分得密一些；壁面附近的速度变化也比较剧烈，通常用边界层来

146

划分。为了便于描述，作了如图 4-1-6 所示的孔板附近局部放大图。基于上述原则，网格划分的操作步骤如下。

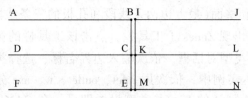

图 4-1-6　孔板附近区域局部放大图

（1）孔板厚度方向网格的划分

孔板厚度只有 3mm，相对于总体长度 3003mm 而言，该部分尺寸很小，在划分网格的时候，将从尺寸最小的地方进行总体考虑，在本实例中，孔板厚度方向（图 4-1-6 中的 CK 和 EM）上按 8 等分进行划分，其网格间距为 $3/108 = 0.375$mm。

（2）壁面边界层

即图 4-1-6 中的 AB 和 IJ，以第一层的厚度为 0.375mm，边界层的增长因子为 1.1 倍，共作 10 层。第 10 层的间距为 $0.375 \times 1.1^{10} \approx 0.973$mm。

（3）孔板径向边界层

即图 4-1-6 中的 CD 和 KL，由于孔板的影响，该部分的流动参数的变化非常剧烈，向两边做边界层。径向所有其它未被边界层划分的区域按 1mm 的间距等分。

（4）孔板轴向边界层

即图 4-1-6 中的 BC、CE、IK 和 KM，分别向上游和下游做边界层，第 21 层的间距为 $0.375 \times 1.1^{21} \approx 2.775$mm。轴向其余未被边界层划分的区域按 3mm 的间距等分。

（5）面网格的划分

按上述方法将各边进行边界层处理后，点击 Operation 下方的 ▦ 按钮，在 Mesh 点击第三个 ▢ 按钮，即对平面进行网格划分。选中所有的面，按默认的 Map 方式对所有的面划分网格，最终所得网格划分情况如图 4-1-7 所示。网格划分完毕后，将原先所做的边界层删除。边界层的删除不影响按照这个边界层作出的网格。

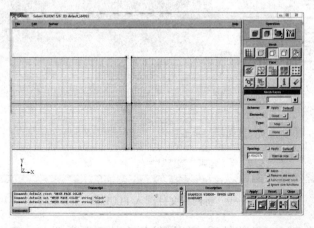

图 4-1-7　标准孔板流量计的网格图（孔板附近局部放大）

4.1.2.3 边界条件的设定

本实例有四个边界条件：分别是进口(最左端两条线段)、出口(最右端两条线段)、轴(最下边的三条线段)和壁面(最上边两条线段和孔板的三条线段)。点击 Operation 工具栏的第三个按钮 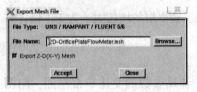，将出现 Zones 子工具栏，点击该工具栏的第一个按钮，出现 Specify Boundary Types 制定边界类型对话框，依次输入边界名称、选择类型、选择对应的边然后点 Apply 按钮即可。在本实例中，依次用 inlet、outlet、w、axe 分别代表进口、出口、壁面和轴四个边界，全部按默认的 WALL 类型设置即可。在 GAMBIT 中所设置的边界类型均可在 FLUENT 软件中根据实际边界情况进行改变，关键是要在 GAMBIT 中设定出相应边界。

4.1.2.4 建模数据文件的保存与网格文件的输出

(1) 建模文件的保存

点击菜单 File→Save as，在弹出的对话框中输入文件名称，如 2D-orificePlateFlowMeter。保存后的建模数据文件在以后还可读入 GAMBIT 软件进行修改。

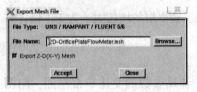

图 4-1-8 网格文件输出对话框

(2) 网格文件的输出

点击菜单 File→Export→Mesh，弹出对话框如图 4-1-8 所示。需要注意本实例是二维模型，必须选择 Export 2-D(X-Y)Mesh 选项。

需要注意本实例是二维模型，必须选择 Export 2-D(X-Y)Mesh 选项。

4.1.3 FLUENT 模拟

启动 FLUENT 14.0 软件，选择 2D，并选择 Double Precision，进入 FLUENT 软件界面。点击菜单 File→Read→Mesh…，出现一个文件选择对话框，将建立的 2D-OrificePlateFlowMeter.msh 网格文件读入 FLUENT 软件中。如图 4-1-9 所示。

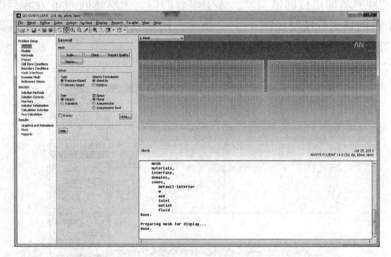

图 4-1-9　将网格文件读入 FLUENT 14.0 软件

将网格文件读入 FLUENT 软件后，按导航栏中的问题设置(Problem Setup)、求解设置(Solution)和结果分析(Results)三部分逐项进行设置。

4.1.3.1　问题设置(Problem Setup)

（1）General 任务页面

启动 FLUENT 软件后，General 任务页面为 FLUENT 软件默认显示的任务页面。在应用 GAMBIT 建模时默认的单位是 m，因此将模型读入 FLUENT 软件以后，首先要将其转变成实际大小，点击 General 任务页面中的 Scale… 按钮，弹出 Scale Mesh 对话框，如图 4-1-10 所示。在 Mesh Was Created In 下方的下拉菜单中，选择 mm，点击 Scale 按钮，FLUENT 软件将把原来以 mm 为单位建立的模型转化为国际单位 m，模型的 x，y 和 z 三个方向均缩小 1000 倍。

在 General 任务页面中 Solver(求解器)设置框内有三个 2D Space 的单选项，本实例的模拟将采用轴对称模型，故选中 Axisysmetric 轴对称模型。

（2）Models 任务页面

双击导航栏 Problem Setup 下方第二项 Models，FLUENT 软件的任务页面将转到 Models 任务页面。在本任务页面中，本实例只需设置流体的黏性模型。双击 Viscous 将弹出 Viscous Model 黏性模型设置对话框，如图 4-1-11 所示。在对话框左上角的 Model 下方有多种模型可供选择。本实例选择 $k-\varepsilon$ 湍流模型，Near-Wall Treatment(近壁面处理函数)选择 Enhanced Wall Treatment，其他选项保持默认值。

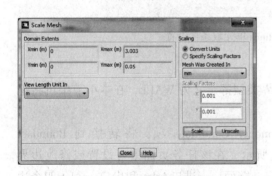

图 4-1-10　改变模型长度单位

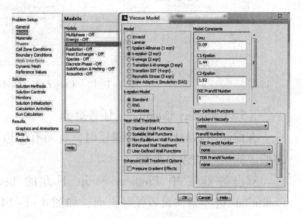

图 4-1-11　Model 任务页面

（3）Material 任务页面

双击导航栏中 Problem Setup 下方的 Materials 项，将转换到 Materials 任务页面。选中任务页面中的 Fluid 然后点击 Create/Edit… 按钮，或直接双击 Fluid，将出现 Create/Edit Material 对话框。点击对话框中右侧的 FLUENT Database… 按钮，将弹出 FLUENT Database 对话框，选择其中的 water-liquid。为后面计算方便起见，可对选中流体的物性参数进行修改。在本实例中，为方便后面雷诺数的计算和数据处理，将水的密度由 998.2 改为 1000、动力黏度由 0.001003 改为 0.001，如图 4-1-12 所示。

（4）Cell Zone Conditions 任务页面

双击导航栏中 Problem Setup 下方的 Cell Zone Conditions 项，将转换到 Cell Zone Conditions 任务页面。针对本问题，该选项只需要设置流体种类即可，将上面重新设置物性

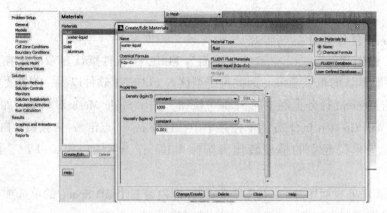

图 4-1-12 流动介质物性参数的定义

参数的 Water-liquid 选入即可，如图 4-1-13 所示。

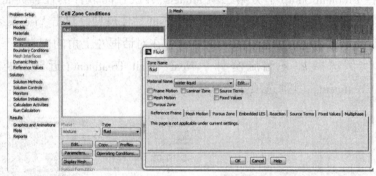

图 4-1-13 Cell Zone Conditions 单元域条件设置

（5）Boundary Conditions 任务页面

在前面用 GAMBIT 软件建模时，将所有的边界类型都定义为 WALL，在本小节中可将把它们改成实际的边界类型。

双击导航栏中 Problem Setup 下方的 Boundary Conditions 项，将转换到 Boundary Conditions 边界条件设置任务页面，如图 4-1-14 所示。在该任务页面中可设置或修改边界条件。本实例在 GAMBIT 中分别定义了对称轴 axe、壁面 w、进口 inlet 和出口 oultlet 四个边界条件，下面将介绍如何对它们进行设置。

① 轴（axe）的设置

在 Zone 下方选择 axe，在 Type 的下拉菜单中选择 axis。

② 进口 inlet 边界条件的设置

在 Zone 下方选择 inlet，在 Type 的下拉菜单中选择 velocity-inlet，FLUENT 将自动弹出速度入口边界条件设置对话框，在本实例中，将模拟流量 $q_v = 0.5\text{m}^3/\text{h}$ 的情况，可计算出其入口速度为

图 4-1-14 边界条件设置界面

$$V = \frac{q_v}{3600 \times \frac{\pi d^2}{4}} = \frac{4 \times 0.5}{3600 \times \pi \times 0.1^2} = 0.0176839\text{m/s}$$

150

具体设置情况如图4-1-15所示。

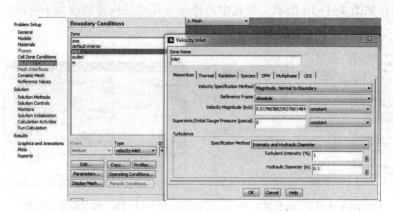

图4-1-15　速度入口边界条件的设置

③ 壁面 w 和出口 outlet 边界条件的设置

在 Zone 下方选择 outlet，在 Type 的下拉菜单中选择 outflow，将其修改为 outflow 边界条件。壁面 w 由于其本身就是 WALL，无需进行设置。

至此，本实例关于 Problem Setup 设置部分已经全部完成。

4.1.3.2　Solution 求解设置

（1）Solution Methods 任务页面

双击导航栏中 Solution 下方的 Solution Methods 项，将转换到 Solution Methods 任务页面。在本任务页面中可以对求解方法进行设置，针对本实例，压力速度耦合选用 SIMPLEC 格式，空间离散格式中，压力选用 Standard 格式，其他物理量将采用 QUICK 格式，具体设置情况如图4-1-16所示。

（2）Solution Controls 任务页面

双击导航栏中 Solution 下方的 Solution Controls 项，将转换到 Solution Controls 任务页面。除将 Turbulent Viscosity 的欠松弛因子由默认值 1 改为 0.8，其他各项保持默认值，如图4-1-17所示。

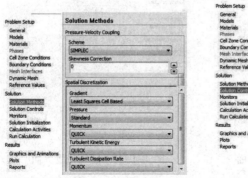 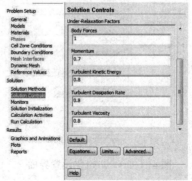

图4-1-16　求解方法设置　　　　　图4-1-17　求解方法设置

（3）Monitors 监控设置

双击导航栏中 Solution 下方的 Monitors 项，将转换到 Monitors 任务页面，如图4-1-18所示。选中任务页面中的 Residuals-Print, Plot, 点击下方的 Edit…按钮, 或直接双击该选项, 将弹出对话框, 如图 4-1-19 所示, 将其中的连续方程项的残差值改为 1e-10。

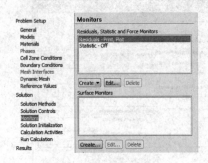

图 4-1-18　残差设置　　　　　　　图 4-1-19　残差监控对话框

(4) Solution Initialization 任务页面

双击导航栏中 Solution 下方的 Solution Initialization 项, 将转换到 Solution Initialization 任务页面, 如图 4-1-20 所示。点击 Standard Initialization 单选按钮, 在 Compute from 所在的下拉菜单中选择 inlet, 然后点击 Initialize 按钮进行初始化。

(5) Run Calculation 任务页面

双击导航栏中 Solution 下方的 Run Calculation 项, 将转换到 Run Calculation 任务页面, 如图 4-1-21 所示, 在迭代次数 Number of Iterations 中, 输入一个较大的数值, 当满足你设定的残差后程序将自动终止迭代, 而在报告间隔(Reporting Interval)中, 则需要根据具体情况输入, 输入 10。

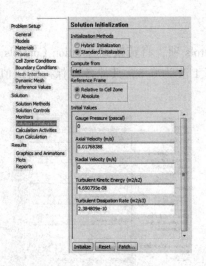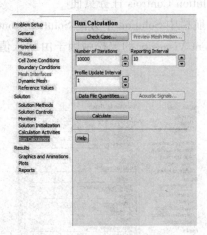

图 4-1-20　初始化设置界面　　　　　图 4-1-21　运算设置界面

设置完成后, 点击 Calculate 按钮, 将开始计算, 迭代 2000 步后, 最小残差已经小于 10^{-6}, 基本达到了收敛, 计算完成, 如图 4-1-22 所示, 下面进行后处理。

4.1.4 结果分析

4.1.4.1 创建截面

本实例主要是要获取孔板上游 D 和下游 $D/2$ 两处的压差，进而计算这两个截面相应的压差，因此，需要创建出这两个位置所在的截面。

点击菜单 Surface→Iso-Surface…，将弹出创建截面对话框，如图 4-1-23 所示。在 Surface of Constant 下方的下拉菜单中，选择 Mesh…，X-Coordinate 是 Mesh…项的默认值，点击 Compute 按钮，对话框中将显示出改变量的最小值和最大值。在 Iso-Values 编辑框中分别输入 1.9 和 2.053(孔板上下游测压位置)，在 New Surface Name 下方键入截面的名称，如 "x=1.9m"、"x=2.053m"，点击 Create 按钮，将创建出这两个平面。

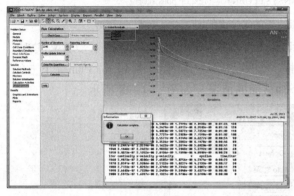

图 4-1-22　程序计算收敛后界面

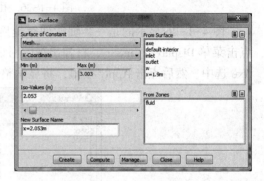

图 4-1-23　创建面对话框

4.1.4.2 显示速度场

（1）显示等速度线图

双击导航栏中 Results 下方的 Graphics and Animations 进入其任务页面，如图 4-1-24 所示。双击该任务页面中 Graphics 下方的 Contours，将弹出图 4-1-25 所示的 Contours 对话框。在 Contours of 下方的下拉菜单中，选择 Velocity…、Velocity Magnitude，点击 Display 按钮，将显示整个流场的等速度线图。图 4-1-26 所示为其在孔板附近区域放大后的等速度线图。

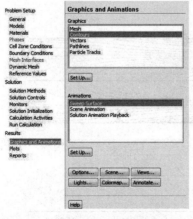

图 4-1-24　显示标量场选项

图 4-1-25　标量分布设置对话框

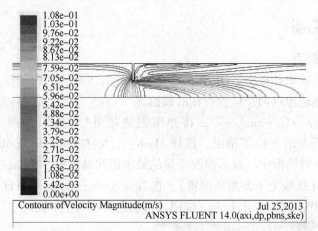

图 4-1-26　孔板附近的等速度线图

　　图 4-1-26 显示的是一半轴截面等速度线图，如要显示整个轴截面可按下步骤来实现。点击菜单 Display→View…，将弹出视图对话框，如图 4-1-27 所示。将 Mirror Planes 下方的 Axe 选中，然后点击 Apply 按钮，将显示整个轴截面的情况，如图 4-1-28 所示。

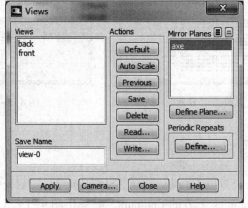

图 4-1-27　视图对话框设置

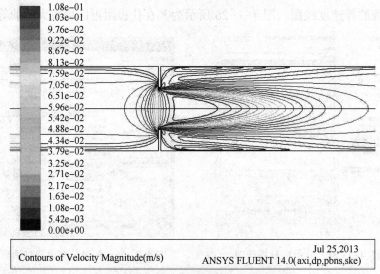

图 4-1-28　整个轴截面的等速度线图

（2）显示速度矢量图

在图 4-1-24 所示 Graphics and Animations 对话框中 Graphics 下方选择 Vectors，点击 Set Up…按钮，将弹出如图 4-1-29 所示的 Vectors 对话框。

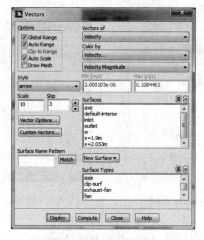

图 4-1-29　速度矢量图对话框的设置

由于速度较小，为了比较清楚地显示速度场，在 Scale 下方的编辑框中输入 10，将显示的速度矢量扩大 10 倍；另外由于网格较密，可以跳过一些点，如在 Skip 下方的编辑框中输入 3，所得的速度矢量图如图 4-1-30 所示。

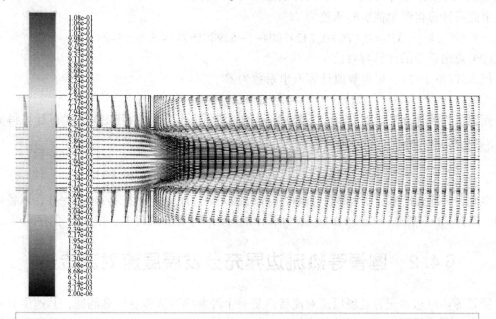

图 4-1-30　孔板附近的速度矢量图

4.1.4.3　计算流出系数

（1）获取孔板上游 D 和下游 $D/2$ 处的压强

上面已经创建了 x = 1.9m（上游 D 位置）和 x = 2.053m（下游 $D/2$ 位置）两个截面，可直接应用 FLUENT 软件读出这两个位置的压强。双击导航栏 Results 下方的 Reports，进入 Reports 任务页面，如图 4-1-31 所示。双击 Surface Integrals 或单击 Surface Integrals 然后点击 Set Up…按钮，将弹出如图 4-1-32 所示的面积分（Surface Integrals）对话框。

图 4-1-31　Reports 选项

图 4-1-32　设置面积分对话框

在 Report type 的下拉菜单中选取 Area-Weighted Average 面积加权平均，在 Field Variable 的下拉菜单中，选取 Pressure…、Static Pressure；Surfaces 面并选取所作的截面 x = 1.9m 和 x = 2.053m，点击 Compute 按钮，该截面压强的面积加权平均值将显示在 FLUENT 程序界面的文字区，如图 4-1-33 所示。

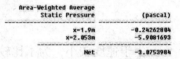
图 4-1-33　FLUENT 程序文字区显示的两个截面的压强

由此可计算得两个截面的压差为

$$\Delta P' = P_1 - P_2 - 0.24242804 - (-5.9081693) = 5.66554 \text{Pa}$$

（2）流出系数的计算与对比

代入式（4-1-2），可得数值计算流出系数为 C'，

$$C' = 0.622979$$

而以水为流体介质，对 $\beta = 0.5$、$E = 3\text{mm}$ 的标准孔板流量计，用 ISO 公式可计算得流出系数 $C = 0.6526$，两者之间的误差为

$$\frac{C - C'}{C} = \frac{0.6526 - 0.622979}{0.6526} = 4.54\%$$

至此，标准孔板流量计全部数值模拟工作已经完成。最后需要将文件输出保存，以备以后使用。点击 File→Write→Case&Data…，在弹出的对话框中输入文件名，按 Save 保存即可。

§4.2　圆管等热流边界充分发展层流对流传热

圆管等热流边界充分发展层流对流传热是一个经典的对流传热计算问题，其速度分布和温度分布均有解析解，在进行数值模拟时可将数值结果与解析解进行比较，以验证数值模拟结果的正确性。通过对该问题进行数值模拟，可以掌握 FLUENT 软件的一些基本操作，如：划分边界层、用二维轴对称来模拟圆管的流动与传热、设置周期性条件、计算努塞尔数、作速度分布和温度分布曲线等。

4.2.1　问题描述

流体在一直径 φ20mm 圆管内层流流动，壁面为等热流边界条件，并假设其流动与热均处于充分发展状态，运用 FLUENT 软件模拟其流动与对流传热情况。

在层流充分发展情况下，该问题的速度分布和温度分布的解析解为，

速度分布：
$$u = -\frac{1}{4\mu}\frac{dp}{dx}(r_0^2 - r^2) \tag{4-2-1}$$

温度分布：
$$T - T_w = -\frac{q_w}{\lambda r_0}\left(\frac{3}{4}r_0^2 + \frac{r^4}{4r_0^2} - r^2\right) \tag{4-2-2}$$

充分发展层流情况下，摩擦系数与雷诺数的乘积：$f \cdot Re = 64$；在等热流和等壁温热边界条件下，圆管壁面上任一点的努塞尔数为常数，分别 4.36 和 3.66。下面我们用 FLUENT 软件来分析这种流动和传热情况。并将数值模拟的结果与解析解进行比较。

4.2.2 运用 GAMBIT 建模

4.2.2.1 建立几何模型

本算例的几何模型较为简单，由于是充分发展状态，可取其中一段圆管进行模拟，比如 20mm 的管长（具体长度值可任意给定，但不要太短）；另外，圆管还可以简化为二维轴对称模型。因此，只需要建立一个 20mm×10mm 的长方形即可，下面我们应用 GAMBIT 软件来建立此模型、划分网格并设置边界条件。

打开 GAMBIT 软件，点击右侧 Operation 下方 ▦ 按钮（启动之初，这个按钮是默认的）；然后在 Geometry 栏中点击第三个按钮建立面；在 Face 栏中点击第二个按钮直接创建实体面，出现 Create Real Rectangular Face 对话框，在 Height 中输入半径的值 10，Width 指流动的长度方向，输入 20。默认的单位是 m，可在 FLUENT 软件读入后用 Scale 进行缩小。由于是轴对称问题，在 Direction 中必须选择+x+y"方式，然后点击右下角的 Apply 按钮，便建立了一个 20mm×10mm 的长方形，点击右下角的 ▦ 按钮，所作的长方形实体面将布满在工作区，如图 4-2-1 所示。为了便于印刷，将背景改为白色，将面改成了黑色。

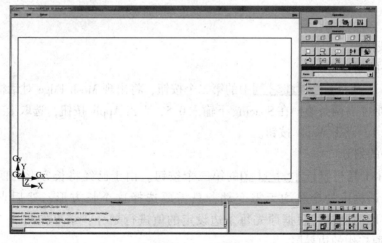

图 4-2-1　几何模型的建立

4.2.2.2 划分网格

点击 Operation 下方的 ▦ 按钮，在 Operation 下方将出现一排 Mesh 按钮▦ ◻ ◻ ◻ ▦。网格的合理划分是进行数值模拟的重要保证，可根据物理量变化的剧烈程度确定网格的疏

密。在本问题中，径向的速度和温度的变化较大，应将网格划分得密一些，如 20 等分，壁面附近的速度和温度变化最剧烈，用边界层在此基础上再加密。而沿流动方向为充分发展流动，可划分得疏一些，由于其长度是半径的 3 倍，同样对其进行 30 等分，下面介绍网格划分的操作过程。

（1）径向边界层的划分

按照前述的总体考虑，径向按 20 等分作网格，则其间距为 10/20=0.5，取边界层第一层厚度为该间距的四分之一，即 0.5/4=0.125，按照 1.2 倍数增长，约需要 7 层接近 0.5 的网格间距（$0.125 \times 1.2^7 \approx 0.458$）。

点击 Mesh 工具栏中的 ▦ 按钮，将出现 Boundary layer 工具栏，再点击该工具栏中的第一个按钮，将出现 Create boundary layer 对话框，在其中输入相应的数值，然后选择要进行边界层划分的边，即上边，选择的方法是按住 Shift 键，用鼠标左键点击该边即可。如图 4-2-2 所示。然后按 Apply 按钮即完成了边界层的划分。

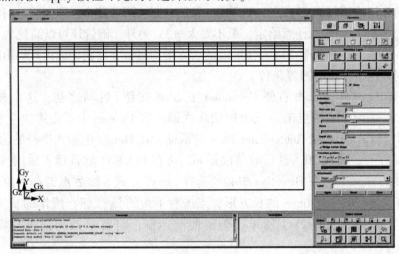

图 4-2-2　径向边界层的划分

（2）网格划分

① 边网格的划分

点击 Mesh 工具栏 ▦⬚⬚⬚⬚▦ 中的第二个按钮，将出现 Mesh Edge 对话框，按住 Shift 键，选取长方形左右两条边，在 Spacing 下输入 0.5，点击 Apply 按钮，选取上下两条边，在 Spacing 下输入 1，点击 Apply 按钮。

② 面网格的划分

点击 Mesh 工具栏 ▦⬚⬚⬚⬚▦ 的第三个按钮。由于已经将长方形的四条边分别进行了划分，对话框中的参数均无需变动，只需要选择这个长方形，然后点击 Apply 按钮，整个长方形的网格将根据原先每条边设定的值进行划分，结果如图 4-2-3 所示。

（3）删除原先作的边界层

网格划分完成后，原先所做的边界层可以删除，删除办法点击边界层按钮，点击 Boundary layer 工具栏中的最后一个按钮，选择有边界层的那条边，然后点击 Apply 按钮，即可将原先所做的边界层删除，这个边界层的删除不影响按照这个边界层作出的网格，如图 4-2-4 所示。

158

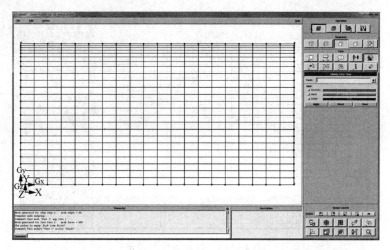

图 4-2-3　所作的网格图

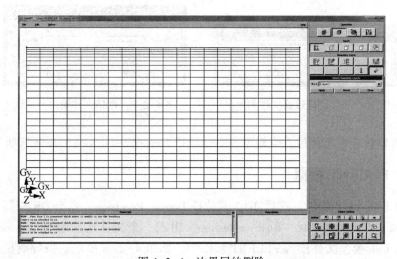

图 4-2-4　边界层的删除

（4）边界条件的设定

在本问题中，四条边分别对应四种边界条件：进口（左边）、出口（右边）、壁面（上边）和轴（下边）。点击 Operation 工具栏的第三个按钮 ，出现 Zones 子工具栏，点击该工具栏的第一个按钮，出现 Specify Boundary Types 对话框，依次输入边界名称、选择类型、选择对应的边然后点应用按钮即可。在本实例中，依次用 inlet、outlet、w、axe 分别代表进口、出口、壁面和轴四个边界，全部按默认的 WALL 类型设置即可。在 GAMBIT 中所设置的边界类型均可在 FLUENT 软件中根据实际边界情况进行改变，关键是需要在 GAMBIT 中设定出相应边界。如图 4-2-5 所示。

4.2.2.3　建模数据文件的保存与网格文件的输出

（1）建模文件的保存

点击菜单 File→Save as，弹出对话框如图 4-2-6 所示。保存后的建模数据文件在以后还可读入 GAMBIT 软件进行修改。

（2）网格文件的输出

点击菜单 File→Export→Mesh，弹出对话框如图 4-2-7 所示。

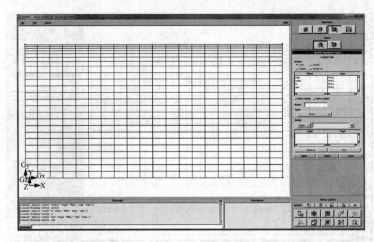

图 4-2-5　边界条件的设定

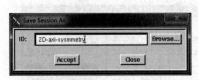

图 4-2-6　建模数据文件的保存

图 4-2-7　网格文件输出对话框

在这里需要注意本实例是二维模型，必须选择 Export 2-D(X-Y)Mesh 选项。

4.2.3　FLUENT 模拟

启动 FLUENT 14.0 软件，选择 2D，并选择 Double Precision。点击 OK 按钮，进入 FLU-ENT 软件界面。点击菜单 File→Read→Mesh…，出现一个文件选择对话框，将建立的 2D-axi-symmetry.msh 模型文件读入 FLUENT 软件中。如图 4-2-8 所示。按导航栏中所示的 问题设置(Problem Setup)、求解设置(Solution)和结果分析(Results)三大部分逐项进行设置。

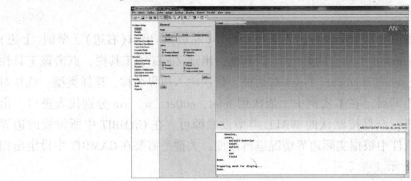

图 4-2-8　将网格文件读入 FLUENT 14.0 后的界面

4.2.3.1　问题设置(Problem Setup)

(1) General 任务页面

在应用 GAMBIT 建模时默认的单位是 m，因此将模型读入 FLUENT 软件以后，首先要将其转变成实际大小。可在 General 任务页面中进行设置，该任务页面为进入 FLUENT 后默认

160

显示的任务页面。点击 General 任务页面中 Scale…按钮，弹出对话框如图 4-2-9 所示，在 Mesh Was Created In 下方的下拉菜单中，选择 mm，点击 Scale 按钮，将原来长和宽 20m×10m 变成 20mm×10mm。

在求解器(Solver)下方的单选项中，将 Axisysmetric 轴对称选上。

（2）"Model"任务页面

双击导航栏 Problem Setup 下方的 Models，FLUENT 软件的任务页面将转到 Models 任务页面。本问题中，只需将能量方程进行设置，其他项不用进行修改，双击 Models 下方的 Energy，将弹出 Energy 对话框，复选 Energy Equation，然后点击 OK 按钮，如图 4-2-10 所示。

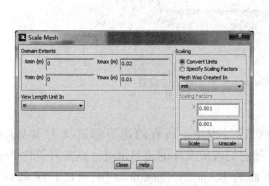

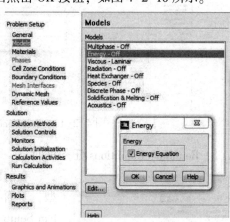

图 4-2-9 改变模型长度单位   图 4-2-10 Model 模型设置界面

（3）Material 任务页面

选中任务页面中的 Fluid 然后点击 Create/Edit…按钮，或直接双击 Fluid，将出现 Create/Edit Material 对话框。点击对话框中右侧的 FLUENT Database…按钮，将弹出 FLUENT Database 对话框，选择其中的 water-liquid。为了后面计算流量方便，可对介质参数进行修改，本例中将密度由 998.2 改为 1000、动力黏度由 0.001003 改为 0.001，以便后面计算 Re =1000 时的质量流量，如图 4-2-11 所示。

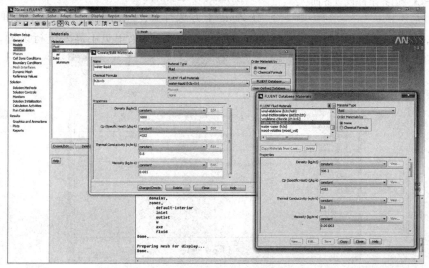

图 4-2-11 流动介质物性参数的定义

（4）Cell Zone Conditions 任务页面

双击导航栏中 Problem Setup 下方的 Cell Zone Conditions 项，将转换到 Cell Zone Conditions 任务页面。针对本实例，该选项只需要设置流体的种类即可，将前面定义流体介质"water-liquid"选入，如图 4-2-12 所示。

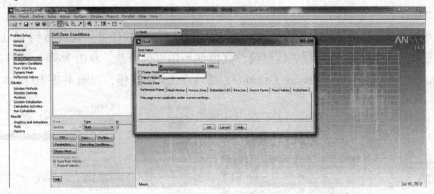

图 4-2-12　Cell Zone Conditions 单元域条件设置

（5）Boundary Conditions 任务页面

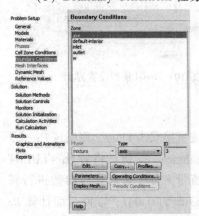

图 4-2-13　边界条件设置界面

在前面建模过程中，所有的边界都定义为 WALL 类型，下面将把它们改成实际的边界情况。点击导航栏 Problem Setup 下面的 Boundary Conditions 项，FLUENT 软件将转换到 Boundary Conditions 边界条件任务页面，如图 4-2-13 所示，可将原先定义为 WALL 类型的边界设置成实际的边界类型。本例在 GAMBIT 中分别定义了对称轴 axe、壁面 w、进口 inlet 和出口 outlet 四个边界条件，下面在 FLUENT 软件中分别对其进行设置。

① 轴（axe）的设置

在 Zone 下方选择 axe，在 Type 的下拉菜单中选择 axis。

② 壁面边界条件的设置

在 Zone 下方选择 w，点击 Edit…按钮，将弹出壁面设置对话框，如图 4-2-14 所示。点击 Thermal 菜单页，其他菜单页不需要进行设置。

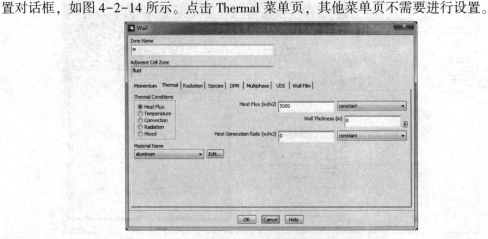

图 4-2-14　壁面边界条件的设置

162

根据实际热边界情况可以设置成壁温、热流、对流、辐射以及混合等热边界条件，在本例中，即为默认的热流条件，在输入框中输入热流值：$5000W/m^2$。

（6）充分发展周期性边界条件的设置

目前还有进口（inlet）和出口（outlet）两个边界没有设置，由于本例为充分发展的对流传热问题，而在图 4-2-13 中所示的周期性条件（Periodic Conditions）按钮为灰色，并不能直接进行操作，可以根据如下步骤来设置充分发展周期性条件。

① 进入控制台

进入回到 FLUENT 软件的控制台，按回车键，将出现以下目录或命令，后面带斜杠（/）的表示是有下一级目录，没有斜杠（/）的表示是可执行命令。

```
Done.

Preparing mesh for display...
Done.

adapt/              file/               report/
define/             mesh/               solve/
display/            parallel/           surface/
exit                plot/               views/
```

② 进入 mesh 目录

FLUENT 的输入采用简化输入方法，比如现在要进入 mesh 目录，可在>后面输入完整的"mesh"回车，也可以直接只输入"m"回车即可。进入 mesh 目录后再回车，将出现以下目录，

```
> m

/mesh>
check                   quality                 size-info
check-verbosity         reorder/                smooth-mesh
make-hanging-interface  repair-improve/         surface-mesh/
memory-usage            replace                 swap-mesh-faces
mesh-info               rotate                  translate
modify-zones/           scale
```

③ 进入 modify-zones/目录

输入 mz 回车，将进入 modify-zones/目录，可看到有 make-periodic 命令，如下所示。

```
/mesh/modify-zones>
activate-cell-zone      make-periodic           sep-face-zone-angle
append-mesh             matching-tolerance      sep-face-zone-face
append-mesh-data        merge-zones             sep-face-zone-mark
copy-move-cell-zone     mrf-to-sliding-mesh     sep-face-zone-region
deactivate-cell-zone    orient-face-zone        slit-face-zone
delete-cell-zone        replace-zone            slit-periodic
fuse-face-zones         sep-cell-zone-mark      zone-name
list-zones              sep-cell-zone-region    zone-type
```

④ 周期性条件创建

输入"mp"回车即可进行周期性条件设置，过程如下，

```
/mesh/modify-zones> mp
Periodic zone [()] inlet
Shadow zone [()] outlet
Rotational periodic? (if no, translational) [yes] n
Create periodic zones? [yes]
Auto detect translation vector? [yes]

    computed translation deltas: 0.020000 0.000000
    all 24 faces matched for zones 6 and 5.

    zone 5 deleted

    created periodic zones.
/mesh/modify-zones>
```

⑤ 周期性条件的设置

经过上述步骤后，Periodic Conditions…按钮已变为激活状态，点击该按钮，将弹出周期性条件设置对话框，如图 4-2-15 所示。

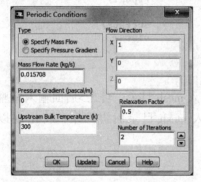

图 4-2-15　周期性条件设置对话框

对于周期性流动，有两种设置周期性条件的方法：指定质量流量或指定压力梯度，可以根据具体问题的已知条件选择一种输入，在本例中，设定的雷诺数为 1000，可以根据雷诺数的定义以及自己定义物性参数计算出质量流量如下，

$$Re = \frac{\rho u d}{\mu} = \frac{\rho u d \frac{\pi d}{4}}{\mu \frac{\pi d}{4}} = \frac{\dot{m}}{\mu \frac{\pi d}{4}} \qquad (4-2-3)$$

由式(4-2-3)可计算出 $Re = 1000$ 时的质量流量为，

$$\dot{m} = Re \cdot \mu \frac{\pi d}{4}$$

$$= 1000 \cdot 0.001 \cdot \frac{\pi \cdot 0.02}{4} = 0.015708 \text{kg/s} \qquad (4-2-4)$$

将该值输入质量流量的输入框中，并设置流体的体平均温度，维持默认值 300K，点击确定按钮。

4.2.3.2　Solution 求解设置

（1）Solution Methods 任务页面

双击导航栏中 Solution 下方的 Solution Methods 项，将转换到 Solution Methods 任务页面。在本实例中，压力速度耦合选用 SIMPLEC 格式，空间离散格式中，压力选用 Standard 格式，其他物理量将采用 QUICK 格式，具体设置情况如图 4-2-16 所示的设置求解器对话框。

（2）Solution Controls 任务页面

双击导航栏中 Solution 下方的 Solution Controls 项，将转换到 Solution Controls 任务页面。如图 4-2-17 所示，需要注意一点的是欠松弛因子中能量方程默认的是 1，有时该默认值不能收敛，可将其改为小于 1 的值。

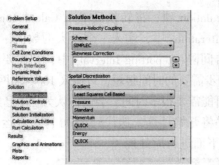

图 4-2-16 求解方法设置界面　　　　　　图 4-2-17 求解方法设置界面

（3）Monitors 任务页面

双击导航栏中 Solution 下方的 Monitors 项，将转换到 Monitors 任务页面，如图 4-2-18 所示，选中任务页面中的 Residuals-Print, Plot，点击下方的 Edit… 按钮，或直接双击该选项，将弹出对话框，如图 4-2-19 所示，将其中的能量方程项的残差值改为 1e-10。此外还可对感兴趣的"面"和"体"上的物理量进行监控，本例子暂不需这方面的功能。

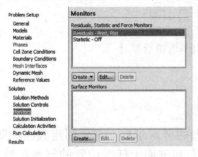

图 4-2-18 残差设置界面　　　　　　图 4-2-19 残差监控对话框界面

（4）Solution Initialization 任务页面

双击导航栏中 Solution 下方的 Solution Initialization 项，将转换到 Solution Initialization 任务页面，如图 4-2-20 所示，点击 Standard Initialization 单选按钮，按默认值进行初始化即可。

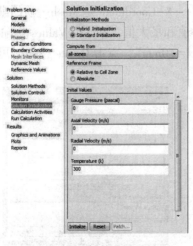

图 4-2-20 初始化设置界面　　　　　　图 4-2-21 运算设置界面

165

（5）Run Calculation 任务页面

双击导航栏中 Solution 下方的 Run Calculation 项，将转换到 Run Calculation 任务页面，如图 4-2-21 所示。在迭代次数 Number of Iterations 中，输入一个较大的数值，当满足你设定的残差后程序将自动终止迭代，而在报告间隔（Reporting Interval）中，则需要根据具体情况输入，在本实例中，网格数较少，计算一步需要的时间很短，可输入 100；当网格数点较多时，可以就用默认的 1，否则等待报告一次可能需要很多时间，会使你认为程序已经死机。

设置完成后，点击 Calculate 按钮，程序将开始计算，迭代到 3800 次后，运行到设定的残差要求，计算完成，如图 4-2-22 所示，下面进行后处理。

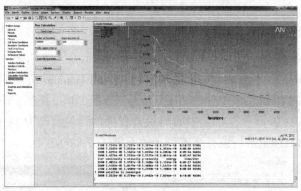

图 4-2-22　程序计算收敛后界面

4.2.4　结果分析

4.2.4.1　创建截面和壁面上的点

要查看截面上的速度分布和壁面上特定位置的努塞尔数，需要创建截面和壁面上的点。本例中是充分发展层流，任意界面上的速度分布和壁面上任意位置的努塞尔数均不发生变化，可创建任意一个截面以及该截面与壁面的交点，下面我们创建一个 x = 10mm 的截面以及该截面与壁面的交点（0.01，0.01）。

（1）创建截面

点击菜单 Surface→ Iso-Surface…，将弹出创建截面对话框，如图 4-2-23 所示。在 Surface of Constant 下方的下拉菜单中，选择 Mesh…，X-Coordinate 是 Mesh…项的默认值，点击 Compute 按钮，对话框中将显示出改变量的最小值和最大值。在 Iso-Values 中输入 0.01，在 New Surface Name 下方键入该截面的名称，如"x = 10mm"，点击 Create 按钮，可以看到右方新增了一个"x = 10mm"的截面。

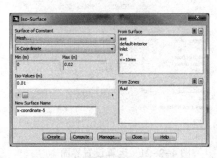

图 4-2-23　创建面对话框界面

图 4-2-24　创建点对话框界面

166

（2）创建点

点击菜单 Surface→Point…，将弹出一个创建点的对话框，如图 4-2-24 所示。输入上述创建截面与壁面交点的坐标(0.01，0.01)，并对其命名，如 ptw-x=10mm，点击 Create 按钮创建该点。

4.2.4.2　显示温度场

双击导航栏中 Results 下方的 Graphics and Animations 项，将转换到 Graphics and Animations 任务页面，如图 4-2-25 所示，选择 Contours，点击 Set Up…按钮，将弹出一对话框，如图 4-2-26 所示，物理量选择 Temperature…、Static Temperature，点击 Display 按钮，将显示整个流场的等温线图，如将图 4-2-26 中的 Filled 选项选上，将显示整个流场的温度云图，如图 4-2-27 所示。

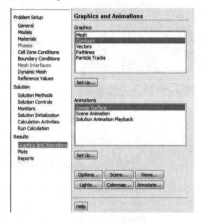

图 4-2-25　显示标量场选项界面

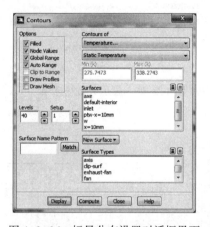

图 4-2-26　标量分布设置对话框界面

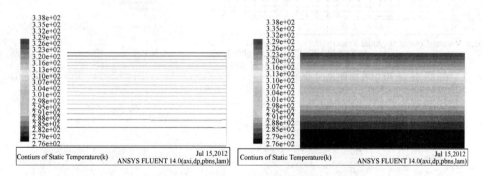

图 4-2-27　等温线图和温度云图

4.2.4.3　速度分布图

在如图 4-2-28 所示 Graphics and Animations 任务页面中，选择 Vector，点击 Set Up…按钮，将弹出如图 4-2-29 所示的对话框，物理量选择 Velocity…、Axial Velocity，点击 Display 按钮，将显示整个流场的速度分布矢量图，如图 4-2-30 所示。可看到速度分布形状一致，均为抛物线形状。

4.2.4.4　绘制截面速度分布

双击导航栏中 Results 下方的 Plots 项，将转换到 Plots 任务页面，如图 4-2-31 所示。选中 XY Plot，然后点击 Set Up…按钮，将弹出如图 4-2-32 所示的对话框。在对话框中选取

Velocity…，Axial Velocity，并选取所作的截面 x = 10mm，点击 Curve 按钮，对曲线进行设置，如图 4-2-33 所示，最后点击 Plot 按钮，弹出该截面上的速度分布曲线，如图 4-2-34 所示。

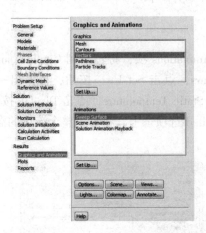

图 4-2-28　显示矢量场选项

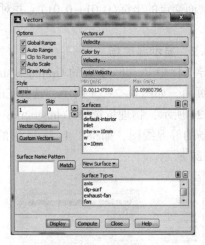

图 4-2-29　矢量分布设置对话框

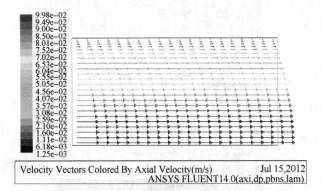

图 4-2-30　流场速度分布显示

图 4-2-31　Plots 选项界面

图 4-2-32　设置 XY Plot 界面

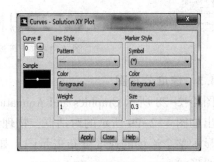

图 4-2-33　曲线设置对话框

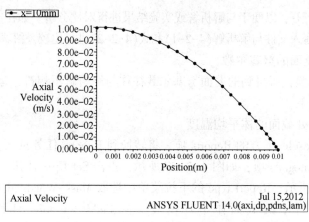

图 4-2-34　x＝10mm 截面上速度分布曲线

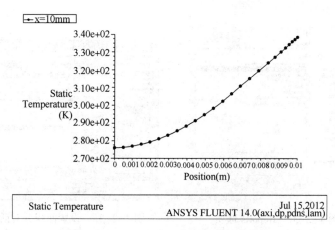

图 4-2-35　x＝10mm 截面上的温度分布

图 4-2-36　物理量分布写入文件对话框

4. 2. 4. 5　绘制截面温度分布

作截面温度分布的步骤和前述作速度分布曲线步骤相同，不同之处是在图 4-2-32 所示的对话框中选取 Temperature…、Static Temperature，弹出该截面上的温度分布曲线如图 4-2-35 所示。

在上述作速度分布或温度分布的 XY Plot 图时，还可在图 4-2-32 所示的界面上选择 Write to file 选项，此时 Plot 按钮将变成 Write 按钮，点击后将出现一对话框，如图 4-2-36 所示，输入文件名，点击 OK，将把该截面上的速度分布或温度分布写入该文件中，该文件可用写字板或记事本打开，以便于与解析解或实验结果进行对比分析。如在本例中就可以将速度分布和温度分布分别写入文件与解析解(4-2-1)和式(4-2-2)进行比较，留着读者去对比。

4.2.4.6　获取壁面的努塞尔数

如果没有正确设置，所得到的壁面努塞尔数往往与解析解不相符，运用 FLUENT 计算壁面的努塞尔数步骤如下。

（1）计算该点所处截面的体平均温度

双击导航栏中 Results 下方的 Reports 项，将转换到 Reports 任务页面。在 Reports 任务页面下方选取 Surface Integrals 项，如图 4-2-37 所示，点击 Set Up…按钮，将弹出一面积分对话框，如图 4-2-38 所示。Report type 的下拉菜单中选取 Mass-Weighted Average 质量加权平均项，即传热学教材中的截面体平均温度。在 Field Variable 的下拉菜单中，选取 Temperature…、Static Temperature；Surfaces 并选取所作的截面 $x=10\text{mm}$，点击 Compute 按钮，该截面温度的加权平均值将同时显示在对话框中和 FLUENT 程序界面的文字区，数值为 300.0406K。

图 4-2-37　Reports 选项　　　　图 4-2-38　设置面积分对话框

（2）设置特征值

双击导航栏中 Proble Setup 下方的 Reference Values 项，或通过菜单 Reports→Reference Values，FLUENT 软件将转换到 Reference Values 任务页面，如图 4-2-40 所示。计算壁面努塞尔数时需要正确设置 Length 特征长度和 Temperature 特征温度两个选项，在 Length 输入框中输入直径 0.02，Temperature 输入框中输入刚刚通过面积分获得的该截面质量加权平均温度 300.0406K。

（3）获取壁面的努塞尔数

设置完特征值后，双击导航栏中 Results 下方的 Reports 项进入 Reports 任务页面，如图 4-2-37 所示。选择 Surface Integerals 后点击 Setup…按钮，将弹出 Surface Integerals 对话框按图 4-2-40 所示进行选择后，点击 Compute 按钮，计算结果将同时显示在对话框和 FLUENT 软件的控制台中，其值为为 4.364604，与理论解 4.365 一致。

4.2.4.7　计算摩擦系数

双击导航栏中 Problem Setup 下方的 Boundary Conditions 进入 Boundary Conditions 任务页面。点击 Periodic Conditions…，将出现周期性条件设置对话框，如图 4-2-15 所示。在前面进行周期性边界条件设置时只设置了质量流量，经过迭代并收敛后，再次打开该对话框，可以看到压力梯度框中有数值，其值为-3.992318 Pa/m，如图 4-2-41 所示。

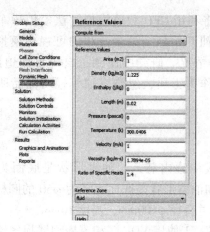

图 4-2-39　设置特征值界面　　　　　　图 4-2-40　计算壁面上点的努塞尔数界面

图 4-2-41　从周期性条件对话框获取压力梯度

根据流体力学的压降关系式，

$$\Delta P = f \frac{L}{d} \frac{\rho V^2}{2} \text{或} \frac{\Delta P}{L} = f \frac{\rho V^2}{2d} \tag{4-2-5}$$

式中，$\Delta P/L$ 即为-3.992318Pa/m。

平均速度根据雷诺数的定义式进行计算，

$$Re = \frac{\rho V d}{\mu} \tag{4-2-6}$$

$$V = \frac{Re \cdot \mu}{\rho \cdot d} = \frac{1000 \cdot 0.001}{1000 \cdot 0.02} = 0.05 \text{m/s} \tag{4-2-7}$$

代入式（4-2-5）中，可得 $f = \frac{\Delta P}{L} \frac{2d}{\rho V^2} = 3.992138 \frac{0.02 \times 2}{1000 \cdot 0.05^2} = 0.06387$，于是 $f \cdot Re = 63.87$，与理论值 64 非常接近。

至此，已经完成了本实例的全部工作。最后需要将文件输出保存，以备以后使用。点击 File→Write→Case & Data…，在弹出的对话框中输入文件名，按 Save 保存即可。

§4.3　罐车装油过程的数值模拟

油罐车（oil tank truck）是成品油输运过程中必不可少的运输工具。罐车装/发油过程是一个具有非稳态、可压缩和多相流等复杂特性的流动问题，不仅罐内的液面发生变化，而且气相空间还存在着被压迫置换的现象。本节将利用 CFD 数值模拟方法模拟罐车装油过程中复杂的气液两相流动情况，实现罐车从加油开始到结束全过程的可视化模拟，展示油品注入油罐内气液相的变化、液面的波动等情况。研究中用到了自由界面追踪法，忽略了气液两相间的传热传质问题；同时以柴油作为工质，忽略汽油等轻质油品所存在的挥发现象。

4.3.1　问题描述

本节算例中，柴油以顶部喷溅方式向敞开式油罐内装入。油罐形状是底面为长轴150mm、短轴100mm、高450mm 的椭圆圆柱体；加油管形状是底面直径为 $\phi50$ 的圆柱，且加油管深入油罐50mm，加油速度为1m/s；出口法兰直径 $\phi100$mm，高度16mm。

希望通过对罐车加油过程的模拟，使读者掌握：①使用 VOF 多相流模型捕捉气液界面的方法；②两圆柱垂直相贯结构化网格的划法；③利用定解条件的几何对称性设立对称面等方法简化计算求解；④继续学习巩固典型的后处理方法。

4.3.2　网格文件创建

4.3.2.1　创建几何模型

（1）创建椭圆柱体油罐

本算例将采用一个椭圆柱体代表油罐。为了创建本节油罐椭圆柱体，需在 GAMBIT 中依次执行以下操作：依次单击 Operation 中的 Geometry 按钮 ▣ →Volume 按钮 ▣ ，然后右击 Create Volume ▣ 按钮，在弹出的右键菜单中选择 Create Real Cylinder 按钮 ▣ （图 4-3-1），出现 Create Real Cylinder 对话框。在出现的 Create Real Cylinder 对话框中填入：Height＝450，Radius1＝50，Radius2＝75；选择 Axis Location 为 Centered Y，其他选项保持默认，设置如图 4-3-2 所示。单击 Apply 按钮。这样，便创建了一个底面长轴半径75、短轴半径5、高450 的椭圆柱体油罐，如图 4-3-3 所示。

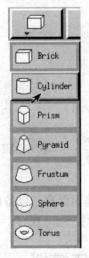

图 4-3-1　Create Real
Cylinder 右键菜单

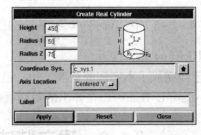

图 4-3-2　Create Real Cylinder 对话框

172

图 4-3-3 椭圆柱体油罐

（2）创建圆柱体加油管和出口

按照创建油罐的方法建立底面半径 25 高 160 轴位置为 Centered Z 的圆柱以及底面半径 50 高 132 轴位置亦为 Centered Z 的圆柱，如图 4-3-4 所示。通过后续的剖切和删除操作，这两个圆柱将分别成为加油管和出口。

（3）进行剖分操作

依次单击 Geometry ![icon] →Volume ![icon] →Split Volume ![icon] 按钮出现 Split Volume 对话框。Split Volume 对话框中共有两个 Volume 选择框，其中上面的 Volume 选中第 1 步创建的油罐，下面的 Volumes 选中出口圆柱体，关闭 Retain 前面的复选框，确保 Connected 前面的复选框为选中状态；其他保持默认设置，如图 4-3-5 所示。单击 Apply 按钮完成 Split 操作。这样，出口圆柱体被油罐圆柱剖分为 3 段，分别为露在油罐外的两段和在油罐内的一段。

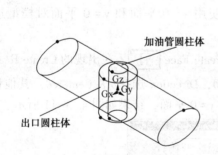

图 4-3-4 创建的加油管和出口圆柱

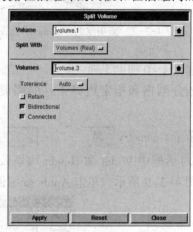

图 4-3-5 Split Volume 对话框

按照同样的方法，将刚分成三段的出口圆柱体被加油管剖分，进行剖切操作时注意图 4-3-5所示的 Split Volume 对话框 Retain 前面的复选框未选中。经过剖分操作后，加油管圆柱体被分为 5 段，出口圆柱体被分为 3 段，操作后如图 4-3-6 所示。

（4）删除露在油罐底部以外的加油管和出口管段

依次单击 Geometry ![icon] →Volume ![icon] →Delete Volumes ![icon] ，在 Delete Volumes 对话框的 Volumes 选中图 4-3-7 中的阴影部分（即露在油罐底部轮廓以外的被剖分的加油管和出口管段），此阴影部分包括 3 个 Volumes，设置如图 4-3-8 所示。单击 Apply 执行删除操作。

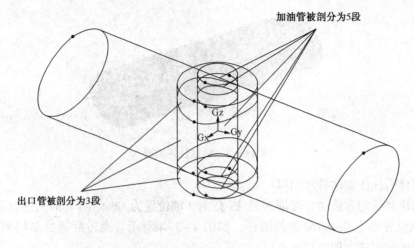

加油管被剖分为5段

出口管被剖分为3段

图 4-3-6　Split 操作后的模型

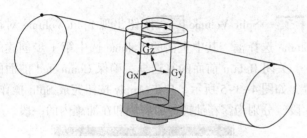

图 4-3-7　需删除的 Volume 示意图

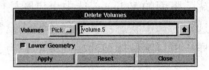

图 4-3-8　Delete Volumes 对话框

（5）建立 y=0 辅助平面

为了划分网格和指定边界条件的需要，使用 x=0 平面和 y=0 平面对模型进行 Split 操作。

依次单击 Geometry ▣ →Face ▢ →Create Face ▣，在出现的 Create Real Rectan-gular Face 对话框中 Width 和 Height 均填入 300，Direction 选择 ZX Centered，其他保持默认设置，如图 4-3-9 所示。单击 Apply 按钮创建 y=0 平面，结果如图 4-3-11 所示。

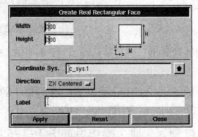

图 4-3-9　Create Real Rectangular Face 对话框

（6）使用创建的 y=0 辅助平面剖分几何模型中所有的 Volumes

按照第（3）步的方法调出 Split Volume 对话框，Volume 选中加油管露出出口的部分，Split With 右边的按钮选择为 Faces（Real），Faces 选中 y=0 平面，确保 Retain 和 Connected 前面的复选框为选中状态，其他保持默认设置，如图 4-3-10 所示，单击 Apply 按钮执行剖分操作。按照同样方法，将几何模型中其他所有 Volume 均对 y=0 平面执行剖分操作，操作

174

后模型如图 4-3-11 所示。到此，整个几何模型被 y=0 平面分割为 y=0+部分和 y=0-部分。

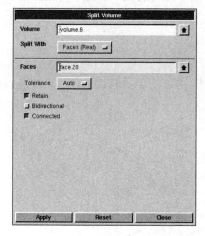

图 4-3-10　Split Volume 对话框

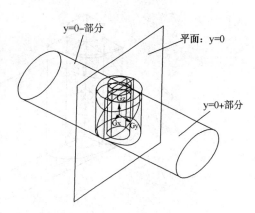

图 4-3-11　Split 操作后模型示意图

（7）删除 y=0 平面和模型中 y=0-部分

单击 Geometry [图]→Face [图]→Delete Faces [图]，在 Delete Faces 对话框的 Faces 中选中 y=0 辅助平面，单击 Apply 执行删除操作。

为了合理的假设，减少 FLUENT 中不必要的工作量，需要删除几何模型中所有 y=0-的部分。在第（4）步调出的 Delete Volumes 对话框 Volumes 中选中平面 y=0 左侧的 y=0-部分所有的 Volumes，单击 Apply 按钮执行删除操作，删除后的模型如图 4-3-12 所示。

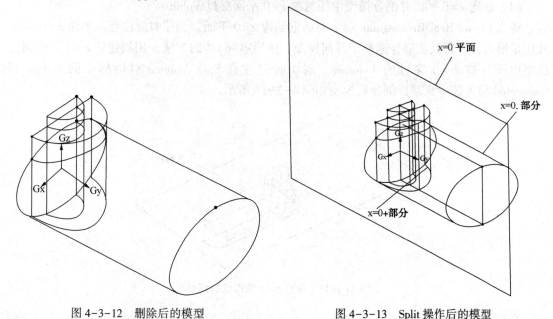

图 4-3-12　删除后的模型

图 4-3-13　Split 操作后的模型

（8）建立 x=0 辅助平面并剖分模型中的 Volumes，获得 x=0+部分

按照第（5）步的方法创建 x=0 平面。创建平面时注意：此平面的大小必须穿透图 4-3-12 中所示的体。按照第（6）步的方法使用创建的 x=0 平面剖分几何模型中剩余的所有

175

Volumes。这时，模型被 x＝0 辅助平面分割为 x＝0+部分和 x＝0-部分，如图 4-3-13 所示。

按照第(7)步的方法删除 x＝0 辅助平面和 x＝0-部分所有的 Volumes，删除后的模型如图 4-3-14 所示。

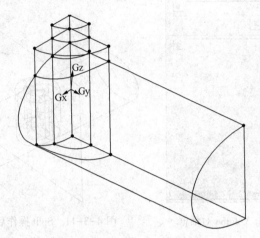

图 4-3-14 模型中 x＝0+、y＝0+部分的 Volumes

到现在为止，几何模型建立完毕。本算例在建立几何模型的过程中充分考虑了后续的网格划分和 FLUENT 计算求解中可以进行的简化和便利。

4.3.2.2 网格划分

为了能够对整个几何体划分结构化网格，在划分网格之前，需要作合适的平面，利用这些平面对整个几何体剖切，将几何体剖切成任何一个 Volume 均可画出结构化网格为止。

（1）创建 z＝0 平面并剖分模型中任何被 z＝0 平面穿过 Volumes

调出 Create Real Rectangular Face 对话框创建 z＝0 平面。创建时应注意：平面 z＝0 的尺寸应足够大，使得其能够穿透整个几何模型。按照第(6)步的方法，用创建的 z＝0 平面剖分模型中所有被 z＝0 穿过的 Volumes。剖切时应注意 Split Volume 对话框中的 Retain 和 Connected 均为选中状态，剖分后模型如图 4-3-15 所示。

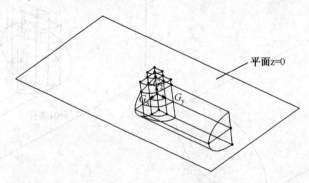

图 4-3-15 执行 Split 操作后的模型

执行完剖分操作后删除 z＝0 平面。

（2）创建 y＝50 平面并剖分被 y＝50 平面穿过的油罐 Volumes

调出 Create Real Rectangular Face 对话框创建 y＝0 平面，然后将 y＝0 平面向 y 轴正方向移动 50 个长度单位。移动平面的方法是：依次单击 Geometry ▦ →Face ▱ →Move/

Copy Face ，在所出现对话框的 Faces 选中 y = 0 平面，确保 Move 前面的单选框处于选中状态，保持 Operation 前面的 Translate 为选中状态，在 Global 下面的文本框填入：x = 0；y = 50；z = 0；保持 Connected geometry 前面的复选框为未选中状态，设置如图 4-3-16 所示，单击 Apply 按钮，则此 y = 0 平面移动到 y = 50 位置上，如图 4-3-17 所示。

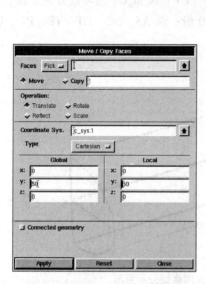

图 4-3-16　Move Faces 对话框

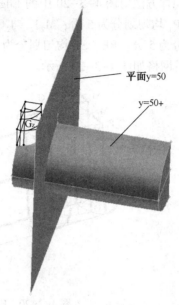

图 4-3-17　平面 y = 50

使用第(6)步的方法使用 y = 50 平面剖分模型中被 y = 50 平面穿过的油罐 Volumes（图 4-3-17 中阴影部分）。剖切时要确保 Split Volume 对话框中 Retain 和 Connected 为选中状态，剖切后删除 y = 50 平面，模型如图 4-3-18 所示。

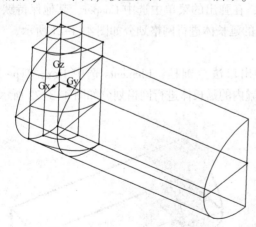

图 4-3-18　删除平面 y = 50 后的模型

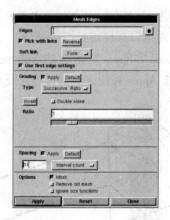

图 4-3-19　Mesh Edge 对话框

执行完以上步骤后，可以对网格进行划分。

（3）对典型的 edge 进行网格划分

① 依次单击 Operation 中的 Mesh ▦ →Edge ▭ →Mesh Edge ✎，调出 Mesh

177

Edge 对话框。在 Mesh Edge 对话框中，Edge 选中如图 4-3-20 中所示的 AB、BC、DE、EF、GH、HI、JK、KL、MN、NO、PQ、QR，在 Spacing 中的按钮选中 Interval count，在 Interval count 左边的文本框中填入 16，表示将上述 edge 均分为 16 份，单击 Apply 按钮执行 edge 网格划分操作，如图 4-3-19 所示。

　　② 使用同样方法对图 4-3-20 中的 Edge：BS、ET、QU 均匀划分为 20 份；DD_1、GG_1、JJ_1、MM_1、PP_1 均匀划分为 5 份；M_2J_2、J_2G_2、UT、弧 M_2G_2 均匀划分为 8 份；M_2M_1、J_2J_1、G_2G_1 均匀划分为 5 分；BE、ST 均匀划分为 50 份；弧 AS、SC、DT、TF、PU、UR 均匀划分为 20 份，划分后网格如图 4-3-20 所示。

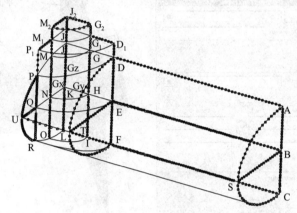

图 4-3-20　Edge 网格划分示意图

　　（4）对加油管圆柱进行网格划分

　　依次单击 Operation 中的 Mesh 按钮 ▦ →Volume 按钮 ▱ →Mesh Volumes 按钮 ✍，在 Mesh Volumes 对话框的 Volumes 选中加油管圆柱，单击 Elements 右边的按钮，在弹出的菜单中选中 Hex/Wedge，单击 Type 右边的按钮，在弹出的菜单中选中 Cooper，其他保持默认设置，单击 Apply 按钮完成加油管及其在油罐内的延长体进行网格划分如图 4-3-21 所示。

　　（5）对出口圆柱进行网格划分

　　在 Mesh Volumes 对话框的 Volumes 选中出口法兰圆柱，Elements 选中 Hex，Type 选中 Map，单击 Apply 按钮完成出口法兰及其在油罐内的延长体进行网格划分如图 4-3-22 所示。

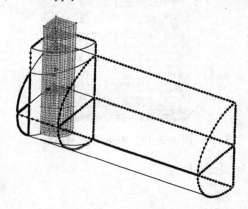
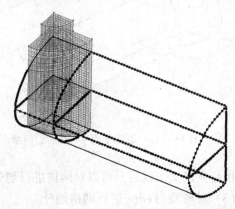

图 4-3-21　网格划分结果　　　　　　　图 4-3-22　网格划分结果

（6）对油罐 y=50+的两部分进行网格划分

在 Mesh Volumes 对话框中的 Volumes 选中图 4-3-17 所示 y=50+部分，Elements 选中 Hex/Wedge，Type 选中 Cooper，单击 Apply 按钮完成油罐 y=50+部分进行网格划分如图 4-3-23 所示。

（7）对 face：ETUQ 完成网格划分

依次单击 Operation 中的 Mesh ⬛ →Face ⬜ →Mesh Faces ⬛ ，在 Mesh Faces 对话框中的 Faces 选中图 4-3-20 中的 ETUQ，Elements 选中 Quad，Type 选中 Map，单击 Apply 按钮完成 ETUQ 的网格划分。

（8）完成与面 ETUQ 相接的两个油罐体部分的网格划分

在 Mesh Volumes 对话框中的 Volumes 选中与面 ETUQ 相邻的两个油罐体部分，Elements 选中 Hex/Wedge，Type 选中 Cooper，单击 Apply 按钮完成网格划分。至此，网格划分完成，如图 4-3-24 所示。

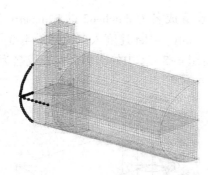 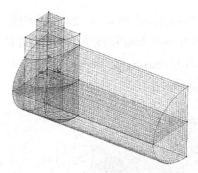

图 4-3-23　网格划分结果　　　　图 4-3-24　网格划分结果

4.3.2.3　设置边界条件

首先隐藏网格。方法是：单击 Global Control 区的 ⬛ 按钮，出现 Specify Display Attributes 对话框。在 Specify Display Attributes 对话框中，单击 Mesh 右边的 Off 前的单选框以选中，设置如图 4-3-25 所示，单击 Apply 按钮隐藏网格。

图 4-3-25　Specify Display Attributes 对话框

执行以下操作：Zone ⬛ →Specify Boundary Types ⬛ ，在 Specify Boundary Types 对话框中，Name 中输入对称面名称 duichen1，Type 选中 Symmetry，Faces 选中图 4-3-27 所示

的阴影面，设置如图 4-3-26 所示，单击 Apply 按钮成功创建一个对称面。

图 4-3-26　Specify Boundary Types 对话框

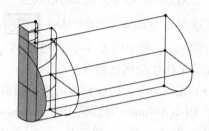

图 4-3-27　创建边界条件的 Face

按照同样的方法将图 4-3-28 中的阴影面设置成名为 duichen2 的 Symmetry 类型边界；将图 4-3-29 中的阴影面设置成名为 rukou 的 Velocity_ inlet 速度入口；将图 4-3-30 中的阴影面设置成名为 chukou 的 Outflow 自由出口；将图 4-3-31 中的阴影面设置成名为 bimian 的 WALL 固体壁面。

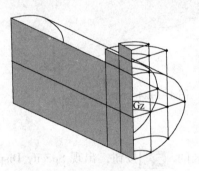

图 4-3-28　Symmetry 类型边界

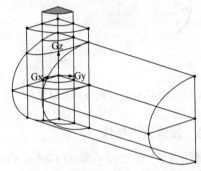

图 4-3-29　Velocity_ inlet 速度入口

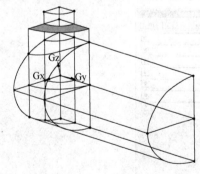

图 4-3-30　Outflow 自由出口

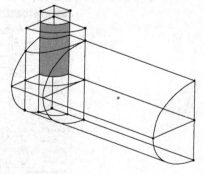

图 4-3-31　Wall 边界条件

至此，GAMBIT 操作完成。进行菜单操作：File→Export→Mesh…在 Export Mesh File 对话框中的 File Name 中输入网格文件的名称 youguan. msh，单击 Accept 按钮创建网格文件 youguan. msh。

180

4.3.3 FLUENT 模拟计算

启动 FLUENT Launcher，选中 Dimension 下面的 3D，确保 Options 下面的 Double Precision 不被选中，在 Working Directory 填入 youguan. msh 所在的文件夹，其他设置保持默认，单击 OK 按钮启动 FLUENT。启动后通过菜单操作：File→Read→Mesh…将网格导入 FLUENT。

4.3.3.1 模型设置

（1）General 任务页面

General 任务页面为启动 FLUENT 软件后默认显示的任务页面。单击 General 任务页面中 Mesh 下面的 Check 按钮进行网格检查，检查结果如图 4-3-32 所示。

根据检查结果可知需要进行 Scale 操作。单击 Scale 按钮弹出 Scale Mesh 对话框（图 4-3-33）。在 Mesh Was Created In 的下拉菜单中选择 mm，单击 Scale 按钮。在 View Length Unit In 下拉菜单中选择 mm，单击 Close 按钮关闭对话框。然后再次检查网格，结果如图 4-3-34 所示。通过检查网格的结果来看，网格的单位已经更正，且最小网格体积为正。通过菜单操作 Mesh→Info→Size 可在文字终端显示网格尺寸和规模，如图 4-3-35 所示。

```
Domain Extents:
  x-coordinate: min (m) = -1.662403e-14, max (m) = 7.500000e+01
  y-coordinate: min (m) = -4.898425e-15, max (m) = 2.250000e+02
  z-coordinate: min (m) = -5.000000e+01, max (m) = 8.000000e+01
Volume statistics:
  minimum volume (m3): 6.042620e+00
  maximum volume (m3): 1.626434e+02
    total volume (m3): 1.367760e+06
Face area statistics:
  minimum face area (m2): 7.046126e-01
  maximum face area (m2): 5.645978e+01
Checking mesh.........................
Done.
```

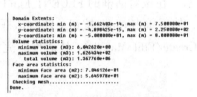

图 4-3-32　网格检查结果图

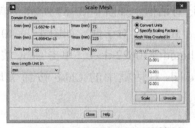

图 4-3-33　Scale Mesh 对话框

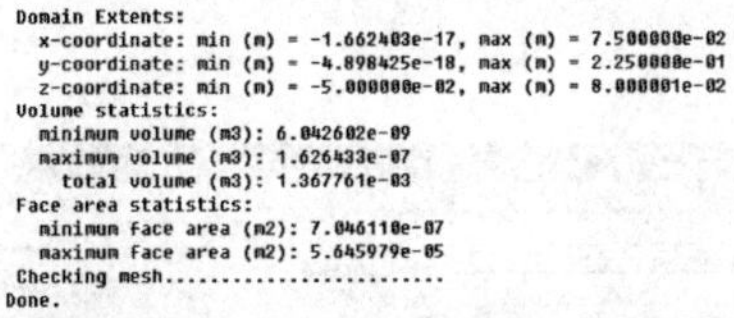

```
Domain Extents:
  x-coordinate: min (m) = -1.662403e-17, max (m) = 7.500000e-02
  y-coordinate: min (m) = -4.898425e-18, max (m) = 2.250000e-01
  z-coordinate: min (m) = -5.000000e-02, max (m) = 8.000001e-02
Volume statistics:
  minimum volume (m3): 6.042602e-09
  maximum volume (m3): 1.626433e-07
    total volume (m3): 1.367761e-03
Face area statistics:
  minimum face area (m2): 7.046110e-07
  maximum face area (m2): 5.645979e-05
Checking mesh.........................
Done.
```

图 4-3-34　网格检查结果

```
Mesh Size

Level    Cells    Faces    Nodes    Partitions
    0    34080   105664    37593             1

 1 cell zone, 8 face zones.
```

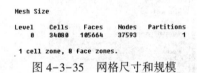

图 4-3-35　网格尺寸和规模

本算例为瞬态问题，因此选中 Time 下面的 Transient 单选框。选中 Gravity 前面的复选框，在 Gravitational Acceleration 下面的文本框设置重力加速度：x=0，y=0，z=-9.8，如图 4-3-36 所示。

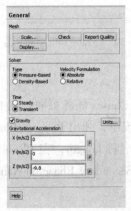

图 4-3-36　General 任务页面

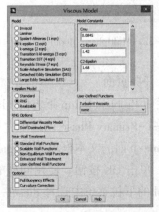

图 4-3-37　Viscous Model 对话框

（2）Model 任务页面

双击导航栏中 Problem Setup 下方的 Models 切换到 Models 任务页面。在 Models 任务页面中将要设置本算例所用到的模型。双击 Models 任务页面中的 Viscous 打开 Viscous Model 对话框，单击 k-epsilon 选中，并在 k-epsilon Model 中选中 RNG，其他设置保持默认，设置如图 4-3-37 所示，单击 OK 按钮关闭 Viscous Model 对话框完成 Viscous 模型设置。

双击 Models 任务页面中的 Multiphase 打开 Multiphase Model 对话框，单击 Volume of Fluid 已启动 VOF 模型，并在 Number of Eulerian Phases 中填入 2，其他设置保持默认，设置如图 4-3-38 所示，单击 OK 按钮关闭 Multiphase Model 对话框完成 Multiphase 模型设置。

（3）Materials 任务页面

双击导航栏中 Problem Setup 下方的 Materials 切换到 Materials 任务页面。本算例流体工质涉及到液体柴油和气体空气。单击 Materials 任务页面中的 Create/Edit 按钮，弹出 Create/Edit Materials 对话框，如图 4-3-39 所示。单击对话框中 FLUENT Database 按钮，打开 FLUENT Database Materials 对话框，如图 4-3-40 所示。在该对话框的 FLUENT Fluid Materials 中选择 diesel-liquid(c10h22<l>)，单击 Copy 按钮，然后单击 Close 按钮关闭对话框，单击 Create/Edit Materials 对话框中的 Close 按钮关闭 Create/Edit Materials 对话框，完成 Materials 设置。

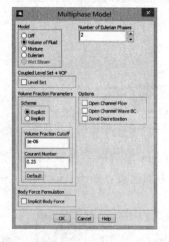

图 4-3-38 Multiphase Model 对话框

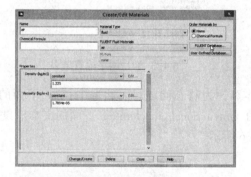

图 4-3-39 Create/Edit Materials 对话框

（4）Phases 任务页面

双击导航栏中 Problem Setup 下方的 Phases 切换到 Phases 任务页面。在 Phases 任务页面中，单击 Phase-1-Primary Phase 以选中，单击 Edit…按钮，弹出 Primary Phase 对话框（图 4-3-41），在 Name 下面的文本框填入 Primary Phase 的名称 kongqi，在 Phase Material 的下拉菜单中选择 air，单击 OK 按钮。使用同样的方法，将 Secondary Phase 的 Name 设为 chaiyou，在 Phase Material 的下拉菜单中选择 diesel-liquid。

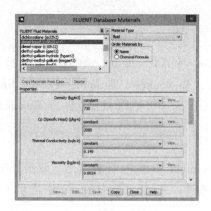

图 4-3-40　FLUENT Database Materials 对话框

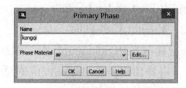

图 4-3-41　Primary Phase 对话框

（5）Cell Zone Conditions 任务页面

双击导航栏 Problem Setup 下方的 Cell Zone Conditions 切换到 Cell Zone Conditions 任务页面。在 Cell Zone Conditions 任务页面中单击 Operation Conditions 按钮，弹出 Operation Conditions 对话框（图 4-3-42）。将对话框中 Variable-Density Parameters 下面的复选框选中，其他保持默认设置，单击 OK 按钮关闭 Operation Conditions 对话框。

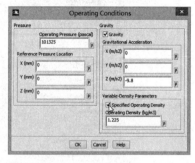

图 4-3-42　Operation Conditions 对话框

（6）Boundary Conditions 任务页面

双击导航栏 Problem Setup 下方的 Boundary Conditions 切换到 Boundary Conditions 任务页面。在 Boundary Conditions 任务页面中，在确保 Phase 下面的选项为 mixture 时，单击 rukou 以选定，然后单击 Edit 按钮，打开 mixture 的 Velocity Inlet 对话框（图 4-3-43）。在 Velocity Inlet 对话框中，Velocity Magnitude 设为 1，更改 Turbulence 下的 Specification Method 为 Intensity and Hydraulic Diameter，在 Turbulence Intensity 中填入 1，在 Hydraulic Diameter 中填入入口的水力直径 50。单击 OK 按钮关闭 Velocity Inlet 对话框。

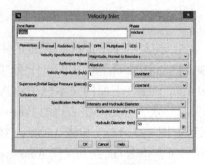

图 4-3-43　Velocity Inlet 对话框

图 4-3-44　Velocity Inlet 对话框

将 Boundary Conditions 任务页面中 Phase 下面的选项改为 chaiyou，单击 rukou 以选定，然后单击 Edit 按钮，打开 chaiyou 的 Velocity Inlet 对话框。在 Velocity Inlet 对话框中，Momentum 选项卡下面 Volume Fraction 右边的数字填入 1，表示入口处两相中柴油的体积分数为 1（图 4-3-44）。单击 OK 关闭 Velocity Inlet 对话框。

4.3.3.2 求解设置

(1) Solution Methods 任务页面

双击导航栏中 Solution 下方的 Solution Methods 转到 Solution Methods 任务页面，如图4-3-45所示。压力速度耦合选择 Simple 方案，Momentum、Turbulent Kinetic Energy 和 Turbulent Dissipation Rate 的空间离散格式均选用 Second Order Upwind。保持 Transient Forumulation 为 First Order Implicit。

(2) Monitor 任务页面

双击导航栏中 Solution 下面的 Monitor 切换到 Solution Methods 任务页面。双击其中的 Residuals，将弹出 Residual Monitors 对话框（图4-3-46），在 Absolute Criteria 中均填入 1e-6，单击 OK 按钮关闭对话框。

图4-3-45　Solution Methods 任务页面

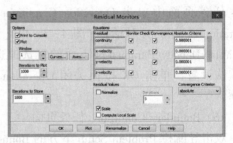

图4-3-46　Residual Monitors 对话框

(3) Solution Initialization 任务页面

双击导航栏中 Solution 下面的 Solution Initialization 切换到 Solution Initialization 任务页面。在 Initialization Methods 下单击 Standard Initialization，将 Initial Values 下面的 chaiyou Volume Fraction 设为0，表示在初始时刻油罐内没有柴油，其他保持默认，然后单击 Initialize 按钮完成初始化。

(4) Calculation Activities 任务页面

本算例需要适时保存 case 和 data 文件。双击导航栏中 Solution 下面的 Calculation Activities 转换到 Calculation Activities 任务页面。在 Autosave Every(Time Steps)下面的文本框中填入5，表示每5个时间步保存一次，然后单击右边的 Edit…按钮，出现 Autosave 对话框（图4-3-47）。检查 Autosave 对话框中的设置，保持默认即可，单击 OK 按钮关闭 Autosave 对话框。

图4-3-47　Autosave 对话框

为了能够实时显示相应 Surface 上油气两相界面随时间的变化，需要首先创建相应的 surface。进行菜单操作：Surface→Iso-Surface…，出现 Iso-Surface 对话框（图4-3-48）。在 Surface of Constant 的下拉菜单中选择 Mesh…，并在之后的下拉菜单中选中 X-Coordinate，在 Phase 下保持 Mixture 选项，在 Iso-Values 中填入0，在 New Surface Name 中填入 x=0，单击 Create 按钮，这时便创建了一个名为 x=0 的平面。使用同样的方法，创建 y=0 平面。

184

单击 Calculation Activities 任务页面下 Solution Animations 下面的 Create/Edit 按钮，将弹出 Solution Animation 对话框(图 4-3-49)。在 Animation Sequences 填入 2，将 sequence-1 和 sequence-2 的 When 下拉菜单均改为 Time Step。单击 sequence-1 右边的 Define 按钮，弹出 Animation Sequence 对话框。

图 4-3-48　Iso-Surface 对话框

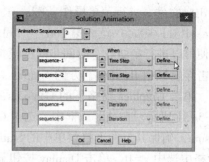

图 4-3-49　Solution Animations 对话框

在 Animation Sequence 对话框中(图 4-3-50)，在 Storage Type 下选择 Metafile 单选框，在 Name 中填入 x=0，在 Window 右边的文本框填入 2，单击 Set 按钮。单击 Display Type 下方的 Contours，将弹出 Contours 对话框，如图 4-3-51 所示。在 Contours of 下拉菜单中选中 Phase，其下选择 Volume fraction，Phase 下面选择 chaiyou，在 Surfaces 下选择 x=0，单击 Display 按钮。这时，会在刚创建的图形对话框上显示出初始时刻 x=0 平面柴油和空气的两相体积分布。单击 Close 关闭 Contours 对话框，单击 OK 关闭 Animation Sequence 对话框。

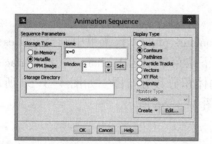

图 4-3-50　Animiation Sequence 对话框

图 4-3-51　Contours 对话框

使用同样的方法定义 sequence-2 动画，并创建一个图形对话框上显示初始时刻 y=0 平面柴油和空气的两相体积分布。

（5）Run Calculation 任务页面

双击导航栏中 Solution 下面的 Run Calculation 转换到 Run Calculation 任务页面。在 Run Calculation 任务页面中，确保 Time Stepping Method 选中 Fixed，在 Time Step Size 中设置为 0.002，在 Number of Time Steps 中填入 1300，在 Max Iterations/Time Step 中填入 45。单击 Calculate 按钮开始计算，计算时残差曲线如图 4-3-52 所示。

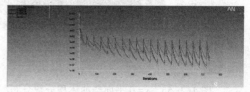

图 4-3-52　正在计算中的残差曲线

185

4.3.4 模拟结果

（1）显示压力标量场

根据前述设置，FLUENT 会每隔 5 个时间步保存一次 case 和 data 文件。首先需要读入某时刻的 data 文件。进行菜单操作：File→Read→Case…读入 youguan-1. cas，然后执行菜单操作：File→Read→Data…读入第 200 个时间步 data 文件，例如 youguan-1-00200. dat。读入文件后，便可以进行第 200 个时间步时的模拟结果分析。

双击导航栏中 Results 下方的 Graphics and Animations 转换到 Graphics and Animations 任务页面。单击 Graphics 窗格下的 Contours，然后单击 Setup Up 按钮，弹出 Contours 对话框，如图 4-3-51 所示。在该对话框中，选中 Options 下面的 Filled，在 Contours of 下拉菜单中选择 Pressure，确保其下的下拉菜单中的 Static Pressure 和 Phase 下 mixture 为选中状态，在 Surfaces 窗格中选中 x=0，单击 Display 按钮显示 x=0 平面压力分布云图，如图 4-3-53 所示。使用同样的方法显示 y=0 平面压力分布云图，如图 4-3-54 所示。

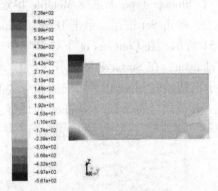 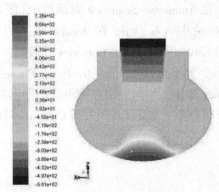

图 4-3-53　x=0 平面压力分布　　　　　图 4-3-54　z=0 平面温度分布

（2）显示两相体积分布

在如图 4-3-51 所示的 Contours 对话框中，Contours of 的下拉菜单中选择 Phases…，在其下的下拉菜单中选择 Volume fraction，在 Phase 下拉菜单中选中 chaiyou，在 Surfaces 窗格中选中 x=0，单击 Display 按钮显示 x=0 平面柴油体积分数分布图，如图 4-3-55 所示。利用同样的方法可显示 y=0 平面的压力分布图，如图 4-3-56 所示。

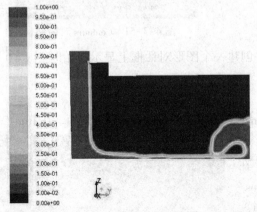 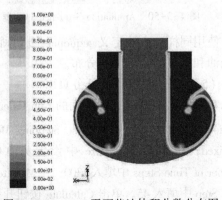

图 4-3-55　x=0 平面柴油体积分数分布图　　　　图 4-3-56　y=0 平面柴油体积分数分布图

（3）计算最后时间步柴油体积分数

将 youguan-1-01300.dat 读入 FLUENT。双击导航栏中 Results 下方的 Reports 切换到 Reports 任务页面，单击 Volume Integrals，单击 Set Up 按钮，打开 Volume Integrals 对话框（图 4-3-57）。在 Report Type 下面选择 Volume-Average，在 Field Variable 中选择 Phases，其下的下拉菜单选择 Volume fraction，在 Phase 下选择 chaiyou，单击 Compute 按钮开始计算。计算结果将显示在 Volume Integrals 对话框的 Volume-Weighted Average 的文本框中。本算例计算得到的柴油体积分数为 0.926997。同时，计算结果也将显示在控制台中，如图 4-3-58 所示。

图 4-3-57 Volume Integrals 对话框

```
                                chaiyou
                        Volume-Weighted Average
                           Volume fraction
------------------------------------------------------
                 fluid              0.92699701
------------------------------------------------------
                   Net              0.92699701
```

图 4-3-58 控制台中的结果显示

（4）显示速度矢量场

将 youguan-1-00200.dat 读入 FLUENT。在 Graphics and Animations 任务页面 Graphics 下的窗格中单击 Vectors，单击 Set Up 按钮弹出 Vectors 对话框（图 4-3-59）。在 Vectors 对话框中，Vectors of 下面选择 Velocity，Phase 下面选择 mixture，Color by 下面选择 Velocity，其下方的下拉菜单选择 Velocity Magnitude，在 Surfaces 下面的窗格中选择 x=0。为了显示的直观，可将 Style 的下拉菜单中选中 filled-arrow，在 Scale 下面的文本框填入 5。单击 Display 按钮显示 y=0 平面速度矢量图（图 4-3-60）。

图 4-3-59 Vectors 对话框

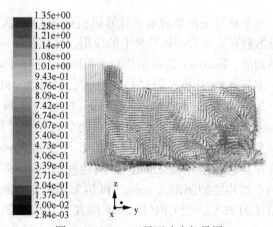

图 4-3-60 y=0 平面速度矢量图

（5）创建动画

单击 Graphics and Animations 任务页面中 Animations 窗格中的 Solution Animation Playback 以选中，单击 Set Up 按钮调出 Playback 对话框（图 4-3-61）。在 Playback 对话框中，单击 Read 按钮，打开 Select File 对话框。在 Select File 对话框中单击 sequence-1 选中，单击 OK 按钮关闭 Select File 对话框。这样，sequence-1 出现在 Playback 对话框的 Animation

Sequences 中。单击 Sequences 窗格中的 sequence-1，在 Write/Record Format 下拉菜单中选中 MPEG，单击 Write。这时，FLUENT 会将已经保存的 metafile 文件集合起来写成以 mpeg 格式的视频文件。按照同样方法，也可将 sequence-2 转换为视频文件。

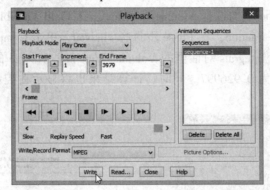

图 4-3-61　Playback 对话框

§4.4　CPU 芯片散热的数值模拟

随着电子工业的迅猛发展，各种电子设备越来越向高频、高集成化发展，从而导致其发热量逐年增大，其中一个典型的例子就是电子计算机芯片近些年来的发展。高集成度 CPU 芯片的性能对温度十分敏感，其主要失效形式为热失效，散热情况的好坏将直接影响到计算机工作的稳定性。温度过高或过低，CPU 不能稳定工作，性能会显著下降，从而也将影响到整个计算机系统的可靠运行。因此，在研发新型 CPU 的过程中都需要对其工作情况下的散热情况进行评估研究。

4.4.1　问题描述

本节将对采用集成显卡计算机机箱内 CPU 散热的稳定工况进行数值模拟，向读者展示能量方程在流动和固体导热中的应用，并掌握采用不同网格尺寸进行几何模型中不同部位的网格划分、Interface 边界条件的使用以及各种 Surface 的创建方法。

本算例 CPU 所在的机箱为卧式，尺寸为 480mm×440mm×220 mm；电源位于机箱边角，尺寸为 160mm×96mm×60mm。机箱内有两个硬盘，并排放置，每个硬盘的尺寸为 40mm×200mm×120mm。机箱内有四个内存条，每个内存条尺寸为 160mm×10mm×40mm，相互平行放置，间距为 30mm。CPU 尺寸为 36mm×36mm×8mm，发热功率为 50W；采用肋片散热，肋根厚度 8mm，每隔肋片高 160mm、宽 100mm、厚度 4mm，共 13 个肋片，每两个肋片之间间距为 4mm。机箱采用固定在机箱外的两个风机吸风冷却，室外环境空气温度为 26℃。当 CPU 以 50W 的发热功率稳定运行时，计算 CPU 的温度分布和肋片温度分布。

4.4.2　运用 GAMBIT 建模

4.4.2.1　创建几何模型

（1）创建 CPU 几何模型

依次单击 Operation 中的 Geometry ▢ →Volume ▢ →Create Volume ▢ ，出现

Create Real Brick 对话框，如图 4-4-1 所示。在 Create Real Brick 对话框中填入 Width(X)—36、Depth(Y)—36、Height(Z)—8，Direction 选中 Centered 以选择，其他设置保持默认。单击 Apply 按钮，在图形对话框中创建长和宽均为 36mm、高为 8mm 的立方体，如图 4-4-2 所示。

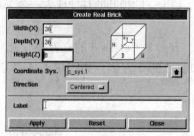

图 4-4-1　Create Real Brick 对话框设置　　　　图 4-4-2　创建的 CPU 模型

（2）创建肋根几何模型

按照第（1）步的方法创建一个长和宽均为 100mm、高为 8mm、方向为 Centered 的立方体。然后将此立方体向 z 轴正方向移动 8 个单位。操作方法是：依次单击 Operation 中的 Geometry 　→Volume 　→Move/Copy Volume 　，在 Move/Copy Volume 的对话框中 Volumes 选中刚创建的肋根，保持 Move 的单选框、Operation 下的 Translate 单选框处于选中状态，在 Global 下面的文本框输入：x = 0；y = 0；z = 8，设置如图 4-4-3 所示。这样，肋根部便移动到 CPU 上方，如图 4-4-4 所示。

（3）创建肋片

创建一个 Width 为 4、Depth 为 100、Height 为 160、方向为 Centered 的立方体作为一个肋片，将此肋片向 z 轴正方向移动 92 个单位，向 x 轴负方向移动 48 个单位，即肋根移动到合适的位置，如图 4-4-5 所示。在 Move/Copy Volume 对话框的 Volumes 选中刚创建的肋片，选中 Copy 单选框，在右边输入 12。选中 Operation 下的 Translate，在 Global 下面的文本框输入：x = 8，y = 0，z = 0，单击 Apply 按钮。这样，便将此肋片向 x 轴正方向复制了 12 个，每两个肋片间距 4 个长度单位，如图 4-4-6 所示。

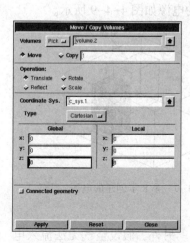

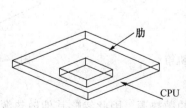

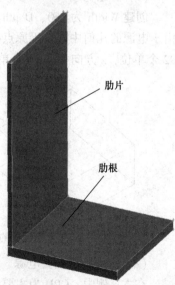

图 4-4-3　移动 Volume 的设置　　图 4-4-4　本步创建的 CPU 和肋根　　图 4-4-5　创建的 1 个肋片

189

（4）联合 CPU、肋根、肋片为一体

依次单击 Operation 中的 Geometry ▢ →Volume ▢ →Unite Real Volumes ▢ ， 在 Unite Real Volumes 对话框中 Volumes 选中 CPU、肋根和肋片，保持 Retain 左边的多选框为未选中状态，保持 Tolerance 为 Auto，单击 Apply 按钮。这样，CPU、肋根和肋片便成为一个 Volume。

（5）创建包围 CPU 和肋片立方体 Volume

创建一个 Width 和 Depth 为 108、Height 为 180、方向为 Centered 的立方体，此立方体向 z 轴正方向移动 86 个单位，便得到能够包围 CPU 和肋片的立方体，如图图 4-4-7 所示。

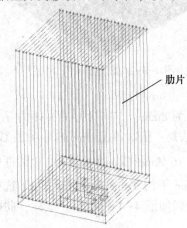

图 4-4-6　复制生成的肋片

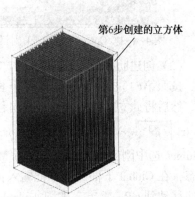

第6步创建的立方体

图 4-4-7　第 5 步创建的立方体

（6）创建机箱

创建 Width 为 440、Depth 为 480、Height 为 220、方向 Centered 的立方体表示机箱。由于本算例在进行 CPU 几何结构创建时，将 CPU 的几何中心设定在了原点，因此需要将此机箱向 z 轴移动 106 个单位、x 和 y 负方向均移动 100 个单位到合适位置，移动后机箱如图 4-4-8 所示。

（7）创建电源

创建 Width 为 160、Depth 为 96、Height 为 160、方向为 Centered 的立方体来表示电源。由于电源的几何中心位于原点处，需要将此电源向 x 轴负方向移动 240 个单位，y 方向移动 92 个单位，z 方向移动 76 个单位到机箱边缘。移动之后创建的电源如图 4-4-9 所示。

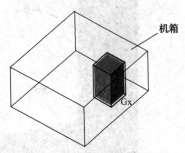

机箱

Gx

图 4-4-8　第 6 步创建的机箱

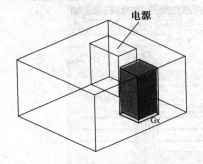

电源

Gx

图 4-4-9　第 8 步创建的电源

（8）使用机箱减去电源

在本算例中，CPU 为主要的散热源，因此忽略其他散热源。另外，假设空气无法流入电源内部，因此需要将机箱减去电源，才能得到流体流动的区域。依次单击 Operation 中的 Geom-

190

etry 按钮 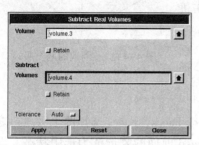→Volume 按钮 [□]，然后右键单击 Unite Real Volumes 按钮 [○○]，在右键菜单中单击 Subtract 按钮，出现 Subtract Real Volumes 对话框，如图 4-4-10 所示。在 Subtract Real Volumes 对话框上面的 Volume 选中机箱，下面的 Subtract Volumes 选中电源，保持两个 Retain 前面的多选框为未选中状态，单击 Apply 按钮。相减之后的几何体如图 4-4-11 所示。

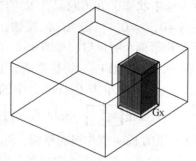

图 4-4-10　Subtract Real Volumes 对话框　　　图 4-4-11　机箱减去电源后剩余的 Volume

（9）创建风机吸风口

风机的吸风口通过在机箱靠近 CPU 的外壳上剖切出两个边长为 100 的正方形区域后定义边界条件实现。依次单击 Operation 中的 Geometry 按钮 █ →Face 按钮 [□] →Create Face [□] 按钮，出现 Create Real Rectangular Face 对话框，在该对话框里 Width 和 Height 右侧的文本框中均填入 100，单击 Direction 右侧的按钮，在弹出的菜单中选择 ZX Centered，其他保持默认设置，设置如图 4-4-12 所示。单击 Apply 按钮，就在 ZOX 平面中心处建立了一个长和宽均为 100 的面。

然后，将此 Face 移动到靠近 CPU 一侧的机箱上。依次单击 Operation 中的 Geometry 按钮 █ →Face 按钮 [□] →Move/Copy/Align Faces [🖐]，出现 Move/Copy Faces 对话框。在 Move/Copy Faces 对话框里的 Faces 中选中刚创建的边长为 100 的正方形，保持 Move 前的单选框为选中状态，保持 Operation 前面的 Translate 为选中状态，在 Global 下面的文本框填入：x=60，y=140，z=100；保持 Connected geometry 前面的复选框为未选中状态，如图 4-4-13 所示，单击 Apply 按钮，则此正方形 Face 便移动到机箱边壁上。

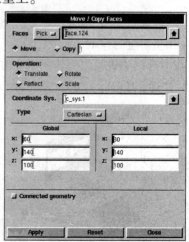

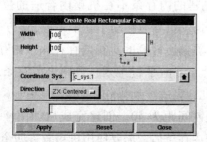

图 4-4-12　Create Real Rectangular Face 对话框　　　图 4-4-13　Move Faces 对话框

191

此机箱共有两个吸风口，因此需要将此正方形 Face 复制以建立两个吸风口。在 Move/Copy Faces 对话框里的 Faces 中选中风机吸风口，选中 Copy 单选框，在右边的文本框填入 1，保持 Operation 前面的 Translate 为选中状态，在 Global 下面的文本框填入：x=-120，y=0，z=0。单击 Apply 按钮，这样便在机箱边壁上作出了两个吸风口，如图 4-4-14 所示。

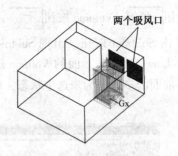

图 4-4-14　创建的两个吸风口 Face

使用这两个正方形 Face 将机箱壁面剖分成三个相互连接的 Face。依次单击 Operation 中的 Geometry 按钮 █ →Face 按钮 ▢ →Split Faces ⊞，在 Split Faces 对话框里的 Face 选中机箱壁面，Split with 选择 Faces，Faces 选择两个吸风口之一，保持 Retain 前面的复选框为未选中状态，保证 Connected 前面的复选框为选中状态，设置如图 4-4-15 所示。单击 Apply 按钮，这样机箱壁面便被其中一个送风口分割为两部分，此两部分相连，其中一部分为吸风口，另一部分为剩余的机箱壁面。使用同样方法，将剩余的机箱壁面用剩余的吸风口 Split，最终结果如图 4-4-16 所示。

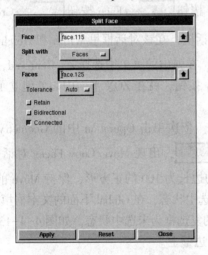

图 4-4-15　Split Face 对话框

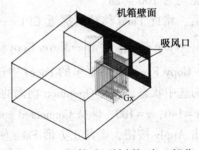

图 4-4-16　机箱壁面被剖切为三部分

（10）创建内存条

在本算例中机箱内创建四个立方体 Volume 以表示内存条。首先创建一个 Width 为 160、Depth 为 10、Height 为 40、方向为 Centered 的立方体表示一个内存条。

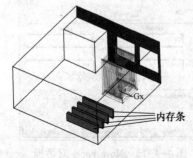

图 4-4-17　创建的四个内存条

由于创建的内存条不在机箱内合适的位置，需要将此内存条向 y 负方向移动 160 个单位，z 方向移动 16 个单位。本算例所计算的机箱内存在 4 个内存条，这 4 个内存条沿 y 方向平行排列，每两个内存条之间间距 30mm。因此，完成移动操作后的内存条向 y 负方向复制 3 个，复制间距为 40。创建完成后如图 4-4-17 所示。创建完内存条后，需要使用机箱减去四个内存条以获得流体流动的区域。

（11）创建硬盘区

在本算例中，创建 Width 为 80、Depth 为 200、Height 为 120、方向为 Centered 的立方体表示机箱中的两个硬盘。刚创建硬盘的几何中心在原点，需要将其向 x 轴负方向移动 280、y 负方向移动 240 个单位、z 方向移动 56 个单位到机箱边角，移动后的结果如图 4-4-18 所示。本算例流体区域为机箱减去硬盘的区域，因此需要用机箱区域减去刚创建的硬盘，结果如图 4-4-19 所示。

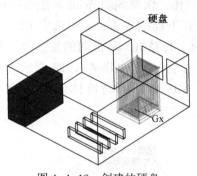 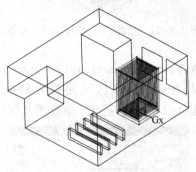

图 4-4-18　创建的硬盘　　　　　　　图 4-4-19　减去硬盘的机箱空间

（12）创建入风口

创建入风口的步骤与创建吸风口的步骤相似。在本算例中，首先在 ZX Centered 方向上创建 Width 为 212、Height 为 16 的 Face 表示一个入风口。由于此长方体还没有布置在机箱侧面上，因此需要将此入风口 x 方向移动 50、y 负方向移动 340，z 方向移动 106 到机箱边壁上。

完成移动操作后，选中此吸风口，然后在 x = -32、y = 0、z = 0 间距上复制出 5 个入风口。这样，便在机箱边壁上作出了 6 个入风口，如图 4-4-20 所示。

下面需要用这六个入风口 Split 机箱所在的壁面。在进行剖分操作时注意保持 Retain 前面的复选框为未选中状态，保证 Connected 前面的复选框为选中状态，完成剖分后最终结果如图 4-4-21 所示。

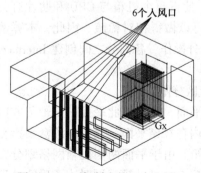

图 4-4-20　复制出的 6 个入风口　　　　图 4-4-21　执行 Split 操作后的机箱边壁

（13）分割机箱 Volume

考虑到后续划分网格的需要及肋片的几何尺寸，在肋片和 CPU 部分将使用较密的结构化网格，而在机箱的剩余部分没有必要使用和肋片区相同疏密程度的网格。因此，需要将机箱内流体流动区域分成 CPU 肋片区和除 CPU 肋片区之外的其他区域。

首先用机箱减去包裹 CPU 和肋片的立方体（图 4-4-22），执行 Subtract 操作时将

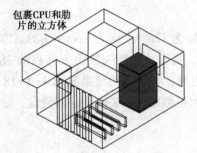

图 4-4-22 包裹 CPU 和肋片的立方体

Subtract Volumes 下的 Retain 为选中状态。

然后使用立方体内部的 CPU、肋根和肋片剖分外面包裹的立方体。依次单击 Operation 中的 Geometry 按钮 ⬛ →Volume 按钮 🔲 →Split Volume 按钮 🔳，在 Split Volume 对话框里的 Volume 选中包裹 CPU 和肋片的立方体，保持 Split With 右边的按钮为 Volumes(Real)，在下面的 Volumes 中选中 CPU、肋根、肋片的联合体，保持 Retain 前面的复选框为未选中状态，保持 Bidirectional 和 Connected 前面的复选框为选中状态，如图 4-4-23 所示。单击 Apply 按钮，CPU 区域便被分割成了连续的 CPU 肋片区和外围的流体流动区域，如图 4-4-24 所示。至此，本算例几何模型建立完毕。

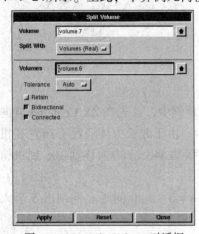

图 4-4-23　Split Volume 对话框

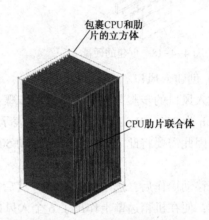

图 4-4-24　第 13 步中涉及的 Volumes

4.4.2.2　划分网格

为了划分本算例的结构化网格，需要对本算例的几何结构进行剖切操作。另外，如果划分结构化网格，由于 CPU 和肋片本身几何尺寸的限制，使得整个机箱与 CPU 和肋片有关的区域网格不得不加密，而远离 CPU 和肋片的区域网格可以做得相对稀疏。因此，本算例需要对几何模型进行切割，对不同部分进行不同的网格划分操作，各部分之间创建 Interface 边界条件。

（1）创建平面将机箱中 CPU、内存区和电源、硬盘区分隔开

创建 Width 和 Height 均为 700、方向为 Centered 的平面。然后将此平面向 x 轴负方向移动 130 个单位。这样，CPU、肋片、吸风口、入风口、内存在该平面一侧，电源盒硬盘在该平面的另一侧，如图 4-4-25 所示。使用此平面剖切机箱。由于平面两侧机箱网格划分方法不同，网格不连续，因此在进行 Split 操作时需要关闭 Connected 选项。同时为了后续处理方便关闭 Retain 选项。这样，CPU 区域便被分割成了连续的 CPU 肋片区和外围的流体流动区域，如图 4-4-26 所示。

（2）分别对 CPU 肋片内存区和电源硬盘区进行网格划分

依次单击 Operation 中的 Mesh 按钮 ⬛ →Volume 按钮 🔲 →Mesh Volumes 🖌 按钮，出现 Mesh Volumes 对话框。在该对话框里的 Volumes 选中图 4-4-26 所示电源硬盘区，

194

Elements 选中 Hex，Type 右边选中 Submap，Spacing 选中 Interval size，在文本框中输入 8，其他保持默认设置，设置如图 4-4-27 所示。单击 Apply 按钮，完成电源硬盘区的网格划分。

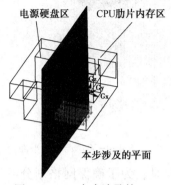

图 4-4-25　本步涉及的 Face

图 4-4-26　机箱被剖切后分成的两部分

再一次执行网格划分操作。在 Mesh Volumes 对话框里的 Volumes 选中图 4-4-26 所示 CPU 肋片内存区(仅是机箱体，不包括 CPU、肋片及外围区)，Elements 选中 Hex，Type 选中 Submap，Spacing 选中 Interval size，在文本框中输入 4，其他保持默认设置。单击 Apply 按钮，完成 CPU 肋片内存区的网格划分，网格划分后如图 4-4-28 所示。

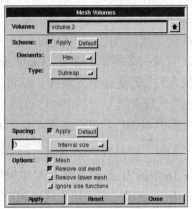

图 4-4-27　Mesh Volumes 对话框

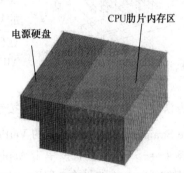

图 4-4-28　机箱两部分网格划分结果

（3）进行 CPU、肋片及外围区网格划分

为了便于此步的操作，需要通过 Specify Display Attributes 对话框将机箱隐藏起来。隐藏方法在前节已阐述，此处不再重复。由于模型中 CPU 和肋片为一体，为了后期边界条件设置方便，需要把 CPU 和肋片剖切为两个连续体。创建 Width 和 Height 均为 120、方向为 XY Centered 的平面，然后将此平面向 z 轴正方向移动 4 个单位到 z = 4 平面的位置，如图 4-4-29所示。

然后使用 z=4 平面分别剖切 CPU 肋片组合体和 CPU 肋片的外围部分。剖分时注意保持 Retain 和 Connected 前面的复选框为选中状态。这样，CPU 肋片组合体被分割成了相连接的 CPU 和肋片。用同样的方法用 z=4 平面 Split 肋片外围区。

完成剖分操作后，将 z=4 平面向 z 轴正方向移动 168 个单位，成为 z = 172 平面，如图 4-4-30所示。使用 z = 172 平面剖切肋片的外围部分，剖切的方法与使用 z = 4 平面剖切 CPU 和肋片联合体相同，这里不再阐述，剖切完成后删除 z = 172 平面。

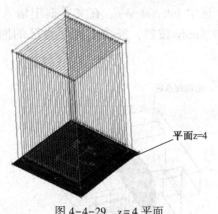

图 4-4-29　z=4 平面

图 4-4-30　z=172 平面

　　至此，CPU 体分割已完成，可以对其划分网格。但是，为了确保网格划分万无一失，建议做以下操作：如图 4-4-31 所示，M 点位于 z=-4 平面上 CPU 的一个顶点，AB 为位于 z=-4 平面上外围立方体的一条边。过 M 点做 AB 的垂足 P，并用 P 点 Split 线段 AB。具体的操作方法是：依次单击

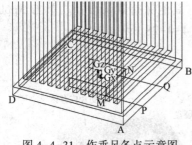

图 4-4-31　作垂足各点示意图

Geometry 按钮 →Vertex 按钮 ，右击 Create Vertex 按钮，在弹出的菜单中选择 Project Vertex on Edge 按钮，在 Project Vertex on Edge 对话框里的 Vertices 选择 M 点、Edge 选择线段 AB，选中 Split edge 前面的复选框，设置如图 4-4-32 所示。单击 Apply 按钮，这样便创建了 M 点在 AB 上的垂足 P，而且 P 点将线段 AB 剖切成了线段 AP 和线段 PB。

　　连接点 M 和点 P 作线段 MP 并进行平面剖切。具体的操作方法是：依次单击 Geometry 按钮 →Edge 按钮 →Create Edge 按钮，在 Create Straight Edge 对话框里的 Vertices 中选中图 4-4-31 中的 M 点和 P 点，其他保持默认，如图 4-4-33 所示设置。单击 Apply 按钮，创建线段 MP。创建完成后使用线段 MP 剖切 CPU 外围位于 z=-4 的平面 ABCD，于是 ABCD 平面便被线段 MP 分割成两部分。

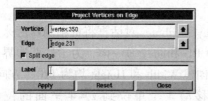

图 4-4-32　Project Vertex on Edge 对话框

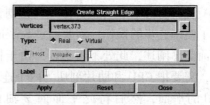

图 4-4-33　Create Straight Edge 对话框

　　按照同样的方法，作 N 点对于 AB 的垂足 Q，Q 点将线段 PB 分为 PQ 和 QB 两部分。做线段 NQ，用 NQ 剖切平面 ABCD，如图 4-4-31 所示。

　　完成以上操作后，开始对所有的 CPU 肋片及外围部分划分网格。调出 Mesh Volumes 对话框，在该对话框里的 Volumes 选中 CPU 肋片及外围区，Elements 选中 Hex，Type 选中 Submap，Spacing 选中 Interval size，在文本框中输入 4，其他保持默认设置。单击 Apply 按钮完成 CPU 肋片内存区的网格划分。至此网格划分完成。

4.4.2.3 设置边界条件和连续介质类型

（1）设置边界条件

在设置边界条件和连续体条件之前，需要先隐藏网格，然后进行边界条件设置。依次单击 Zones 按钮 🖾 →Specify Boundary Types 按钮 🖾，在 Specify Boundary Types 对话框里的 Name 中输入将要创建的边界条件名称 rufengkou，单击 Type 下面的按钮，选中 Outflow 类型，在 Entity 的 Faces 中选中如图 4-4-34 所示的阴影 Face，设置如图 4-4-35 所示。单击 Apply 按钮，完成入风口的边界条件设置。

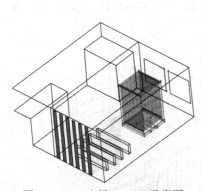

图 4-4-34　入风口 Face 示意图

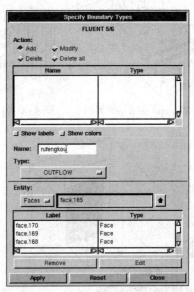

图 4-4-35　Specify Boundary Types 对话框

使用同样的方法，设置图 4-4-36 所示吸风口边界条件为：名称 xifengkou，类型 Velocity_ Inlet；将内存区机箱及 CPU 肋片外围区隐藏后，设置图 4-4-37 所示的边界条件为：名称 dianyuanmian，类型 Interface；隐藏电源硬盘区的机箱区域，显示内存机箱区。设置图 4-4-38 所示的边界条件为：名称 neicunmian，类型 Interface。

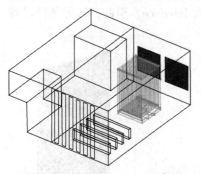
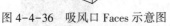

图 4-4-36　吸风口 Faces 示意图　　图 4-4-37　硬盘侧机箱分界面图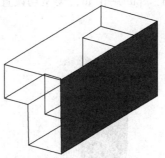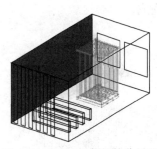　　图 4-4-38　CPU 侧机箱分界面

另外，CPU、肋片及外围部分的网格划分与内存区机箱内部网格划分也不同，因此需要将此两部分之间的 Interface 边界条件也定义出来。将 CPU、肋片及外围隐藏，设置图 4-4-39 所示边界条件为：名称 cpu-z-p-out，类型 Interface；按照同样的方法设置其他 Interface 边界条件。这里不再阐述方法，仅用图示表示，请读者自己完成。

将图4-4-40中阴影面取名 cpu-x-p-out，将图4-4-41中阴影面取名 cpu-x-n-out，将图 4-4-42中阴影面取名 cpu-y-p-out，将图4-4-43中阴影面取名 cpu-y-n-out，以上边界类型均为 Interface。

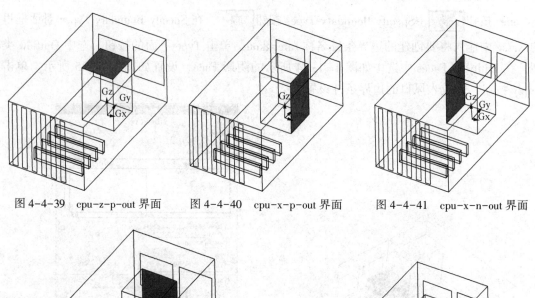

图 4-4-39　cpu-z-p-out 界面　　图 4-4-40　cpu-x-p-out 界面　　图 4-4-41　cpu-x-n-out 界面

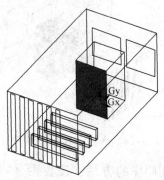

图 4-4-42　cpu-y-p-out 界面　　　　　　　图 4-4-43　cpu-y-n-out 界面

下面开始设置位于 CPU 一侧的 Interface，需要将 CPU 区显示出来而隐藏模型中的其他区域。使用上述方法，依次分别将图4-4-44~图4-4-48中的阴影面取名为 cpu-z-p-in、cpu-x-n-in、cpu-y-p-in、cpu-y-n-in、cpu-x-p-in，类型均设置为 Interface。至此，边界条件设置完成。

 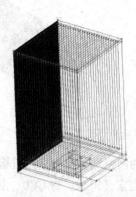 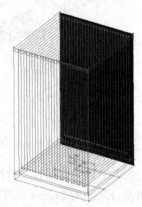

图 4-4-44　cpu-z-p-in 界面　　图 4-4-45　cpu-x-n-in 界面　　图 4-4-46　cpu-y-p-in 界面

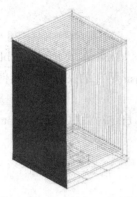

图 4-4-47　cpu-y-n-in 界面

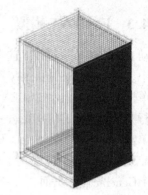

图 4-4-48　cpu-x-p-in 界面

（2）设置连续体类型

定义 CPU 和肋片为固体类型。具体操作方法是：依次单击 Zones 按钮 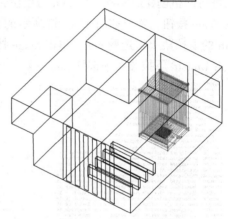 →Specify

Continuum Types 按钮 ，在 Specify Continuum
Types 对话框的 Name 中输入连续体类型名称
cpu，单击 Type 下面的按钮，选中 Solid 类型，
在 Entity 的 Volumes 里选中如图 4-4-49 所示的
阴影的 Volume，设置如图 4-4-50 所示。单击
Apply 按钮，图中阴影部分便被设置成固体区
域，名称为 cpu。

使用同样的方法，将图 4-4-51 中所示的阴影
部分取名 leipian。至此，在 GAMBIT 中的操作
完成。

（3）导出网格

图 4-4-49　CPU 示意图

执行菜单操作：File→Export→Mesh…，在 Export Mesh File 对话框中填入名称 cpu. msh，
单击 Accept 按钮，导入网格文件名称为 cpu. msh。

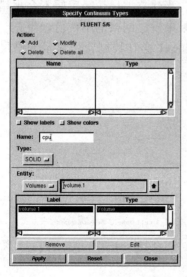

图 4-4-50　Specify Continuum Types 对话框

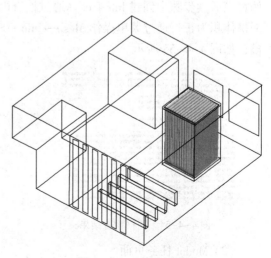

图 4-4-51　肋片示意图

199

4.4.3 FLUENT 模拟

启动 FLUENT Launcher，选中 Dimension 下面的 3D，确保 Options 下面的 Double Precision 不被选中。在 Working Directory 下面的文本框中填入 cpu. msh 所在的文件夹，其他设置保持默认，单击 OK 按钮启动 FLUENT。

进行菜单操作：File→Read→Mesh…，在弹出的 Select File 对话框中选中 cpu. msh 网格文件，单击 OK 按钮关闭 Select File 对话框并导入网格。

4.4.3.1 问题设置

(1) General 任务页面

启动 FLUENT 后，General 任务页面为默认显示的任务页面。单击 General 任务页面中 Mesh 下面的 Check 按钮进行网格检查，检查结果如图 4-4-52 所示。

由于 FLUENT 在导入网格文件时认为网格文件在创建时以 m 为长度单位进行，但本算例在进行网格创建时实际上以 mm 为单位，因此需要进行 scale 操作。单击 General 任务页面中的 Scale 按钮，弹出如图 4-4-53 所示的 Scale Mesh 对话框，在该对话框里 Mesh Was Created In 的下拉菜单中选择 mm，单击 Scale 按钮完成 Scale 操作。为了后续设置方便，在 View Length Unit In 下拉菜单中选择 mm。

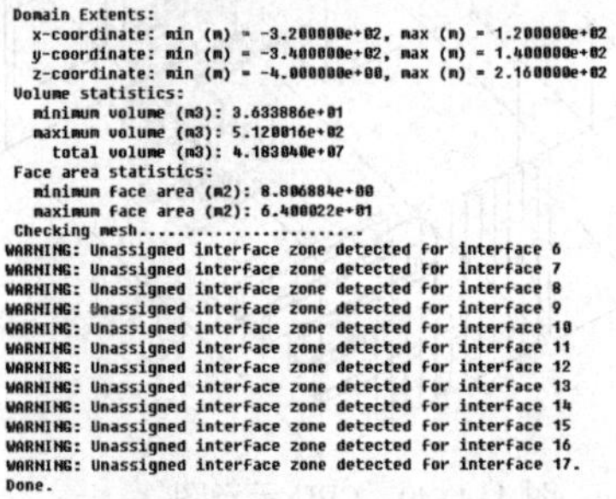

图 4-4-52　网格检查结果　　　　　　　　图 4-4-53　Scale Mesh 对话框

Scale 之后再次检查网格，结果如图 4-4-54 所示。由于本算例总存在 Interface 界面，在 FLUENT 没有创建 Interface 之前检查网格时都会报错，当建立 Interface 后便不会报错。本算例将在后续步骤中创建 Interface。通过检查网格的结果来看，网格的单位已经更正，且最小网格体积为正。通过菜单操作 Mesh→Info→Size，FLUENT 会在控制台中显示网格尺寸和规模，如图 4-4-55 所示。

图 4-4-54　网格检查结果

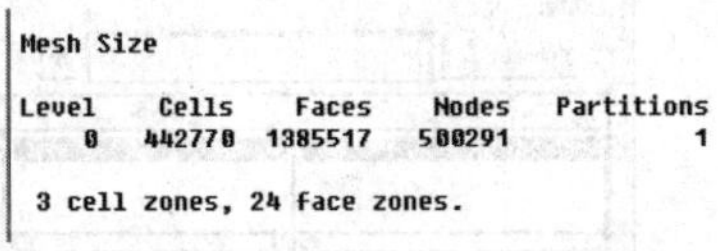

```
Mesh Size

Level   Cells    Faces    Nodes    Partitions
 0     442770   1385517  500291       1

3 cell zones, 24 face zones.
```

图 4-4-55　网格尺寸和规模

(2) Model 任务页面

双击导航栏中 Problem Setup 下方的 Models，进入 Models 任务页面。双击该任务页面中的 Energy，出现如图 4-4-56 所示的 Energy 对话框。单击 Energy Equation 前面的复选框选中后，单击 OK 按钮，关闭 Energy 对话框。

在 Models 任务页面中，双击 Viscous，出现如图 4-4-57 所示的 Viscous Model 对话框。单击该对话框里 k-epsilon(2 eqn)前面的单选框，其他设置保持默认；单击 OK 按钮，关闭 Viscous Model 对话框。

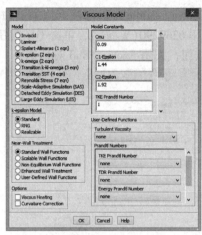

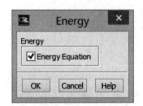

图 4-4-56　Energy 对话框　　　　　　　　　　　图 4-4-57　Viscous Model 对话框

（3）Materials 任务页面

本算例涉及到的流体工质为空气，涉及到的固体材料为铜和铝。双击导航栏中 Problem Setup 下方的 Materials 进入 Materials 任务页面。在该任务页面中可以看到，空气 air 和铝 aluminum 已经包含在 Materials 中，现需要把铜加入 Materials 中。点击 Materials 任务页面下的 Create/Edit 按钮，出现 Create/Edit Materials 对话框，如图 4-4-58 所示。

在 Create/Edit Materials 对话框中，单击 FLUENT Database 按钮，出现如图 4-4-59 所示的 FLUENT Database Materials 对话框，在该对话框里的 Material Type 下拉菜单中选择 solid，保持 Order Materials by 下面选择 Name，以便通过名称排序查找。在 FLUENT Solid Materials 列表中找到 copper(cu)，单击选中，然后单击 Copy 按钮，将 copper 复制到算例所涉及到的材料中，单击 Close 按钮关闭 FLUENT Database Materials 对话框；然后单击 Create/Edit Materials 对话框中的 Close 按钮，关闭 Create/Edit Materials 对话框。

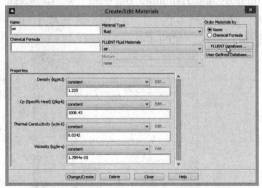

图 4-4-58　Create/Edit Materials 对话框　　　　　图 4-4-59　FLUENT Database Materials 对话框

（4）Cell Zone Conditions 任务页面

双击导航栏中 Problem Setup 下方的 Cell Zone Conditions，进入 Cell Zone Conditions 任务

页面。单击该任务页面 Zone 选项区中的 cpu，单击 Edit…按钮，出现 Solid 对话框，如图 4-4-60 所示。在 Solid 对话框中，Material Name 下拉菜单中选择 copper，单击选中 Source Terms 前面的复选框，然后单击 Source Terms 选项卡标题切换到该选项卡。在 Source Terms 选项卡中单击 Edit 按钮，出现 Energy sources 对话框，如图 4-4-61 所示。单击 Number of Energy sources 右边向上的箭头，使 Number of Energy sources 右边的文本框为 1，在下面的第 1 个 Energy source 中，保持下拉菜单为 constant，在左边的文本框中填入 cpu 单位体积的发热功率 6269290(W/m^3)，单击 OK 按钮关闭 Energy sources 对话框，单击 Solid 对话框中的 OK 按钮，关闭 Energy Solid 对话框。

图 4-4-60　Solid 对话框

图 4-4-61　Energy sources 对话框

（5）Boundary Conditions 任务页面

双击导航栏中 Problem Setup 下方的 Boundary Conditions 转换到 Boundary Conditions 任务页面。单击该任务页面 Zone 下面的 xifeng 以选中，单击 Edit…按钮，弹出 Velocity Inlet 对话框，如图 4-4-62 所示。在 Velocity Inlet 对话框的 Momentum 选项卡中，在 Velocity specification Method 下拉菜单中选择速度指定方式 Magnitude and Direction，保持 Reference Frame 为 Absolute，在 Velocity Magnitude 中输入速度大小 10，在 X-Component of Flow Direction 中填入 0，Y-Component of Flow Direction 中填入 1，Z-Component of Flow Direction 中填入 0。在 Turbulence 下面的 Specification Method 下拉菜单中选中 Intensity and Hydraulic Diameter，在 Turbulent Intensity 中填入 5，在 Hydraulic Diameter 中填入 100，其他保持默认。单击 Thermal 选项卡标题切换到 Thermal 选项卡，在 Temperature 中填入环境温度 299K，如图 4-4-63 所示。

图 4-4-62　Velocity Inlet 对话框

图 4-4-63　Thermal 选项卡

（6）Mesh Interfaces 任务页面

双击导航栏中 Problem Setup 下方的 Mesh Interfaces，转换到 Mesh Interfaces 任务页面；单击该任务页面中的 Create/Edit…按钮，打开 Create/Edit Mesh Interfaces 对话框。在 Create/Edit Mesh Interfaces 对话框的 Mesh Interface 中填入要创建的交界面名称 jixiang，在 Interface Zone 1 中选中 dianyuanmian，在 Interface Zone 2 中选中 neicunmian，单击 Create 按钮创建名为 jixiang 的交界面，如图 4-4-64 所示。按照同样的方法，建立名为 cpu-x-n 的交界面，界面区为 cpu-x-n-in 和 cpu-x-n-out；建立名为 cpu-x-p 的交界面，界面区为 cpu-x-p-in 和 cpu-x-p-out；建立名为 cpu-y-n 的交界面，界面区为 cpu-y-n-in 和 cpu-y-n-out；建立名为 cpu-y-p 的交界面，界面区为 cpu-y-p-in 和 cpu-y-p-out；建立名为 cpu-z-p 的交界面，界面区为 cpu-z-p-in 和 cpu-z-p-out；创建完毕后如图 4-4-65 所示。

图 4-4-64　Create/Edit Mesh Interfaces 对话框

图 4-4-65　Mesh Interfaces 任务页面

4.4.3.2　求解设置（Solution）

（1）Solution Methods 任务页面

双击导航栏中 Solution 下方的 Solution Methods，进入如图 4-4-66 所示的 Solution Methods 任务页面。在该任务页面中，压力速度耦合采用默认的 SIMPLE 算法，在 Spatial Discretization 中，Momentum、Turbulent Kinetic Energy 和 Turbulent Dissipation Rate 均采用 Second Order Upwind 格式，其他采用默认设置。

（2）Monitor 任务页面

双击导航栏中 Solution 下方的 Monitors，进入 Monitors 任务页面，在该任务页面里选中 Residuals，单击 Edit…按钮，将弹出如图 4-4-67 所示的 Residual Monitors 对话框。在 Residual Monitors 对话框中，各项 Residual 的 Absolute Criteria 均设为 1e-6，单击 OK 关闭 Residual Monitors 对话框。

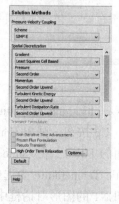

图 4-4-66　Solution Methods 任务页面

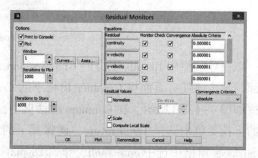

图 4-4-67　Residual Monitors 对话框

（3）Solution Initialization 任务页面

双击导航栏中 Solution 下方的 Solution Initialization，进入 Solution Initialization 任务页面，在该任务页面下面选择 Standard Initialization，在 Compute from 下拉菜单中选择 xifeng，单击 Initialize 按钮使用吸风口参数初始化整个流场。

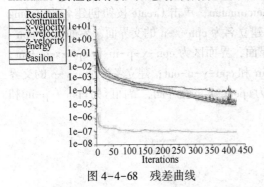

图 4-4-68　残差曲线

（4）Run Calculation 任务页面

双击导航栏中 Solution 下方的 Run Calculation，切换到 Run Calculation 任务页面。在 Run Calculation 任务页面中，Number of Interations 下填入 450，其他保持默认，单击 Calculate 开始迭代计算。图形对话框中显示的残差曲线如图 4-4-68 所示。

在计算结束后应该保存结果，具体的操作方法是：执行菜单操作：File → White → Case&Data，调出 Select File 对话框。在 Case/Data File 的文本框填入 cpu，单击 OK，关闭 Select File 对话框，并将算例保存为 cpu. cas 和 cpu. dat 文件。

4.4.4　模拟结果分析

4.4.4.1　显示 CPU 表面温度

首先，需要建立包裹 CPU 表面的 Surface。具体的操作方法是：执行菜单操作：Surface →Zone，弹出 Zone Surface 对话框（图 4-4-69）。在该对话框里的 Zone 窗格中单击 cpu 以选中，在 New Surface Name 中填入 cpu-shell，单击 Create 按钮，则创建了名为 cpu-shell 的 Surface。单击 Close 按钮关闭 Zone Surface 对话框。

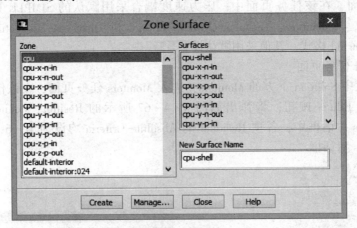

图 4-4-69　Zone Surface 对话框

双击导航栏中 Results 下方的 Graphics and Animations，进入 Graphics and Animations 任务页面。单击该任务页面里 Graphics 窗格下的 Contours，单击 Setup Up 按钮，弹出 Contours 对话框如图 4-4-70 所示。在 Contours 对话框中，复选 Options 下面的 Filled，在 Contours of 下面的下拉菜单中选择 Temperature，确保其下的下拉菜单中的 Static Temperature 为选中状态，在 Surfaces 窗格中选中 cpu-shell，单击 Display 按钮。这样，FLUENT 的图形对话框中便显示出 CPU 表面的温度分布云图，如图 4-4-71 所示。

204

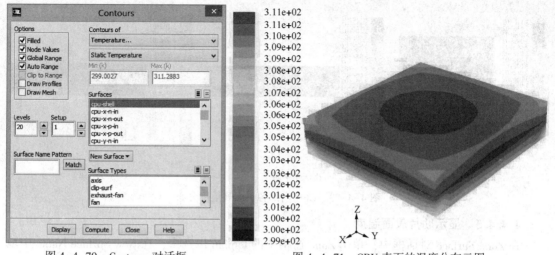

图 4-4-70　Contours 对话框　　　　　　　　图 4-4-71　CPU 表面的温度分布云图

4.4.4.2　显示 CPU 内部温度

建立穿过 CPU 内部的两个平面。具体操作方法：执行菜单操作：Surface→Iso-Surface，调出如图 4-4-72 所示的 Iso-Surface 对话框。在该对话框里的 From Zones 窗格中选中 cpu，在 Surface of Constant 下拉菜单中选中 Mesh…，在其下的下拉菜单中选中 Z-Coordinate，在 Iso-Values 中填入 0，在 New Surface Name 中填入新创建的 Surface 名称 cpu-z=0，单击 Create 按钮，创建名为 cpu-z=0 的仅在 cpu zone 的 z=0 Surface。按照同样方法，创建仅在 cpu zone 的 x=0 和 y=0 Surface，分别取名为 cpu-x=0 和 cpu-y=0。单击 Close 按钮，关闭 Iso-Surface 对话框。

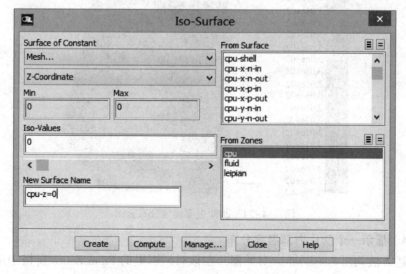

图 4-4-72　Iso-Surface 对话框

按照前述方法调出 Contours 对话框，在该对话框里 Contours of 下面的下拉菜单中选择 Temperature，确保其下方下拉菜单中的 Static Temperature 为选中状态，在 Surfaces 窗格中选中 cpu-z=0，单击 Display 按钮。这样，FLUENT 的图形对话框中便显示出 CPU 内部 z=0 平面的温度分布云图，如图 4-4-73（a）所示。按照同样方法，分别显示出 CPU 内部 x=0 和 y=0 平面的温度分布云图，如图 4-4-74（b）和图 4-4-75（c）所示。

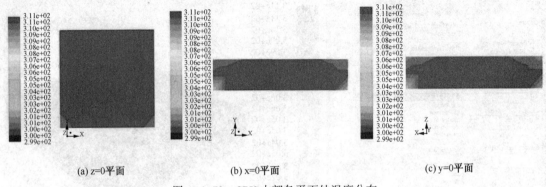

(a) z=0平面   (b) x=0平面   (c) y=0平面

图 4-4-73　CPU 内部各平面处温度分布

4.4.4.3　显示肋片表面温度

在 Zone Surface 对话框中，单击 Zone 窗格中的 leipian 以选中，在 New Surface Name 中填入 leipian-shell，单击 Create 按钮，则创建了名为 leipian-shell 的 Surface。单击 Close 按钮，关闭 Zone Surface 对话框。

按照前述方法调出 Contours 对话框，在该对话框里 Contours of 下面的下拉菜单中选择 Temperature，确保其下下拉菜单中的 Static Temperature 为选中状态，在 Surfaces 窗格中选中 leipian-shell，单击 Display 按钮。这样，FLUENT 的图形对话框中便显示出肋片表面温度分布云图，如图 4-4-74 所示。

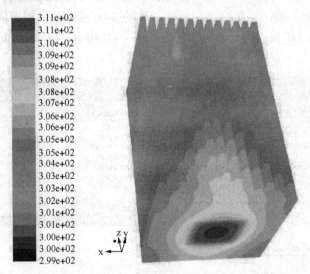

图 4-4-74　肋片表面温度分布云图

4.4.4.4　显示一个肋片内部温度分布

使用前述方法调出 Iso-Surface 对话框，在该对话框里的 From Zones 窗格中选中 leipian，在 Surface of Constant 的下拉菜单中选中 Mesh…，在其下下拉菜单中选中 X-Coordinate，在 Iso-Values 中填入 0，在 New Surface Name 中填入新创建的 Surface 名称 leipian-x=0，单击 Create 按钮创建名为 leipian-x=0 的、仅在 leipian zone 的 x=0 Surface。

调出 Contours 对话框，在该对话框里 Contours of 下面的下拉菜单中选择 Temperature，确保其下下拉菜单中的 Static Temperature 为选中状态，在 Surfaces 窗格中选中 leipian-x=0，单击 Display 按钮。这样，FLUENT 的图形对话框中便显示出 1 个肋片内部温度分布云图，如

图 4-4-75 所示。

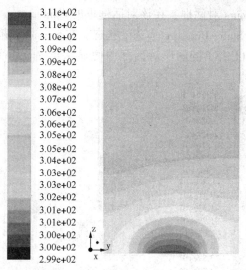

图 4-4-75　1 个肋片内部温度分布

4.4.4.5　显示机箱内部截面流场

使用前述方法调出 Iso-Surface 对话框，在该对话框里 From Zones 窗格中选中 fluid，在 Surface of Constant 的下拉菜单中选中 Mesh…，在其下下拉菜单中选中 Z-Coordinate，在 Iso-Values 中填入 50，在 New Surface Name 中填入新创建的 Surface 名称 fluid-z=50；单击 Create 按钮，创建名为 fluid-z=0 横穿机箱的 Surface。

按前述方法进入 Graphics and Animations 任务页面，单击 Graphics 窗格下的 Vectors，单击 Setup Up 按钮，弹出如图 4-4-76 所示的 Vectors 对话框。在该对话框里的 Vectors of 下拉菜单中选中 Velocity，在 Color by 下面保持 Velocity…和 Velocity Magnitude 不变，在 Surfaces 窗格中选中 fluid-z=0，单击 Display 按钮。这样，便在图形对话框中显示出 z=50 高度处机箱内流体流动速度矢量图，如图 4-4-77 所示。

图 4-4-76　Vectors 对话框

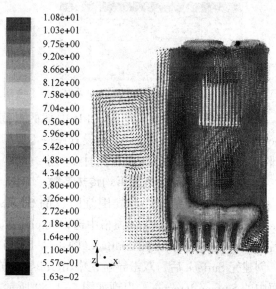

图 4-4-77　z=50 高度处机箱内流体流动速度矢量图

4.4.4.6 显示机箱内部截面压力场

按前述方法调出 Contours 对话框，在该对话框里的 Contours of 下拉菜单中选择 Pressure，确保其下的下拉菜单中的 Static Pressure 为选中状态，在 Surfaces 窗格中选中 fluid-z=50，单击 Display 按钮。这样，FLUENT 的图形对话框中便显示出 z=50 高度处机箱内压力分布云图，如图 4-4-78 所示。

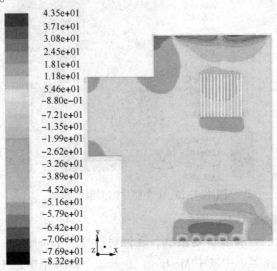

图 4-4-78　z=50 高度处机箱内压力分布云图

4.4.4.7 显示 CPU 内部的平均温度和最高温度

双击导航栏中 Results 下方的 Reports 进入 Reports 任务页面，双击其中的 Volume Integrals，出现如图 4-4-79 所示的 Volume Integrals 对话框。在该对话框里的 Report Type 下选中 Volume-Average，在 Field Variable 下拉菜单中选中 Temperature，在 Cell Zones 中选中 CPU，单击 Compute 按钮。这时会在 Volume-Weighted Average 中显示计算结果：310.953K。同时，在 FLUENT 的文字终端也将显示计算结果，如图 4-4-80 所示。

图 4-4-79　Volume Integrals 对话框

```
              Volume-Weighted Average
                 Static Temperature                (k)
              ----------------------------------------
                               cpu            310.95297
              ----------------------------------------
                               Net            310.95297
```

图 4-4-80　终端显示的平均温度值

按照同样的方法也可以计算 CPU 内部的最高温度值。在 Volume Integrals 对话框里的 Report Type 下选中 Maximun，其他设置保持不变，单击 Compute 按钮，则在 Max 中显示 CPU 内部最高温度值 311.3034K，并同时在文字终端中显示。

4.4.4.8 计算肋片表面平均传热系数

在计算之前需要首先建立围绕肋片的 Surface。进行菜单操作：Surface→Zone…，在 Zone Surface 对话框中，Zone 窗格中选中 leipian，其他保持默认，单击 Create 按钮，便创建了名为 leipian 的包裹肋片的 Surface（图 4-4-81）。

创建完 Surface 后，双击导航栏中 Results 下方的 Reports 进入其任务页面，双击该任务页面中的 Surface Integrals，出现如图 4-4-82 所示的 Surface Integrals 对话框。在该对话框里的 Report Type 下拉菜单选中 Area-Wieghted Average，在 Field Variable 下拉菜单中选中 Wall

Fluxes，并选中 Surface Heat Transfer Coef，在 Surfaces 窗格中选中 leipian，单击 Compute 按钮，便会在文字终端中显示 leipian 表面传热系数，如图 4-4-83 所示。

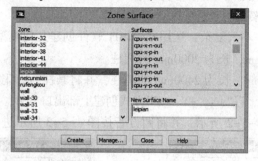

图 4-4-81　Zone Surface 对话框

图 4-4-82　Surface Integrals 对话框

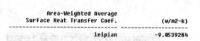

图 4-4-83　leipian 表面平均传热系数

§4.5　套管换热器对流换热的数值模拟

套管换热器广泛的应用于换热管强化传热性能的测试和工程应用中，学习套管换热器的数值模拟对于科学研究或设法强化传热管的性能具有重要意义。通过对该问题进行数值模拟，可以掌握应用 GAMBIT 软件进行较为复杂的建模和网格划分过程，以及对多个域同时进行数值模拟。

4.5.1　问题描述

流体在套管换热器进行对流换热，内管直径 Φ20mm，总长 2400mm；套管直径 Φ40mm，总长 2000mm，轴向居内管中间布置，离内管两端各 200mm。为便于高质量划分网格，套管的进出口用方管代替，截面尺寸为 20mm×20mm，并设进出口截面距离轴线为 140mm；进出口方管距离套管两端分别为 50mm，如图 4-5-1 所示。为简单起见，假设管内和套管间的流体均为水，常物性，流动均为层流。下面介绍运用 FLUENT 软件模拟其流动与对流传热情况。

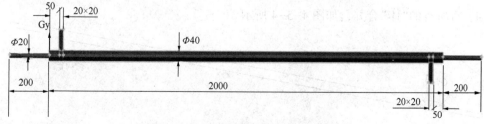

图 4-5-1　套管换热器结构尺寸示意图

4.5.2 运用 GAMBIT 建模

4.5.2.1 建立几何模型

本算例的几何模型并不太复杂，运用 GAMBIT 软件创建几何模型的步骤如下：

（1）创建半径为 20mm、长为 2000mm 的圆柱。

（2）创建半径为 10mm、长为 2400mm 的圆柱，并将其往 -z 轴移动 200mm。

（3）创建进出口方管，以"+X，+Y，+Z"方式创建上部出口方管，以"-X，-Y，-Z"方式创建下部进口方管，如图 4-5-2 所示；并将两方管按图 4-5-3 所示进行移动。

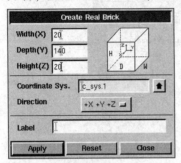 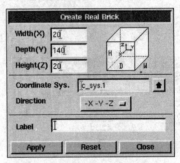

（a）上部出口方管   （b）下部进口方管

图 4-5-2 创建进出口方管

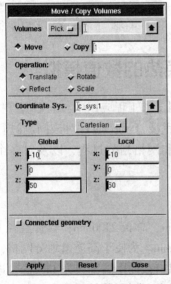 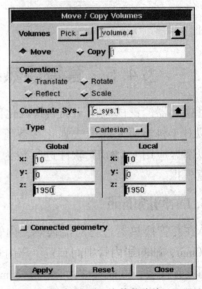

（a）上部出口方管的移动   （b）下部进口方管的移动

图 4-5-3 移动进出口方管到相应位置

（4）将所有的"体"合并，如图 4-5-4 所示。

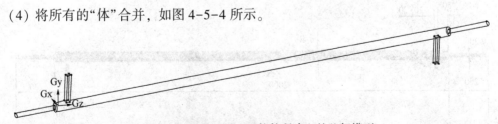

图 4-5-4 运用 GAMBIT 软件所建立的几何模型

210

4.5.2.2 划分网格

（1）模型分块

为了增加操作者对划分网格的控制，提高网格质量，需要将"体"进行分块。在图4-5-4所示的几何模型中，将按以下思路进行分块：

① 作一直径为Φ20mm的、足够长的圆柱，用其圆柱面将套管与内管分开；

本步骤可能会导致有些读者产生疑问，既然现在还要切开，那么在上一步这两个体不进行合并不是一样吗？实际上，如果不合并将有多余的体或面存在，会导致计算出错。

② 作一直径为Φ40mm的、足够长的圆柱，用其圆柱面将进出口方管与套管分开；

③ 作一xy平面，在套管两端、方管两侧分别切割，形成多段；

④ 作一足够大的xz平面，将所有圆柱体分成上下两部分；进行本步操作的目的是控制轴向的间隙。

按上述步骤操作后，图4-5-4所示的几何体将被切成26个几何块，如图4-5-5所示。

图4-5-5 模型分块

（2）横截面网格的划分

套管向内单向、内管内外双向作0.5×1.2×4的边界层；环间径向以间距1均分，内管直径以20等分均分，环间两部分以Map方式，内管两半圆以Pave方式划分的横截面网格如图4-5-6所示，环间部分半环面单元数390，内管半圆面单元数221。

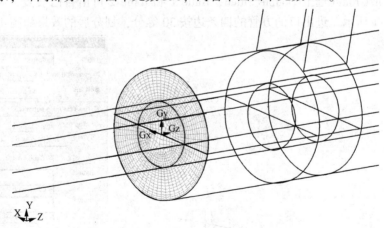

图4-5-6 横截面网格的划分

（3）面网格的拷贝（Link）

点击图4-5-7所示的按钮，将出现如图4-5-8所示的面网格拷贝（Link）对话框，选择对应的面，将刚刚所做的横截面网格拷贝（Link）到其他相对应的面上，结果如图4-5-9所示。注意，与进出口接管的横截面因圆弧有断点不能拷贝（Link），需要划分。

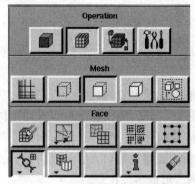
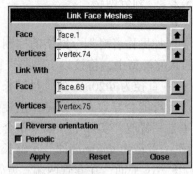

图 4-5-7 面网格拷贝(Link)工具栏 　　　　图 4-5-8 面网格拷贝(Link)对话框

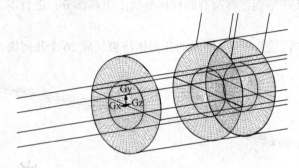

图 4-5-9 横截面网格的拷贝(Link)(部分)

（4）轴向间距的划分

如图 4-5-10 所示，选上相应的线段，将图示的三部分分别以 40 等分、20 等分和 10 等分均分，装置右端对称的三部分也以此进行划分。

进出口中间部分按中间宽，接近进出口管窄的方式进行划分，以免网格变化太剧烈，按300 分，Last First Ratio 选上 Double Sided，Ratio 1 和 Ratio 2 可由自己设置，本例中设置为3，如图 4-5-11 所示。进出口的方管的四条边按 30 等分，划分后的效果如图 4-5-12 所示。

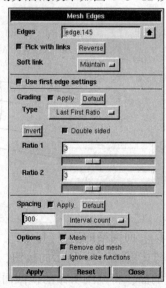

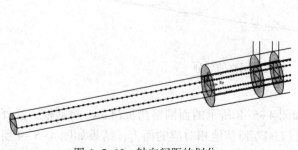
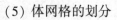

图 4-5-10 轴向间距的划分 　　　　图 4-5-11 变轴向间距划分方式

（5）体网格的划分

212

图 4-5-12　各线段划分后的图形

上述工作完成后，就可以进行体网格的划分了，依次选上各个"体"，由于横截面和轴向线段均以手动划分完毕，只需要按默认 Map 或 Cooper 方式进行划分即可，如图 4-5-13 所示。

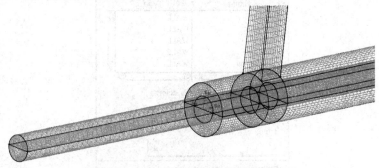

图 4-5-13　划分后的网格图(局部)

4.5.2.3　边界条件的设定

（1）流体域的设定

套管换热器有两种流体分别在管内和套管间流动，因此需要设定两个流体域。用鼠标点击 GAMBIT 软件操作界面右方如图 4-5-14 所示的按钮，将弹出如图 4-5-15 所示的对话框，首先设置管程，输入名称"tube-pass"，并选取所有内管的"体"；然后设置壳程，输入名称"shell-pass"，并选取所有套管以及进出口的"体"。

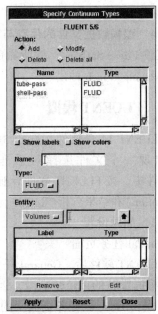

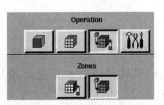

图 4-5-14　设置流体域的工具栏　　　　图 4-5-15　流体域的设置

213

（2）边界条件的设定

在本实例中，主要包括管程进出口、壳程进出口、壁面以及内管和套管之间的耦合壁面，分别进行设置了 tube-in、tube-out、shell-in、shell-out、tube-w、shell-w 和 coupled-w 等 7 个边界条件，如图 4-5-16 所示。

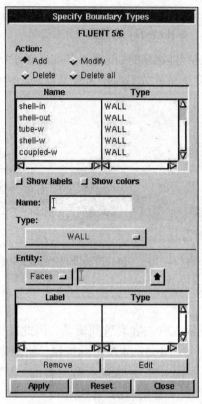

图 4-5-16　边界条件的设定

4.5.2.4　建模数据文件的保存与网格文件的输出

点击菜单 File→Save as，将所做的模型文件保存为 SingletubeExchanger 并将网格文件 SingletubeExchanger. msh 输出。

4.5.3　FLUENT 模拟

启动 FLUENT 14.0 软件，选择 3D，进入 FLUENT 软件界面。点击菜单 File→Read→Mesh…，出现一个文件选择对话框，将建立的 SingleTubeExchager. msh 模型文件读入 FLUENT 软件中。按 FLUENT 软件导航栏中所示的三部分——问题设置（Problem Setup）、求解设置（Solution）和结果分析（Results）进行逐项设置。

4.5.3.1　问题设置

（1）General 任务页面

启动 FLUENT 软件后，General 任务页面为 FLUENT 软件默认显示的任务页面。在应用 GAMBIT 建模时默认的单位是毫米，因此将模型读入 FLUENT 软件以后，首先要将其转变成实际大小，点击 General 任务页面中的 Scale…按钮，弹出 Scale Mesh 对话框如图 4-5-17 所示，在 Mesh Was Created In 下方的下拉菜单中，选择 mm，点击 Scale 按钮，将模型尺寸缩小 1000 倍。

214

（2）Models 任务页面

双击导航栏 Problem Setup 下方第二项 Models，FLUENT 软件的任务页面将转到 Models 任务页面。在进行 Models 任务页面设置时，本实例只需将 Energy 能量方程选上，其他项不用设置，如图 4-5-18 所示。

图 4-5-17　改变模型长度单位

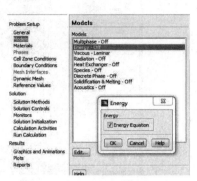

图 4-5-18　Model 模型设置

（3）Material 任务页面

双击导航栏中 Problem Setup 下方的 Materials 项，将转换到 Materials 任务页面。选中任务页面中的 Fluid 然后点击 Create/Edit … 按钮，或直接双击 Fluid，将出现 Create/Edit Material 对话框。点击右侧的 FLUENT Database … 按钮，将弹出 FLUENT Database 对话框，选择其中的 water-liquid。为了后面计算流量方便，可对介质参数进行修改，本例中将密度由 998.2 改为 1000、动力黏度由 0.001003 改为 0.001，以便后面计算 $Re = 1000$ 时的质量流量，如图 4-5-19 所示。本实例中，为简单起见，管内和套管均以水作为流体介质。

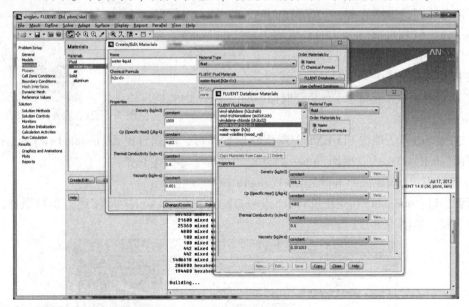

图 4-5-19　流动介质物性参数的定义

（4）Cell Zone Conditions 任务页面

双击导航栏中 Problem Setup 下方的 Cell Zone Conditions 项，将转换到 Cell Zone Conditions 任务页面。在该任务页面中设置流体的种类，将前面定义的"water-liquid"分别设置为 tube-pass 管程和 shell-pass 壳程的流体介质，如图 4-5-20 所示。

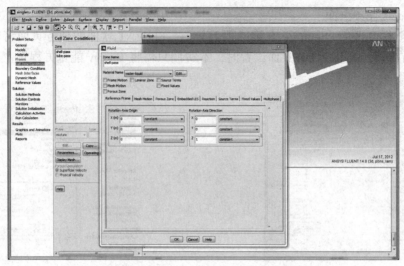

图 4-5-20　Cell Zone Conditions 单元域条件设置

（5）Boundary Conditions 任务页面

在前面建模过程中，所有的边界都是定义为 WALL 类型，在本小节中将把它们改成实际的边界情况。

双击导航栏中 Problem Setup 下方的 Boundary Conditions 项，将转换到 Boundary Conditions 边界条件设置的任务页面，如图 4-5-21 所示。在 Boundary Conditions 任务页面中对边界条件进行修改或设置。本实例在 GAMBIT 软件建模时分别定义了耦合壁面（coupled-w）、套管壁面（shell-w）、内管壁面（tube-w）、管程进口（tube-in）、管程出口（tube-out）、壳程进口（shell-in）和壳程出口（shell-out）七个边界条件，下面将在 FLUENT 软件中分别对其进行设置。

图 4-5-21　边界条件设置界面

① 耦合壁面（coupled-w）、套管壁面（shell-w）、内管壁面（tube-w）的设置

上述三个边界条件按 FLUENT 中默认的设置即可，即耦合壁面（coupled-w）为 coupled，套管壁面（shell-w）、内管壁面（tube-w）热流密度等于零的绝热条件。

② 管程出口（tube-out）和壳程出口（shell-out）的设置

管程出口（tube-out）和壳程进口（shell-in）均设置为 pressure outlet 压力出口条件，并将其值设为零，如图 4-5-22 所示。

图 4-5-22　管程和壳程出口边界条件的设置

③ 管程进口(tube-in)的设置

管程进口(tube-in)设置为 mass-flow-inlet 质量流量入口条件，设管程的雷诺数为1000，具体的值可根据需要进行设定。根据雷诺数的定义式，

$$Re = \frac{\rho u d}{\mu} = \frac{\rho u d \frac{\pi d}{4}}{\mu \frac{\pi d}{4}} = \frac{\dot{m}}{\mu \frac{\pi d}{4}} \qquad (4-5-1)$$

可计算出介质为水、$Re = 1000$ 时的质量流量为，

$$\dot{m} = Re \cdot \mu \frac{\pi d}{4} = 1000 \cdot 0.001 \cdot \frac{\pi \cdot 0.02}{4} = 0.015708 \text{ kg/s} \qquad (4-5-2)$$

④ 壳程进口(shell-in)的设置

壳程进口(shell-in)也设置为 mass-flow-inlet 质量流量入口条件，与管程入口不同的是需要在雷诺数的定义式中用当量直径，环形空间的当量直径为大小直径之差，即20mm。设壳程的雷诺数为500，先由雷诺数的定义式算出 ρu，然后再乘以套管的环形截面积。

$$Re = \frac{\rho u d_h}{\mu}, \ \ 即 \ 500 = \frac{\rho u \cdot 0.02}{0.001} \Rightarrow \rho u = 25$$

$$\dot{m} = \rho u \frac{\pi}{4}(0.04^2 - 0.02^2) = 0.023561945 \text{kg/s}$$

将上述管程和壳程的质量流量输入相应的对话框中，如图4-5-23所示。并在 Thermal 选项表中，将管程入口温度设为350K，将壳程入口温度设为300K。

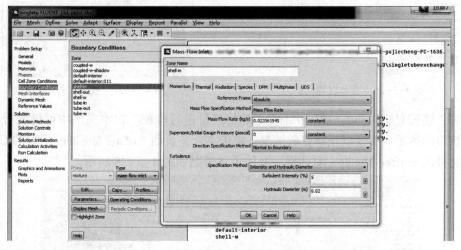

图4-5-23　管程和壳程进口边界条件的设置

4.5.3.2　Solution 求解设置

（1）Solution Methods 任务页面

双击导航栏中 Solution 下方的 Solution Methods 项，将转换到 Solution Methods 任务页面，通过本任务页面可以对求解方法进行设置。在本实例中，压力速度耦合选用 SIMPLEC 格式，空间离散格式中，压力选用 Standard 格式，其他物理量将采用 QUICK 格式，具体设置情况如图4-5-24所示。

（2）Solution Controls 任务页面

双击导航栏中 Solution 下方的 Solution Controls 项，将转换到 Solution Controls 任务页面，

如图 4-5-25 所示。需要注意一点的是能量方程默认的欠松弛因子是 1，有时该默认值不能收敛，可将其改为小于 1 的值，如 0.98。

图 4-5-24　求解方法设置

图 4-5-25　求解控制设置

（3）Monitors 任务页面

双击导航栏中 Solution 下方的 Monitors 项，将转换到 Monitors 任务页面，如图 4-5-26 所示。选中任务页面中的 Residuals-Print，Plot，点击下方的 Edit…按钮，或直接双击该选项，将弹出 Residual Monitors 对话框，如图 4-5-27 所示，将其中的能量方程项的残差值改为 1e-10。

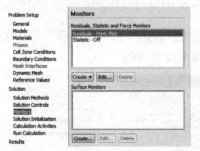

图 4-5-26　残差设置

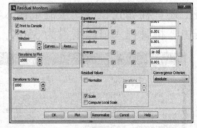

图 4-5-27　残差监控对话框

此外，还可对感兴趣的"面"和"体"上的物理量进行监控。在本实例中可设置管程出口和壳程出口的体平均温度以观察收敛情况。单击本任务页面 Surface Monitors 下方的 Create…按钮，将弹出 Surface Monitors 对话框，具体设置情况如图 4-5-28 所示。

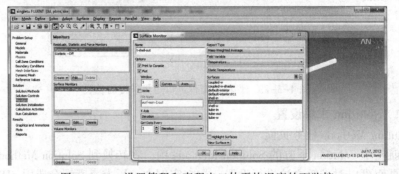

图 4-5-28　设置管程和壳程出口体平均温度的面监控

（4）Solution Initialization 任务页面

双击导航栏中 Solution 下方的 Solution Initialization 项，将转换到 Solution Initialization 任务页面，如图 4-5-29 所示。点击 Standard Initialization 单选按钮，按默认值进行初始化即可。

（5）Run Calculation 计算设置

双击导航栏中 Solution 下方的 Run Calculation 项，将转换到 Run Calculation 任务页面，如图 4-5-30 所示。在该任务页面的迭代次数 Number of Iterations 中，输入一个较大的数值，当满足设定的残差后程序将自动终止迭代，而在报告间隔（Reporting Interval）中，则需要根据具体情况输入，在本实例中网格数点较多，使用默认的 1 即可。

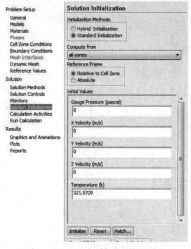 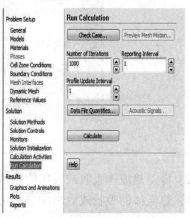

图 4-5-29　初始化设置界面　　　　　　　　　图 4-5-30　运算设置界面

设置完成后，点击 Calculate 按钮，程序将开始计算。在迭代过程中，当监控对话框中的物理量如管程和壳程的出口体平均温度不再随迭代发生变化时即可认为已经达到收敛，图 4-5-31 所示的是管程出口的体平均温度随迭代的变化情况，从图中可以看出，迭代约 200 步后就基本达到了收敛。

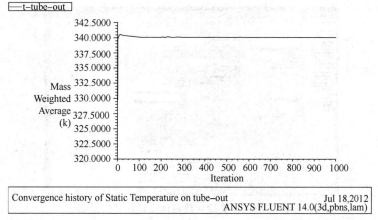

图 4-5-31　管程出口的体平均温度随迭代的变化

4.5.4　结果分析

4.5.4.1　热量衡算

（1）热流体通过耦合壁面传递给冷流体的热量

在对换热器的数值模拟中，可以通过检查热流体放出的热流、冷流体获得的热量以及热流体通过耦合壁面传递给冷流体的热量是否相等来验证数值模拟结果正确与否。热流体通过耦合壁面传递给冷流体的热量由热流密度对壁面积分来获得。

双击 Results 下方的 Reports，FLUENT 将转到 Reports 任务页面。双击任务页面中的 Surface integrals，将弹出 Surface integrals 对话框，如图 4-5-32 所示。按对话框中所示进行操作，然后点击弹出对话框的 Compute 按钮，将在程序的文字区显示热流体通过耦合壁面传递给冷流体的热量：651. 29181 W。

图 4-5-32　计算耦合壁面传热量

（2）冷、热流体吸收或放出的热量

冷、热流体的吸收或放出的热量可通过下式进行计算，

$$Q = \dot{m}c_p\Delta t \qquad\qquad (4-5-3)$$

式中，Q 表示要求冷、热流体吸收或放出的热量，W；$\dot{m}$ 为质量流量，kg/s；c_p 为比热容[本算例中为常物性，4182W/(kg·K)]；Δt 为冷、热流体的进出口温差，K。进出的温度在计算时已经设定，冷、热流体出口的温度可由如图 4-5-33 所示的步骤获得，其值显示在程序的文字区。

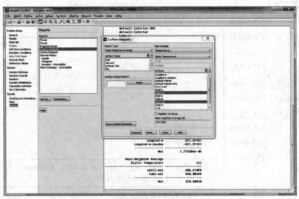

图 4-5-33　计算冷、热流体出口体平均温度

获得管程和壳程出口的体平均温度后，可计算出冷热流体吸收或放出的热量如表 4-5-1 所示，由计算结果可知，冷流体吸收的热量、热流体放出的热量和上面已获得的通过壁面传热的热量几乎相等，误差不到万分之一。

表 4-5-1　冷热流体吸收或放出的热量

流　程	质量流量/(kg/s)	进口温度/K	出口温度/K	流体放热/吸热/W
管　程	0. 015708	350	340. 0847	651. 3452014
壳　程	0. 023561945	300	306. 6105	−651. 375541

4.5.4.2　显示温度分布和速度分布

首先创建出感兴趣的截面、线段，然后再显示这些位置上的物理量分布，如温度分布和速度分布等。

（1）创建截面和壁面上的点

作为示例，下面将创建 x=0m（轴截面）、z=1m（横截面）以及（0，0.02，1）和（2，-0.02，1）两点连线的线段。

点击菜单 Surface→Iso-Surface…，将弹出如图 4-5-34 所示的创建截面对话框。在 Surface of Constant 下方的下拉菜单中选择 Mesh…，X-Coordinate 是 Mesh…项的默认值，点击 Compute 按钮，对话框中将显示出改变量的最小值和最大值。在 Iso-Values 中输入 0，在 New Surface Name 下方键入该截面的名称，如 x=0m，点击 Create 按钮，可以看到右方新增了一个 x=0m 的轴截面。按相同的方法在 Mesh…下方选 Z-Coordinate，可创建 z=1m 横截面。

点击菜单 Surface→Line/Rake…，将弹出如图 4-5-35 所示的创建截线段对话框。输入两个点的坐标（0，0.02，1）和（0，-0.02，1），输入线段名字 Line-z=1mx=0m，点击 Create 按钮即可。

图 4-5-34　创建面对话框图

图 4-5-35　创建线段对话框

（2）显示指定面的温度分布

创建完所需要的面后，可显示出这些指定面上的温度分布。双击导航栏 Results 下方的 Graphics and Animations，FLUENT 软件将转到如图 4-5-36 所示的 Graphics and Animations 任务页面。选择该任务页面中 Graphics 下方的 Contours，点击下方的 Set Up…按钮，将弹出 Contours 对话框，如图 4-5-37 所示。将该对话框中的 Filled 选项选上，物理量选择 Temperature…、Static Temperature，在 surface 中依次选上 x=0m、z=1m 的面，然后点击 Display 按钮，将显示出指定面的温度云图，如图 4-5-38、图 4-5-39 所示。

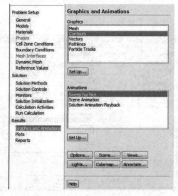

图 4-5-36　显示标量场选项

图 4-5-37　标量分布设置对话框

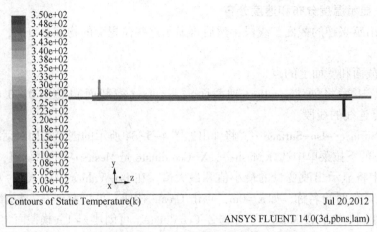

图 4-5-38　x=0m 轴截面上温度分布云图

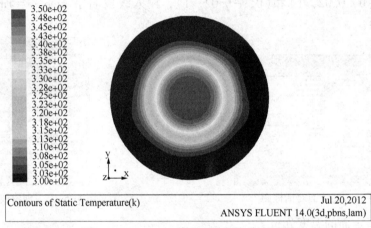

图 4-5-39　z=1m 横截面上温度分布云图

（3）作线段的温度分布

双击导航栏 Results 下方的 Plots，进入 Plots 任务页面，如图 4-5-40 所示。选择 Plots 下方的 XY Plot，然后点击 Set Up…按钮，将弹出如图 4-5-41 所示的 Solution XY Plot 对话框。在该对话框中选取 Temperature…、Static Temperature，并选取所作的线段 Line-z=1mx=0m，可点击 Curve 按钮，对曲线进行设置，最后点击 Plot 按钮，将显示该线段上的温度分布曲线，如图 4-5-42 所示。

图 4-5-40　Plots 选项

图 4-5-41　设置 XY Plot

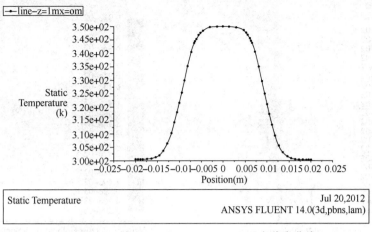

图 4-5-42　线段 Line-z=1mx=0m 上温度分布曲线

（4）显示指定面或线段的速度分布

双击导航栏 Results 下方的 Graphics and Animations，FLUENT 软件将转到如图 4-5-43 所示的 Graphics and Animations 任务页面。在该任务页面中选择 Vectors，点击 Set Up…按钮，将弹出如图 4-5-44 所示的 Vectors 对话框。在对话框中物理量选择 Velocity，在 Surface 中依次选上 x=0m、z=1m 和 Line-z=1mx=0m 的面或线，然后点击 Display 按钮，将显示出指定面的速度分布，如图 4-5-45、图 4-5-46 和图 4-5-47 所示。

图 4-5-43　显示矢量场选项

图 4-5-44 矢量分布设置对话框

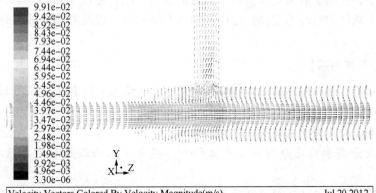

图 4-5-45　轴截面的速度分布图（x=0m，在套管出口位置局部放大）

223

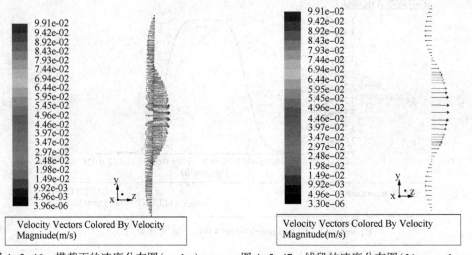

图 4-5-46　横截面的速度分布图(z=1m)　　　图 4-5-47　线段的速度分布图(Line-z=1mx=0m)

（5）作线段上速度分布图

采取与前述作温度分布相同的步骤，可将指定线段上的速度分布做成曲线，如图 4-5-48 所示。

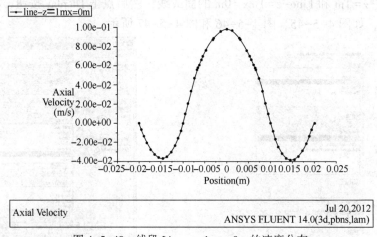

Axial Velocity	Jul 20,2012
	ANSYS FLUENT 14.0(3d,pbns,lam)

图 4-5-48　线段 Line-z=1mx=0m 的速度分布

在本算例中，介绍了有关套管换热器的数值模拟方法，通过本算例的学习，读者可以掌握应用 GAMBIT 软件进行较为复杂的建模和网格控制划分，以及对多个域同时进行数值模拟的方法。

【本章思考与练习题】

1. 结合§4.1 有关孔板流量计的算例，改变流量或改变孔板直径，应用 FLUENT 模拟在不同流量下孔板流量计的流出系数，并与 ISO 公式计算的结果进行比较。

2. 结合§4.2 有关圆管充分发展流动的算例，进行如下练习：

（1）将温度分布和速度分布输出到文件中，将各个点的温度和速度值与理论解进行比较；

（2）将热边界条件改为等壁温热边界条件，比如设壁面温度为 330K，计算努塞尔数(理论解为 3.66)。

（3）验证平行平板通道在等壁温和等热流情况下的努塞尔数（等热流时 $Nu=8.23$、等壁温时 $Nu=7.54$）。对于平行平板通道，注意不要选轴对称模型，可以用 2D 模型模拟完整通道，也可以只模拟一半通道，此时将原来轴的边界条件改为对称（symmetry）条件即可，计算步骤与圆管通道的模拟基本类似。

3. 结合§4.3有关柴油装车发油过程的算例，进行如下练习：

（1）任取非稳态计算得到的 6 个时刻的结果，绘制出 x=0 平面和 y=0 平面的柴油体积分数分布图，观察随着加油过程的进行，油罐内柴油体积分数分布随时间的变化。

（2）其他条件不变，试计算当加油速度为 1.2m/s 时，油罐内柴油体积分数达到 95% 时所需要的时间。

4. 建议读者阅读以下文献以扩展学习：Humphrey Pasley, Colin Clark. Computational fluid dynamics study of flow around floating-roof oil storage tanks[J]. Journal of Wind Engineering and Industrial Aerodynamics, 2000, 86(1): 37-54.

5. 结合§4.4有关CPU芯片散热的算例，进行如下练习：

（1）其他条件不变，改变风机吸风口风速为 5m/s，计算 CPU 内部的最高温度、CPU 平均温度和 CPU 表面温度分布；

（2）其他条件不变，改变 CPU 发热功率为 100W，计算 CPU 内部的最高温度、CPU 平均温度和 CPU 表面温度分布。

6. 关于CPU冷却的相关技术和相关的CFD技术，读者可阅读以下文献以拓展练习：

（1）mateusz Korpyś, mohsen Al-Rashed, Grzegorz Dzido, Janusz Wójcik. CPU Heat Sink Cooled by Nanofluids and Water: Experimental and Numerical Study[J]. Computer Aided Chemical Engineering, 2013, 32, 409-441.

（2）Jeehoon Choi, minjoong Jeong, Junghyun Yoo, minwhan Seo. A new CPU cooler design based on an active cooling heatsink combined with heat pipes[J]. Applied Thermal Engineering, 2012, 44, 50-56.

7. 结合§4.5有关套管换热器的算例，改变管内、套管的流速或流体的种类，对套管换热器的湍流状态进行数值模拟。

第5章 环境污染控制工程问题的数值模拟案例

§5.1 水力旋流器油水分离的模拟

水力旋流器是一种紧凑高效的离心分离设备，可用于液-固、液-液两相以及气-液-固三相混合物的分离。水力旋流器主要利用混合物在强旋流作用下所产生离心力的不同而使各相得以分离，在石油化工行业中广泛应用于油水或油气水混合物的分离处理。本节主要介绍应用 FLUENT 软件模拟水力旋流器进行油水分离的方法。

5.1.1 问题描述

比较典型的用于油水分离的水力旋流器有英国南安普顿大学 D. A. Colman 和 M. T. Thew 发明的双柱双锥型和美国 Amoco 公司 G. A. Young 等发明的双柱单锥型；本节主要介绍应用 FLUENT 软件对双柱双锥型水力旋流器进行模拟的方法。其结构尺寸如图 5-1-1 所示。油水混合物从切向入口进入，产生强旋流，由于水的密度比油重，进入水力旋流器后在离心力的作用下流向壁面并从底流口流出，而油相则被挤向水力旋流器的中心区域在背压作用下从溢流口流出，从而实现油水混合物的分离。

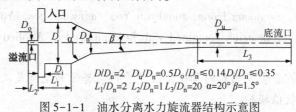

$D/D_n=2$ $D_u/D_n=0.5 D_o/D_n \leqslant 0.14 D_i/D_n \leqslant 0.35$
$L_1/D_n=2$ $L_2/D_n=1$ $L_3/D_n=20$ $\alpha=20°$ $\beta=1.5°$

图 5-1-1 油水分离水力旋流器结构示意图

5.1.2 运用 GAMBIT 建模

5.1.2.1 建立几何模型

为了保证网格划分均能采用比较规则的六面体网格，水力旋流器的两个切向入口以水力直径相等、截面为正方形的矩形管代替。D_n 取 40mm，图中的各部分尺寸均可由图 5-1-1 计算而得，运用 GAMBIT 软件进行建模，具体步骤如下：

（1）作半径为 40mm，高为 L_1（80mm）的圆柱；

（2）作大圆半径为 40mm、小圆半径为 20mm、高为 113.5mm 的圆锥台，然后沿着 Z 轴方向移动 80mm；

（3）作大圆半径为 20mm、小圆半径为 10mm、高为 764mm 的圆锥台，然后沿着 Z 轴方向移动 193.5mm；

（4）作高为 1200mm、半径为 10mm 的圆柱，然后沿着 Z 方向移动 957.5mm；

（5）作高为 40mm、半径为 2.8mm，沿着负 Z 方向的圆柱，即上部溢流段；

（6）作切向入口。以"+x，+y，+z"方式作边长为14mm，高为80mm的方柱，然后沿着y方向移动66mm；以"-x，-y，-z"方式作边长为14mm，高为80mm的方柱，然后沿着y方向移动-66mm、z方向移动14mm；

（7）将所做的所有体合并，几何模型建立完毕，几何模型的轮廓线图和阴影图分别如图5-1-2、图5-1-3所示。

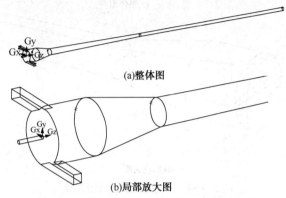

图5-1-2 水力旋流器几何模型的轮廓线图

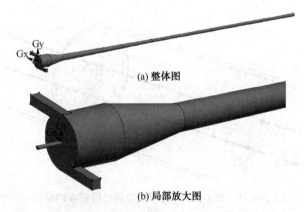

图5-1-3 水力旋流器几何模型的实体图

5.1.2.2 网格划分

在上述建模过程中，我们将所有的体合并为一个体，在进行网格划分时，再通过辅助面将其切开，之所以进行这样的操作，是为了防止在两个体之间的结合部存在双面，对计算可能产生影响。

（1）对体进行剖分

① 将两个切向入口分离：作一半径为40mm的圆柱，用该圆柱面将合并的体进行剖分；剖分完成后将该圆柱体删除；

② 作一300mm×300mm的xy平面，在Z=0、14、80、193.5、957.5mm处进行剖分（即原来的合并处和两个切向入口处的轴向位置），然后将该平面删除；

③ 作一300mm×5000mm的xz平面，将除了两个切向入口的体之外的所有的体剖分，然后将该平面删除，如图5-1-4所示。

（2）划分网格

① 横截面网格

在最小的底流口圆柱上划分网格，如图5-1-5所示。

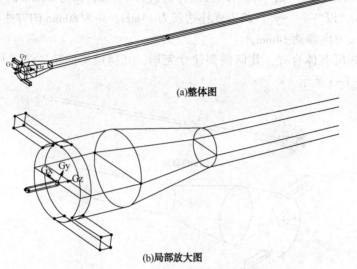

(a)整体图

(b)局部放大图

图 5-1-4　对体进行剖分后的图形

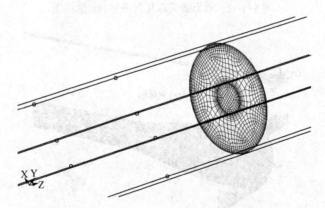

图 5-1-5　最小截面(底部出流圆柱横截面网格图)

② 轴向间距控制

对所有的体进行轴向剖分后，可对轴向的间距进行控制，各部分的间距如图5-1-6所示。

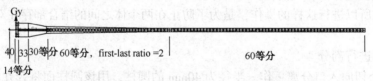

40│33│30等分│60等分，first-last ratio =2　　　60等分
14等分

图 5-1-6　割断轴向间距示意图

③ 体网格划分

在做好横截面网格和确定轴向间距后，即可对各个体进行体网格划分。依次选取各个体，采用 COOPER 方法自动划分即可。划分后的网格(溢流口附近局部放大图)如图 5-1-7 所示，从图中可以看出网格的质量非常不错。

④ 设置边界条件

在本例中，需要设置的边界条件有两个切向入口：inlet-n、inlet-s、顶部溢流口 outlet-up 和底部出流口 outlet-down。

228

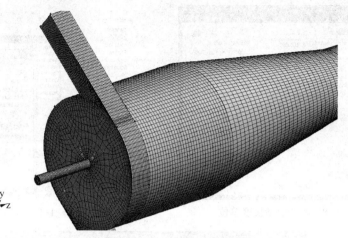

x y z

图 5-1-7　溢流口附近局部放大网格图

⑤ 将网格文件输出

点击菜单 File/Save As，将所作的网格文件保存在自己命名(本例中命名为 hydrocylone)的数据库中，然后将网格文件输出 hydrocylone. msh。至此几何建模和网格划分工作全部完成。

5.1.3　FLUENT 模拟

启动 FLUENT 14. 0 软件，选择 3D，进入 FLUENT 软件界面。点击菜单 File→Read→Mesh…，出现一个文件选择对话框，将建立的 hydrocylone. msh 模型文件读入 FLUENT 软件中，共有 513935 个节点。按 FLUENT 软件导航栏中的三大部分问题设置(Problem Setup)、求解设置(Solution)和结果分析(Results)进行逐项设置。

5.1.3.1　问题设置

(1) General 任务页面

启动 FLUENT 软件后，General 任务页面为 FLUENT 软件默认显示的任务页面。在应用 GAMBIT 建模时默认的单位是 m，因此将模型读入 FLUENT 软件以后，首先要将其转变成实际大小，点击 General 任务页面中的 Scale…按钮，弹出 Scale Mesh 对话框，如图 5-1-8 所示。在 Mesh Was Created In 下方的下拉菜单中选择 mm，点击 Scale 按钮，FLUENT 软件将把原来以 mm 为单位建立的模型转化为国际单位 m，模型 x、y 和 z 三个方向的尺寸数值均缩小 1000 倍。

(2) Models 任务页面

双击导航栏 Problem Setup 下方第二项 Models，FLUENT 软件的任务页面将转到 Models 任务页面。本实例的"多相流模型"和"湍流模型"需要在此任务页面中进行设置。

① 设置多相流模型

在 Models 任务页面下方选中 Multiphase，点击 Edit…按钮，将弹出多相流设置对话框，如图 5-1-9 所示。选中 Mixture，在本实例中，只有油、水两项，相数目 2 不需要改动，点击 OK 按钮完成设置。

② 设置湍流模型

在 Models 任务页面下方选中 Viscous，点击 Edit…按钮，将弹出湍流模型设置对话框，如图 5-1-10 所示。选择 Reynolds Stress(7eqn)模型，其他参数保持 FLUENT 软件默认设置，点击 OK 按钮完成湍流模型设置。

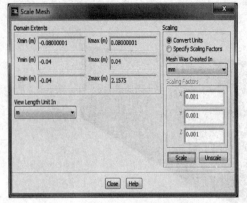

图 5-1-8　改变模型长度单位

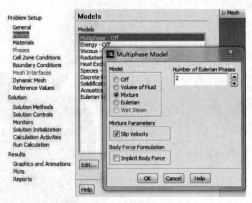

图 5-1-9　设置多相流模型

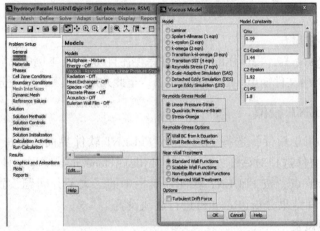

图 5-1-10　设置湍流模型

（3）Materials 任务页面

在本实例中，水力旋流器的介质为油水混合物，其中的油用 FLUENT 软件中介质数据库中的煤油代替。双击导航栏中 Problem Setup 下方的 Materials，FLUENT 软件将转到 Materials 任务页面。选中任务页面中的 Fluid 然后点击 Create/Edit…按钮，或直接双击 Fluid，将出现 Create/Edit Material 对话框。点击右侧的 FLUENT Database…，将弹出 FLUENT Database 对话框，在该对话框分别选择其中的 water-liquid 和 kerosene-liquid。如图 5-1-11 所示。

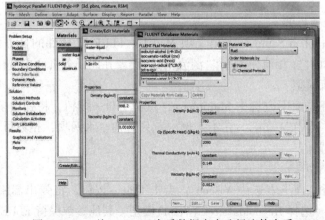

图 5-1-11　从 FLUENT 介质数据库中选择流体介质

（4）Phase 任务页面

该选项设置多相流的相，将水设为主相（Primary Phase）、将煤油设为第二相（Secondary Phase），并将油滴的直径设为100μm，然后点击 OK 按钮，如图5-1-12所示。

（5）Boundary Conditions 任务页面

在前面用 GAMBIT 软件建模时，所有的边界都定义为 WALL 类型，在本小节中将把它们改成实际的边界情况。

双击导航栏 Problem Setup 下方的 Boundary Conditions，FLUENT 将转到 Boundary Conditions 任务页面，如图5-1-13所示。本例在 GAMBIT 中分别定义了两个切向入口（inlet-n 和 inlet-s）、底部出口（outlet-down）、上部溢流口（outlet-up）和水力旋流器的壁面（wall）五个边界条件，下面在 FLUENT 软件中分别对这些边界条件进行设置。

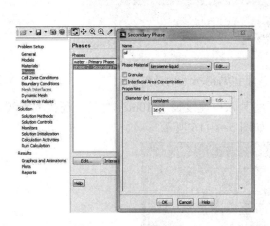

图5-1-12　相设置界面

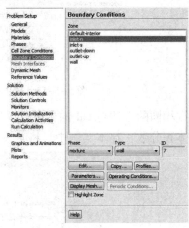

图5-1-13　边界条件设置界面

① 两个切向入口（inlet-n 和 inlet-s）的设置

两个切向入口的设置方法相同，下面以其中的 inlet-n 为例子进行设置。在图5-1-13中，选中 inlet-n，在 Type 下方显示的时默认的 WALL 类型，点击下拉菜单，选择 Velocity Inlet，将其改为速度入口类型，FLUENT 软件将自动弹出速度入口边界条件设置对话框，在湍流项中，选择湍流强度和水力直径（Intensity and Hydraulic Diameter），湍流强度保持软件的默认值10%，水力直径改为实际入口的水力直径，在本实例中，水力直径为0.014m，如图5-1-14所示。

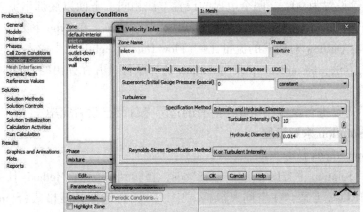

图5-1-14　速度入口边界条件的设置界面

231

然后再对水和油两相分别进行设置,点击 Phase 下方的下拉菜单,选择 Water 相,点击 Edit…按钮,将弹出对话框,设置水相的入口速度为 10m/s,如图 5-1-15 所示。

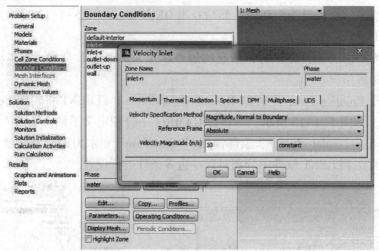

图 5-1-15　速度入口边界条件中 Water 水相的设置界面

按相同的方法对 Oil 油相进行设置,除了将其入口速度设为 10m/s 之外,还需要设置油相的体积分数,在本实例中,将其设为 5%,如图 5-1-16 所示。

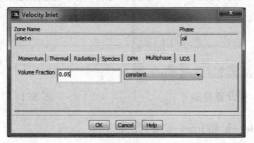

图 5-1-16　速度入口边界条件中 Water 水相的设置界面

按相同的方法将 inlet-s 边界进行相同的设置。

② 流口(outlet-up)和底部出流口(outlet-down)的设置

在本例中,为了便于控制分流比,将溢流口(outlet-up)和底部出流口(outlet-down)均设置为 outflow 边界条件,并将溢流口(outlet-up)的流量比例设置为 10%,底部出流口(outlet-down)的流量比例设置为 90%。两个边界的设置方法相同,下面以底部出流口(outlet-down)为例进行说明。在 Boundary Conditions 下方选中 outlet-down,在 Type 下方的 WALL 改为 outflow,并在所弹出 Outflow 对话框的流量比例(Flow Rate Weighting)中输入 0.9。如图 5-1-17 所示。按同样的方法,将 outlet-up 改为 outflow 边界条件,并在弹出的 Outflow 对话框中输入流量比例 0.1。

壁面边界不需要进行设置,至此,所有的边界条件均已设置完毕。

5.1.3.2　Solution 求解设置

(1)Solutionmethods 任务页面

双击导航栏 Solution 下方的 Solution Methods,将转到 Solution Methods 任务页面。压力速度耦合选择 SIMPLEC 方案,在空间离散格式中,除压力选标准格式(Standard)外,其余均选择 QUICK 格式,如图 5-1-18 所示。

232

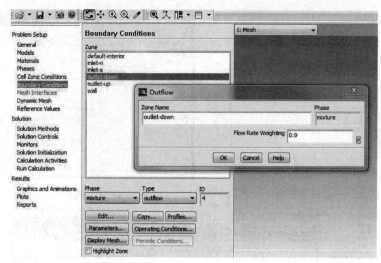

图 5-1-17 底部出流口边界条件的设置界面

（2）Solution Controls 任务页面

双击导航栏中 Solution 下方的 Solution Controls 转换到 Solution Controls 任务页面，如图 5-1-19 所示。在本任务页面中，只需将湍流黏度的松弛因子由默认的 1 改为 0.8，当松弛因子为 1 时可能会导致迭代的发散。

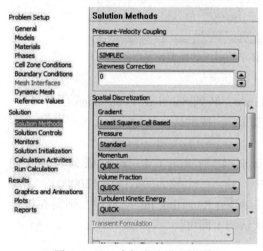

图 5-1-18 求解方法设置界面

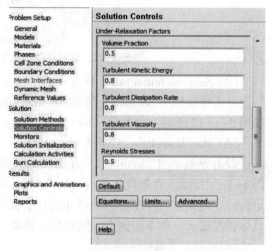

图 5-1-19 求解控制设置界面

（3）Monitors 任务页面

① 残差设置

双击导航栏 Solution 下方的 Monitors，进入 Monitors 任务页面，如图 5-1-20 所示。选中任务页面中的 Residuals-Print, Plot，点击下方的 Edit…按钮，或直接双击该选项，将弹出对话框，如图 5-1-21 所示，将其中的连续性方程项的残差值改为 1e-6。

② 面监控

为了观察计算的收敛情况，在本例子设置了对溢流口和底部出流口油相流量的监控。点击图 5-1-20 所示的 Surface Monitors 下方的 Create…按钮，将弹出如图 5-1-22 所示的对话框，按对话框中所示进行设置，点击 OK 按钮即完成对底部出流口的油相流量监控的设置。按相同的方法，再设置一个对话框对溢流口的油相流量进行监控。

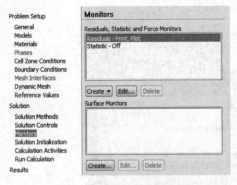

图 5-1-20　残差设置界面

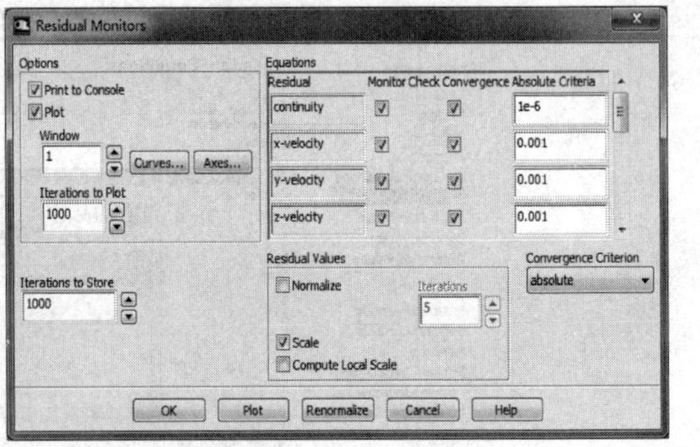

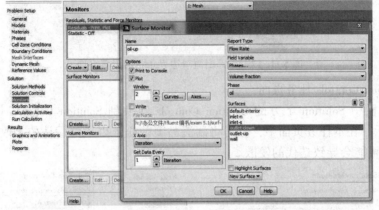

图 5-1-21　残差监控对话框界面

图 5-1-22　设置管程和壳程出口体平均温度的面监控界面

（4）Solution Initialization 任务页面

双击导航栏中 Solution 下方的 Solution Initialization，转到 Solution Initialization 任务页面，如图 5-1-23 所示。点击 Standard Initialization 单选按钮，按默认值进行初始化即可。

（5）Run Calculation 任务页面

双击导航栏中 Solution 下方的 Run Calculation，转到 Run Calculation 任务页面，如图 5-1-24所示。在迭代次数 Number of Iterations 中，输入一个较大的数值（如 20000），当满足所设定的残差后程序将自动终止迭代，而在报告间隔（Reporting Interval）中，则需要根据具体情况输入，在本实例中，网格数点较多，用默认的 1 即可。

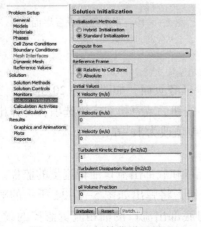

图 5-1-23　初始化设置界面

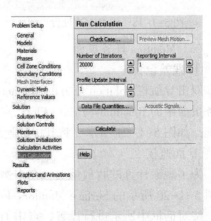

图 5-1-24　运算设置界面

设置完成后，点击 Calculate 按钮，程序将开始计算。在迭代过程中，当监控对话框中的物理量(本例为溢流口和底部出流口的油相含量)不再随迭代发生变化时，即可认为已经达到收敛，图 5-1-25 所示的是溢流口和底部出口油相流量在迭代过程中的变化情况，从图中可以看出，迭代约 4000 步后就基本达到了收敛。

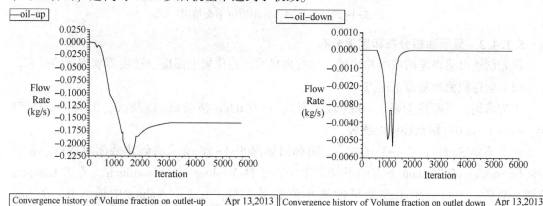

(a) 溢流口油相流量迭代变化图　　　　　　　(b) 底部出流口油相流量迭代变化图

图 5-1-25　管程出口的体平均温度随迭代的变化

5.1.4　结果分析

5.1.4.1　各相流量守恒情况

双击导航栏中 Results 下方的 Reports 进入 Reports 任务页面，选中 Fluxes 项，然后点击下方的 Set Up…按钮，将弹出如图 5-1-26 所示的 Flux Reports 对话框。

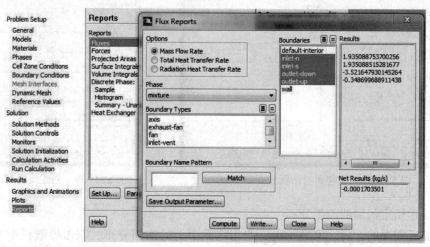

图 5-1-26　混合物和各相的质量流量显示界面

在 Flux Reports 对话框里 Phase 下面的下拉菜单中，分别选中 mixture、water 和 oil；在 Boundaries 下方区域同时选中 inlet-n、inlet-s、outlet-up 和 outlet-down，然后点击最下面的 Compute 按钮，将在工作区域窗口中显示入口和出口之间的质量平衡情况，如图 5-1-27 所示。

从两个入口和两个进口处混合物和油、水分相的质量流量来看，净(Net)误差很小，表明已经达到了平衡。

mixture Mass Flow Rate	(kg/s)		water Mass Flow Rate	(kg/s)		oil Mass Flow Rate	(kg/s)
inlet-n	1.9350888		inlet-n	1.8586484		inlet-n	0.076440006
inlet-s	1.9350885		inlet-s	1.8586483		inlet-s	0.076439992
outlet-down	-3.5216479		outlet-down	-3.5216458		outlet-down	-1.9904576e-06
outlet-up	-0.34869969		outlet-up	-0.19643071		outlet-up	-0.15226892
Net	-0.00017035007		Net	-0.00077977777		Net	0.00060909126

图 5-1-27　混合物和各相质量平衡情况

5.1.4.2　显示油相分布和速度分布

首先创建出感兴趣的截面和线段,然后再显示这些位置上温度、速度等物理量的分布。

(1) 创建截面和壁面上的点

作为示例,下面将创建 y = 0m(轴截面)、z = 0.07m(横截面)以及(0, 0.04, 0.07)和(0, -0.04, 0.07)两点连线的线段。

点击菜单 Surface→Iso-Surface…,将弹出如图 5-1-28 所示的创建截面对话框。在该对话框 Surface of Constant 下方的下拉菜单中,选择 Mesh…、Y-Coordinate,点击 Compute 按钮,对话框中将显示出改变量的最小值和最大值。在 Iso-Values 中输入 0,在 New Surface Name 下方键入该截面的名称,如 y = 0,点击 Create 按钮,可以看到右方新增了一个 y = 0 的轴截面。按相同的方法在 Mesh…下方选 Z-Coordinate,可创建 z = 0.07 横截面。

点击菜单 Surface→Line/Rake…,将弹出如图 5-1-29 所示的创建截线段对话框。在该对话框中输入两个点的坐标(0, 0.04, 0.07)和(0, -0.04, 0.07),输入线段名字 Line-z = 007x = 0,点击 Create 按钮即可。

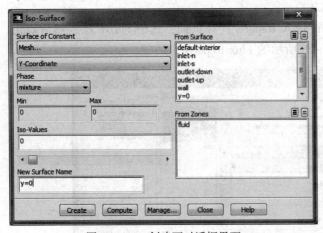

图 5-1-28　创建面对话框界面

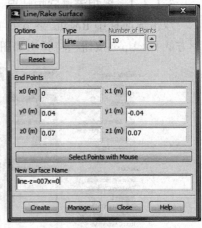

图 5-1-29　创建线段对话框界面

(2) 显示指定截面的油相分布

创建完所需要的面后,可显示出这些指定截面上的油相分布。双击导航栏中 Results 下方的 Graphics and Animations 进入其任务页面,如图 5-1-30 所示。在该任务页面中选择 Contours,点击 Set Up…按钮,将弹出 Contours 对话框,如图 5-1-31 所示,将对话框中的 Filled 选项选上,在 Levels 下方的编辑框中默认的值是 20,将其改为 100;物理量选择 Phase…、Volume fraction,在 Phase 下方的下拉菜单中选择 oil,在 Surface 中依次选上 y = 0、z = 0.07 的面,然后点击 Display 按钮,将显示出指定面的油相分布云图,如图 5-1-32、图 5-1-33 所示。从图 5-1-32 可以看出油相分布集中在溢流口区域,从溢流口流出,水力旋流器达到了很好的油水分离效果。

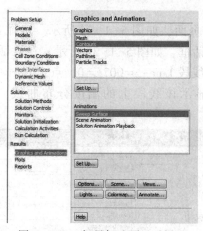

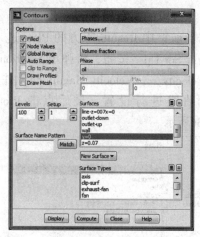

图 5-1-30　标量场选项显示界面　　　　　　　图 5-1-31　标量分布设置对话框界面

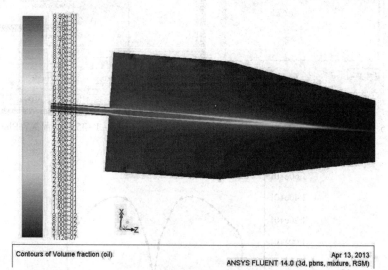

图 5-1-32　y=0 轴截面上油相分布云图

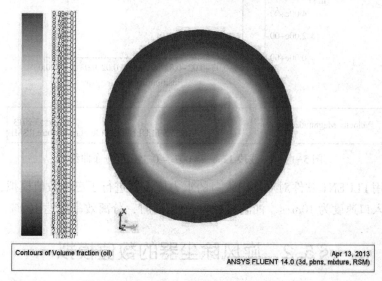

图 5-1-33　z=0.07 横截面上油相分布云图

237

（3）作线段的速度分布

双击导航栏中 Results 下方的 Plots 进入 Plots 任务页面，如图 5-1-34 所示。选择 XY Plot 后点击 Set Up⋯按钮，将弹出 Solution XY Plot 对话框，如图 5-1-35 所示。在对话框中选取 Velocity⋯，Velocity Magnitude，并选取所作的线段 Line-z＝007x＝0，点击 Curve 按钮，可对曲线进行设置，最后点击 Plot 按钮，将显示该线段上的温度分布曲线，如图 5-1-36所示。

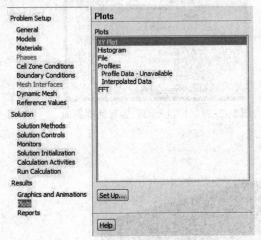

图 5-1-34　Plots 选项　　　　　　　　　图 5-1-35　设置 XY Plot

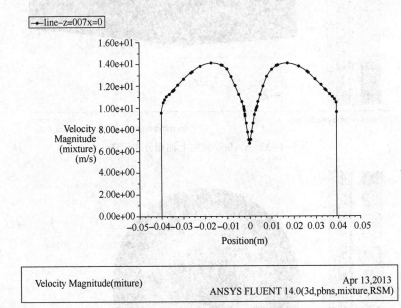

图 5-1-36　线段 Line-z＝007x＝0 上速度分布曲线

本实例运用 FLUENT 软件对双切向入口的水力旋流器进行了三维数值模拟，并取得了良好的效果。在入口速度为 10m/s、油滴直径为 100μm 时，分离效率可达 100%。

§5.2　旋风除尘器的数值模拟

旋风除尘器是工业中普遍应用的一种高效气固分离设备。虽然其结构简单、无运动部件，但是旋风除尘器内的流动为典型的各向异性强旋转湍流流动。通过模拟旋风除尘器内的这种复杂流动，可以帮助读者熟悉 FLUENT 软件的基本操作，掌握湍流模式理论的基本原理以及离散颗粒模型的基本设置等，同时理解 CFD 技术在反应器优化设计过程中的应用。

5.2.1 问题描述

图 5-2-1 为两种旋风分离器的结构及尺寸参数示意图。为了对比入口形式对旋风分离器内流场的影响规律，两种旋风分离器采用相同的主体尺寸，气体进口截面均为矩形，并且入口截面高度和入口总面积相同，见图 5-2-1(b) 和(c)，各尺寸参数见表 5-2-1。计算时以蜗壳上顶板为标高起点，竖直向上为 z 正方向。

表 5-2-1　旋风分离器结构尺寸 mm

a	b	d_1	d_2	d_3	d_4	D	h	H_1	H_2	H_3	H_4	H_5	s
68	46	65	60	150	30	150	100	260	330	200	150	100	68

5.2.2 几何建模和网格划分

采用图 5-2-2 所示的六面体结构化网格对计算区域进行离散，除进口区域之外两种旋风分离器的网格划分完全一致。旋风分离器结构化网格划分的具体方法和步骤可参考第 2 章，在此不再赘述。

将进气口和排气管出口分别设置为速度入口边界条件(命名为 inlet)和压力出口边界条件(命名为 outlet)；其余固壁设置为壁面边界条件，但用 wall-1、wall-2、wall-3、wall-4、wall-5以及 outlet-down 分别标示排气管外壁、蜗壳固壁、筒体固壁、锥体固壁、灰斗固壁以及排尘口。

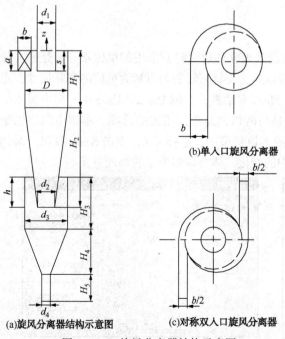

(a)旋风分离器结构示意图　(c)对称双入口旋风分离器

(b)单入口旋风分离器

图 5-2-1　旋风分离器结构示意图

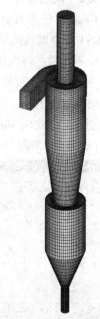

图 5-2-2　旋风分离器风格示意图

分别对两种旋风分离器进行网格划分和边界设置，然后导出对应的网格。通过调整线上的网格节点可以改变网格划分的疏密程度，采用不同网格数量对流场进行模拟，对比不同网格数量获得的流动细节，以获得能准确反应流动特征的最小网格数量，此过程称为网格无关性验证。在此不再进行网格无关性验证，直接利用以前的验证结果。将单入口旋风分离器命名为 cyclone-single，将双入口旋风分离器命名为 cyclone-double。下面以单入口旋风分离器为例介绍 FLUENT 模拟计算的设置步骤。

5.2.3 FLUENT 求解设置

5.2.3.1 读入网格

启动 FLUENT 软件，选择 3D 模式，进入操作界面。通过 File→Read→Mesh…将创建的名称为 cyclone-single.msh 的网格文件读入 FLUENT 软件中，如图 5-2-3 所示。根据导航栏中的三大模块——Problem Setup、Solution 和 Results 逐项进行设置即可。

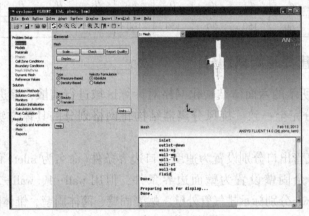

图 5-2-3 读入网格后的界面

5.2.3.2 问题创建

（1）General 任务页面

FLUENT 软件默认的单位是米，但是应用前处理软件建模时所采用的单位不一定是米。如果两者单位不一致，将网格读入 FLUENT 软件以后，要将其转变为以米为单位的实际尺寸，点击 Scale…按钮，弹出如图 5-2-4 所示的 Sale Mesh 对话框，左侧 Domain Extents 一栏中显示的是模型当前的尺寸大小；右侧 Scaling 一栏中是与网格创建单位相关的选项。本例中网格以毫米为单位创建，因此在 Mesh Was Created In 的下拉菜单中，选择 mm，点击 Scale 按钮。对比图 5-2-4(a) 和(b) 两图 Domain Extents 一栏中的变化，体会调整单位的物理意义。

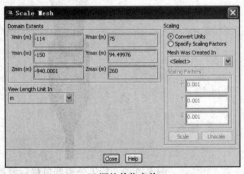

(a) 调整单位之前　　　　　　　　　　(b) 调整单位之后

图 5-2-4 调整模型长度单位对话框

240

点击 Check 按钮检查网格，并在信息显示区域查看网格的具体情况。Solver 选项中保持默认设置不变，即采用以压力为基准的稳态求解器。复选 Gravity，在展开的 Gravitational Acceleration 对话框的 z 方向一栏中输入-9.81，即重力沿 z 轴竖直向下。读者设置重力加速度的方向时，需根据算例的实际情况进行设定。

（2）Model 任务页面

旋风分离器内的流场是复杂的三维强旋转湍流流场，具有强烈的各向异性。因此采用 RSM 模拟稳态气相不可压缩流动。双击导航栏中 Problem Setup 下方的 Models 转换到 Models 任务页面。双击其中的 Viscous-Laminar，弹出 Viscous model 对话框，见图 5-2-5，选择 Reynolds Stress 湍流模型，其他设置保持默认设置即可。

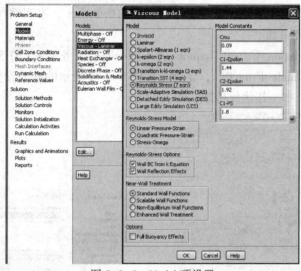

图 5-2-5　Model 项设置

（3）Material 任务页面

本算例中的介质为常温常压空气，所以 Material 一项中保持默认的 air 介质材料即可。

（4）Boundary Conditions 任务页面

在建模时已按照实际需要定义好各边界条件，在此只需将边界上的参数输入即可。双击导航栏中 Problem Setup 下方的 Boundary Conditions 转换到 Boundary Conditions 任务页面，如图 5-2-6 所示。选择 inlet，点击下面的 Edit 按钮，打开设置入口边界的对话框，给定入口速度为 15m/s，湍流特性参数给定湍动强度和湍动黏性比。

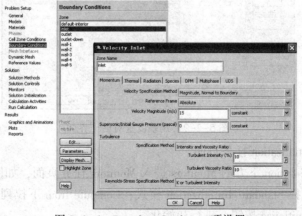

图 5-2-6　Boundary Conditions 项设置

按照相同的步骤设置排气管出口处的压力出口边界条件以及壁面处的无滑移固壁边界条件。

5.2.3.3 求解设置(Solution)

(1) Solution Methods 任务页面

双击导航栏中 Solution 下方的 Solution Methods，进入 Solution Methods 任务页面，如图 5-2-7 所示。按图 5-2-7 所示框进行设置：压力和速度的耦合采用 SIMPLE 算法，通过 PRESTO! 方法处理压力梯度项，各方程对流项均通过 QUICK 差分格式进行离散。

(2) Solution Controls 任务页面

双击导航栏中 Solution 下方的 Solution Controls，进入 Solution Controls 任务页面。Solution Controls 任务页面主要用于设置各方程求解过程中的松弛因子，本实例保持默认值即可。

(3) Monitors 任务页面

双击导航栏中 Solution 下方的 Monitors 进入 Monitors 任务页面(图 5-2-8)。在 Monitors 任务页面中双击 Residuals-Print Plot，将弹出如图 5-2-9 所示的残差设置对话框，在此将各方程的残差值改为 1e-5。其他保持默认设置即可。

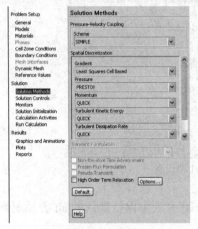

图 5-2-7 求解方法设置界面

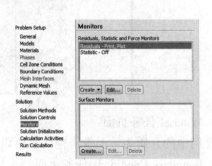

图 5-2-8 Monitors 任务页面

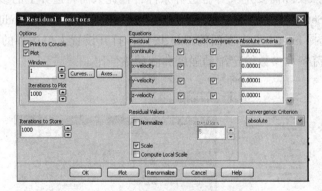

图 5-2-9 残差设置对话框界面

(4) Solution Initialization 任务页面

双击导航栏中 Solution 下方的 Monitors 进入 Monitors 任务页面，如图 5-2-10 所示。Initialization Methods 选择 Standard Initialization 模式；Compute from 下拉列表中选择 inlet，即从入口初始化，单击 Initialize 按钮，进行初始化。

（5）Run Calculation 任务页面

流场初始化之后开始计算，在此之前通过 File→Write→Case… 保存已设置好的 case 文件。

双击导航栏中 Solution 下方的 Run Calculation 进入 Run Calculation 任务页面，如图5-2-11 所示。在 Number of Iterations 一栏中输入迭代步数，点击 Calculate 开始计算，视图对话框开始显示残差曲线，同时信息对话框显示残差具体数值。

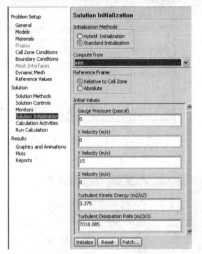

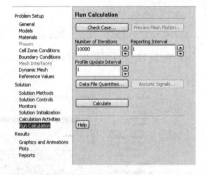

图 5-2-10　初始化对话框界面　　　　图 5-2-11　迭代计算设置界面

在对不同结构的旋风分离器进行对比分析时，一是保证迭代收敛，二是保证两种旋风分离器的迭代步数相同，在此均迭代 10000 步，以保证流场稳定。下面对计算结果进行分析和讨论。

5.2.4　模拟及结果分析

5.2.4.1　截面压力和速度对比

要对比两种入口结构对旋风分离器整体流场的影响，需要创建特征截面，分析特征截面上的压力和速度分布。对于旋风分离器而言，一般选取分离器中心纵截面和蜗壳部分的横截面。

点击菜单 Surface→Iso-Surface…，打开创建截面的对话框，如图 5-2-12 所示。采用下述步骤创建坐标为 y = 0m 的纵截面。在 Surface of Constant 下方的第一个下拉菜单中选择 Mesh…，第二个下拉菜单中选择 Y-Coordinate，在 Iso-Values 中输入 0，在 New Surface Name 下方键入该截面的名称 y = 0，点击 Create 按钮，可以看到右方 From Surface 一栏中新增了一个 y = 0 的截面。通过相同的方法创建坐标为 z = 0.034m 的横截面，即蜗壳部分的横截面。

截面创建完成后，双击导航栏中 Results 下方的 Graphics and Animations，进入 Graphics and Animations 任务页面，如图 5-2-14 所示。在 Graphics and Animations 任务页面双击 Contours，弹出 Contours 云图对话框。Options 一栏复选 Filled，去掉 Auto Range 前面的选择，同时复选 Draw Mesh，打开图 5-2-13 所示的显示网格对话框，该对话框中 Edge Type 一栏内选择 Outline，Surfaces 一栏中选中 y = 0 截面，点击 Display 按钮显示 y = 0 截面的轮廓线，点击 Close 关闭显示网格对话框返回显示云图的对话框；Contours of 下面的第一个下拉列表中选择 Pressure…，第二个下拉列表中选择 Static Pressure，Min 栏内输入 -650，Max 栏内输入 2050，界定压力的显示范围；Surfaces 一栏中选择 y=0 截面；点击 Display 即在视图对话框中显示出带有轮廓线的 y=0 截面上的压力云图。通过菜单 Display→Views…调整视图角度。

图 5-2-12　创建截面对话框

图 5-2-13　显示网格对话框

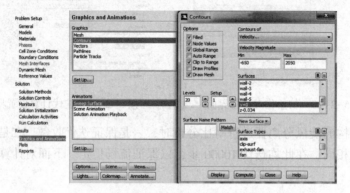

图 5-2-14　显示云图对话框界面

借助于截屏和画图软件将两种结构旋风分离器不同截面上的压力云图组合在一起，如图 5-2-15 所示。由图中可以看出，两种旋风分离器内的压力变化具有相同的规律，即压力呈现中心低边壁高的对称分布。但是，由于存在涡核摆动现象，单入口旋风分离器内的中心低压区沿轴向发生了扭曲，使低压中心偏离了旋风分离器的几何中心，并且轴向位置不同其偏离的幅度也不同，如图 5-2-15(a) 所示。采用对称双入口结构之后，旋风分离器内的压力呈现轴对称分布，低压中心与旋风分离器的几何中心重合。此外，对称双入口旋风分离器内的压力最高值略低于单入口旋风分离器，这意味着采用对称双入口可以使旋风分离器内的压降降低。

通过相同的方法得到两种入口结构下旋风分离器内的速率分布，如图 5-2-16 所示。由图 5-2-16(a) 可以看出，单入口旋风分离器内速率分布的轴对称性较差，无论是在分离空间还是在排气管内，纵截面上的速度沿轴线左右摆动，而环形空间的横截面上明显存在偏心气流，在排气管外侧 180° 附近(入口为 0°)速率达到最大。采用对称双入口形式之后，不仅抑制了旋风分离器内的速度摆动，使速度呈轴对称分布，而且也使环形空间横截面上的偏心气流消失。另外，通过对比可以发现虽然入口速度相同，但对称双入口旋风分离器内的速率略低于单入口旋风分离器。

244

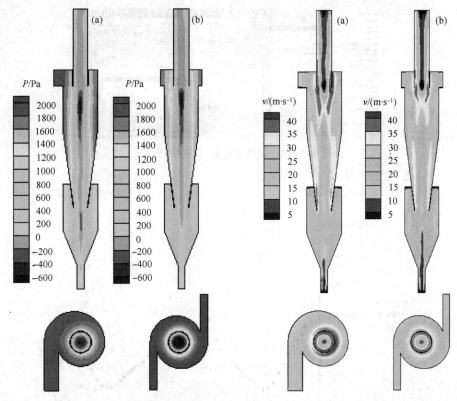

图 5-2-15　旋风分离器内的压力分布　　　　图 5-2-16　旋风分离器内的速率分布

5.2.4.2　径向速度分布对比

为了进一步定量说明入口结构对旋风分离器内流场的影响，将两种旋风分离器内速度的径向分布进行对比，如下所述。

点击菜单 Surface→Line/Rake…，打开如图 5-2-17 所示的创建线对话框。在此选取筒体部分 x=0 纵截面内的一条直径，在 End Points 一栏内输入直线两个端点的坐标（0，－0.075，－0.15）和（0，0.075，－0.15）；在 New Surface Name 下方键入该直线的名称 line-x=0-z=－0.15，点击 Create 按钮创建直线。利用菜单 Display→Mesh 对话框显示截面和直线的轮廓检查所创建的截面和线。

线创建完成后双击导航栏中 Results 下方的 Plots 进入 Plots 任务页面，如图 5-2-18。双击 XY Plot，打开绘制曲线图的 Solution XY Plot 对话框。由于所绘制曲线图是速度沿径向的分布，而直线 line-x=0-z=－0.15 是 x=

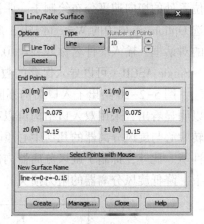

图 5-2-17　旋风分离器内的速率分布

0 平面内的一条水平线，因此绘制曲线图时以直线 line-x=0-z=－0.15 上各点的 y 坐标值为自变量，以该点上的速度值为因变量。保持 Plot Direction 中 x 和 z 栏内的值为 0，y 栏内的值为 1；Y Axis Function 下面第一个下拉列表中选择 Velocity…，第二个下拉列表中选择 Tangential Velocity；Surfaces 一栏中选择直线 line-x=0-z=－0.15；点击 Plot 即在视图对话框中显示如图 5-2-19 所示的切向速度分布曲线。

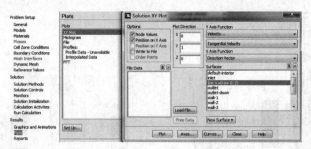

图 5-2-18　旋风分离器内的速率分布

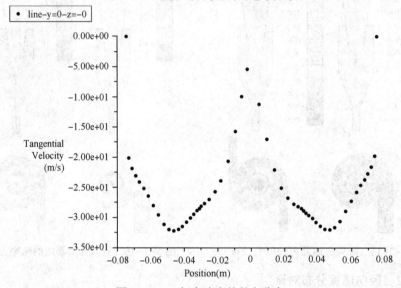

图 5-2-19　切向速度的径向分布

　　为了方便对比两种入口结构对速度场的影响，需要借助于 Origin 软件将不同结构下同一位置处的切向速度分布绘制于一张图中。在图 5-2-18 所示的 Solution XY Plot 对话框中，复选 Options 选项中的 Write to File，此时 Plot 按钮变成 Write，点击 Write 按钮，弹出保存文件的对话框，输入文件名称 tv-z=-0.15，点击 OK 保存文件。通过 Origin 软件中 File→Import→Single ASCII… 可以导入保存的数据文件进行数据处理。

　　图 5-2-20 给出了入口结构不同时切向速度分布和轴向速度分布的对比情况。从图中可以明显看出，采用双入口结构可以有效减弱普通旋风分离器内的非轴对称流动，使流场的旋转中心与旋风分离器的几何中心重合，保证内旋流的稳定性，有利于提高旋风分离器的分离性能。此外，抑制了旋风分离器内的涡核摆动，还可以减少气流的摩擦阻力，在相同处理量下，降低旋风分离器的阻力损失。

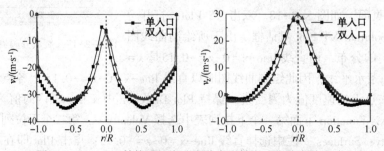

图 5-2-20　入口结构对切向速度分布和轴向速度分布的影响

5.2.4.3 颗粒运动模拟

(1) 使用 DPM 模型的相关设置

对于含尘浓度较低(固相体积分数小于 10%)的旋风分离器,可采用 DPM 模型模拟气固两相流动。获得稳定的气相流场后,选择 Models 任务页面中的 Discrete Phase,点击 Edit 打开离散相模型设置(Discrete Phase Model)对话框,如图 5-2-21 所示。Interaction 一栏内复选 Interaction with continuous Phase 相,颗粒与气相采用耦合计算,复选 Update DPM Sources Every Flow Iteration 使连续相每一步迭代计算时都更新颗粒源项;Tracking 一栏内保证 Max. Number of steps 足够大使颗粒计算完全,通过 Specify Length of Steps 方法给定积分时间步长,Length Scale 设为 0.001;Drag Parameters 中的曳力计算采用球形颗粒曳力定律。

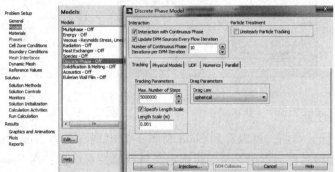

图 5-2-21　离散型模型设置对话框

① 离散相颗粒入射源设置

点击离散相模型设置对话框中的 Injections 按钮,打开颗粒入射源的对话框,见图 5-2-22。点击 Create,打开设置入射源(Set Injection Properties)的对话框,见图 5-2-23。Injection Type 设为 Surface 面源;从 Release From Surfaces 中选择 inlet,即从入口截面注入颗粒;在 Point Properties 选项中设置颗粒的速度、颗粒直径、颗粒喷射时间以及颗粒质量流率;Turbulent Dispersion 选项中复选随机轨道模型(Stochastic Tracking)下的两个选项,考虑湍流对颗粒运动的影响,Time Scale Constant 里输入 0.3;其余选项保持默认值。点击 OK 完成入射源设置,此时 Injections 对话框中出现一个名为 injection-0 的入射源,见图 5-2-22。此时会弹出对话框提示材料属性已变化,需要重新定义或者确认材料属性是否正确。

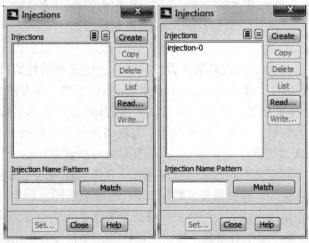

图 5-2-22　Injections 对话框

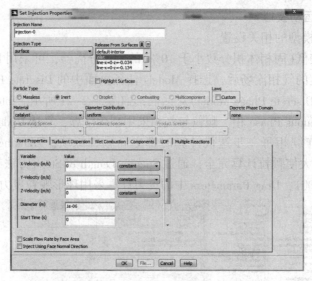

图 5-2-23　设置入射源的对话框

② 离散相材料设置

进入 Materials 任务页面,可以看到 Solid 材料下方出现一名为 Inert Particle 的材料,见图 5-2-24。选择材料名称,点击 Edit,弹出定义材料属性对话框,在 Name 一栏内输入 catalyst,在密度一栏内输入 2780kg/m³,点击 Change/Create,完成材料属性定义。点击 Close 按钮退出 Create/Edit Materials 对话框,此时 Materials 模块中 Inert Particle 下方的材料名称变为 catalyst。

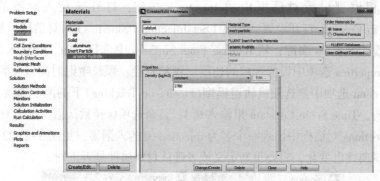

图 5-2-24　定义材料属性界面

③ 边界条件设置

最后打开如图 5-2-6 所示的边界条件设置对话框,定义离散相的边界条件。离散相的边界条件主要有捕捉(trap)、逃逸(escape)和反弹(reflect)三种。参考图 5-2-25,在 inlet 边界条件对话框中点击 DPM 标签,在 Discrete Phase BC Type 下拉菜单中选择 escape,单击 OK 确定,即到达入口的颗粒视为逃逸。按照相同的方法将排气管出口处 DPM 边界条件设置为 escape,排尘口处 DPM 边界条件设置为 trap,所有的壁面设置为 reflect 边界条件。需要注意的是,根据壁面位置不同定义不同的碰撞恢复系数:在排气管和蜗壳部分的环形空间,气速较高,颗粒难以沉积在壁面,碰撞恢复系数取 1.0;在分离空间,自上向下,随着旋转动量的损失,颗粒的反弹作用逐步减弱,筒体壁面处的恢复系数取为 0.9,锥体壁面处的恢复系数取为 0.8;灰斗内颗粒浓度相对增大,气速大幅降低,颗粒反弹作用较弱,壁面恢复系数取为 0.5。

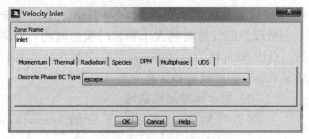

图 5-2-25　DPM 边界设置界面

边界条件设置完毕后，通过 File→Write→Case&Data 保存文件。

（2）采样面的设置

为了检测逃逸和捕捉的颗粒量，计算除尘器的分离效率，在计算之前设置采样面，以便计算时进行采样。在此设置排气管出口、排尘口和进口附近的纵截面 y=-0.145m 为三个采样面，分别用于统计逃逸、捕捉和总喷射的颗粒。

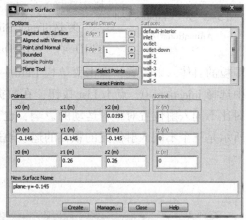

通过 Surface→Iso-Surface 创建的平面无法作为采样面，所以通过三点创建平面的方法创建纵截面 y=-0.145m。点击 Surface→Plane，打开 Plane Surface 对话框，如图 5-2-26 所示。在 Points 一栏内输入平面内三个点的坐标（0，-0.145，0）、（0，-0.145，0.26）和（0.0195，-0.145，0.26）；在 New Surface Name 一栏内输入平面的名称 Plane-y=-0.145；其他设置保持默认值，点击 Create 创建平面。

图 5-2-26　创建平面对话框

采样面创建完成后，双击导航栏中 Results 下方的 Reports 进入 Reports 任务页面，双击 Discrete Phase 一栏内的 Sample 标签，打开 Sample Trajectories 对话框，如图 5-2-27 所示。选择 Boundaries 一栏内的 outlet 和 outlet-down 以及 Planes 一栏内的 plane-y=-0.145 作为采样面；选择 Release from Injection 一栏内 injection-0，说明只对从入口喷射的粒子进行采样；复选 Append Files，以便对此计算时续存文件；点击 Start 开始采样，Start 按钮变为 Stop，同时在当前文件夹内出现三个名称分别为 outlet、outlet-down 和 plane-y=-0.145 的 DPM 文件。需注意的是计算过程中 Sample Trajectories 对话框无需关闭。

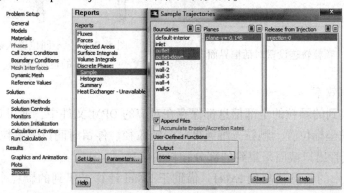

图 5-2-27　设置采样面界面

所有条件设置完成后，双击导航栏中 Solution 下方的 Run Calculation 进入 Run Calculation 任务页面，将 Time Step Size 设置为 0.01，在 Number of Time Steps 一栏内输入迭代步数，点击 Calculate 开始计算。一般设置的计算时间大于颗粒的喷射时间，以保证最后喷入的颗粒计算完全。计算完成后，点击 Sample Trajectories 对话框中的 Stop 按钮停止采样，对计算结果进行分析，主要包括显示颗粒运动轨迹和计算分离效率两个方面。

图 5-2-28　Graphics and
Animations 选项

（3）显示颗粒运动轨迹

双击导航栏中 Results 下方的 Graphics and Animations 进入 Graphics and Animations 任务页面，如图 5-2-28 所示。双击其中的 Particle Tracks，打开如图 5-2-29 所示的颗粒轨迹设置对话框。Opitions 选项中复选 Draw Mesh，通过弹出的对话框显示壁面轮廓线，并通过菜单栏 Display→views 调整视图的显示效果；Track Style 设置为 line 线形模式；Color by 一栏选择速度大小；Release from Injections 一栏中选择 injection-0；点击 Display 则显示全部颗粒的轨迹。

复选 Track Single Particle Stream，在 Stream ID 一栏内输入颗粒的 ID 号，点击 Display 则显示该 ID 号单个颗粒的轨迹。如果想查看颗粒的具体入射位置，点击菜单栏 Define→Injections，在图 5-2-22 所示的 Injections 对话框中选择 injection-0，点击 List 按钮，在数据显示区域显示所有颗粒的信息。通过该操作可以对比不同入射位置对颗粒运动的影响，也可以对比不同结构对颗粒运动的影响，图 5-2-30 所示是三个不同入射位置的颗粒的运动轨迹。

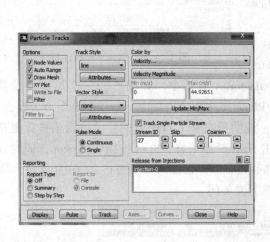

图 5-2-29　颗粒轨迹设置对话框界面

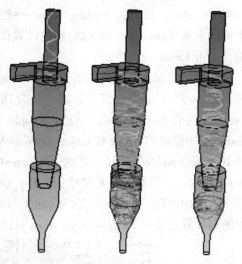

图 5-2-30　不同位置入射的颗粒
的运动轨迹

（4）计算分离效率

采样面上采集到的颗粒的全部信息都保存在对应的 DPM 文件中，通过记事本打开 DPM 文件可以看到颗粒坐标位置、颗粒三维速度、颗粒粒径、停留时间以及颗粒 ID 编号等信息。图 5-2-31 是排气管出口截面采集到的部分颗粒的信息。

将 DPM 文件中的信息复制到 Excel，借助于 Excel 计算采集到的颗粒个数或质量流率。获得入口截面喷射的总颗粒个数、排气管出口截面逃逸的颗粒个数、排尘口捕捉的颗粒

```
(outlet 12)
(        x           y           z           u           v           w     diameter          t parcel-mass        mass n-in-parcel        time        name)
(( 7.5896e-04  2.4359e-02  2.6000e-01  1.4637e+01 -3.5776e+00  1.2127e+01  1.0000e-06  3.0000e+02  1.3583e-06  1.4556e-15  9.3317e+08  5.3526e-02) injection-0:4)
((-3.1217e-02  4.1525e-03  2.6000e-01  5.7529e+00  2.2247e+01  2.8427e+01  1.0000e-06  3.0000e+02  1.3583e-06  1.4556e-15  9.3317e+08  5.0779e-02) injection-0:5)
(( 3.1596e-02 -3.5039e-04  2.6000e-01  5.3376e-01 -1.9389e+01  3.5295e+01  1.0000e-06  3.0000e+02  1.3583e-06  1.4556e-15  9.3317e+08  4.3322e-02) injection-0:9)
(( 3.1734e-02 -6.8030e-03  2.6000e-01 -6.0698e+00 -2.3352e+01  3.3125e+01  1.0000e-06  3.0000e+02  1.3583e-06  1.4556e-15  9.3317e+08  5.1993e-02) injection-0:14)
(( 3.0208e-02  5.4475e-03  2.6000e-01  3.0573e+00 -2.1744e+01  2.8537e+01  1.0000e-06  3.0000e+02  1.3583e-06  1.4556e-15  9.3317e+08  1.7529e-01) injection-0:17)
(( 2.0041e-02  2.5385e-02  2.6000e-01  2.0530e+01 -1.4331e+01  3.2719e+01  1.0000e-06  3.0000e+02  1.3583e-06  1.4556e-15  9.3317e+08  4.5213e-02) injection-0:19)
(( 5.5936e-03  3.1753e-02  2.6000e-01  2.2197e+01 -2.8114e+00  3.0910e+01  1.0000e-06  3.0000e+02  1.3583e-06  1.4556e-15  9.3317e+08  5.1288e-02) injection-0:28)
(( 1.0093e-02  3.0007e-02  2.6000e-01  1.6808e+01 -5.8481e+00  3.0926e+01  1.0000e-06  3.0000e+02  1.3583e-06  1.4556e-15  9.3317e+08  4.2513e-02) injection-0:29)
(( 3.2256e-02  2.9414e-04  2.6000e-01 -5.7161e-02 -2.1599e+01  3.1060e+01  1.0000e-06  3.0000e+02  1.3583e-06  1.4556e-15  9.3317e+08  5.4711e-02) injection-0:34)
((-2.5204e-04 -3.2155e-02  2.6000e-01 -1.8292e+01  2.1571e+00  2.8457e+01  1.0000e-06  3.0000e+02  1.3583e-06  1.4556e-15  9.3317e+08  4.6932e-02) injection-0:37)
((-7.5899e-03  2.5431e-02  2.6000e-01  1.4569e+01  6.6361e+00  1.9981e+01  1.0000e-06  3.0000e+02  1.3583e-06  1.4556e-15  9.3317e+08  1.3859e-01) injection-0:38)
(( 3.1985e-02 -1.2080e-03  2.6000e-01 -2.6702e+00 -2.1548e+01  2.8316e+01  1.0000e-06  3.0000e+02  1.3583e-06  1.4556e-15  9.3317e+08  4.4630e-02) injection-0:40)
((-3.0273e-02  7.8060e-03  2.6000e-01  2.9664e+00  2.7113e+01  3.0260e+01  1.0000e-06  3.0000e+02  1.3583e-06  1.4556e-15  9.3317e+08  1.4671e-01) injection-0:42)
(( 2.5614e-02 -5.9694e-03  2.6000e-01 -1.0241e+00 -1.4448e+01  2.4412e+01  1.0000e-06  3.0000e+02  1.3583e-06  1.4556e-15  9.3317e+08  1.3041e-01) injection-0:43)
(( 2.1550e-02  2.3655e-02  2.6000e-01  1.8310e+01 -1.2656e+01  3.4084e+01  1.0000e-06  3.0000e+02  1.3583e-06  1.4556e-15  9.3317e+08  7.5303e-02) injection-0:44)
(( 2.2446e-02  2.3449e-02  2.6000e-01  1.4374e+01 -1.3684e+01  2.9727e+01  1.0000e-06  3.0000e+02  1.3583e-06  1.4556e-15  9.3317e+08  5.5858e-02) injection-0:46)
((-2.8087e-02  1.2899e-02  2.6000e-01  4.4040e+00  2.0812e+01  2.3917e+01  1.0000e-06  3.0000e+02  1.3583e-06  1.4556e-15  9.3317e+08  5.0967e-02) injection-0:48)
((-2.1573e-02 -1.6389e-02  2.6000e-01 -1.5885e+01  1.1822e+01  2.1156e+01  1.0000e-06  3.0000e+02  1.3583e-06  1.4556e-15  9.3317e+08  6.6010e-02) injection-0:49)
(( 2.7890e-02  1.4277e-02  2.6000e-01  5.1721e+00 -1.5502e+01  2.9922e+01  1.0000e-06  3.0000e+02  1.3583e-06  1.4556e-15  9.3317e+08  1.0298e-01) injection-0:50)
((-2.9619e-02  4.9088e-03  2.6000e-01  5.5284e+00  1.9986e+01  2.7457e+01  1.0000e-06  3.0000e+02  1.3583e-06  1.4556e-15  9.3317e+08  1.2888e-01) injection-0:51)
(( 2.4053e-02 -3.0637e-03  2.6000e-01 -4.6468e-01 -1.7528e+01  2.6811e+01  1.0000e-06  3.0000e+02  1.3583e-06  1.4556e-15  9.3317e+08  1.2141e+01) injection-0:54)
(( 1.7554e-02 -2.5806e-02  2.6000e-01 -2.1282e+01 -1.7281e+01  3.1259e+01  1.0000e-06  3.0000e+02  1.3583e-06  1.4556e-15  9.3317e+08  6.2148e-02) injection-0:55)
((-1.3460e-03 -3.2296e-02  2.6000e-01 -2.2332e+01 -2.3864e+00  3.5472e+01  1.0000e-06  3.0000e+02  1.3583e-06  1.4556e-15  9.3317e+08  6.0329e-02) injection-0:56)
(( 1.3815e-02 -2.9343e-02  2.6000e-01 -2.1585e+01 -9.7298e+00  3.1626e+01  1.0000e-06  3.0000e+02  1.3583e-06  1.4556e-15  9.3317e+08  5.2932e-02) injection-0:57)
(( 3.1437e-02  4.5436e-03  2.6000e-01  1.8290e+00 -1.8238e+01  2.7381e+01  1.0000e-06  3.0000e+02  1.3583e-06  1.4556e-15  9.3317e+08  1.5522e-01) injection-0:62)
((-3.0089e-02 -1.1227e-02  2.6000e-01 -9.9107e+00  1.8457e+01  3.1700e+01  1.0000e-06  3.0000e+02  1.3583e-06  1.4556e-15  9.3317e+08  6.3999e-02) injection-0:64)
((-1.6182e-02  2.2975e-02  2.6000e-01  1.9329e+01  1.3699e+01  3.1686e+01  1.0000e-06  3.0000e+02  1.3583e-06  1.4556e-15  9.3317e+08  7.4155e-02) injection-0:65)
((-2.9032e-02 -6.5450e-03  2.6000e-01 -5.9717e+00  2.1070e+01  3.3175e+01  1.0000e-06  3.0000e+02  1.3583e-06  1.4556e-15  9.3317e+08  6.4172e-02) injection-0:66)
((-8.6113e-03  3.0208e-02  2.6000e-01  2.4906e+01  1.1438e+01  3.4954e+01  1.0000e-06  3.0000e+02  1.3583e-06  1.4556e-15  9.3317e+08  7.3172e-02) injection-0:67)
(( 1.8076e-02 -2.6781e-02  2.6000e-01 -1.7790e+01 -1.2890e+01  3.1461e+01  1.0000e-06  3.0000e+02  1.3583e-06  1.4556e-15  9.3317e+08  1.0364e-01) injection-0:68)
```

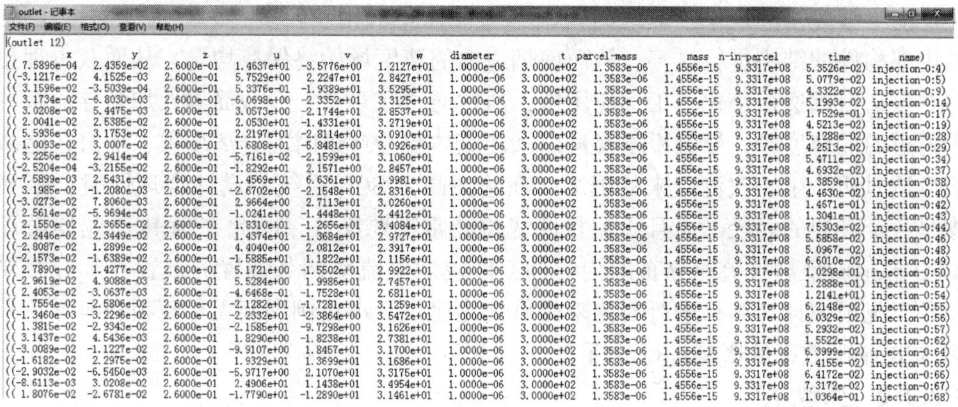

图 5-2-31　排气管出口采集到的部分颗粒信息

个数以及分离器内残留的颗粒个数之后，查看后三者之和是否与喷射的总颗粒数相同，检验计算的正确性。由于计算的总时间大于颗粒的喷射时间，所以可以认为分离器内残留的颗粒不能从排气管逃逸，最终会被分离下来进入灰斗。因此分离器的分离效率等于总颗粒个数减去逃逸颗粒个数之后与总颗粒个数的比值。将不同粒径下计算得到的分离效率在 Origin 中绘图，即得到如图 5-2-32 所示的颗粒分级效率曲线图。

至此，旋风分离器的模拟计算已全部完成，保存相关数据，退出 FLUENT 软件。

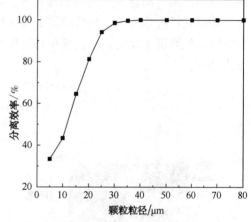

图 5-2-32　颗粒的分离效率

§5.3　烟气脱硝 SCR 装置的数值模拟

本节的目的是学习设置和求解一个燃煤锅炉选择性催化还原法(SCR)反应器中 NO_x 与氨气混合发生化学反应的问题，催化化学反应模拟采用 FLUENT 中有限速率化学反应模型(finite-rate chemistry model)。在本节中将学习到如下内容：①建立物理模型，选择材料属性，定义带化学组分混合与反应的湍流流动边界条件，学会对化学反应类问题进行合理的求解设置；②利用组分输入模型中的有限速率化学反应模型；学会使用设定化学反应模型，设定多孔介质模型等；③对结果进行后处理，利用图形检查结果。

5.3.1　问题描述

5.3.1.1　工程背景

燃煤锅炉的 NO_x 排放量占 NO_x 总排放量的比重很高，目前普遍采用效率最高的 SCR 法来进行烟气脱硝。如图 5-3-1 所示，SCR 法是利用氨(NH3)对 NO_x 的还原功能，在 320~400℃的温度下，将喷入的氨与烟气中的 NO_x 在催化剂表面上发生反应，形成氮气和水蒸汽。实际运行过程中，由于烟道内速度场的不均匀性导致 NO 和 NH_3 的混合不均匀，往往发生催化反应不够完全的现象，最终的脱硝率与设计要求相差较多，因此需要对 SCR 反应器和烟道内部构件的结构进行改善，从而使烟道内的速度场始终保持均匀，从而获得理想的脱硝效率并保证氨逃逸最小化。工程应用中，通常通过在弯道、变截面等处加装导流板的方法来改善弯道内的速度场，导流板不仅可以减弱流体流经弯道时的分离现象，而且还能减小流体流经弯道时所产生二次流带来的阻力。在验证高尘 SCR 系统的设计合理性时，烟气的流场模拟是一个必要的途径，而且导流板的优化经常需要反复，因此在 SCR 反应器设计阶段应用 CFD 模拟验证烟气流速分布的均匀性，确定烟气流动调节装置的布置等十分必要。通常对多种工况模拟计算结果进行对比来提供优化建议，本算例围绕无导流板和有导流板两种工况对 SCR 脱硝效率的影响进行分析。

5.3.1.2 原型介绍

本例中使用的模型是根据某实际工程燃煤锅炉 SCR 装置进行简化得来，简化后如图 5-3-2所示。结合本实例的实际情况，脱硝装置不设置烟气旁路系统。为了突出研究重点，选择从系统烟气入口到反应器出口这段区域作为计算区域。高速的气体流动在烟道中改变方向，然后进入反应器，在催化剂的作用下发生反应，最后从出口流出。所发生的总反应方程如下：

$$4NO+4NH_3+O_2 \longrightarrow 4N_2+6H_2O \tag{5-3-1}$$

$$6NO+4NH_3 \longrightarrow 5N_2+6H_2O \tag{5-3-2}$$

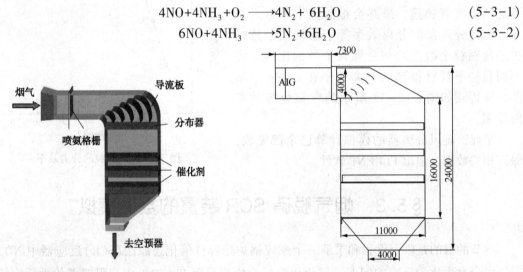

图 5-3-1　燃煤锅炉 SCR 系统示意图　　　图 5-3-2　SCR 装置几何尺寸图（单位：mm）

系统主要由烟道、喷氨格栅、反应器、催化剂层构成。催化剂层布置 3 层，预留 1 层，均布在反应器内。烟道长度 7300mm、烟道深度 4000mm，反应器本体高 16m、深 11m、宽10m，总高 24m。在烟道中间设有喷氨格栅（AIG），模型以此处为起始位置，AIG 上有直径100mm 的喷射管 20 根，每根管上有 7 个喷嘴，喷嘴开孔直径 ϕ40mm，喷嘴以 23m/s 的速度向烟道注入氨气，氨气温度 38℃。如果安装导流板，则采用近似平行分布的弧形导流板，数量是 5 块导流板，角度约 45°，尺寸间隔如图所示平均分布。

5.3.2　模型建立

由于计算条件所限，在建立模型之前需对实际过程作如下一些近似假设：① 假设系统不漏风，流动是定常流动；② 只有催化区域发生化学反应，反应放热可以忽略；③ 不考虑灰分的影响，仅考虑烟气主要成分，各组分与还原剂气体为理想气体。

5.3.2.1 使用 GAMBIT 建立几何模型

假定读者已熟练使用 GAMBIT，这里仅简单介绍网格和边界条件处理的几个关键：

（1）模型是三维的，可以直接创立体模型并操作；

（2）由于需要对比分析无导流板和有导流板两种工况，因此建立两个模型，分别称为模型 1(无导流板)和模型 2(有导流板)；

（3）加入导流板及喷射系统后，由于系统组成复杂，且喷嘴与外部烟道尺寸相差较大，因此采用对复杂局部单独建立体，再组合成整体模型的方法，以便于对此局部进行单独的网格划分。

操作步骤如下：打开 volume→…按照尺寸建立整体模型。例如对于喷氨格栅处，按前后各留一定距离，使用 Split 截取一个体(体的大小选取以不影响网格划分为准)，需要注意的是，喷氨格栅尺寸根据原形尺寸建立，喷孔表面作为氨气入口。同理，在导流板、催化剂层等处也切割相应的体，以便于网格划分和边界条件设定。最终建立的 SCR 脱硝反应器几何模型如图 5-3-3 所示。

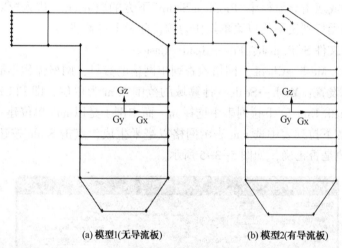

(a) 模型1(无导流板)   (b) 模型2(有导流板)

图 5-3-3   GAMBIT 建立的 SCR 装置几何模型图

5.3.2.2 划分网格

采用分体划分网格方法分别对喷射格栅部分、烟道送气部分和反应器进行网格划分。先用 Cooper 对烟道及脱硝反应器等进行网格划分，再用 Tgrid 对喷氨隔栅进行网格划分(由于喷嘴尺寸小，因此这里网格数目较多)，这样就保证了网格的连续性，结果如图 5-3-4 所示。

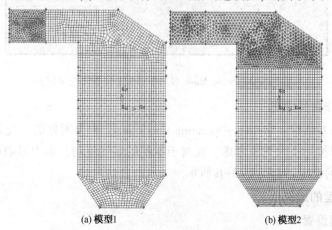

(a) 模型1   (b) 模型2

图 5-3-4   GAMBIT 建立的 SCR 装置网格划分图

5.3.2.3 GAMBIT 中定义边界

入口、出口及各个体在 FLUENT 中都需要定义不同的边界条件，因此在 GAMBIT 中先将它们定义并命名：打开 Specify Boundary Types 对话框，将烟道入口命名为 in，喷氨格栅所有喷头的入口合并命名为 in2，将 SCR 尾部烟气出口面命名为 out；打开 Specify Continuum Types 对话框，将催化剂层的体定义为一个 fluid zone，命名为 cuihua，这样方便在 FLUENT 中进行边界条件设置。

5.3.3 FLUENT 模拟

将所完成计算模型的 Mesh 文件命名为 SCR.msh，并复制到工作的文件夹下，启动 ANSYS FLUENT 软件，运行 3D(三维)FLUENT 求解器进行后续操作。

5.3.3.1 问题设置

可以通过菜单或双击导航栏中"Problem Setup"下方的"General"进入"General"任务页面进行设置，本例若无特别说明均以菜单操作为例，此后不再赘述。

（1）读入网格文件 SCR.msh：File→Read→Case。

（2）检查网格：Mesh→Check，网格检查列出网格的数目，网格体积不能为负。

（3）网格比例设置：Mesh→Scale。计算域的范围以 m 为单位，即 FLUENT 的缺省长度单位，在 View Length Unit In 下拉列表中选择 m。而本例子是以 mm 单位建立，因此在 Mesh Was Created In 中的下拉列表中选 mm 表示网格以毫米生成，点击 Scale 按钮，并确定最大、最小的 X、Y、Z 值是否正确，如图 5-3-5 所示。

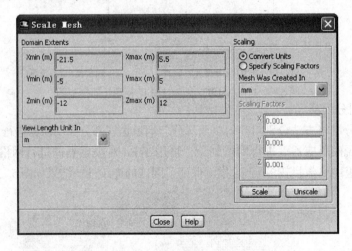

图 5-3-5 Scale Mash 对话框(改变模型长度单位)

5.3.3.2 操作条件设定

打开操作条件对话框：Define→Operating Conditions。根据所处的工况条件，烟道内是很小负压状态，可以按一个大气压考虑。而对于本例的烟气流动，重力影响可忽略，因此也可以不改变 Gravity 的设定，如图 5-3-6 所示。

5.3.3.3 模型的选择

（1）定义求解设置

双击导航栏中 Problem Setup 下方的 General 进入 General 任务页面，再在其右侧 Solver

框内选择。打开缺省的(分离变量)求解器,选择稳态、基于压力求解等,保持其他参数为默认值。

(2)能量方程的设定

点击 Define→Models→Energy。由于考虑烟气密度受温度和压力影响,又要使用组分传输和反应模型,激活能量方程。

(3)湍流模型的设定

点击 Define→Models→Viscous。流动属于湍流,因此选择标准的 k-epsilon(2-eqn)湍流模型,选定后,面板将会扩大提供进一步选项,点击 OK 接受缺省的标准模型和参数,如图5-3-7所示。

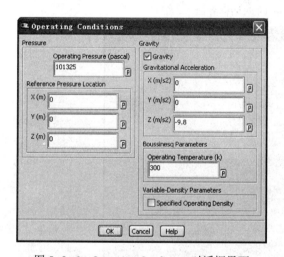

图 5-3-6 Operating Conditions 对话框界面

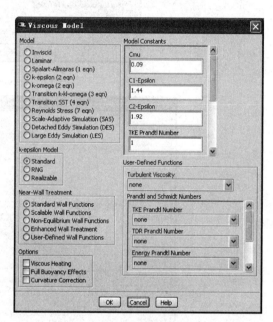

图 5-3-7 Viscous 对话框界面

(4)组分传输和反应模型的设定

点击 Define→Models→Species→Species Transport。由于 SCR 的流动介质有多种气体成分,要考虑流动中物质的混合情况,因此采用混合物的物质输运模型来模拟这一情况(如果用户有 CHEMKIN 格式的气相化学反应机制,可以使用 CHEMKIN Mechanism import 面板将该机制文件导入 FLUENT)。

打开 Species Model 对话框,如图 5-3-8 所示。在 Model 下选择 Species Transport 单选按钮;在 Reactions 列表中选中 Volumetric 复选框;在 Turbulence-Chemistry Interaction 列表下选择 Finite-Rate/Eddy-Dissipation 复选框;在 Mixture Material 下拉列表中选择默认的 Mixture-template,并在以后的步骤中使用 Material 面板改变对混和物材料的选择或修正混合物材料的物性(初次选择时,Mixture Material 下拉列表包含各类化学混合物,如果有合适的混合物,也可以从该数据库中直接选择)。点击 OK 按钮,关闭 Species Model 对话框。

5.3.3.4 材料属性的设置

点击 Define→Materials,打开 Material 对话框。点击 Creat/Edit 按钮,Creat/Edit Material 对话框打开,如图 5-3-9 所示。

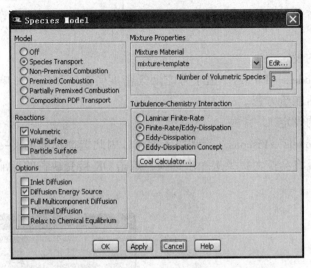

图 5-3-8　Species Model 对话框界面

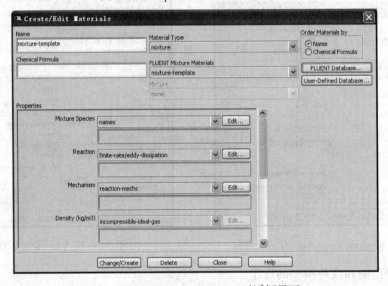

图 5-3-9　Creat/Edit Material 对话框界面

（1）从 FLUENT 数据库中拷贝添加 NO、NH_3 等组分

在 Material 对话框中单击右侧的 FLUENT Database 按钮，打开 FLUENT Database Materials 对话框，如图 5-3-10 所示。在对话框右侧 Material Type 下拉列表处选择 fluid 选项，这时左侧 FLUENT Fluid Materials 列表中显示的材料为数据库中的各种流体组分。选择 nitrogen-oxide(no)，保持默认的属性参数，点击 Copy 按钮，将 NO 添加到混合烟气的备选组分中。同理，拷贝添加 ammonia-vapor(nh_3)等其他组分。

（2）混合气体的设定

回到 Material 对话框，在 Material Type 列表下选择 mixture，在 Density 下拉列表中选择不可压缩理想气体 incompressible-ideal-gas。然后点击 Mixture Species 右边的 Edit 按钮，打开 Species 面板，可以在该面板中添加和删除混合物材料的组分，将 nitrogen-oxide(no)和 ammonia-vapor(nh_3)添加到 Species 列表，要确保最主要的组分（N_2）是列表中的最后一个；如果不是，从列表中删除，然后再重新添加。如图 5-3-11 所示。点击 OK 按钮，关闭

Species 对话框。

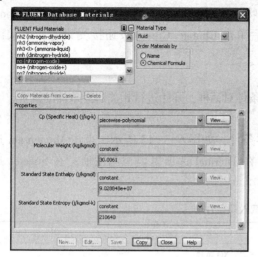

图 5-3-10　FLUENT Database Materials 对话框界面

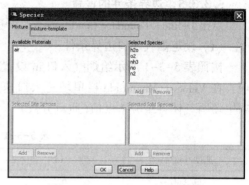

图 5-3-11　Species 对话框界面

h2o—H_2O；o2—O_2；nh3—NH_3；no—NO；n2—N_2

（3）化学反应的定义

单击 Materials/Properties 对话框中 Reaction 选项右边的 Edit 按钮，打开 Reaction 对话框。根据式（5-3-1）、式（5-3-2）定义化学反应，如图 5-3-12 所示。改变 Number of Reactants 和 Number of Products 的值来调整反应中涉及的反应物和生成物的数量。在 Species 下拉列表中选择每一种反应物或生成物，然后在 Stoich Coefficient 和 Rate Exponent 区域中设定其化学计量系数和速率指数。因此输入每种反应的参数适合与否对计算结果影响较大。单击 OK 按钮，关闭 Reactions 对话框。需要说明的是，SCR 法脱硝技术的重点是催化剂表面化学反应过程，使用多步基元反应的方法更准确，但是运算量过于庞大，对硬件要求很高。

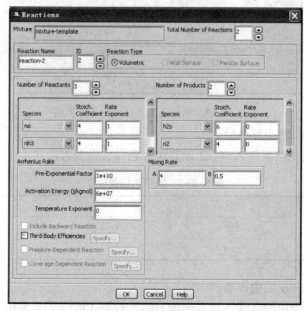

图 5-3-12　Reactions 对话框界面

单击 Materials/Properties 对话框中 Mechanism 选项右边的 Edit 按钮，打开 Reaction Mechanisms 对话框。在 Reactions 列表中选择所有化学反应,点击 OK,关闭 Reaction Mechanisms 对话框。拖动 properties 滚动条向下检查其余的物性。对于 Cp,所有组分选择 piecewise-pol-ynomial,如果是混合物则选择 mixing law。最后单击 Change/Create 按钮接受设置,并关闭 Materials 对话框。

5.3.3.5　边界条件的设置

点击 Define→Boundary Conditions,打开边界条件对话框,开始进行相关边界条件的设置。

(1) 设定烟气入口边界条件

按照表 5-3-1 所示给烟气入口 in 设置边界条件,如图 5-3-13 所示。点击 Momentum 选项,在 Velocity Magnitude 栏里填写入口速度;在 Thermal 选项里填写温度值;在 Species 选项里填写气体各组分浓度值(质量分数)。

表 5-3-1　烟气入口条件表

速度/(m/s)	15	CO_2 浓度	0.1730
温度/K	655	NO 浓度	0.0020
H_2O 浓度	0.0604	N_2 浓度	0.7061
O_2 浓度	0.0585		

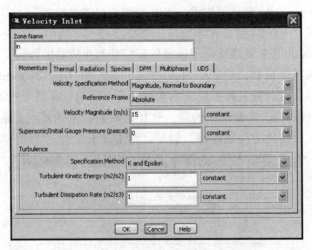

图 5-3-13　烟气速度入口边界条件界面

(2) 设定氨气进口的边界条件

按照表 5-3-2 所示给氨气入口 in2 设置边界条件,设置方法同上。

表 5-3-2　氨气入口条件表

速度/(m/s)	25	O_2 浓度	0.20
温度/K	300	N_2 浓度	0.71
NH_3 浓度	0.09		

(3) 设定催化剂床层的边界条件

多孔介质模型结合模型区域所具有的阻力的经验公式被定义为多孔,事实上多孔介质不过是在动量方程中具有了附加的动量损失而已。在左侧栏内点击 Cell Zone Conditions,再选择 cuihua,点击 Edit 按钮,打开对话框,如图 5-3-14 所示,选择 Porous Zone 和 Reaction。

点击 Porous Zone 标签，在下拉菜单中填写多孔介质采用各向同性，黏性阻力各方向都取 1.33(1/m²)，惯性阻力各方向都取 9(1/m)，孔隙率 0.6。点击 Reaction 标签，在 Reaction Mechanism 下拉菜单中选择 mechanism-1。这样就确定化学反应只在催化剂层发生。

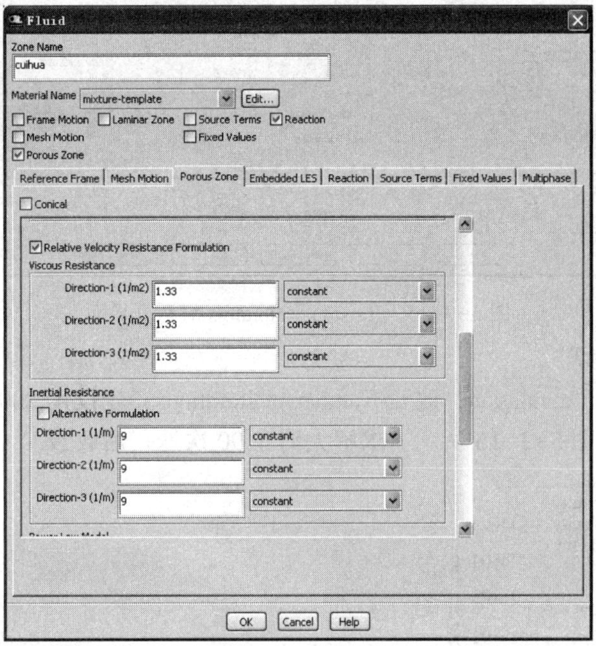

图 5-3-14　催化剂层边界条件设定界面

（4）设定出口边界条件

在边界条件对话框左侧 Zone 栏里选择 out，在右侧 Type 栏里选择 Outflow。

5.3.3.6　无化学反应的求解

先设定不进行化学反应计算一定步数，初步得到较稳定流场，有利于提高在进行有化学反应计算时的收敛性。

（1）修改组分模型

点击 Define → Models → Species → Transport & Reaction，在 Reactions 选项中取消对 Volumetric 的选择，这意味着不考虑化学反应。

（2）修改求解参数

点击 Solve→Controls→Solution，在 Equations 列表中选择所有方程；将 Under-Relaxation Factors 中所有组分及 Energy 的松弛因子值设为 0.8（适当减少松弛因子数值可以稳定求解）。

（3）求解过程中绘制残差曲线

点击 Solve→Monitors→Residual，在 Residual 对话框中的 Options 下，选择 Plot；各值残差收敛标准保持默认的 0.001，energy 残差收敛标准改为 1e-05，见图 5-3-15 所示。最后点击 OK，关闭对话框。

（4）初始化流场

点击 Solve→Initialization，选择 Standard Initialization 选项，在 Compute From 下拉列表中选择 all-zones。点击 Initialize 设定变量初值。

（5）保存所设定的 case 文件

点击 File→Write→Case，在打开的文本框中键入文件名字，点击 OK 关闭对话框。

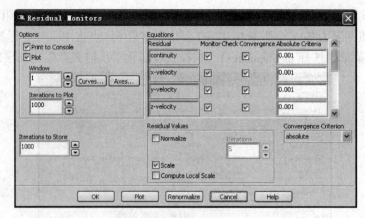

图 5-3-15 Residual Monitors 对话框界面

（6）进行迭代计算

点击 Solve→Run Calculation，改变 Number of Iterations，先设定 200，点击 Calculate，开始计算。残差曲线如图 5-3-16 所示，求解大约在 90 次迭代后收敛。

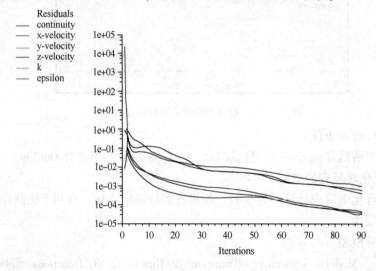

图 5-3-16　模型 1 无反应模拟残差图

（7）保存 data 文件

点击 File→Write→Case&Data，此处不再详述。

5.3.3.7　有化学反应的求解

（1）引入体积反应

点击 Define→Models→Species→Transport & Reaction。在上述工作的基础上进行下一步模拟计算。如果是重新打开 FLUENT，则将前面所保存的 DATA 文件重新读入再进行操作。在 Reactions 选项中选中 Volumetric 项。

（2）无需重新初始化，再继续进行 1000 步迭代求解。求解大约在 300 次迭代后收敛。

（3）保存 case 和 data 文件。

5.3.4 结果分析

5.3.4.1 无化学反应的后处理

（1）建立观察截面

为清楚地看到三维模型内部流场各参数分布情况，需要建立截面。点击 Surface→Iso-Surface，打开 Iso-Surface 对话框如图 5-3-17 所示。在左侧 Surface of Constant 下拉列表中选择 Mesh，再在下面列表中选择 Y-Coordinate，在 Iso-Values 中填写要建立的切面位置参数 0，也可以按自己的需求在 New Surface Name 栏里将截面名称修改，如 y-coordinate-8、y-coordinate-9 等。点击 Create，最终建立了 Y 轴方向上的中心截面。如果需要，还可以建立 X、Z 轴方向上的截面。

（2）显示速度云图

点击 Display→Graphics and Animations→Contours→Set Up 按钮，打开如图 5-3-18 所示的 Contours 对话框。在对话框右侧 Contours of 下拉菜单里选择 Velocity，并在 Surfaces 栏内选择刚建立的 Y 轴截面 y-coordinate-8，在 Options 栏中复选 Filled。单击 Display 按钮，得到无反应时的速度云图如图 5-3-19 所示。

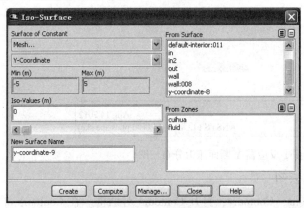

图 5-3-17　Iso-Surface 对话框　　　　　图 5-3-18　Contours 对话框界面

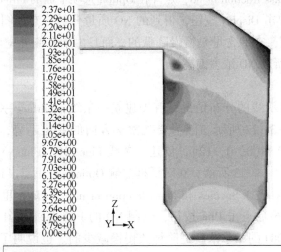

Contours of Velocity Magnitude(m/s)　　　　　Aug13,2012
ANSYS FLUENT 14.0(3d,pbns,ske)

图 5-3-19　模型 1 反应器 Y 断面的速度分布云图

261

5.3.4.2 模型 1 化学反应解的后处理

(1) 显示压力分布云图

点击 Display→Graphics and Animations→Contours，打开 Contours 对话框。在 Contours of 下拉列表中分别选择 Pressure 和 Static Pressure，复选在 Options 选项下面的 Filled 按钮，在 Surfaces 中选择 y-coordinate-8，单击 Display 按钮，得到的压力分布截面图，如图 5-3-20 所示。从图中可以看出，由于惯性作用和催化剂层的存在，弯道外侧壁面方向上的压降较大，但整体压力分布比较均匀。

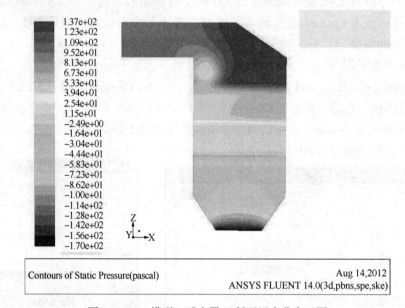

图 5-3-20　模型 1 反应器 Y 断面压力分布云图

(2) 显示 NO 组分的质量分数分布云图

点击 Display→Graphics and Animations→Contours，打开 Contours 对话框。在 Contours of 下拉列表中分别选择 Species 和 Mass fraction of no，点开在 Option 选项下面的 Filled 按钮，在 Surfaces 中选择 y-coordinate-8，单击 Display 按钮，得到的 NO 质量分数分布如图 5-3-21 所示。在 SCR 反应器中进行催化反应，它的含量是慢慢降低的，而且由于右侧外壁面烟气流速大，反应时间短，混合也不充分，所以 NO 浓度偏高。

(3) 绘制 XY Plot 图

点击 Plot→XY Plot，可显示线的分布情况。首先建立一条线，Surface→Line/Rake，打开 Line/Rake 对话框，如图 5-3-22 所示。因为要观察 z 方向的变化趋势，因此输入 End Points 两点坐标是 (0, 0, -12) 和 (0, 0, 12)，创建一条线 Line-10。Plots→XY Plot，打开 Solution XY Plot 对话框，如图 5-3-23 所示。在对话框左侧 Options 栏里点击选取 Position on X Axis，右侧 Y Axis Function 中选择 Species 和 Mass fraction of no，Surface 里选择 Line-10，Plot Direction 中选填 Z 为 -1。最后点击 Plot 按钮，绘制 NO 的 Plot 曲线如图 5-3-24 所示。从 NO 的 Plot 曲线可以看出，NO 的摩尔浓度是阶梯式慢慢减少的。也说明了 NO 和 NH_3 经过混合在催化反应层中发生了反应。

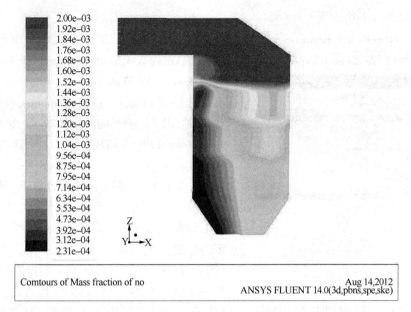

Comtours of Mass fraction of no   Aug 14,2012
                                          ANSYS FLUENT 14.0(3d,pbns,spe,ske)

图 5-3-21　模型 1 反应器 Y 断面 NO 浓度分布图

图 5-3-22　Line/Rake 对话框界面

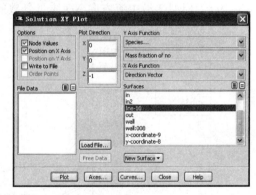

图 5-3-23　Solution XY Plot 对话框界面

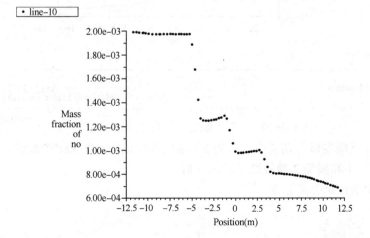

Mass fraction of no   Aug 14,2012
                                          ANSYS FLUENT 14.0(3d,pbns,spe,ske)

图 5-3-24　模型 1 沿主流方向 NO 质量分数的 Plot 曲线

（4）确定出口平均浓度

点击 Report→Result Reports→Surface Integrals，弹出面积加权平均出口浓度对话框如图5-3-25所示。在 Report Type 下拉菜单中，选 Area-Weighted Average，在 Field Variable

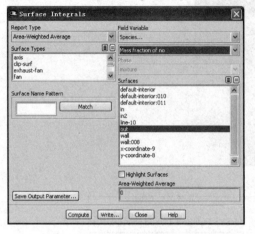

中选 Species 和 Mass fraction of no，在 Surfaces 列表中选择出口 out，点击 Compute，计算得反应器烟道出口 NO 的面积平均出口浓度约0.0006060288。同理还可以计算其他气体的出口浓度平均值。

5.3.4.3 模型2的模拟计算及后处理

模型2是加装了导流板后的状况，经过与模型1相似的操作步骤，在考虑化学反应的情况下，分别得到模型2有化学反应计算的残差图（图5-3-26）、反应器 Y 断面的压强分布云图（图5-3-27）、模型2反应器 Y 断面速度分布云图（图5-3-28）、反应器 Y 断面 NO 浓度分布云图

图 5-3-25　面积加权平均设定界面

（图 5-3-29）、模型2沿主流方向 NO 质量分数的 Plot 曲线（图5-3-30）。

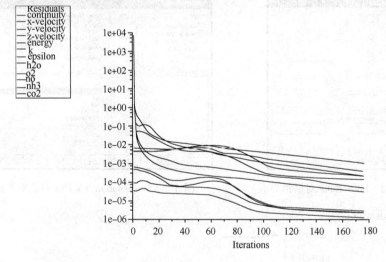

图 5-3-26　模型2有化学反应计算的残差图

经计算，SCR 反应器最终烟道出口面的 NO 浓度平均值为：0.0005076287。

5.3.4.4 模型1和模型2模拟结果对比分析

NO$_x$ 脱除效率的计算公式如下，

$$\eta = \frac{C_{NO}^{in} - C_{NO}^{out}}{C_{NO}^{in}} \tag{5-3-3}$$

可以计算得出未加导流板时 NO$_x$ 的脱除率为69.70%，而增加导流板后 NO$_x$ 的脱除率为74.62%，在不改变其他条件情况下效率提高约5%。实际上，导流板的尺寸和摆放还可以进一步优化，并可使用相同方法进行验证。通过对比模型1和模型2的反应器速度和压力分布

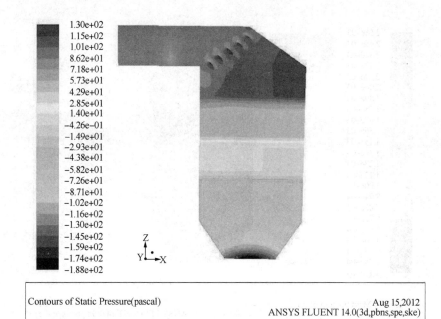

Contours of Static Pressure(pascal)　　　　　　　　　　　　　　　　Aug 15,2012
ANSYS FLUENT 14.0(3d,pbns,spe,ske)

图 5-3-27　模型 2 反应器 Y 断面压强分布云图

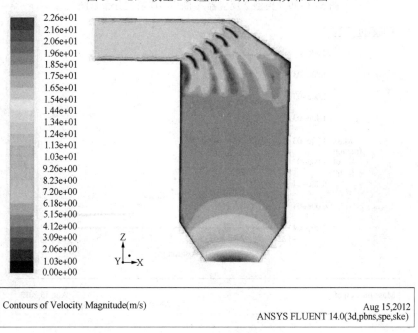

Contours of Velocity Magnitude(m/s)　　　　　　　　　　　　　　　Aug 15,2012
ANSYS FLUENT 14.0(3d,pbns,spe,ske)

图 5-3-28　模型 2 反应器 Y 断面速度分布云图

云图可以看出，在未加导流板 SCR 脱硝系统的模拟结果中，明显看出主流场偏向了反应器外侧壁面，这是由于烟气在经过弯道时流线发生弯曲，流体由于离心作用会压向外侧，从而导致弯道外侧流体的速度增大，外侧流体的压强升高，因此烟气中的 NO_x 与还原剂 NH_3 在催化剂层中反应不充分，在此区域内 NO_x 浓度降低较慢。增加导流板后，主流场被整流，沿着导流板布置的方向流动。导流板对弯道所引起的流场分离现象有一定抑制作用，减小了烟气与 NH_3 混合气体流经弯道时的分离现象，也使速度场和压力场分布更加均匀，化学反应在催化剂层区域内进行得比较充分，进而净化效率得到提升。

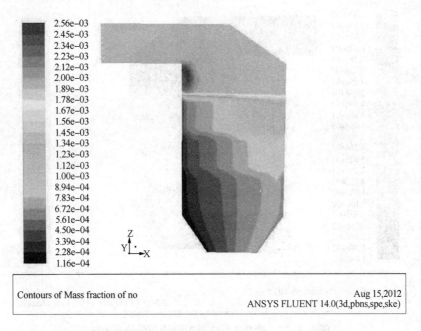

图 5-3-29 模型 2 反应器 Y 断面 NO 浓度分布云图

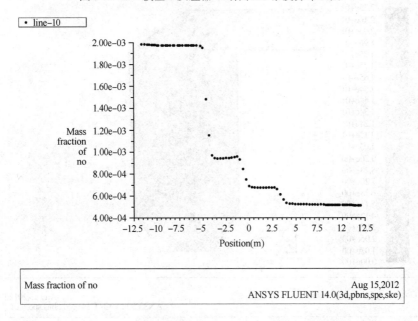

图 5-3-30 模型 2 沿主流方向 NO 质量分数的 Plot 曲线

　　需要说明的是，本算例中 SCR 反应器的结构经过了充分简化，对 SCR 流场进行改善还可以通过安装气体静态混合器、调整烟道及导流板布置等多种方法；本例子也适用于使用轴对称的方式以减少计算工作量；与此同时，使用多步基元反应来模拟催化反应的结果更为精确，但对硬件要求很高。此外，如果要进行工程计算，例子中所用的反应参数也应针对具体工况进行调整。这些操作本算例不再赘述，读者可以自己尝试。总之，通过上述典型实例的讲解，可以使读者了解 FLUENT 求解化学反应问题的基本方法，掌握烟气脱销 SCR 反应器优化设计的基本思路。

§5.4 普通 Caroussel 氧化沟升级改造后流场的数值模拟

本节的目的是学习设置和求解一个 Carrousel(卡鲁塞尔)氧化沟在潜水推流器作用下的流场分布状况的例子。该潜水推流器的设置采用的是 ANSYS FLUENT 中 FAN(风机)边界条件。在本节中，将学习到如下内容：①建立典型氧化沟物理模型；②合理简化潜水推流器，学会设定 FAN 边界条件；③对结果进行后处理，利用图形检查、分析结果。

5.4.1 问题描述

5.4.1.1 工程背景

氧化沟工艺具有的众多优点使其在国内外污水处理行业得到了普遍的推广运用，Carrousel 氧化沟是一种颇具代表性的典型氧化沟工艺。某污水处理厂 1989 年 9 月竣工运行的普通 Carrousel 氧化沟工艺流程如图 5-4-1 所示，该工艺主要以去除 BOD_5 为目的，同时具有脱除氨氮的作用。在立式表面曝气机的曝气和推流作用下，进水 COD、NH_3-N 经过较长停留时间后得到有效降解，去除率分别可达 89.17%~91.82%、82.42%~89.08%，达标率均为 100%。但该污水净化厂 TP 总是不能完全达标，出水水质时好时坏，这说明该氧化沟工艺的除磷效果较差，同时运行能耗较高。针对 TP 去除效果不理想、出水 TP 超标等情况，将原氧化沟系统升级改造为 Carrousel 2000 系统，此系统在普通卡鲁塞尔氧化沟系统前，增加了一个厌氧区和缺氧区(即反硝化区)，以利于脱氮除磷；同时将能耗较高的立式表面曝气设备升级为充氧效果更好、更节能的深水微孔曝气和潜水推流相结合的系统，保证池底最低流速 ≥0.3m/s，防止污泥沉降，使污泥与原水充分混合，进行彻底的碳化、硝化反应。实际运行结果表明，改造后出水水质稳定，COD、BOD_5、氨氮、TP 等均达到设计出水水质要求；同时改造后节电约 600~1000kW·h/(10^4m³/d)，很好地满足了当前环境保护和节能减排的要求，同时给污水净化厂带来了一定的经济效益。

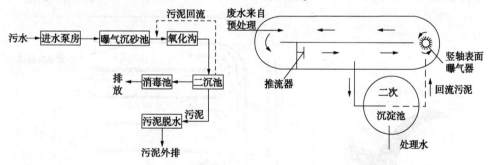

图 5-4-1 某污水处理厂普通卡鲁塞尔氧化沟工艺流程示意图

本算例就是通过使用 ANSYS FLUENT 中的 FAN(风机)边界条件来模拟氧化沟中潜水推流器运行，通过对比分析潜水推流器布置位置、开启情况对氧化沟平均流速的影响，为此类升级改造工程提供理论指导。

5.4.1.2 原型介绍

本算例中使用的模型根据某处理量 80000m³/d 污水净化厂的卡鲁塞尔氧化沟简化得来，简化图如图 5-4-2 所示。氧化沟的主体尺寸为：长 90m、宽 50m、水深 3.1m，弯道半圆的半径部分约为 6.1m。结合本模拟的实际情况，主流由沟内的八个潜水推流器推动形成，这些潜水推流器的叶片数为 2 片，叶轮直径为 2.1m，可提供推力约 2595N，叶轮中心距池底为 1.3m，具体摆放位置如图 5-4-2 所示，一般并不同时启动。

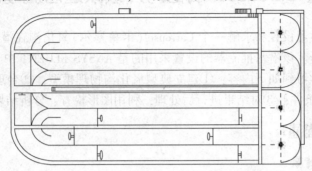

图 5-4-2　某污水净化厂氧化沟结构示意图

5.4.2　模型建立

5.4.2.1　GAMBIT 中创立模型和网格划分

由于计算条件所限，在建立模型之前需对实际过程作如下一些近似假设：①忽略氧化沟系统进出水，假设流动是定常流动；②忽略深水微孔曝气对流场的影响；③假设潜水推流器是个无限薄的作用面。

假定读者已熟练使用 GAMBIT，这里仅简单介绍几个关键点：①模型为三维，可以直接创立体模型并操作；②潜水推流器的原形如图 5-4-3 所示，由于其不工作时对流动情况基本没有影响或阻碍，而工作时相当于一个旋转起来工作的圆面，因此建模时只需按照原型尺寸和位置在模型体内相应创建一个简化的圆形工作面（split 后默认为 interior 面），如图 5-4-4所示，需要开启时就此面设为 FAN（风机）边界条件并使其工作，不需要时就不做设定即可；③考虑导流墙的存在及多流道整体建模后，结构较为复杂，因此整体划分网格时使用 Tgrid 创建网格。

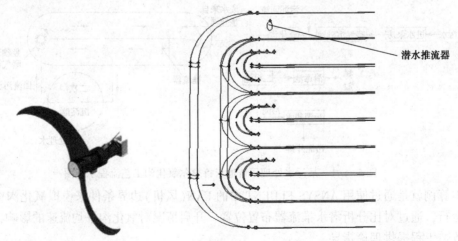

图 5-4-3　潜水推流器原型图　　　图 5-4-4　使用 GAMBIT 建立的潜水推流器模型

操作步骤举例如下：打开 volume→…按照尺寸建立整体模型。氧化沟内导流墙都按照实际厚度 0.2m 建立，中间隔墙的厚度为 0.5m，各潜水推流器则根据原型实际尺寸对整个体使用 Split 方法在相应的位置割出一个圆面而得到，最终建立的氧化沟几何模型如图 5-4-5

所示。采用 Tgrid 对氧化沟整体进行网格划分，结果如图 5-4-6 所示。

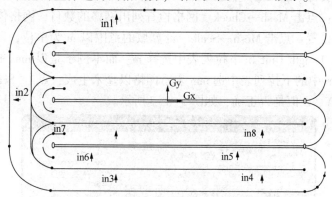

图 5-4-5　在 GAMBIT 中建立的氧化沟几何模型图

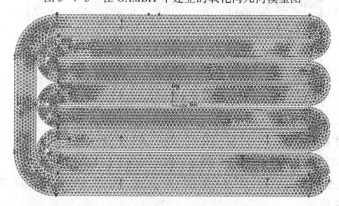

图 5-4-6　GAMBIT 建立的氧化沟网格划分图

5. 4. 2. 2　定义边界条件

各个潜水推流器在 ANSYS FLUENT 中都需要定义不同的边界条件，因此在 GAMBIT 中先将它们定义并命名，由于氧化沟入口出口对整体流动影响很小可忽略不计，故这里省略入口和出口的设定。先打开 Specify Continuum Types 对话框将氧化沟模型设置为 fluid，再打开 Specify Boundary Types 对话框，将所有潜水推流器设为 Fan 类型并且命名为 in，从左侧上端开始逆时针方向，由上至下按顺序编排为 in1 至 in8，分别对应着 1、2、3、4、5、6、7、8 号潜水推流器(图 5-4-5)。

本算例需要对比分析开启不同位置和不同数量潜水推流器的运行情况，为此进行如下处理：在 GAMBIT 中分别单独设置 in1 至 in8 为内部面(interior)或壁面(WALL)，如果需要开启潜水推流器，就改为 FAN(风机)边界条件；如果不需要开启潜水推流器，就保持相应的边界条件为内部面(interior)或壁面(WALL)。

5. 4. 3　FLUENT 模拟

将所完成计算模型的 Mesh 文件命名为 yhg. msh，并复制到工作的文件夹下，启动 ANSYS FLUENT 软件，运行 3D(三维)FLUENT 求解器进行后续操作。具体操作步骤如下：

5. 4. 3. 1　问题设置(Problem Setup)

可以通过菜单或双击导航栏中 Problem Setup 下方的 Models，进入 Models 任务页面进行设置，本例以菜单操作为例，此后不再赘述。

（1）读入网格文件 yhg. msh：点击 File→Read→Case。

（2）检查网格：点击 Mesh→Check。网格检查列出网格的数目，网格体积不能为负。

（3）网格比例设置：点击 Mesh→Scale。计算域的范围以 m 为单位，即 FLUENT 的缺省长度单位，在 View Length Unit In 下拉列表中选择 m。而本例子是以 mm 单位建立，因此在 Mesh Was Created In 中的下拉列表中选 mm 表示网格以毫米生成，点击"Scale"按钮，并确定最大、最小的 X、Y、Z 值是否正确，如图 5-4-7 所示。

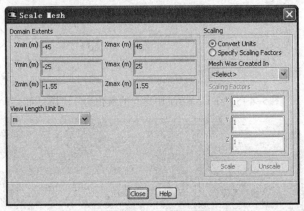

图 5-4-7　Scale Mesh 对话框界面

5.4.3.2　操作条件设定

打开操作条件对话框：点击 Define→Operating Conditions。

根据所处的工况条件，设定一个标准大气压，重力加速度设在 z 轴反方向，温度为常温 300K，如图 5-4-8 所示。

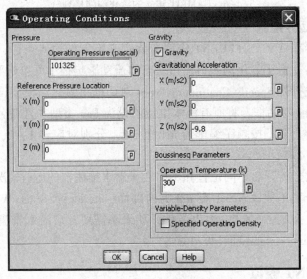

图 5-4-8　Operating Conditions 对话框界面

5.4.3.3　模型的选择

（1）定义求解设置：双击导航栏中 problem setup 下方的 General 进入 General 任务页面，再在其右侧 Solver 框内选择。

（2）打开缺省的(分离变量)求解器，选择稳态、基于压力求解等，保持其他参数为默认值。

270

（3）湍流模型的设定：点击 Define→Models→Viscous。考虑到流动属于湍流，因此选择标准的 k-epsilon(2-eqn)湍流模型，选定后，面板将会扩大提供进一步选项，点击 OK 接受缺省的标准模型和参数。如图 5-4-9 所示。

5.4.3.4 材料属性的设置

打开 Material 对话框：执行 Define→Materials。点击 Creat/Edit 按钮，Material 对话框打开，如图 5-4-10 所示。单击 FLUENT Database 按钮，在 FLUENT Fluid Materials 下拉列表中选择 water-liquid[h2o<1>]，如图 5-4-11 所示。单击 Copy 和 Close 按钮，在 Materials 对话框的 FLUENT Fluid Materials 列表中选择 water-liquid[h2o<1>]，单击 Change/Create 按钮。

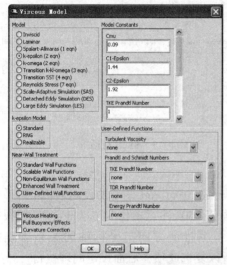

图 5-4-9　Viscous 对话框界面

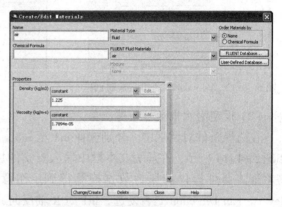

图 5-4-10　Material 对话框

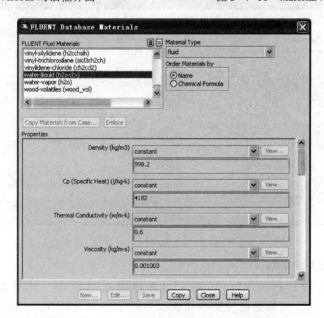

图 5-4-11　FLUENT Database Materials 对话框

5.4.3.5 边界条件的设置

（1）设定流场流体种类

打开边界条件对话框：点击 Define→Boundary Conditions→Cell Zone Conditions，在列表

中选择 fluid，系统默认是 air，需要修改，按 set 进入，选择 water-liquid，单击 ok 按钮，如图 5-4-12、图 5-4-13 所示。

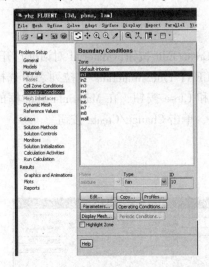

图 5-4-12　Boundary Conditions 对话框

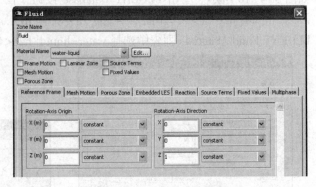

图 5-4-13　Fluid 对话框

（2）设定潜水推流器条件

在边界条件对话框中，分别选择 in1 至 in8，点击 set 进行 Fan 模型的设定。Fan 对话框如图 5-4-14 所示，在压力文本框中输入真实的压强值 750（注意单位为 pascal），该值根据潜水推流器可提供的压力数据换算得到。注意要根据推流方向与坐标轴的关系来确定 Reverse Fan Direction 是否复选，in1 与 X 轴反向，所以复选此项，后面设定同理执行。

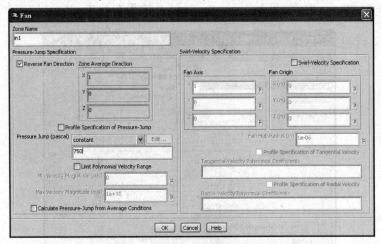

图 5-4-14　Fan 设定对话框

5.4.3.6　工况 1 的求解

所谓工况 1 是指开启 1、2、3、4、5、7 号潜水推流器，这可以通过在 Boundary Conditions 中进行设定。具体是指按照 5.4.3.5 节的步骤对 in1、in2、in3、in4、in5、in7 进行正常压力设定；而 in6、in8 两个面不做任何设定操作，则默认为无压力增值、流体直接通过的面。其他设置步骤如下：

（1）执行 Solve→Controls→Solution，保持默认值。

（2）求解过程中绘制残差曲线：点击 Solve→Monitors→Residual。

（3）在 Options 下，选择 Plot；各值残差收敛标准保持默认的 0.001，见图 5-4-15 所示。最后点击 OK，关闭对话框。

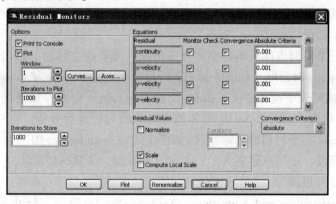

图 5-4-15 Residual Monitors 对话框

（4）初始化流场：Solve→Initialization。选择 Standard Initialization 选项，在 Compute From 下拉列表中选择 all-zones。点击 Initialize 设定变量初值。

（5）保存所设定的 case 文件：File→Write→Case。在打开的文本框中，键入文件名字，点击 OK 关闭对话框。

（6）进行迭代计算：Solve→Run Calculation。改变 Number of Iterations，设定 1000，点击 Calculate，开始计算。残差曲线如图 5-4-16 所示，求解大约在 560 次迭代后收敛。

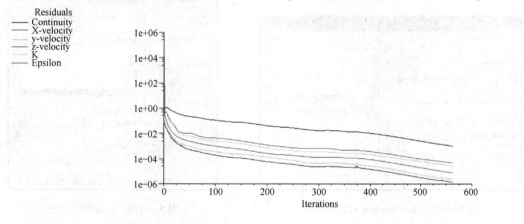

图 5-4-16 工况 1 的计算残差图

（7）保存 data 文件：点击 File→Write→Case&Data。

5.4.3.7 工况 2、工况 3 的求解

开启 1、2、3、4、6、8 号潜水推流器，进行工况 2 的模拟计算，具体操作过程同上。收敛后保存结果数据文件，其结果用于与工况 1 进行详细对比（启动 6 台潜水推流器）。

开启 1、2、3、4、5 号潜水推流器，进行工况 3 的模拟计算，具体操作过程同上。收敛后保存结果数据文件，作为启动 5 台潜水推流器的平均流速计算结果，用于和启动 6 台潜水推流器的工况 1、工况 2 的平均流速进行数据对比。

5.4.4 结果分析

5.4.4.1 对结果的后处理

（1）建立观察切面

为清楚看到三维模型内部流场各参数分布情况，需要建立切面。点击 Surface→Iso-Surface，打开 Iso-Surface 对话框，如图 5-4-17 所示。在左侧 Surface of Constant 下拉列表中选择 Mesh，再在下面列表中选择 Z-Coordinate，在 Iso-Values 中填写要建立的切面位置参数-0.8，表示截取氧化沟水深为 2.3m 处的 Z 轴方向上的切面进行分析。也可以按自己的需求在 New Surface Name 栏里将切面名称修改（如图中的"z-coordinate-10"），点击 Create，最终建立切面。如果需要，还可以建立 X、Y 轴方向的切面，这里不必多设。

（2）显示速度矢量图

点击 Display→Graphics and Animations→Vectors→Set Up 按钮，打开 Vectors 对话框，如图 5-4-18 所示。在 Vectors 对话框右侧 Vectors of 下拉菜单里选择 Velocity，Surfaces 列表中选择 z-coordinate-10 切面，在 Scale 中输入 2，单击 Display 按钮，得到相应的速度矢量图如图 5-4-19（工况 1）、图 5-4-20（工况 2）所示。

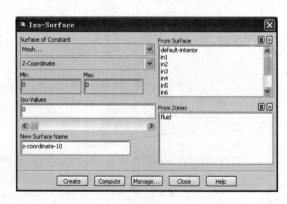

图 5-4-17　Iso-Surface 对话框界面

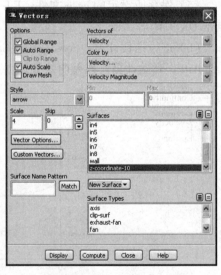

图 5-4-18　矢量图对话框

（3）显示速度云图

点击 Display→Graphics and Animations→Contours→Set Up 按钮，打开 Contours 对话框，如图 5-4-21 所示。在对话框右侧 Contours of 下拉菜单里选择 Velocity，并在 Surfaces 栏内选择刚建立的 Z 轴截面 z-coordinate-10，在 Options 栏中复选 Filled。单击 Display 按钮，得到速度云图如图 5-4-22（工况 1）、图 5-4-23（工况 2）所示。

（4）显示压力分布云图

点击 Display→Graphics and Animations→Contours，打开 Contours 对话框。在 Contours of 下拉列表中分别选择 Pressure 和 Static Pressure，复选在 Options 选项下面的 Filled 按钮，在 Surfaces 中选择 Z 轴截面 z-coordinate-10，单击 Display 按钮，得到的压力分布切面图，如图 5-4-24（工况 1）、图 5-4-25（工况 2）所示。可以看出仅由于两台潜水推流器的开启位置不同，氧化沟中段流场压力分布就有所不同。

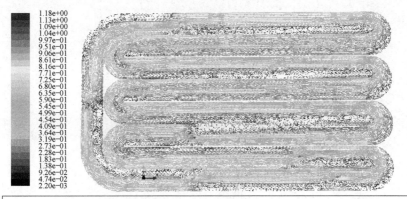

Velocity Vectors Colored By Velocity Magnitude (m/s)
Jul 27, 2013
ANSYS FLUENT 14.0(3d, pbns, ske)

图 5-4-19　工况 1 的 Z 轴断面中层流场速度矢量图

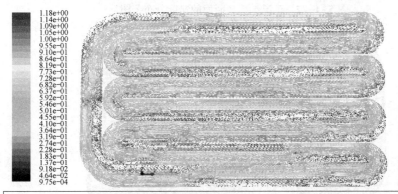

Velocity Vectors Colored By Velocity Magnitude (m/s)
Jul 27, 2013
ANSYS FLUENT 14.0(3d, pbns, ske)

图 5-4-20　工况 2 的 Z 轴断面中层流场速度矢量图

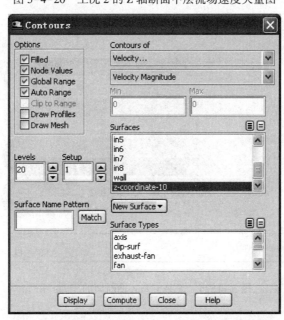

图 5-4-21　Contours 对话框界面

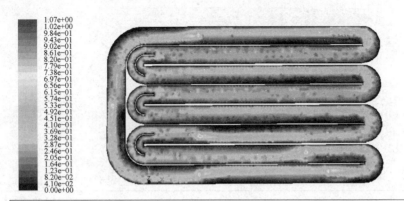

Contours of Velocity Magnitude (m/s)

Jul 27, 2013
ANSYS FLUENT 14.0(3d, pbns, ske)

图 5-4-22　工况 1 下 Z 断面的速度分布云图

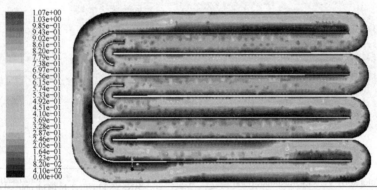

Contours of Velocity Magnitude (m/s)

Jul 27, 2013
ANSYS FLUENT 14.0(3d, pbns, ske)

图 5-4-23　工况 2 下 Z 断面的速度分布云图

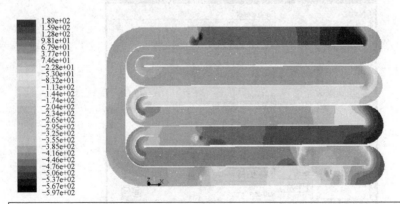

Contours of Static Pressure (pascal)

Jul 27, 2013
ANSYS FLUENT 14.0(3d, pbns, ske)

图 5-4-24　工况 1 下 Z 轴断面的压力云图

（5）绘制迹线图

点击 Display→Graphics and Animations→Pathlines，打开 Pathlines 对话框如图 5-2-26

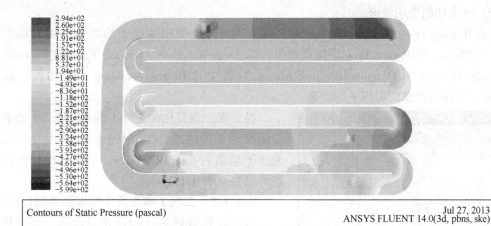

Contours of Static Pressure (pascal)

Jul 27, 2013
ANSYS FLUENT 14.0(3d, pbns, ske)

图 5-4-25　工况 2 下 Z 轴断面的压力云图

所示。为观察清楚，也可以画上网格轮廓线，因此复选上 Draw Mesh，跳出 Mesh Display 对话框进行设定，如图 5-4-27 所示。以工况 1 为例，最终得到的迹线图如图 5-4-28 所示，当然也可以将图局部放大观察，以方便确认一些复杂区域是否存在回流耗能区。

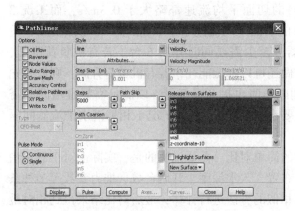

图 5-4-26　Pathlines 对话框

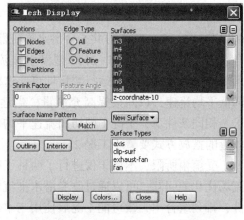

图 5-4-27　Mesh Display 对话框

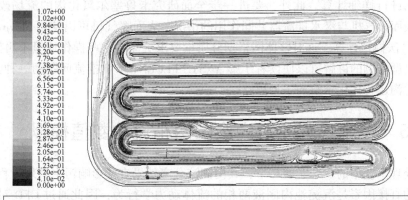

Pathlines Colored by Velocity Magnitude(m/s)

Jul 27, 2013
ANSYS FLUENT 14.0(3d, pbns, ske)

图 5-4-28　工况 1 迹线图

（6）确定切面平均流速

点击 Report→Result Reports→Surface Integrals，弹出面积加权平均切面浓度对话框如图5-4-29所示。在 Report Type 下拉菜单中，选 Area-Weighted Average，在 Field Variable 中选 Velocity 和 Velocity Magnitude，在 Surfaces 列表中选择 z-coordinate-10 切面，点击 Compute，计算该切面的面积平均流速。

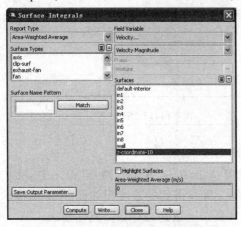

图 5-4-29　面积加权平均设定界面

经计算，该氧化沟工况 1 的水深 2.3m 处 Z 轴切面流速平均值为 0.3076495m/s，工况 2 的切面流速平均值为 0.3119731m/s，工况 3 的切面流速平均值为 0.2804191m/s。

5.4.4.2　工况 1 和工况 2 模拟结果对比分析

通过计算得到的数据以及速度场、压力场分布图，可以很直观地看到该氧化沟流场状况，而且本例模拟计算的数据与原型现场测量数据基本吻合。通过三种简化工况的计算，可以得知工况 1（开启 1、2、3、4、5、7 号共 6 台潜水推流器）、工况 2（开启 1、2、3、4、6、8 号共 6 台潜水推流器）的切面平均流速都略大于 0.3m/s，而工况 3（开启 1、2、3、4、5 号共 5 台潜水推流器）的切面平均流速小于 0.3m/s，可见该工况不适合。因此若选择 QJT055-2100 型潜水推流器，至少需要同时开启 6 台。若有机负荷降低，只需降低曝气机转速或运行数量即可，这样做还可以降低能耗；若有机负荷升高，则最好先降低平均流速，以间接提高充氧量，当达到限值时再提高曝气量，以满足需氧量增高的需求。相同条件下，工况 1 的切面流速平均值要小于工况 2，可知工况 1 相邻潜水推流器间隔较近的摆放方式要差于工况 2。

受篇幅所限，本例子仅进行了两种工况的简单对比。需要说明的是，实际上对于氧化沟流场优化的问题，可以通过改变潜水推流器布置、入水深度、开启台数、推力参数等多种条件，排列组合出大量可能工况后使用与本例相似的方法进行计算，最后对比结果得到相对最优的方案。鉴于本算例重点在于陈述操作方法，因此并没有对优化计算工作进行展开，感兴趣的读者可以自己进行详细计算。此外，要进一步全面研究卡鲁塞尔氧化沟的流场改善方案，还需要考虑表面曝气机与潜水推流器共同作用的情况，表面曝气机可以使用 Moving reference frame(MRF) 法模拟计算，这对整体网格划分质量要求更高，这些操作这里不再阐述。

总之，通过上述典型实例的讲解可以使读者了解 ANSYS FLUENT 求解推流问题的一种方法，掌握卡鲁塞尔氧化沟运行优化求解的一种思路。

§5.5　竖流式沉淀池内液固两相流动数值模拟

沉淀池是水处理工艺中的一个必要环节，其内固液分离效果直接影响污水处理过程。决定固液分离效果的直接因素是沉淀池内固液两相的流体动力学行为，因此通过 CFD 对沉淀池内的两相流动进行模拟，可以获得沉淀池内的详细流动情况及其影响因素，为沉淀池的设计和结构优化提供参考和帮助。本例主要介绍通过欧拉两相流模型模拟沉淀池内固液两相流动的方法。

5.5.1 问题描述

本例采用的竖流式沉淀池如图5-5-1所示，处理量为0.022m³/s，采用中心进水、周边出水的立式筒锥形结构。筒体直径$\phi7.0m$，高3.6m，锥体下口直径$\phi0.4m$，高4.71m；进水管直径$\phi1.0m$，深入筒体内部3.0m，进水管下端设有直径为$\phi1.86m$的圆形反射板；集水槽深0.3m，集水槽上设有出水管；锥体下端为排泥口。模拟时将集水槽下端设为出水口，此时可以认为沉淀池内的流动为轴对称流动，因此计算时仅对沉淀池的一半进行模拟即可。

5.5.2 模型建立

5.5.2.1 创建节点

仔细观察可以发现，沉淀池的结构组成与第2章中旋风分离器的结构组成有些类似，都采用内有圆管的上筒下锥形结构，因此可以借鉴旋风分离器的网格划分方法对沉淀池划分网格。在此同样采用从下到上的方法进行划分，首先对横截面进行分块，根据图5-5-1中的尺寸，通过由坐标

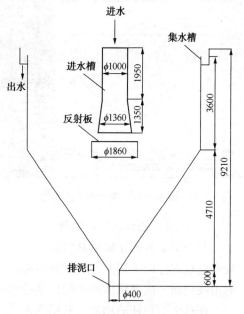

图5-5-1 竖流式沉淀池的结构
尺寸示意图(图中尺寸单位：mm)

创建节点的方法创建反射板所在截面的控制节点，结果如图5-5-2所示。然后利用旋转复制节点的功能获得反射板圆周和筒体圆周上的四分点，结果如图5-5-3所示。

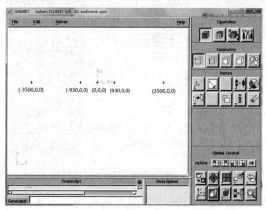

图5-5-2 创建的控制节点

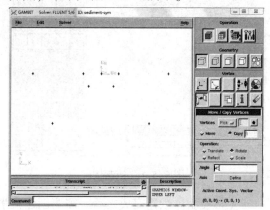

图5-5-3 横截面上的控制节点

5.5.2.2 由节点创建边界线和辅助线

打开由节点创建直线的对话框，通过shift+左键依次选取 y=0 的各点(原点除外)创建对称面上的边线；然后连接反射板和圆筒上的对应节点创建划分网格的辅助线；最后打开用节点创建圆弧的对话框，利用圆心和端点的方式创建反射板和圆筒的边界线，结果如图5-5-4所示。

5.5.2.3 由线创建面并扫面成体

边界线以及区域划分的辅助线画好之后，就可以通过由边框线创建面的命令创建各控制

面，然后利用扫面成体(sweep faces)的命令将创建的面沿 z 轴负方向运动 300，生成反射板下端的圆筒控制体，结果如图 5-5-5 所示。

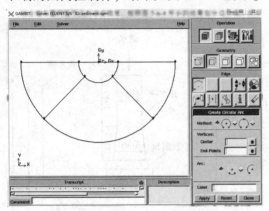

图 5-5-4　横截面上的边线

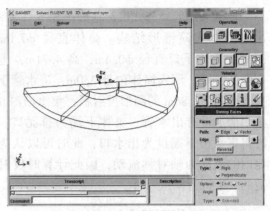

图 5-5-5　沉淀池反射板下端的筒体控制体

5.5.2.4　创建其他控制体

参考第 2 章创建旋风分离器锥体的方法，通过线旋转成面创建锥体的侧面，通过由线围成面创建锥体的下端面，然后利用由面组合成体的功能创建沉淀池锥体的控制体。采用类似的由线到面、由面到体的步骤创建进水管和反射板之间的控制体，结果如图 5-5-6 所示。

通过由面扫体的功能，利用图 5-5-6 中上部端面移动形成筒体控制体，利用锥体下端面形成排泥管，结果如图 5-5-7 所示。

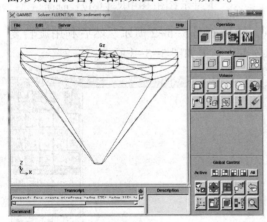

图 5-5-6　控制体

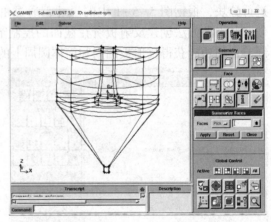

图 5-5-7　利用锥体下端面形成排泥管

主体控制体创建完成之后，需要创建集水槽以及溢流液控制体。创建集水槽的方法比较灵活，可以先做端面，旋转成体，也可以创建底面，扫面成体。在此假设溢流速度为 0.05m/s，根据流量计算溢流高度，创建溢流液控制体。1/2 沉淀池的控制体创建完成后，结果如图 5-5-8 所示。

5.5.2.5　网格划分

采用图 5-5-9 所示的网格布置方式对沉淀池横截面布置网格，1/2 圆周上共布置 60 个节点，径向布置 170 个节点，轴向共布置 220 个节点。进水管出口和溢流堰附近的网格稍密一些，远离该区域的地方网格相对稀疏一些。线上网格布置完成后，利用 Map 方式给控制体布置结构化网格，整个控制体共划分 78 万个网格单元。

280

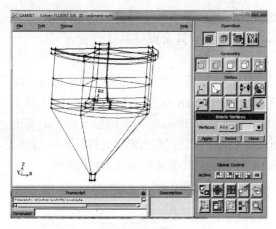

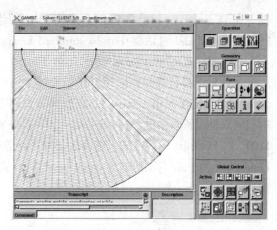

图 5-5-8　辅助控制体示意图　　　　　　图 5-5-9　纵截面网格划分示意图

5.5.2.6　定义边界

网格划分完成后，打开定义边界类型的对话框，定义进水管的入口为速度入口边界(inlet)，溢流槽出口和排泥管出口为出流边界(outlet)；把自由液面所在的平面定义成名为 surface 的壁面边界；定义反射板及进水管的壁面为壁面边界条件(WALL)；定义对称面为轴对称边界。

5.5.2.7　输出网格

所有操作完成后，点击 File→Export→Mesh…，输出名为 sediment-sym. msh 的网格，然后点击 File→Save 保存文件，退出 GAMBIT 软件。

5.5.3　FLUENT 求解设置

5.5.3.1　读入网格

启动 ANSYS FLUENT 软件，选择 3D 模式，进入操作界面。通过 File→Read→Mesh…将创建的名称为"sediment-sym. msh"的网格文件读入 FLUENT 软件中，然后根据要求按照操作界面中的三大模块——Problem Setup、Solution 和 Results 逐项进行设置即可。

5.5.3.2　Problem Setup 问题设置

（1）General 任务页面

GAMBIT 创建网格时采用的单位是 mm，因此网格读入 FLUENT 软件后，要将其转变为以米为单位的实际尺寸，General 任务页面为 FLUENT 软件默认显示的任务页面，点击该任务页面中的"Scale…"按钮，在 Scale Mesh 对话框中将创建网格的单位设置为 mm，点击 Scale 按钮，调整模型的尺寸。

点击 Check 按钮检查网格，并在信息显示区域查看网格的具体情况。Solver 选项中保持默认设置不变，即采用压力基准的稳态求解器。复选 Gravity，在 z 标签栏内输入-9.816，即设置重力沿 z 轴负方向。

（2）Model 任务页面

双击导航栏中 Problem Setup 下方的 Models 进入 Models 任务页面。双击 Model 任务页面中的 Multiphase，打开如图 5-5-10 所示的多相流设置对话

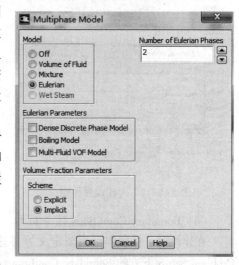

图 5-5-10　多相流对话框界面

框，复选 Eulerian 双流体模型，点击 OK 关闭对话框。然后双击 Viscous-Laminar，在弹出的 Viscous Model 对话框中选择 standard k-epsilon 湍流模型，其余保持默认设置即可。

（3）Materials 和 Phases 任务页面

采用双流体计算时将固相看作拟流体，需要给定固相的密度、黏度和直径。在此通过更改 air 的属性设定污泥相，双击 Materials 任务页面中 Fluid 选项下的 air 标签，打开如图 5-5-11 所示的材料属性设置对话框，在 Name 一栏中将 air 改为 particle，在 Density 一栏内输入污泥的密度 1100，在 Viscosity 一栏内输入黏度 0.0331，点击 Change/Create 按钮保存所更改的材料属性，此时 Fluid 选项下的 air 自动更改为 particle。然后，从 FLUENT 材料库中复制材料液态水的物性。

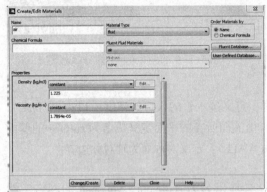
(a) 更改材料属性之前

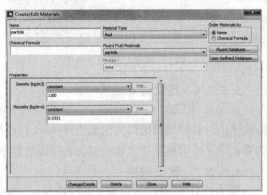
(b) 更改材料属性之后

图 5-5-11　材料设置对话框

双击导航栏中 Problem Setup 下方的 Phases 打开 Phases 任务页面，如图 5-5-12 所示。点击 phase-1-Primary Phase，打开 Primary Phase 对话框，见图 5-5-12。在 Phase Material 下拉框中选择 water-liquid，即把水设置为第一相；按照相同的方法把污泥设置为第二相，给定污泥的粒径为 100μm。然后点击 Interaction 按钮，打开如图 5-5-13 所示的相间作用设置对话框，在此仅考虑气固两相之间的曳力作用，因此在 Drag 标签下选择 schiller-naumann 曳力模型计算气固两相之间的曳力作用。

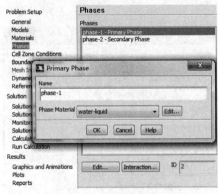

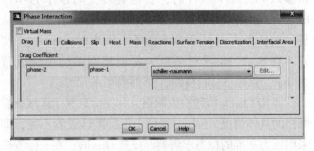

图 5-5-12　两相设置界面　　　　　图 5-5-13　相间作用设置对话框

（4）Boundary Conditions 任务页面

在建模时已按照实际需要定义好各边界条件，在此只需将边界上的参数输入即可。双击 Problem Setup 下方的 Boundary Conditions 打开 Boundary Conditions 任务页面，如图 5-5-14 所示。选中入口边界 inlet，Phase 一栏中选择 mixture，点击 Edit 打开设置入口边界位置处混合物

282

特性参数的对话框，主要是湍流特性参数，见图 5-5-15，在此选择湍动强度和湍动黏性比定义湍流特性；图 5-5-14 中 Phase 一栏选择 phase-1，点击 Edit 打开设置入口边界位置处第一相特性参数的对话框，主要是入口速度，见图 5-5-16；图 5-5-14 中 Phase 一栏选择 phase-2，点击 Edit 打开设置入口边界位置处第二相特性参数的对话框，主要是入口速度和入口体积分数，见图 5-5-17，在此设定第二相的速度和第一相相同，但入口体积分数为 0.05。

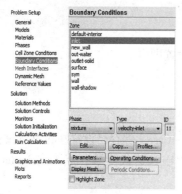

图 5-5-14　Boundary Conditions 任务页面

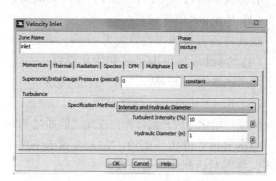

图 5-5-15　入口混合物特性设置

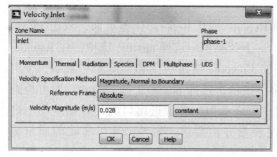

图 5-5-16　入口处第一相参数设置

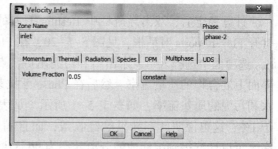

图 5-5-17　入口处第二相参数设置

　　选中 Boundary Conditions 任务页面中的出水口 out-waters，点击 Edit 打开设置出口边界位置处混合物特性参数的对话框，主要是出口质量流率的权重因子。在此设置 95% 的混合物从出水口流出，5% 的混合物从排泥口流出，因此给定出水口的质量流率权重因子为 0.95，如图 5-5-18 所示。按照相同的方法设置排泥口 out-solid 的质量流率权重因子为 0.05。

　　最后设置自由表面的边界条件，选中 Boundary Conditions 任务页面中的自由表面 surface，混合物特性保持默认值即可，打开如图 5-5-19 所示的设置第一相特性的对话框，Shear Condition 选择 Specified Shear 选项，Shear Stress 一栏内剪切应力各方向分量设置为 0，即设为自由表面条件；按照相同的方法设置自由表面位置处第二相的参数。

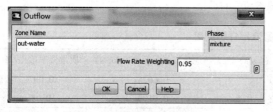

图 5-5-18　出口边界设置

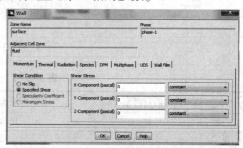

图 5-5-19　自由表面处边界设置对话框

5.5.3.3 求解设置(Solution)

(1) Solution Methods 求解方法设置

参考图 5-2-7 设置如下求解方法：压力和速度的耦合采用 Phase Coupled SIMPLE 算法，各方程对流项均选用 QUICK 格式进行空间离散。

(2) Solution Controls 求解控制设置

各方程求解过程中的松弛因子保持默认值。

(3) Monitors 监控设置

在此将各方程的残差值改为 1e-4，其他保持默认设置即可。

(4) Solution Initialization 初始化设置

参考图 5-2-10，从入口初始化流场。

(5) Run Calculation 计算设置

流场初始化之后开始计算，在此之前通过 File→Write→Case···保存已设置好的 case 文件。

点击 Run Calculation，在 Number of Iterations 一栏中输入迭代步数，点击 Calculate 开始计算，视图对话框开始显示残差曲线。

5.5.4 模拟及结果分析

计算稳定后，双击导航栏中 Results 下方的 Reports 打开 Reports 任务页面，双击 Fluxes 打开 Flux Reports 对话框，见图 5-5-20，在 Phase 下拉菜单中选择 mixtrue 选项，在 Boundaries 选项框中选择入口、水出口和污泥出口，点击 Compute 按钮则在 Results 框中显示三个边界面上混合物的质量流率。然后在 Phase 下拉菜单中依次选择 phase-1 和 phase-2 即可检查水和污泥的质量流率，如表 5-5-1 所示。从表中可以看出，各项进出口的计算偏差均不高于 1%，这也说明计算结果已经收敛，而且满足质量守恒要求。另外，通过污泥的质量流率，可以计算得到沉淀池的分离效率为 96.37%。

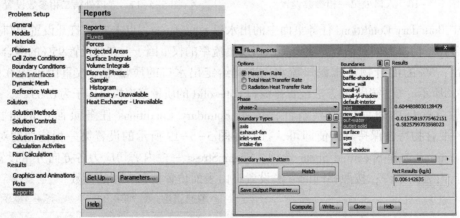

图 5-5-20 检查流率对话框

表 5-5-1 质量流率守恒列表

	进口质量流率/(kg/s)	水口质量流率/(kg/s)	污泥出口质量流率/(kg/s)	质量流率偏差/%
混合物	11.0267	10.4240	0.6025	0.002
水	10.4222	10.4082	0.0199	0.05
污泥	0.6045	0.0158	0.5826	1.00

5.5.4.1 速度分布

点击菜单 Surface→Iso-Surface…，打开创建截面的对话框如图 5-2-12 所示。采用下述步骤创建坐标为 x=0m 的纵截面，即过沉淀池中心的纵截面。在 Surface of Constant 下方的第一个下拉菜单中选择 Mesh…，第二个下拉菜单中选择 X-Coordinate，在 Iso-Values 中输入 0.0，在 New Surface Name 下方键入该截面的名称 x=0.0，点击 Create 按钮，可以看到右方 From Surface 一栏中新增了一个 x=0.0 的截面。

（1）速度矢量分析

双击导航栏中 Results 下方的 Graphics and Animations 进入 Graphics and Animations 任务页面，双击其中 Vectors，打开显示云图的对话框如图 5-5-21 所示；点击 Scale 下方的 Vector Options，弹出如图 5-5-22 所示的速度矢量选项，复选 In Plane 在平面内显示速度矢量，复选 Fixed Length 选择混合矢量长度，在 Scale Head 栏内输入箭头的大小，点击 Apply 执行，点击 Close 关闭该对话框；在图 5-5-21 所示的矢量对话框中复选 Draw Mesh，显示截面 x=0.0 的轮廓线，选择自动定义范围范围的 Auto Range 选项，在 Scale 一栏内输入矢量线的长度，结果如图 5-5-23 所示。

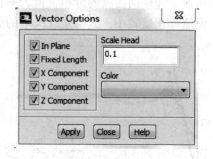

图 5-5-21　速度矢量设置界面　　　图 5-5-22　速度矢量选项界面

从图 5-5-23 中可以看出沉淀池内的水流速度较小，约为 0.002m/s，只有在反射板和出口附近水流速度略微升高，约为 0.03m/s，这种相对安静的环境有利于污泥沉降。另外，由于反射板的阻挡作用致使进水管内壁附近存在一薄层上行的水流，在进水管壁面附近形成纵向环流。同时，进入的水流在反射板的作用下从竖直流动转为水平流动，然后再分成两股分别向上、向下运动，在沉淀池内形成不同程度的环流，从局部速度矢量分布可以清晰辨认出水流形成的漩涡。由于污泥与水二者之间的密度相差不大，所以固相和液相的速度矢量基本一致。需要说明的是，通过横截面上的速度矢量分布发现，沉淀池内的流动并非呈完全轴对称分布，因此在计算机计算能力允许的情况下，应该使用完整的三维模型进行计算。

（2）径向方向上的速度变化情况

参考§5.2 节将不同轴向位置处轴向速度和径向速度的径向分布导出到 Origin 中，结果如图 5-5-24 所示，其中 z=0.2m 位于进水管与反射板之间。从轴向速度的径向分布可以看

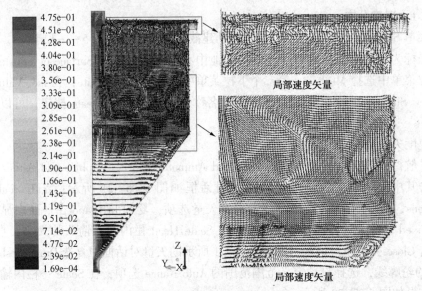

局部速度矢量

局部速度矢量

图 5-5-23　纵截面上的速度矢量图

出，进水管内的速度分布较为复杂，在进水管壁面附近轴向速度为正，说明该区域内的水流向上运动，随着径向位置从进水管壁向中心移动，轴向速度逐渐从正变为负，而且速度大小呈抛物线型增长，这说明该区域内水流向下流动；而筒体区域内的轴向速度数值非常小，但是沿径轴向速度有正有负。从径向速度分布曲线可以看出，位于进水管和反射板之间区域的流体具有较大的径向速度，其他区域内的流体的径向速度相对较小，但是径向速度的方向比较混乱。轴向速度和径向速度的分布特征表明在进水管壁面附近存在轴向环流，在筒体区域存在涡流，但流动速度较小，这与速度矢量的分析结果一致。

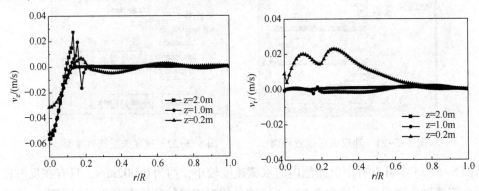

图 5-5-24　轴向速度和径向速度的径向分布情况

5.5.4.2　固相浓度分布

（1）浓度云图分布

双击 Graphics and Animations 任务页面中的 contours 项，打开显示云图的对话框；复选 Draw Mesh，显示截面 x=0.0 的轮廓线；按照图 5-5-25 进行设置，不复选 Options 选项栏中的 Filled，用等值线显示第二相的体积分布；不复选 Auto Range 选项，定义体积分数范围为 0~0.24；Contours of 一栏内选择显示第二相的体积分数，Surfaces 中选择平面 x=0.0，点击 Apply 结果如图 5-5-26 所示。从图中可以看出沉淀池内的固相浓度呈较好的轴对称分布，沿轴向向下固相浓度逐渐增大，相同轴向高度位置处的固相浓度沿径向基本没有变化，固相浓度的这种分布形态符合重力沉降的实际情况。

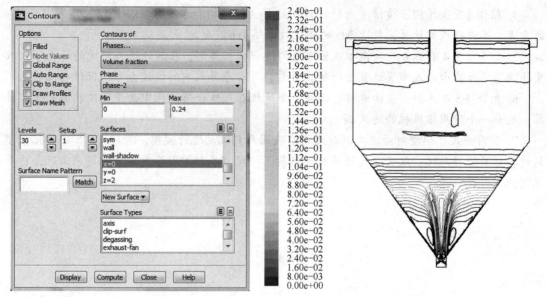

图 5-5-25　云图设置对话框　　　　　　图 5-5-26　纵截面上的固相体积分数分布

（2）径向方向上的污泥浓度变化情况

图 5-5-27 是不同轴向位置处污泥浓度的径向分布情况。从图中可以看出，进水管内的固相浓度呈现中心高边壁低的分布特征，壁面附近的纵向环流对固相浓度分布有一定影响；筒体区域和锥体区域内的固相浓度分布沿径向变化不大，但是随着轴向位置的下移，固相浓度逐渐升高。

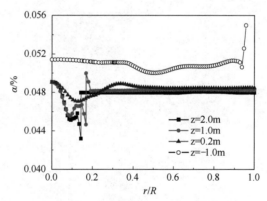

图 5-5-27　固相浓度的径向分布情况

【本章思考与练习题】

1. 结合 §5.1 有关油水分离用水力旋流器的算例，改变切向入口速度、油滴的直径，然后再进行数值模拟，观察油水分离性能。

2. 结合 §5.2 有关旋风除尘器的算例，通过第 2 章创建的结构化和非结构化两种网格分别对旋风除尘器进行模拟，对比两种网格模拟结果的异同；改变颗粒粒径和颗粒密度，通过 DPM 模型进行模拟，分析上述因素对旋风除尘器性能的影响。

3. 结合 §5.3 有关 SCR 烟气脱硝的过程模拟算例，在其他条件不变的情况下，增大表 5-3-1 中的烟气流速为 18m/s，进行相应的物料衡算，然后根据衡算的结果进行模拟计算，并与原算例相应模型计算的 NO 浓度分布情况进行比较。

4. 结合§5.3算例，请读者自行设计一组导流板结构和布置方案，替代原算例中模型2的方案，并进行模拟计算，对比 NO 的净化效率的高低。

5. 结合§5.4有关氧化沟内推流器布置的过程模拟算例，在其他条件不变的情况下，改变推流器的开启台数或布置位置进行模拟计算，并与原算例中的流速分布情况进行比较。

6. 结合§5.4算例，请读者自行设计一个风机在气体介质流场中改变气流状况的模拟计算，比如一个使用排风机的通风橱。

7. 利用全尺寸模型对竖流式沉淀池内的液固两相流动进行模拟，并与§5.5中简化模型的计算结果进行对比；改变沉淀池的处理水量、污泥密度和污泥浓度，模拟不同工况条件下沉淀池的处理效果。

第6章 动网格及 UDF 的应用简介

§6.1 移动与变形区域中流动问题的数值模拟

对于单一物体运动或旋转，可以采用坐标变换的方法来简化问题。然而，当多个物体之间存在相对旋转时，简单的转换参考坐标系已不能解决问题，无论怎么设置参考系，都会遇到固体边界随时间变化的问题。这类问题可以利用 FLUENT 中相关的转动模型来解决。本节将介绍 FLUENT 中用于模拟移动和变形区域的流体流动问题的滑移网格模型，并通过十字搅拌桨搅拌过程实例的讲解帮助读者掌握转动模型的模拟过程。

6.1.1 问题描述

搅拌器是工业生产过程中重要的化工设备。十字搅拌器由于构造简单、工况效率高，而在化工、医药、造纸、食品、废水处理等工业过程中得到了广泛应用。近年来，随着搅拌技术的迅速发展，搅拌设备正向着大型化、标准化、高效节能化、机电一体化、智能化等方向发展。但由于搅拌器种类、搅拌工质以及搅拌目的的多样性，致使目前的搅拌技术研发还存在着一些问题，迫切需要 CFD 方法和粒子动态分析仪（PDA）等流场测试技术在其中扮演重要角色。本节将讲述利用 FLUENT 模拟搅拌桨的旋转过程，使得各个参数以及投料位置对浓度分布等变化的影响能够可视化。

本节模拟以乙醇为示踪剂的乙醇溶液在搅拌槽内的搅拌过程。搅拌槽为底面半径 50cm、高 100cm 的圆柱体。搅拌桨呈十字形排布，位于搅拌槽几何中心位置。每片搅拌桨采用平直桨叶结构，实际上可视为长 40cm、高 20cm、厚 2cm 的立方体。在初始时刻，搅拌槽内盛满了水。液态乙醇的投料点距桶底面 2cm，在初始时刻投入半径为 10cm 的圆球形乙醇；搅拌速度为 240r/min。

6.1.2 运用 GAMBIT 建模

6.1.2.1 创建几何模型

（1）创建桨叶

本节将采用长宽高分别为 2、20、40 的 Brick 来代表搅拌桨。依次单击以下按钮：Geometry ▣→Volume ▣→Create Volume ▣，在 Create Real Brick 对话框中设置：Width＝2，Depth＝40，Height＝20，选择 Direction 为 Centered，其他保持默认，如图 6-1-1 所示，单击 Apply 按钮。这样，便形成了一片厚度为 2、高度为 20、长度为 40 的平直桨叶。

用同样的方法创建 Width 为 40、Depth 为 2、Height 为 20、方向为 Centered 的立方体表示另一片桨叶。目前，图形对话框中有两片桨叶垂直呈十字型排列，如图 6-1-2 所示。

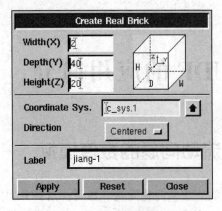

图 6-1-1　Create Real Brick 对话框　　　　图 6-1-2　两片垂直呈十字型排列的桨叶

（2）创建十字搅拌桨

将第 1 步和第 2 步创建的两个 Brick 合并成一个 Volume。依次单击 Geometry → Volume →Boolean Operation，在 Unit Real Volumes 对话框中 Volumes 选中图形对话框中的两个桨叶，保持 Retain 前面的复选框为未选中状态，其他保持默认，设置如图 6-1-3 所示，单击 Apply 按钮执行合并操作。

（3）绘制一个包围桨叶的内圆柱体作为桨叶流动区

依次单击 Geometry →Volume，然后右击 Create Volume 按钮，在弹出的右键菜单中选择 Cylinder，在 Create Real Cylinder 对话框中设置 Height 为 24，Radius1 为 2，Radius2 留空不填，表示 Radius1 等于 Radius2；选择 Axis Location 为 Centered Z。设置如图 6-1-4 所示，单击 Apply 按钮创建高度为 24、半径为 22，体积中心位于坐标原点的内圆柱体。该内圆柱体将在之后的步骤中减去在前面创建的十字型搅拌桨，形成桨叶流动区。

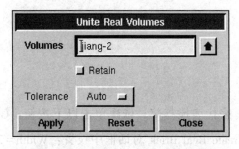

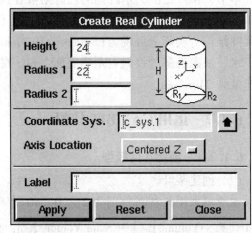

图 6-1-3　Unit Real Volumes 对话框　　　　图 6-1-4　Create Real Cylinder 对话框

（4）创建循环流区

循环流区为搅拌槽区域减去桨叶流动区。首先按照第（3）步的方法绘制 Height 为 100、Radius1 为 50、轴位置为 Centered Z 的圆柱 Cylinder，用来作为搅拌槽内流体流动区域。第（3）步和第（4）步创建的圆柱体如图 6-1-5 所示。

290

将创建的外圆柱体减去所创建的内圆柱体，便可得到循环流动区。依次单击 Geometry ▦ →Volume ▣，在 Volume 按钮组中右击 Boolean Operation ▣ 按钮，在弹出的下拉菜单中单击 ▣ Subtract 按钮，在 Subtract Real Volumes 对话框的 Volume 选中外圆柱体，下面的 Subtract Volumes 选中内圆柱体，保持 Volume 下面的 Retain 为未选中状态，单击 Subtract Volumes 下面的 Retain 前的单选框以选中 Retain。保持 Tolerance 为默认的 auto 状态，设置如图 6-1-6 所示，单击 Apply 按钮。这样便形成了循环流动区，如图 6-1-7 所示。

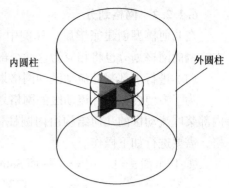

图 6-1-5　第(3)步和第(4)步创建的圆柱体

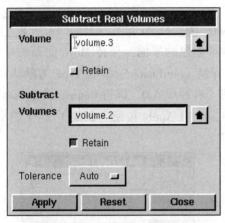

图 6-1-6　Subtract Real Volumes 对话框

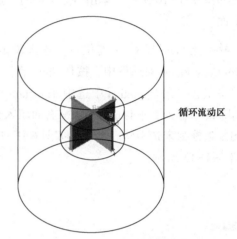

图 6-1-7　循环流动区

（5）创建桨叶流动区

按照第(4)步的方法，用图 6-1-8 所示内圆柱体减去桨叶形成了桨叶流动区。执行 Subtract 操作时注意保持两个 Retain 前的单选框为未选中状态。形成的内部桨叶流动区和外部循环流动区如图 6-1-9 所示。

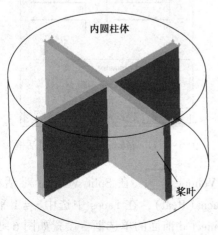

图 6-1-8　Volume 选择示意图

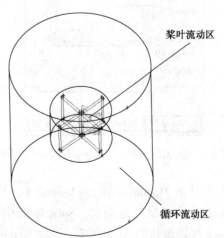

图 6-1-9　桨叶流动区和循环流动区示意图

6.1.2.2 网格划分

在几何模型创建完毕后，算例中只有内部桨叶流动区和外部循环流动区两个 Volume，本算例的网格划分也将相应为这两个部分分别进行网格划分。

（1）进行内部桨叶流动区的网格划分

为了方便内部桨叶流动区的网格划分，可以先将外部循环流动区对应的 Volume 隐藏掉。内部桨叶流动区的几何结构由内圆柱体减去内部十字型桨叶形成，为了能够划分结构化网格，需要进行如下操作。

① 作平面 x = 1，用 x = 1 平面 Split 内部桨叶流动区

依次单击 Geometry ▣→Face ▢→Create Face ▦，在 Create Real Rectangular Face 对话框中填入：Width = 50，Height = 50；Coordinate Sys. 保持默认，Direction 为 YZ Centered，设置如图 6-1-10 所示。单击 Apply 按钮，这样便创建了一个长和宽均为 50、法线为 x 方向的平面。

移动此 Face 到 x = 1 的位置。依次单击 Geometry ▣→Face ▢→Move Faces ▦，在 Move/Copy Faces 对话框中，按住 Shift 键后单击本步创建的平面，保持 Move 前面的单选框为选中状态，在 Operation 中选中 Translate 操作，保持 Coordinate Sys. 和 Type 为默认设置，在 Global 中输入要平移的尺寸：x 右面填入 1，y 和 z 右面填入 0，保持 Connected geometry 前面的复选框为未选中状态，设置如图 6-1-11 所示，单击 Apply 按钮。创建了 x = 1 的平面，如图 6-1-13 所示：

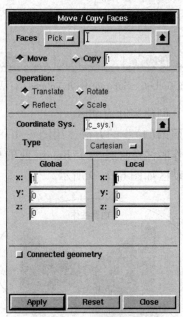

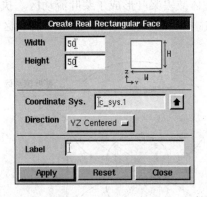

图 6-1-10　Create Real Rectangular Face 对话框　　　图 6-1-11　Move/Copy Faces 对话框

依次单击 Operation ▣→Volume ▢→Split Volume ▦，在 Split Volume 对话框中 Volume 选中内部桨叶流动区，Split With 中选中 Faces(Real)，在 Faces 中选中 x = 1 平面，Tolerance 保持默认的 Auto 选项，选中 Retain 和 Connected 前面的单选框，设置如图 6-1-12 所示，单击 Apply 按钮。这样，原本的内部流动区由 x = 1 分为两部分：x = 1+和 x = 1-，

292

如图6-1-13所示。

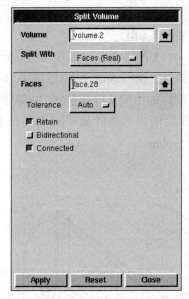

图 6-1-12　Split Volume 对话框

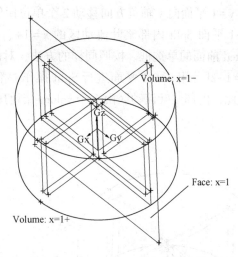

图 6-1-13　Split Volume 后的结果

② 作平面 x=-1，用 x=-1 平面 Split 内部桨叶流动区中 x=1-部分

将 x=1 平面向 x 轴负方向移动 2 个单位创建了 x=-1 的平面，使用 x=-1 的平面 Split 内部桨叶流动区，执行 Split 操作时注意选中 Connected 前面的单选框，不要选中 Retain 前面的单选框。这样，原本的内部流动区由 x=-1 分为两部分：中部桨叶区和剩余的x=-1-区域，如图 6-1-14 所示。

③ 作平面 y=1，用 y=1 平面 Split 内部桨叶流动区

创建 Width 和 Height 均为 50、方向为 ZX Centered 的平面，将此平面向 y 轴正方向移动 1 个单位创建 y=1 平面。使用 y=1 平面 Split 内部桨叶流动区的 x=1+部分，执行 Split 操作时注意选中 Retain 和 Connected 前面的单选框，这样，原本的内部流动区 x=1+部分由 y=1 分为两部分：y=1+和 y=1-，如图 6-1-15 所示。

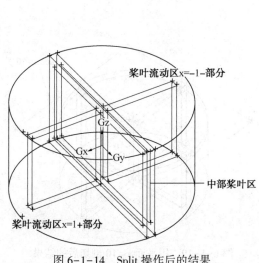

图 6-1-14　Split 操作后的结果

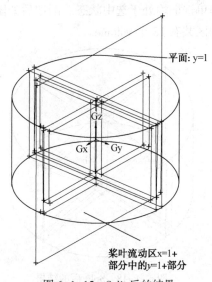

图 6-1-15　Split 后的结果

按照同样的方法，对内部流动区的中间桨叶部分和 y=1-部分也用 y=1 平面进行 Split 操作。剖切后的内部流动区如图 6-1-16 所示。

④ 作平面 y=-1，用 y=-1 平面 Split 剩余的内部桨叶流动区

将 y=1 平面向 y 轴负方向移动 2 个单位便创建了 y=-1 的平面，如图 6-1-17 所示。使用 y=-1 平面 Split 内部桨叶流动区的 x=1+、y=1-部分，执行 Split 时注意选中 Retain 和 Connected 前面的单选框。按照同样的方法，对内部流动区的中间桨叶部分 y=1-部分和 x=-1、y=1-部分用 y=-1 平面进行 Split 操作。剖切操作后的内部桨叶流动区如图 6-1-18 所示。至此，内部桨叶流动区由 1 个 volume 剖切成 10 个 volume。

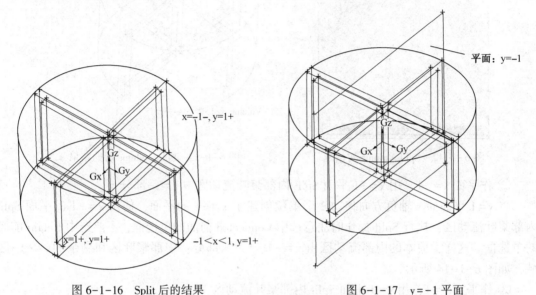

图 6-1-16　Split 后的结果　　　　　　　　图 6-1-17　y=-1 平面

⑤ 创建平面 z=10，并将内部桨叶流动区的所有 Volume 用该平面剖切

创建长度 length 与宽度 width 均为 50 的 z=10 平面，将内部桨叶流动区的所有 Volume 用平面 z=10 进行剖分。剖分时需注意：要保证 Split Volume 对话框的 Retain 和 Connected 前面的单选框均处于选中状态。剖切后如图 6-1-19 所示，执行完此步 Split 操作后，内部桨叶流动区共有 18 个 volume。

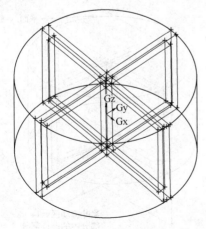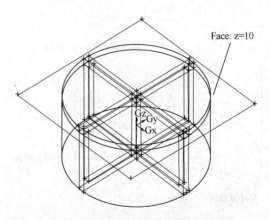

图 6-1-18　Split 后的结果　　　　　　图 6-1-19　用平面 z=10 剖切后的结果

294

⑥ 创建平面 z=-10，并将内部桨叶流动区中所有穿过 z=-10 的 Volume 用该平面剖切

将 z=10 平面向 z 的负方向移动 20 个单位，成为 z=-10 平面。移动仍然使用 Face 几何操作中的 Move/Copy Faces 对话框实现。将内部桨叶流动区中所有穿过 z=-10 的 Volume 用平面 z=-10 进行剖切时，依然采用 Volume 几何操作中的 Split Volume 对话框实现。在进行 Split 操作时，要注意保证 Retain 和 Connected 前面的单选框均处于选中状态。剖切完成后内部桨叶流动区如图 6-1-20 所示，执行完此步 Split 操作后，内部桨叶流动区共有 26 个 volume。完成 Split 操作后删除 z=-10 平面，如图 6-1-21 所示。

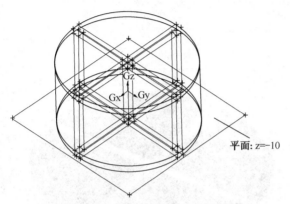

图 6-1-20　用平面 z=-10 剖切后的结果

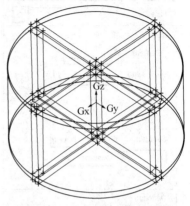

图 6-1-21　桨叶流动区示意图

⑦ 进行内部桨叶流动区网格划分操作

a. 首先进行 Edge 的网格划分。具体的操作方法是：依次单击 Mesh ⬛ →Edge ⬛ →Mesh Edges ⬛ ，在出现的 Mesh Edges 对话框中，edge 选中 AB、AD、GH、HI、LM、MN、QT、TR，将 Mesh Edeges 中的 Spacing 中的下拉菜单改为 Interval Count，在左侧的文本框中填入数字 9，即将上述所有的 edge 分为 9 份。其他保持默认设置，如图 6-1-22 所示，单击 Apply。本步涉及到的 Edge 如图 6-1-23 所示。

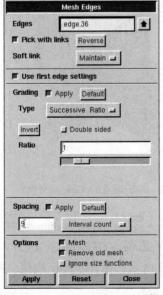

图 6-1-22　Mesh Edges 对话框

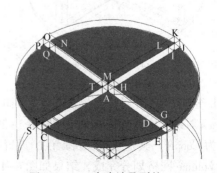

图 6-1-23　本步涉及到的 Edge

b. 利用同样的方法，将 edge：BC、RS、DE、GF、IJ、LK、NO、QP 分为 1 份，将圆弧 edge：CE、FJ、KO、PS 均匀分成 10 份。

c. 进行 Face 的网格划分。依次单击 Mesh ▦ →Face ▢ →Mesh Faces ▧，在 Mesh Faces 对话框中，选中图 6-1-25 阴影中的 Face，确保 Elements 中为 Quad 选项，Type 为 Tri Primitive 选项，其他选项保持默认，设置如图 6-1-24 所示，单击 Apply 按钮，则上述阴影部分 face 网格划分完成，结果如图 6-1-25 所示。

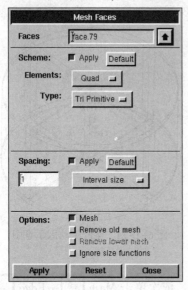

图 6-1-24　Mesh Faces 对话框

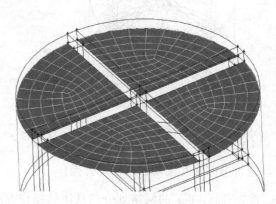

图 6-1-25　本步涉及的 Face 及网格划分结果

用相同的方法，将图 6-1-26 所示的 edge：AX、HW、MV、TU 分为 9 份。划分图 6-1-27 中阴影的 face 的网格，划分时 element 为 Quad，Type 为 Map，其余保持默认，划分完成后如图 6-1-27 所示。

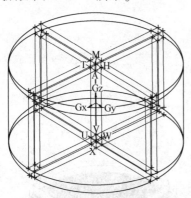

图 6-1-26　本步涉及的 Edge

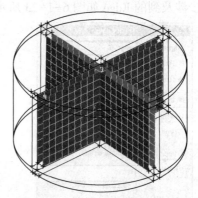

图 6-1-27　本步涉及的 Face 及网格划分结果

d. 进行体网格划分。依次单击 Mesh ▦ →Volume ▢ →Mesh Volumes ▧，在 Mesh Volumes 对话框中，Volumes 选中图 6-1-29 中阴影的 Volume，Elements 为 Hex/Wedge 选项，Type 为 Cooper，其他选项保持默认，设置如图 6-1-28 所示，单击 Apply 按钮，则上述阴影部分 Volume 网格划分完成，结果如图 6-1-29 所示。

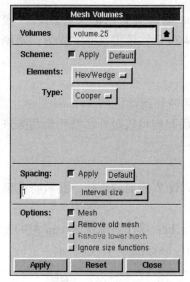

图 6-1-28　Mesh Volumes 对话框

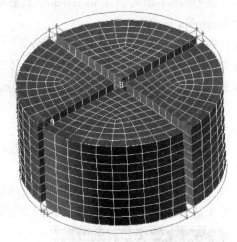

图 6-1-29　本步涉及的 Volume 及网格划分结果

使用相同的方法将如图 6-1-30 所示的 edge：MM_1、TT_1、AA_1、HH_1 以及图 6-1-31 所示的 VV_1、XX_1、WW_1、UU_1 分割为 1 份。

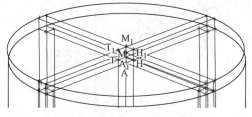

图 6-1-30　本步涉及的 Edge

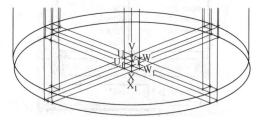

图 6-1-31　本步涉及的 Edge

e. 对如图 6-1-32 阴影所示的 volume 进行体网格划分，划分时 elements 选 hex/wedge，Type 选 Cooper，其他保持默认，网格划分完成如图 6-1-32 所示。继续进行体网格划分。对如图 6-1-33 阴影所示的 volume 进行体网格划分，网格划分时 elements 为 hex，Type 为 Map，其他保持默认，网格划分完成如图 6-1-33 所示。至此，内部桨叶流动区的网格划分完成。

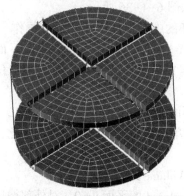

图 6-1-32　Volume 网格划分结果

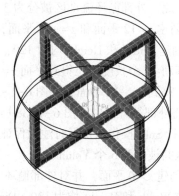

图 6-1-33　Volume 网格划分结果

⑧ 后续处理

定义内部桨叶流动区域的所有 volume 定义为一个 group。依次单击 Operation ▣ →Geometry ⊞→Group ⊞，在 Create Group 对话框中 Volume 圈选所有内部桨叶流动区内的 Volume，在 Label 中填入名称 jiangyequ。设置如图 6-1-34 所示，单击 Apply 按钮，则创建了名为 jiangyequ 的 Group。

（2）进行外部循环流动区的网格划分

首先把内部桨叶流动区的 Volume 隐藏起来，并将外部循环流动区的 Volume 显示出来。隐藏和显示操作可以通过对 Group 的操作实现。操作完成后我们可以对外部循环流动区进行操作。

① 创建辅助圆柱 Split 外部循环流动区

a. 创建底面半径为 22、高为 38、Axis Location 为 Positive Z 的辅助圆柱，然后将此辅助圆柱体 z 轴正方向移动 12 个单位。

b. 使用所得到的辅助圆柱 Split 外部循环流动区。执行 Split 操作时确保 Retain 前的复选框没有处于选中状态。执行完 Split 操作后的外部循环流动区域如图 6-1-35 所示。

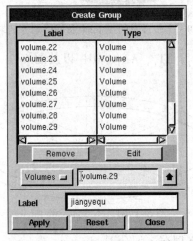

图 6-1-34　Create Group 对话框

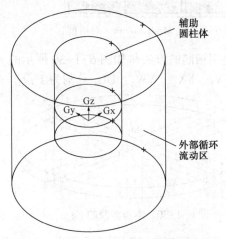

图 6-1-35　Split 后的结果

c. 再次创建底面半径为 22、高 Height 为 38、Axis Location 为 Positive Z 的辅助圆柱，并将此辅助圆柱向 z 轴负方向移动 12 个单位；移动完毕后，使用此辅助圆柱 Split 外部循环流动区。至此，外部循环流动区被分为 3 个 Volume，如图 6-1-36 所示。

② 创建 z=12 平面和 z=-12 平面，对底面为圆环的中空圆柱体进行 Split 操作

a. 创建 Width 和 Height 均为 120、Direction 为 XY Centered 的平面，并将此平面向 z 轴正方向移动 12 个长度单位得到平面 z=12。然后将 z=12 平面往 z 轴负方向 24 个单位复制一个平面，得到 z=-12 平面，如图 6-1-37 所示

b. 将外部循环区中如图 6-1-38 所示底面为圆环的中空圆柱体使用平面 z=12 和平面 z=-12 进行 Split 操作。执行时注意保证 Retain 前面的单选框处于未选中状态。至此，外部循环流动区共被分为 5 个 Volumes。

③ 创建 x=0 平面，并对外部循环流动区的 5 个 Volume 进行 Split 操作

创建 Width 和 Height 均为 120、Direction 为 YZ Centered 的平面 x=0。对外部循环流动区的 5 个 Volume 对平面 x=0 进行 Split 操作。执行 Split 操作时注意保持 Retain 前面的单选框处于选中的状态，执行完毕后外部循环流动区由 10 个 Volumes 组成。

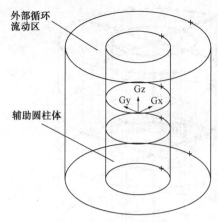

图 6-1-36 Split 后的结果

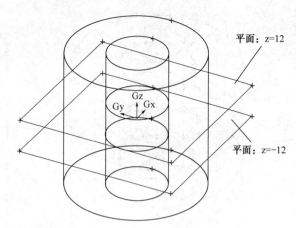

图 6-1-37 平面 z=-12

④ 创建 y=0 平面，并对外部循环流动区的所有 Volume 进行 Split 操作

创建 Width 和 Height 均为 120、Direction 为 ZX Centered 的 y=0 平面，对外部循环流动区的所有 Volume 使用 y=0 进行 Split 操作，执行 Split 操作时保证 Retain 前面的单选框处于选中状态。执行到此步时，外部循环流动区共分为 20 个 Volume，结果如图 6-1-39 所示。

图 6-1-38 本步涉及的 Volume 及 Face

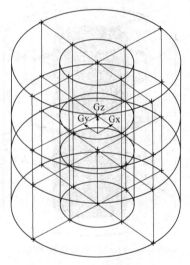

图 6-1-39 Split 后的结果

⑤ 进行 edge 网格划分

将图 6-1-40 所示的 edge：AB、AC、AD、AE、CG、EI、DH、BF、A′B′、A′C′、A′D′、A′E′、C′G′、E′I′、D′H′、B′F′、弧 BC、弧 CE、弧 ED、弧 DB、弧 B′C′、弧 C′E′、弧 E′D′、弧 D′B′、弧 FG、弧 GI、弧 IH、弧 HF、弧 F′G′、弧 G′I′、弧 I′H′、弧 H′F′均匀划分为 10 份；将图 6-1-41 所示的 AJ、A′J′平均分为 16 份，将 K′D′平均分为 10 份。

⑥ 进行外部循环流动区 Volume 网格划分

对图 6-1-42 中阴影的 Volume 进行网格划分，Elements 选为 Hex/Wedge 选项，Type 为 Cooper 选项，其他选项保持默认，划分完成后网格如图 6-1-42 所示。

⑦ 对其他 Volume 进行网格划分

调出 Mesh Volumes 对话框，在该对话框中选中除图 6-1-42 阴影之外的其他 Volume，

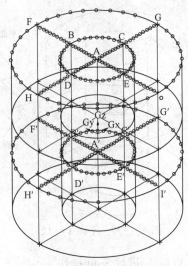

图 6-1-40 本步涉及的 edge

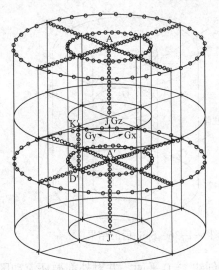

图 6-1-41 本步涉及的 edge

也就是图 6-1-43 中的阴影 Volume，确保 Elements 中为 Hex 选项，Type 为 Map 选项，其他选项保持默认，网格划分后的结果如图 6-1-43 所示。

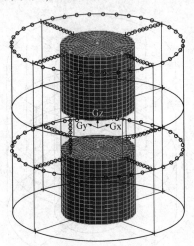

图 6-1-42 本步涉及的 Volume

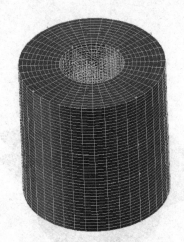

图 6-1-43 本步涉及的 Volume

⑧ 其他处理

为了后面设置边界条件，将外部循环流动区的所有 Volume 定义名为 waibuqu 的 Group。

6.1.2.3 设置边界条件

首先设置内部桨叶流动区的边界条件。为了设置方便，首先隐藏网格和外部循环流动区的几何结构。

（1）定义十字桨 WALL 类型边界

点击 Zones 🔲 →Specify Boundary Types 🔲，在 Specify Boundary Types 对话框中，Name 中输入名称 jiang，Type 中选中 WALL，在 Entity 的 Face 中将图 6-1-45 中阴影（即十字桨位置处）的 face 选中，设置如图 6-1-44 所示，单击 Apply。则完成了对十字桨表面 WALL 类型边界的定义。

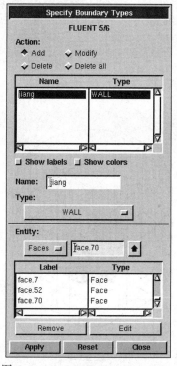

图 6-1-44 Specify Boundary Types

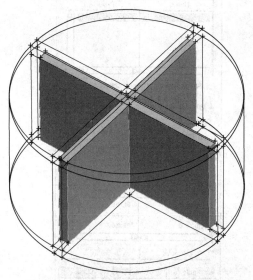

图 6-1-45 本步涉及的 WALL 边界

（2）定义内部桨叶流动区与外部循环流动区的内交界面

定义图 6-1-46 阴影所示的整个内部桨叶流动区的外围 face 面为名 neijiemian 的 Interface 边界，这样则完成了对内部桨叶流动区与外部循环流动区的内交界面的定义。

（3）定义内部桨叶流动区的流体

点击 Zones 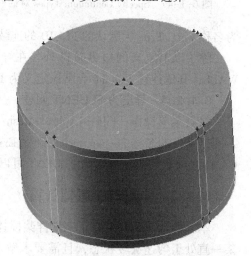 → Specify Continuum Types

，出现 Specify Continuum Types 对话框，在该对话框的 Name 文本框中填入内部流动区域流体名称 nei，保持 Type 为默认的 FLUID，在 Volumes 中选中整个内部桨叶流动区，设置如图 6-1-47 所示。单击 Apply 按钮。这样，便完成了对内部桨叶流动区连续介质的定义。

图 6-1-46 本步涉及的 Interface 边界

（4）设置外部循环流动区的边界条件

① 为了设置方便，首先需要显示外部循环流动区的 Group 并隐藏内部桨叶流动区的几何结构，同时需要隐藏网格。

② 定义内部桨叶流动区与外部循环流动区的外交界面。对图 6-1-48 所示的阴影 face 面定义为 Name 为 waijiemian 的边界、Type 为 Interface 的边界，则完成了内部桨叶流动区与外部循环流动区的外交界面的定义。

③ 定义外部循环流动区的流体，以方便后续 FLUENT 操作，将整个外部循环流动区定义

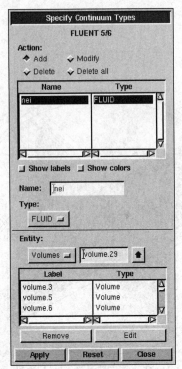

图 6-1-47 Specify Continuum Types 对话框

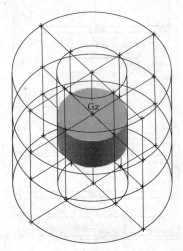

图 6-1-48 本步涉及的 Interface 边界

为名称 wai、Type 为默认的 FLUID 的连续介质。

除了以上定义的边界条件外，在导出 FLUENT 网格时，搅拌筒外壁面会自动定义为 WALL，其他连续 Volume 会默认定义为 Fluid。

6.1.2.4 导出为 FLUENT 网格

执行菜单操作：File→Export→Mesh…。在出现的 Export Mesh File 对话框中 File Name 填入网格文件的名称 jiaoban. msh，确保 Export 2-D(X-Y) Mesh 不被选中，单击 Accept 按钮。GAMBIT 便会将模型导出为 FLUENT 可以读入的网格文件 jiaoban. msh。

6.1.3 FLUENT 模拟计算

本算例计算示踪剂在十字搅拌桨搅拌下与搅拌釜内与水相混合的过程。混合过程中搅拌桨一直处于匀速旋转状态，且需要求解示踪剂混合均匀需用的时间。因此，本算例涉及到 FLUENT 计算中的滑移网格(Mesh Motion)技术，该技术可以处理非定常问题。该模型可以在两个或更多的单元区域应用滑移网格技术，每个单元区域至少有一个边界的分界面，该分界面区域和另一单元区域相邻，相邻的单元区域的分界面互相联系形成"网格分界面"，这两个单元区域互相之间相对沿网格分界面移动。在计算过程中，单元区域沿网格分界面相互之间滑动，而两个区域的网格不会发生变化。滑移网格技术中设定的交界面在计算过程中一部分与相邻子域相连，而其余区域不与相邻子域相连。与相邻子域相连接的区域被称为内部区域，与相邻子域不相连的区域在平动问题中被称为壁面区域，而在周期性流动问题中则被称为周期区域。当每次迭代结束后，解算器会重新计算内部区域的范围，将交界面的其余部分划定为壁面区域或周期性区域，并在壁面区域或周期性区域上设定相应的边界条件。在新的迭代步上，只计算内部区域上的通量。

运用滑移网格模型时需要进行如下设置：①计算非定常时，激活非定常设置，即在Solver栏中设置 Time 为 Transient；②在 Fluid 对话框中，设置 Motion Type 运动类型为 Moving Mesh 滑移网格，并设置 Rotational Velocity 旋转速度或 Translational Velocity 平移速度；③定义壁面运动方式及其速度，这与 FLUENT 计算中动参考系模型设置一样；④需要创建网格界面 Mesh Interfaces。

本节算例使用 FLUENT Launcher 启动 FLUENT，在 FLUENT Launcher 对话框中，Dimension 中选中 3D，确保未选中 Options 中的 Double Precision。在 General Options 中的 Working Direction 中填入 jiaoban. msh 所在的目录。单击 OK 启动 FLUENT 后，接着进行菜单操作：File→Read→Mesh…读入网格文件。

6.1.3.1 问题设置(Problem Setup)

（1）General 任务页面

双击导航栏中 Problem Setup 下方的 General 进入 General 任务页面，单击其中的 Check 按钮，FLUENT 将进行网格检查。结果如图 6-1-49 所示。

```
Domain Extents:
   x-coordinate: min (m) = -5.000000e+01, max (m) = 5.000000e+01
   y-coordinate: min (m) = -5.000000e+01, max (m) = 5.000000e+01
   z-coordinate: min (m) = -5.000000e+01, max (m) = 5.000000e+01
Volume statistics:
   minimum volume (m3): 2.000000e+00
   maximum volume (m3): 5.136875e+01
     total volume (m3): 7.790760e+05
Face area statistics:
   minimum face area (m2): 1.000000e+00
   maximum face area (m2): 2.140364e+01
Checking mesh.......................
WARNING: Unassigned interface zone detected for interface 5
WARNING: Unassigned interface zone detected for interface 6.
Done.
```

图 6-1-49　网格检查结果

由检查结果可知本算例需要进行 Scale 操作。在 Problem Setup 的 General 面板中单击 Scale…按钮出现 Scale Mesh 对话框(图 6-1-50)。在 Scale Mesh 对话框中，在 Mesh Was Created In 下拉菜单中选择 cm，单击 Scale 按钮。为了后面设置的方便，可以在 View Length Unit In 的下拉菜单中选择 cm。单击 Close 关闭 Scale Mesh 对话框。这时再进行一次 Check 操作，得到的结果如图 6-1-51 所示。

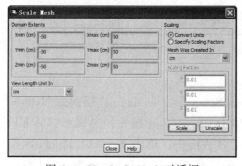

图 6-1-50　Scale Mesh 对话框

```
Domain Extents:
   x-coordinate: min (m) = -5.000000e-01, max (m) = 5.000000e-01
   y-coordinate: min (m) = -5.000000e-01, max (m) = 5.000000e-01
   z-coordinate: min (m) = -5.000000e-01, max (m) = 5.000000e-01
Volume statistics:
   minimum volume (m3): 2.000000e-06
   maximum volume (m3): 5.136875e-05
     total volume (m3): 7.790760e-01
Face area statistics:
   minimum face area (m2): 1.000000e-04
   maximum face area (m2): 2.140364e-03
Checking mesh.......................
WARNING: Unassigned interface zone detected for interface 5
WARNING: Unassigned interface zone detected for interface 6.
Done.
```

图 6-1-51　网格检查结果

通过 Mesh→Info→Size 菜单操作查看网格信息，结果如图 6-1-52 所示。由于本算例要计算示踪剂的混合时间，因此计算的问题为瞬态问题。General 任务页面的其他设置如图 6-1-53 所示。保持 Type 中基于压力求解器的设置：Pressure-Based，保持 Velocity Formulation 中 Absolute 的设置，将 Time 设置为 Transient 瞬态。

```
Mesh Size

Level    Cells    Faces    Nodes    Partitions
   0    29940    92944    33086            1

2 cell zones, 6 face zones.
```

图 6-1-52　网格信息

（2）Models 任务页面

本算例需采用组分传质模型，此模型会自动打开 energy 能量方程。因此，本算例启动 energy 方程：双击导航栏中 Problem Setup 下方的 Model 切换到 Model 任务页面。在 Model 任务页面中双击 Energy，打开 Energy 对话框。选中 Energy Equation 前面的选项框，然后单击 OK 关闭 Energy 对话框。

本算例湍流方程采用标准 k-epsilon 方程。设置方法为：在 Model 任务页面中双击 Viscous Model，出现 Viscous Model 对话框，选中 k-epsilon，k-epsilon 中的设置保持默认。

本算例涉及组分传质问题，因此需要设置 Species transport 方程。设置方法为：在 Model 任务页面中双击 Species，出现 Species Model 对话框（图6-1-54）。在 Species Model 对话框中选中 Species tranport，确保 Options 下面的 inlet Diffusion 不被选中。这时注意到 Number of Volumetric Species 为 3。但是本算例涉及到的组分只有液态水和作为示踪剂的液态乙醇。因此，这里的 Mixture Material 还需要在后续的步骤中设置。

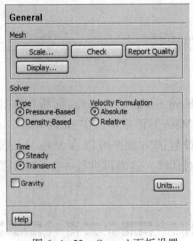

图 6-1-53　General 面板设置

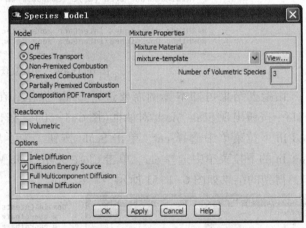

图 6-1-54　Species Model 对话框

（3）Materials 任务页面

定义本算例所用到的工质。双击导航栏中 Problem Setup 下方的 Material 切换到 Material 任务页面。在 Material 任务页面中单击 Fluid，然后单击 Create/Edit 按钮，出现 Create/Edit Material 对话框（图 6-1-55）。在 Create/Edit Material 对话框中，单击 FLUENT Database 按钮，出现 FLUENT Database Material 对话框（图 6-1-56）。在 FLUENT Database Material 对话框中，在 Material Type 下拉菜单中选中 fluid，在 Order Materials by 中选择 Chemical Formula，然后在左侧的 FLUENT Fluid Material 中选中 c2h5oh<l>（液态乙醇）和 h2o<l>（液态水），然后单击 Copy 按钮。在 Create/Edit Material 对话框中，单击 Close 关闭 Create/Edit Material 对话框。这时，c2h5oh<l>（液态乙醇）和 h2o<l>（液态水）加入了算例的 Meterial 中。

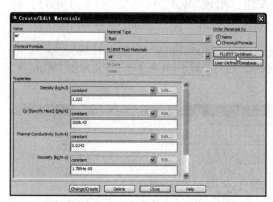

图 6-1-55 Create/Edit Material 对话框

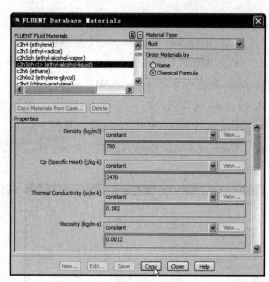

图 6-1-56 FLUENT Database Material 对话框

回到 Species Model 对话框，在 Mixture Material 处单击 Edit…按钮，出现 Edit Material 对话框(图 6-1-57)。在 Mixture Species 中单击 Edit…按钮，出现 Species 对话框(图 6-1-58)。在 Species 对话框中，通过 Add 和 Remove 按钮，将 h2o<l>和 c2h5oh<l>加入到 Selected Species 窗格中，将其他的工质移除出 Selected Species 窗格到 Available Materials 窗格中，单击 OK 按钮。在 Edit Material 对话框中，Density 中的下拉菜单中选择 Volume-weighted-mixing-law，然后单击 Change 按钮。单击 Close 按钮关闭 Edit Material 对话框。这时，Species Model 对话框中的 Number of Volumetric Species 变为 2。

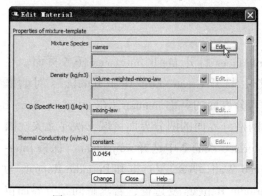

图 6-1-57 Edit Material 对话框

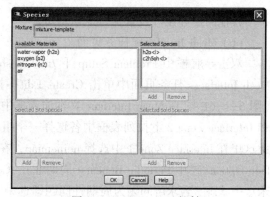

图 6-1-58 Species 对话框

(4) Cell Zone Conditions 任务页面

双击导航栏中 Problem Setup 下方的 Cell Zone Conditions 切换到 Cell Zone Conditions 任务页面。在 Cell Zone Conditions 任务页面中的 Zone 中选中 nei，单击 Edit 按钮，出现 Fluid 对话框，如图 6-1-59 所示。

在 Fluid 对话框中，在 Material Name 中选择 mixture-template，选中 Mesh Motion 前的选择框，在 Mesh Motion 选项卡中设置 Rotational Velocity 为 4(即 240r/min)，确保 Translational Velocity 三个方向分量均为 0，确保 Rotational-Axis Origin 为 (0, 0, 0)，Rotational-Axis Direction 为 (0, 0, 1)，其他保持默认，单击 OK 按钮关闭 Fluid 对话框。wai 的 Cell Zone Conditions 保持默认。

（5）Boundary Conditions 任务页面

双击导航栏中 Problem setup 下方的 Boundary Conditions 进入 Boundary Conditions 任务页面，在 Zone 窗格中单击 jiang 选中，然后单击 Edit…按钮，出现"Wall"对话框（图 6-1-60）。在 Momentum 选项卡中，在 Wall Motion 中选择 Moving Wall，在 Motion 中选中 Relative to Adjacent Cell Zone 和 Rotational，确保 Speed（rad/s）为 0，确保 Rotation-Axis Origin 为（0，0，0）、Rotation-Axis Direction 为（0，0，1），其他保持默认设置，单击 OK 按钮关闭"Wall"对话框。

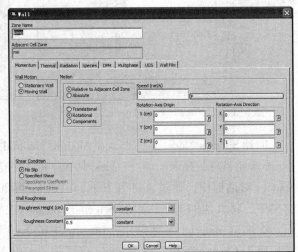

图 6-1-59　Fluid 对话框　　　　　　　　图 6-1-60　Wall 对话框

其他的边界条件设置保持默认即可。

（6）Mesh Interfaces 任务页面

双击导航栏中 Problem Setup 下方的 Mesh Interfaces 打开 Mesh Interfaces 任务页面。在 Mesh Interfaces 任务页面中单击 Create/Edit…按钮，打开 Create/Edit Mesh Interfaces 对话框（图 6-1-61）。在 Mesh Interface 文本输入框中输入分界面的名称 jiemian，在 Interface Zone 1 和 Interface Zone 2 下拉列表框中各选择一个组成网格分界面的两分界面区域，次序无关。因此这里在 Interface Zone 1 中选择 neijiemian，在 Interface Zone 2 中选择 waijiemian，保持 Interface Options 栏中 Periodic Repeats（周期性）、Coupled Wall（耦合）复选框和 Periodic Repeats 为未选中状态。若求解问题为周期性问题即选中 Periodic Repeats 复选框，若求解问题分界面位于固体和流体区域，则选中 Coupled Wall 复选框。最后单击 Create 按钮创建 Mesh Interface。

在 Problem Setup 中，Dynamic Mesh 和 Reference Value 设置均保持默认。

6.1.3.2　求解设置（Solution）

（1）Solution Methods 任务页面

双击导航栏中 Solution 下方的 Solution Methods 进入 Solution Methods 任务页面（图 6-1-62）。在本算例中，压力速度耦合可采用默认的 SIMPLE 算法，在 Spatial Discretization 空间离散将 Turbulent Kinetic Energy 和 Turbulent Dissipation Rate 选用 Second Order Upwind，其他设置保持默认。

时间离散 Transient Formulation 可采用默认的 First Order Implicit。

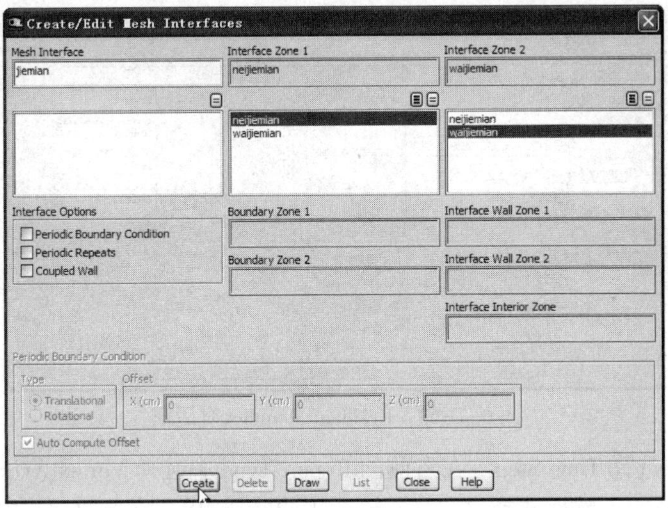

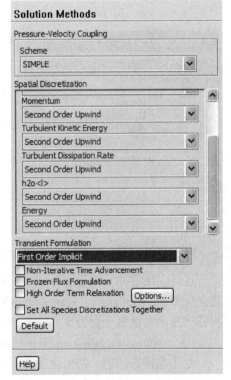

图 6-1-61 Create/Edit Mesh Interfaces 对话框

（2）Monitors 任务页面

双击导航栏中 Solution 下方的 Monitors 进入 Monitors 任务页面。在 Monitors 任务页面的 Residuals 窗格中单击 Residuals 以选中，然后单击 Edit…按钮，出现 Residual Monitors 对话框（图 6-1-63）。在 Residual Monitors 对话框中，确保 Print to Console 和 Plot 被选中，将残差收敛标准均改为 1e-06，其他保持默认，然后单击 OK 关闭 Residual Monitors 对话框。

由于需要计算出示踪剂在搅拌槽内完全混合均匀后的所需要的时间，以及计算不同时刻监测点位置的浓度，如果其浓度达到了完全混匀浓度的 95%，则认为从计算开始到现在的时间为此监测点的混合时间。因此，需要在计算时在搅拌槽内 5 个不同的位置布置 5 个监测点，分别计算出这 5 个监测点乙醇浓度随时间的变化。本算例所设置的 5 个浓度监测点坐标为 (48，0，-48)、(48，0，-20)、(48，0，20)、(48，0，48)和(0、0、48)五个点。因此，需要首先创建这五个点的 Surface。

执行以下菜单操作：Surface→Point…，出现 Point Surface 对话框（图 6-1-64）。在此对话框中 Coordinates 中 x0 填入 48，y0 填入 0，z0 填入-48，在 New Surface Name 中填入 guancedian-1，单击 Create 按钮，便创建了一个坐标在(48，0，-48)的点。使用同样的方法创建其他的四个点，分别命名为 guancedian-2 至 guancedian-5。

单击 Monitors 任务页面中 Surface Monitors 的 Create…按钮，出现 Surface Monitor 对话框（图 6-1-65）。在 Surface Monitor 对话框中，在 Name 中填入将创建的 Surface Monitor 的名称为 nongdubianhua-1，选中 Optoins 下面的 Print to Console 和 Plot，保持 Window 下面的数字 2 为默认，在 X Axis 下拉菜单中选择 Time Step，在 Get Data Every 下面的文本框中保持 1 不

图 6-1-62 Solution Methods 任务页面

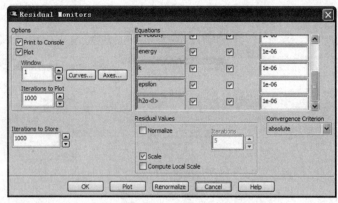

图 6-1-63　Residual Monitors 对话框

变，在下拉菜单中选择 Time Step。在右侧的 Report Type 中选择 Vertex Average，在 Field Variable 中选择 Species…，然后选择 Mass fraction of c2h5oh<l>，在 Surfaces 中选中 guancedian-1，单击 OK 按钮关闭 Surface Monitor 对话框。

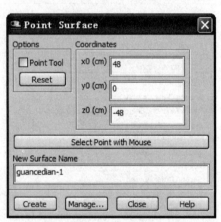

图 6-1-64　Point Surface 对话框

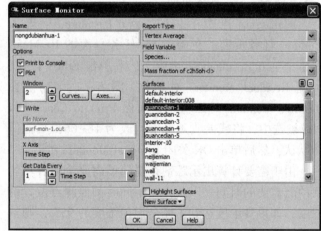

图 6-1-65　Surface Monitor 对话框界面

这样，便建立了关于 guancedian-1 浓度随时间变化的监视器。利用同样的方法，分别建立关于 guancedian-2、guancedian-3、guancedian-4、guancedian-5 点浓度随时间变化的监视器，显示对话框分别为 3、4、5、6。

（3）Solution Initialization 任务页面

对于非稳态问题，初始化条件对求解结果影响很大。双击导航栏中 Solution 下方的 Solution Initialization 进入 Solution Initialization 任务页面（图 6-1-66）。在 Turbulent Kinetic Energy 下面的文本框填入 0.1，在 Turbulent Dissipate Rate 下面的文本框填入 0.1，h2o<l>下面的文本框填入 1。其他数值保持默认，如下图所示。单击 Initialize 按钮进行初始化，建立初始流场。这样，初始流场设置为：各点速度大小为 0，温度 300K，湍流动能 0.1，湍流耗散率 0.1，水质量分数 1。

下面在搅拌釜内加入示踪剂液态乙醇。放入乙醇的方法是在搅拌釜内 mark 出圆心在（38，0，38）半径为 10cm 的球形区域，然后将此球形区域内的乙醇浓度设置为 1。操作方法是：进行菜单操作：Adapt→Region…，出现 Region Adaption 对话框（图 6-1-67）。在 Region Adaption 对话框中，确保 Options 中 Inside 处于选中状态，在 Shapes 中选中 Sphere，在 Input

Coordinates 中输入球形区域的圆心坐标：X Center 下文本框填入 38，Y Center 下文本框填入 0，Z Center 下文本框填入 38。Radius 下的数值填入 10cm，单击 Mark 按钮。这样，便 Mark 出一个圆心在(38，0，38)半径为 10cm 的球形区域。可以单击 Manage⋯按钮打开 Manage Adaption Registers 对话框(图 6-1-68)。在这个对话框中，可以看到刚刚 Mark 出来的球形区域名称为 sphere-r0，也可以单击 Display 按钮在 FLUENT 的图形对话框中显示出该 Mark 区域。单击 Close 按钮关闭 Manage Adaption Registers 对话框，再单击 Close 按钮关闭 Region Adaption 对话框。

图 6-1-66　Solution Initialization 任务页面　　　　　图 6-1-67　Region Adaption 对话框

　　回到 Solution Initialization 任务页面中，此时 Patch⋯按钮处于可点击状态。单击 Patch 按钮调出 Patch 对话框(图 6-1-69)。在 Patch 对话框中，在 Registers to Patch 中选择 sphere-r0 区域，在 Variable 中选择 h2o<l>，然后在 Value 中填入 0，设置完成后单击 Patch 按钮。这时，在 sphere-r0 区域中的 h2o 的浓度为 0，而乙醇的浓度为 1。单击 Close 按钮关闭 Patch 对话框。然后 mark 出以(35，0，0)为圆心，以 10 为半径的区域，将此区域中的乙醇浓度 patch 为 1。

　　为了检查搅拌釜内初始时刻乙醇浓度的分布情况，需建立穿过 mark 区域的平面并显示该平面上乙醇浓度分布来实现。操作步骤为：进行菜单操作：Surface→Iso-Surface⋯，出现 Iso-Surface 对话框(图 6-1-70)。在 Iso-Surface 对话框中，在 Surface of Constant 的下拉菜单中选择 Mesh⋯，并在之后的下拉菜单中选中 Y-Coordinate，在 Iso-Values 中填入 0，在 New Surface Name 中填入 y=0，单击 Create 按钮，这时便创建了一个名为 y=0 的平面。

图 6-1-68　Manage Adaption Registers 对话框

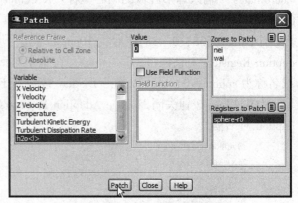

图 6-1-69　Patch 对话框

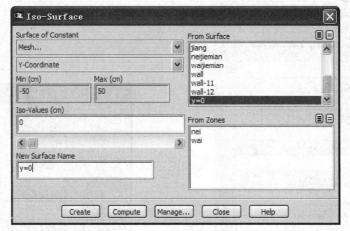

图 6-1-70　Iso-Surface 对话框

　　双击导航栏中 Results 下方的 Graphics and Animations 转换到 Graphics and Animations 任务页面。在 Graphics 中选中 Contours，单击 Set Up…按钮，出现 Contours 对话框(图 6-1-71)。在 Contours 对话框中，在 Options 中单击 Filled 前面的选项框选中，在 Contours of 下拉菜单中选中 Species…，然后在下拉菜单中选中 Mass fraction of c2h5oh<l>，在 Surfaces 中选中上面创建的 y=0 平面，单击 Display 按钮。这时会在 FLUENT 的图形对话框中显示出 y=0 平面上乙醇浓度分布云图，如图 6-1-72 所示。

　　(4) Calculation Activities 任务页面

　　双击导航栏中 Solution 下方的 Calculation Activities，转换到 Calculation Activities 任务页面，在面板的 Autosave Every(Time Steps) 下面填入 5，表示每 5 个时间步保存一次。单击 Edit…按钮，出现 Autosave 对话框(图 6-1-73)。检查 Autosave 对话框中的设置，保持默认即可，单击 OK 按钮关闭 Autosave 对话框。

　　(5) Run Calculation 任务页面

　　双击导航栏中 Solution 下方的 Run Calculation 进入 Run Calculation 任务页面(图 6-1-74)。在 Run Calculation 任务页面中，在 Time Stepping Method 中确保选中 Fixed，在 Time Step Size 中设置为 0.04，在 Number of Time Steps 中填入 1500，在 Max Iterations/Time Step 中填入 45。

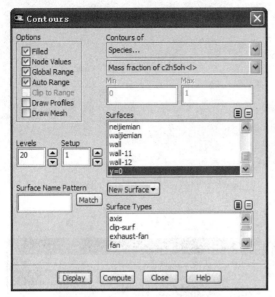

图 6-1-71　Contours 对话框

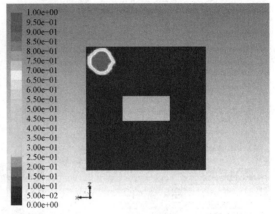

图 6-1-72　初始时刻乙醇浓度分布云图

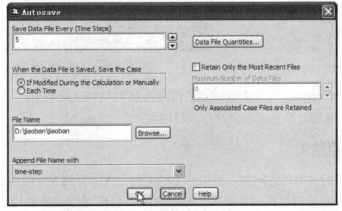

图 6-1-73　Autosave 对话框

为了监视的方便，改变一下图形对话框的显示方式。执行菜单操作：View→Embed Graphics Window，取消 Embed Graphics Window 的选中状态，这样监视对话框会从主对话框脱离，便于切换监视。

到目前为止，可以保存目前的 case 和 data。执行菜单操作：File→Write→Case & Data…，出现 Case & Data…的 Select File 对话框，单击 OK 按钮完成 case 和 data 的保存。

在求解之前，可以计算一下搅拌均匀后乙醇溶液的浓度是多少。双击导航栏中 Results 下面的 Reports 进入 Reports 任务页面，选择 Volume Integrals 后单击 Set Up…按钮，出现 Volume Integrals 对话框(图 6-1-75)。该对话框的 Report Type 中选中 Mass-Average，在 Field Variable 中单击 Species…，然后在之下的下拉菜单中选择 Mass fraction of c2h5oh<l>，选中 Cell Zones 的 wai 和 nei，单击 Compute 按钮，便会显示出质量平均 c2h5oh 质量浓度：0.004140032。单击 Close 关闭 Volume Integrals 对话框。

在 Run Calculation 任务页面中单击 Calculate 按钮开始计算，此时屏幕上会出现 6 个监视对话框，其中 1 个残差监视对话框，5 个观测点浓度监视对话框。计算 1500 个时间步后，计算完成。各监视器如图 6-1-76 所示。

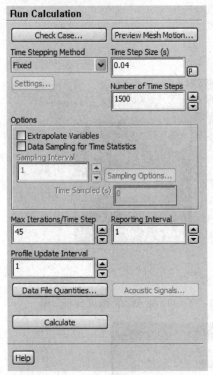

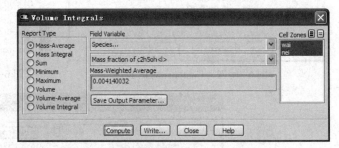

图 6-1-74　Run Calculation 任务页面　　　　　图 6-1-75　Volume Integrals 对话框

由图 6-1-76 中(b) ~ (f)五个监测点乙醇浓度随时间的变化可知，当模拟进行到 1200
时间步，也就是 48s 时，认为乙醇溶液已搅拌均匀。

6.1.4　模拟结果

本节算例计算的是非稳态问题。根据 FLUENT 的设置，每隔 5 个时间步会保存一次 case
和 data 文件。本节主要以模拟过程中第 550 个时间步的情况作结果分析。读者可以根据本
部分所叙述的结果分析方法自行分析其他时刻的模拟结果。

6.1.4.1　显示温度标量场

前文中已经创建了 y=0 平面，根据同样的方法可创建 z=0 平面。

首先需要读入第 500 个时间步的 case 和 data 文件。读入 Case 和 data 文件后，单击
Results 下面的 Graphics and Animations，进入 Graphics and Animations 任务页面。在 Graphics
and Animations 任务页面中，单击 Graphics 窗格下的 Contours，单击 Setup Up 按钮，弹出
Contours 对话框。在 Contours 对话框中，单击 Options 下面的 Filled 以选中，在 Contours of 下
面的下拉菜单中选择 Temperature，确保其下的下拉菜单中的 Static Temperature 为选中状态，
在 Surfaces 窗格中选中 y=0，单击 Display 按钮。这样，FLUENT 的图形对话框中便显示出 y
=0 平面的温度分布云图，如图 6-1-77 所示。使用同样的方法，可以显示出 z=0 平面的温
度分布云图。z=0 平面的温度分布云图由读者自行练习，此处给出 z=0 平面温度分布云图
如图 6-1-78 所示。

由图 6-1-77 和图 6-1-78 可知，由于初始条件为整个温度场 300K，且没有温差，因此
不管是 y=0 平面还是 z=0 平面，温度分布较均匀，且均为 300K。

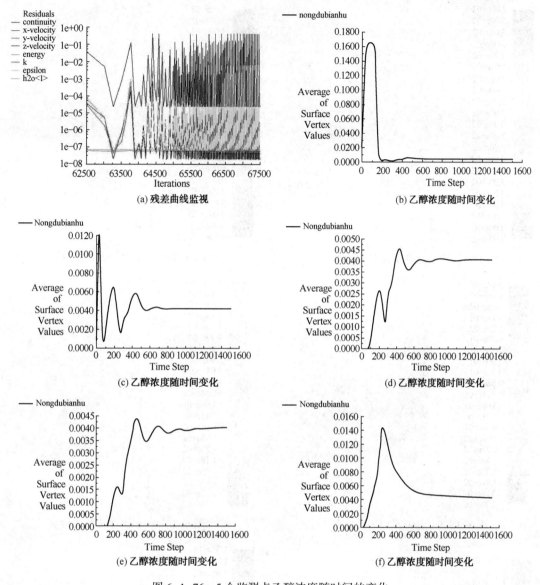

图 6-1-76   5 个监测点乙醇浓度随时间的变化

6.1.4.2   显示压力标量场

在如图 6-1-71 所示的 Contours 对话框中, Contours of 的下拉菜单中选择 Pressure…, 确保其下的下拉菜单中 Static Pressure 处于选中状态, 在 Surfaces 窗格中选中 y = 0, 单击 Display 按钮显示 y = 0 平面的压力分布图, 如图 6-1-79 所示。利用同样的方法可显示 z = 0 平面的压力分布图, 如图 6-1-80 所示。

6.1.4.3   显示示踪剂浓度场

在如图 6-1-71 所示 Contours 对话框中的 Contours of 下拉菜单中选择 Species…, 在其下的下拉菜单中选择 Mass fraction of c2h5oh<l>, 在 Surfaces 窗格中选中 y = 0, 单击 Display 按钮, 显示 y = 0 平面的乙醇浓度分布如图 6-1-81 所示。利用同样的方法可显示 z = 0 平面的压力分布如图 6-1-82 所示。

由于本算例计算的是一个瞬态问题, 因此可以得到 y = 0 平面和 z = 0 平面乙醇浓度随时

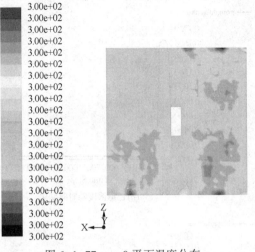

图 6-1-77 y=0 平面温度分布

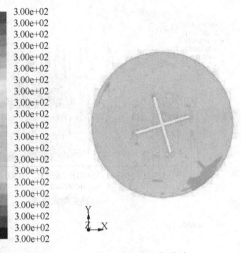

图 6-1-78 z=0 平面温度分布

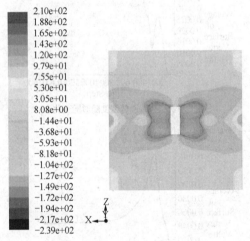

图 6-1-79 y=0 平面压力分布

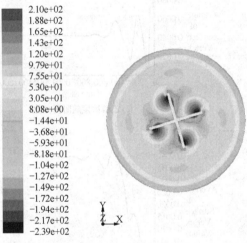

图 6-1-80 z=0 平面压力分布

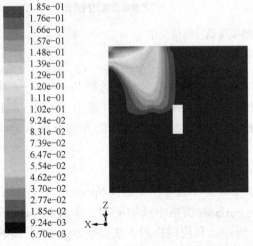

图 6-1-81 y=0 平面乙醇浓度分布

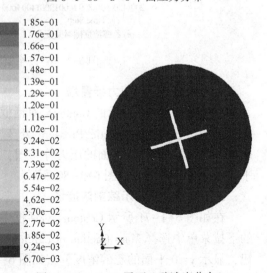

图 6-1-82 z=0 平面乙醇浓度分布

314

间的变化情况。为了能够更好的显示浓度变化，需要把每一个时间步显示浓度分布时的浓度范围限定为0-1。具体的操作方法是：在 Contours 对话框中，取消 Options 中 Auto Range 前面的多选框，在 Contours of 下面的 Min 下面的文本框填入 0，Max 下面的文本框填入 1。读取 8 个时刻的 case 和 data，分别显示这 8 个时刻 y=0 平面乙醇浓度的变化，如图 6-1-83 所示。

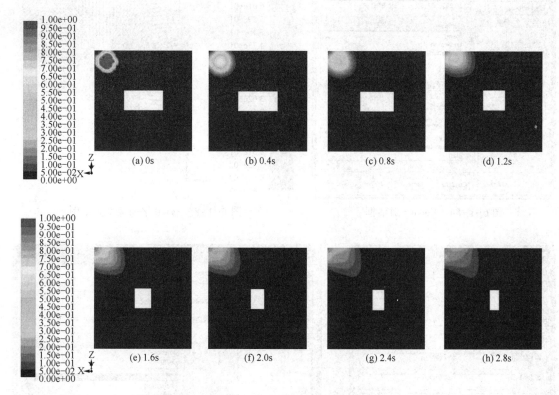

图 6-1-83　不同时刻 y=0 平面乙醇浓度变化

6.1.4.4　显示速度矢量场

进入 Graphics and Animations 任务页面，在 Graphics 下的窗格中单击 Vectors，单击 Set Up 按钮，弹出 Vectors 对话框（图 6-1-84）。在 Vectors 对话框中，Vectors of 下面选择 Velocity，Color by 下面选择 Velocity，其下的下拉菜单选择 Velocity Magnitude，在 Surfaces 下面的窗格中选择 y=0。为了显示的直观，可将 Style 的下拉菜单中选中 filled-arrow，在 Scale 下面的文本框填入 5。单击 Display 按钮显示 y=0 平面速度矢量图（图 6-1-85）。

6.1.4.5　创建线

本步创建起点(30cm，0，−50cm)、终点(30cm，0，50cm)的线段，方法为：在 Surface 菜单中选择 Line/Rake…，弹出 Line/Rake Surface 对话框（图 6-1-86）。在 Line/Rake Surface 对话框中，确保 Options 下面的 Line Tool 不被选中，确保 Type 的下拉菜单选择为 Line。在 End Points 下面的文本框中依次填入：x0：30，x0：0，x0：−50，x1：30，x1：0，x1：50，在 New Surface Name 中填入新创建的 Line 的名称：suanli-line，单击 Create 按钮，创建名为 suanli-line 的 Line。

6.1.4.6　显示 XY Plot

双击导航栏中 Results 下方的 Plots 进入 Plots 任务页面。在 Plots 下面的窗格中选择 XY

315

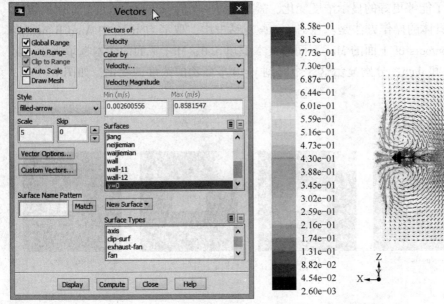

图 6-1-84　Vectors 对话框　　　　　　　　　图 6-1-85　y=0 平面速度矢量图

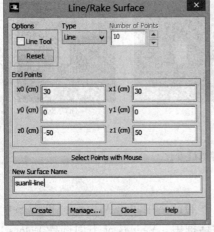

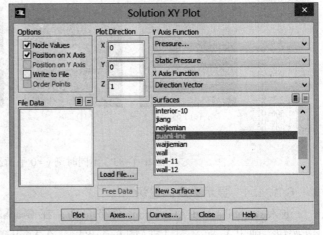

图 6-1-86　Line/Rake Surface 对话框　　　　　图 6-1-87　Solution XY Plot

Plot，单击 Set Up…按钮，弹出 Solution XY Plot 对话框（图 6-1-87）。在 Solution XY Plot 对话框中，Plot Direction 下面的文本框填入 X：0，Y：0，Z：1，在 Y Axis Function 的下拉菜单中选择 Pressure…，其下的下拉菜单为 Static Pressure，X Axis Function 保持 Direction Vector 不变，在 Surfaces 窗格下单击 suanli-line，单击 Plot，将显示 Line：suanli-line 上的压力大小分布，如图 6-1-88 所示。

除了能够显示压力大小分布以外，还能够显示乙醇浓度在 Line：suanli-line 上的分布。设置方法是：保持 Solution XY Plot 对话框（图 6-1-87）中其他设置不变，在 Y Axis Function 下拉菜单中选择 Species…，其下的下拉菜单为 Mass fraction of of c2h5oh<l>，在 Surfaces 窗格中选中 suanli-line，单击 Plot 按钮，显示出 suanli-line 上的乙醇浓度分布如图 6-1-89 所示。

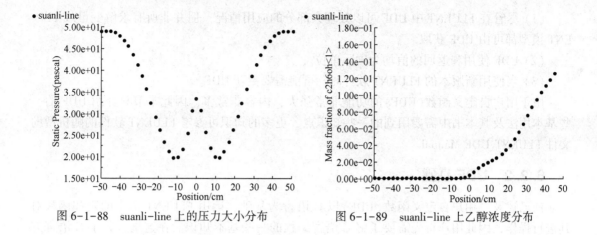

图 6-1-88　suanli-line 上的压力大小分布　　　图 6-1-89　suanli-line 上乙醇浓度分布

§6.2　用户自定义函数(UDF)及初步应用

6.2.1　UDF 简介

6.2.1.1　什么是 UDF?

所谓 UDF,即 User-Defined Functions,是由用户自定义的函数,用 C 语言编写,可使用标准 C 语言的库函数和 FLUENT 的预定义宏,经过编译后可以动态地连接到 FLUENT 求解器上,以提高求解器的性能。标准的 FLUENT 界面并不能满足每个用户的需要,UDF 的使用可以:

① 定制 FLUENT 代码来满足用户的特殊要求。用户可以通过 UDF 定制 FLUENT 输运方程中的边界条件、材料属性、表面和体积反应率、源项,自定义标量输运方程(user-defined scalar,UDS)中的源项、扩散率函数等等。

② 在每次迭代的基础上调节计算值。

③ 解的初始化。

④ 根据需要对 UDF 进行异步操作。

⑤ 在一次迭代结束、FLUENT 退出或加载编译的 UDF 库时进行操作。

⑥ 提高后处理能力。

⑦ 提高现有 ANSYS FLUENT 模型(如离散相模型、多项混合物模型、离散坐标辐射模型)。

UDF 通常带有".c"后缀(例如 myudf.c)。一个源文件可以包含一个简单的 UDF 或多个 UDF,并且用户可以定义多个源文件。当然,用户需要了解一些 C 语言编程的基本知识。

UDF 使用由 FLUENT 提供的"DEFINE"宏进行定义,这些宏是通过其它的宏和函数(同样也是由 FLUENT 提供)获取 FLUENT 求解器的数据和执行其他操作。

每个 UDF 的源代码文件开头必须包含"udf.h"头文件(#include "udf.h"),如果没有包含该头文件,用户将无法使用"DEFINE"宏以及 FLUENT 提供的其他的宏和函数。包含 UDF 的源文件可以在 FLUENT 中进行解释或编译。

6.2.1.2　UDF 的局限

尽管 UDF 在 FLUENT 中的功能非常强大,但并非所有的情况都可以使用 UDFs 来解决,UDFs 存在着以下局限:

（1）尽管在 FLUENT 中 UDF 可以处理大部分的应用情况，但并非所有求解变量或 FLUENT 模型都可由 UDF 获取。

（2）UDF 使用和返回的值均为国际单位。

（3）当使用新版本的 FLUENT 软件时，可能需要更新 UDF。

由于用户自定义函数(UDF)的功能非常强大，内容非常多，因此本节只介绍 UDF 的一些基本用法及其本书中需要用到的一些知识点，更多的知识可参考 FLUENT 软件的随机帮助文件 FLUENT UDF Manual。

6.2.2 UDF 基础

前已述及，用户自定义函数(UDF)以 C 语言为基础、运用 FLUENT 提供的宏和函数对其进行操作，因此用户首先需要了解 C 语言编程的一些基本知识。在这里，关于 C 语言方面的知识就不再介绍，主要介绍应用 FLUENT 所提供的宏和函数的相关知识。

6.2.2.1 输运方程

FLUENT 软件的求解基于有限体积法，它将整个计算域离散为有限数目的控制体或是单元，网格单元是 FLUENT 中最基本的计算单位，在进行计算时，必须保证各物理量在这些单元中保持守恒，即，针对诸如质量、动量、能量等的通用输运方程的积分形式可以应用到每个网格单元上，

$$\underbrace{\frac{\partial}{\partial t}\int_{V}\rho\phi\mathrm{d}V}_{\text{unsteady}} + \underbrace{\oint_{A}\rho\phi V\cdot\mathrm{d}A}_{\text{convection}} = \underbrace{\oint_{A}I\,\nabla\phi\cdot\mathrm{d}A}_{\text{diffusion}} + \underbrace{\int_{V}S_{\phi}\mathrm{d}V}_{\text{generation}}$$

（6-2-1）

式中，ϕ 是通用变量，根据所求解的输运方程它可取不同的值，表 6-2-1 列出了在输运方程中可求解的一些变量。

表 6-2-1　不同输运方程中 ϕ 所表示的量

输运方程	ϕ 所表示的量	输运方程	ϕ 所表示的量
连续性方程	1	x 向动量方程	速度(u)
y 向动量方程	速度(v)	z 向动量方程	速度(w)
能量方程	焓(h)	湍流动能方程	k
湍流耗散率方程	ε	组分输运方程	组分的质量分数(Y_i)

物理量在单元上是否保持守恒需要知道通过单元边界的通量，因此，需要获取在单元和面上的值。

6.2.2.2 一些网格术语

大多用户自定义函数从 FLUENT 求解器获取数据，由于求解器数据根据网格组成来定义，因此用户在编写 UDF 之前，需要首先了解一些基本的网格术语。

网格可分解成一系列的控制容积或单元。每个单元又由一系列的节点、一个单元中心以及包围该单元的面来确定，如图 6-2-1 所示。相关的网格术语包括，①节点(node)：网格的交点；②节点线程(node thread)：一系列节点的组合；③边(edge)：在三维网格中，面的边界；④面(face)：在二维或三维网格中，单元的边界；⑤面线程(face thread)：一系列面的组合；⑥单元(cell)：计算域离散后形成的控制容积；⑦单元中心(cell center)：存储单元数据的位置；⑧单元线程(cell thread)：一系列单元的组合；⑨域(domain)：一系列点、面和单元线程的组合。

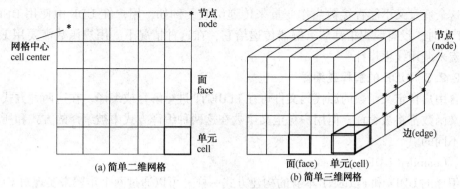

图 6-2-1　网格组成示意图

（1）FLUENT 应用内部数据结构来定义网格的域（domain）；指定一个网格中单元、单元面和节点的顺序；并建立相邻单元的连接性。

（2）线程（thread）是 FLUENT 中用于存储关于边界或单元区域（zone）信息的一种数据结构。单元线程（Cell threads）是多个单元的组合，而面线程（face threads）是多个面的组合。通常将线程数据结构的指针传给函数以获取该线程所代表的边界或单元区域的相关信息。用户在 FLUENT 模型的边界条件对话框中定义的每个边界或单元区域都有一个整数的区域 ID 与之一一对应。用户在 FLUENT 对话框中并不能看到"线程（thread）"这样的词语，所以当用户编写 UDF 时，可以把"区域（zone）"想象成和"线程（thread）"数据结构一样。

（3）区域（zone）是通过模型的物理特征（如入口、出口、壁面、流体域等）来定义的一系列单元或单元面的组合。面是用于界定一个或两个单元，取决于它是边界面还是内部面。域（domain）是用于存储网格中节点、面线程和单元线程信息的数据结构。

6.2.2.3 ANSYS FLUENT 中的数据类型

在 UDF 中，除了可以用标准的 C 语言数据类型定义数据外，还有一些与求解器数据相关的 FLUENT 特殊的数据类型。通常用这些数据类型定义的变量作为 DEFINE 宏和其他用于获取 FLUENT 求解器数据函数的参数，一些经常使用的 FLUENT 数据类型如下。

（1）Node——一种结构数据类型，用于存储与网格节点相关的数据。

（2）face_t——一种整数数据类型，用于识别一个面线程中的特定面。

（3）cell_t——一种整数数据类型，用于识别一个单元线程中的特定单元。

（4）Thread——一种结构数据类型，用于存储一组单元或面共用的数据。对于多相流应用场合，每一相以及混合物都有一个线程结构。

（5）Domain——一种结构数据类型，存储与网格中一系列节点、面和单元线程相关的数据。对于单相流动情况，只有一个 domain 结构，对于多相流场合，每一相、相与相之间相互作用以及混合物都有一个 domain 结构。对于多相流模型，混合物的 domain 结构是最高级别的结构。

6.2.2.4 操作

大多 UDF 需要对一个线程上的所有单元或所有面上执行重复操作，比如，一个自定义分布函数需要对一个面线程上的所有面进行循环操作。为了用户使用方便，FLUENT 向用户提供了一整套的宏用于对单元、面、节点和线程来进行循环操作。例如单元循环宏（Cell-looping macros）可以对给定单元线程上的所有单元进行循环操作，而面循环宏（Face-looping macros）则可调用一个给定面线程上的所有面。在某些情况下，UDF 可能需要对某个变量操作，而这个变量又不能直接被当作变量来传递给它。例如，用户在 UDF 中使用 DEFINE_ADJUST 宏时，没有线程指针从求解器传递给它，在这种情况下，用户函数需要用 FLUENT 提供的宏来调用线程指针。

6.2.2.5 UDF 的解释或编译

包含用户自定义函数的源代码文件可在 FLUENT 进行解释或编译。在这两种方式中，用户自定义函数都将被编译，但用户自定义函数在这两种编译方式中被编译的方式和所产生的代码是不同的。

（1）Compiled UDFs

被编译的 UDFs 和 FLUENT 本身的构建方式一样。可以通过两个步骤来实现对 UDF 的编译。首先，通过一个 Makefile 脚本调用系统中的 C 编译器来构建一个包含高级 C 语言源代码的机器语言翻译的目标代码库，然后，这个共享库通过一个被称作"动态加载"的过程实时地加载到 FLUENT 中，这两个步骤分别通过点击编译 UDF 对话框中的"Build"和"Load"按钮来实现。这个目标库与编译此库的计算机架构以及 FLUENT 软件的版本相对应，当 FLUENT 软件升级、或计算机的操作系统改变、或在其他计算机上运行时，都需要重新编译该用户自定义函数。

（2）Interpreted UDFs

Interpreted UDFs 通过图形用户界面，即 Interpreted UDFs 对话框，对源文件进行解释，只需要一个简单的步骤。在 FLUENT 内部，通过一个 C 预处理器将源代码编译为中间的、独立于计算机构架的机器代码。当 UDF 被调用时，该机器代码在一个内部模拟器或解释器上执行。这种 interpreted UDF 将牺牲一部分性能，但它可以在不同的机器构架、不同操作系统和不同的 FLUENT 版本通用，当运行速度成为问题时，解释的 UDF 可以不经任何修改用编译的方式运行。

用于 Interpreted UDF 的解释器不具备标准 C 编译器的所有功能，特别指出的是，Interpreted UDF 不能包含下列 C 语言编程功能：①goto 语句；②非 ANSI-C 语法；③直接数据结构引用；④局部结构声明；⑤共用体；⑥函数指针；⑦函数数组；⑧多维数组。

（3）Interpreted 和 Compiled UDFs 的不同

Interpreted 和 Compiled UDFs 之间的主要差别是后者不能通过直接结构引用获取 FLUENT 求解器的数据，而只能通过 FLUENT 提供的宏来间接获取。一般而言，Interpreted 和 Compiled UDFs 的特点可以对比如表 6-2-2 所示。

表 6-2-2 **Interpreted 和 Compiled UDFs 的特点对比列表**

	Interpreted UDFs	Compiled UDFs
特点	- 可移植到其他平台 - 均可用作被编译的 UDFs 运行； - 不需要 C 编译器； - 比被编译的 UDFs 慢； - 在使用 C 编程语言时有限制； - 不能链接到被编译的系统或用户库； - 只能通过预定义宏获取存储在 ANSYS FLUENT 结构中的数据	- 运行起来比 interpreted UDFs 快； - 使用 C 编程语言时没有限制； - 可以调用以其他语言编写的函数； - 如果包含一些解释器不能处理的 C 语言功能时，将不能以 interpreted UDFs 方式运行

因此，当用户在 FLUENT 软件中决定采用何种类型的 UDF 时，对于小的、简单的函数使用 interpreted UDFs；对于复杂函数，如对 CPU 有较高要求（比如物性 UDF，每次迭代时每

320

个单元均会调用该 UDF)或需要使用共享库时，使用 Compiled UDFs。

6.2.3 一个简单的例子

6.2.3.1 问题描述

空气在如图 6-2-2 所示的弯曲通道内流动，当入口为均匀速度入口(0.1m/s)时其速度分布如图 6-2-3 所示。这里主要介绍 UDF 的使用方法，由于算例比较简单，建模和计算过程在此不再介绍。

但从该问题的实际流动情况来看，在入口之前应是平直通道，弯曲后改变管道的方向，因此入口的速度分布应为充分发展流动的抛物线速度分布，

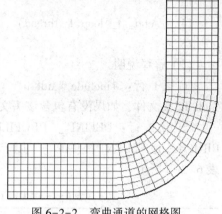

图 6-2-2 弯曲通道的网格图

$$u = 0 \times (1 - y^{*2}) \tag{6-2-2}$$

要在 FLUENT 软件中设置这种非均匀的速度入口边界条件，就必须要用到用户自定义函数(UDF)。

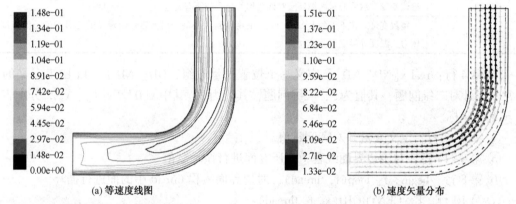

(a) 等速度线图 (b) 速度矢量分布

图 6-2-3 均匀速度入口(0.1m/s)时的速度分布

6.2.3.2 UDF 源代码及相关说明

(1) 源代码

针对上述问题，可编写如下源代码，并保存为"inlet_x_velocity.c"。

```
1  #include "udf.h"
2  DEFINE_PROFILE(inlet_x_velocity, thread, position)
3  {
4      real x[ND_ND];
5      real y, h;
6      face_t f;
7      h = 0.016; /* 入口高度(m) */
8      begin_f_loop(f, thread)
9      {
10         F_CENTROID(x, f, thread);
11         y = 2.*(x[1]-0.5*h)/h; /* non-dimensional y coordinate */
```

321

```
12      F_ PROFILE(f, thread, position) = 0.1*(1.0-y*y);
13    }
14    end_ f_ loop(f, thread)
15 }
```

（2）解释说明

① 第 1 行：#include " udf. h"。用户在编写 UDF 的源代码时，文件开头必须包含 "udf. h"头文件，如果没有包含该头文件，用户将无法使用 FLUENT 提供的宏和函数。

② 第 2 行：DEFINE_ PROFILE（inlet_ x_ velocity, thread, position）。DEFINE_ PROFILE 是 FLUENT 提供的一个用于定义边界分布函数的宏，有 3 个参数；各参数说明如表 6-2-3 所示。

表 6-2-3　DEFINE_ PROFILE 宏中三个参数的说明

变量名称	变 量 说 明
inlet_ x_ velocity	字符串变量，用于定义 UDF 的函数名称，由用户定义。经过解释或编译后，用户可在设置边界条件的对话框中看到这个名字，注意：UDF 的名字的第 1 个字符不能以数字开头
thread	线程指针变量 thread*。当用户将 UDF 与相应的边界链接后，所对应的边界的线程将自动赋给该变量。然后通过面循环宏对该线程所包含的所有面进行循环并分别赋值
position	整数变量。在下面的 F_ PROFILE 中将用到该变量，用来表示所定义的变量类型，如速度、压力、温度等等

③ 第 4 行：real x[ND_ ND]。定义一个位置矢量数组，ND_ ND 是 FLUENT 定义的一个常数，针对二维问题，其值为3，三维问题，其值为3，其中 x[0]、x[1]、x[2] 分别表示 x，y 和在坐标。

④ 第 5~7 行，定义变量并对高度赋值。

⑤ 第 8~14 行，对该边界面线程中的所有面进行循环赋值。

⑥ 第 8 行，begin_ f_ loop(f, thread)，对边界面线程 thread 中的面进行循环。

⑦ 第 10 行，F_ CENTROID(x, f, thread)；

⑧ 通过 F_ CENTROID 宏将边界面线程 thread 中特定面 f 的面中心坐标获取后存储在 x 数组中；

⑨ 第 11 行，计算该面中心 y 向的无量纲坐标；

⑩ 第 12 行，F_ PROFILE(f, thread, position) = 0.1*(1.0-y*y)。

根据流体力学中管内充分发展层流的速度分布[参见式(6-2-2)]，通过 FLUENT 提供的宏 F_ PROFILE 宏对该特定面 f 进行赋值。F_ PROFILE 宏包含三个参数，后两个参数为与 DEFINE_ PROFILE 宏的后两个参数相同，分别表示指定边界的面线程和所设置的变量类型。

6.2.3.3　在 FLUENT 中解释或编译源代码

（1）读入 case 和 data 文件

启动 FLUENT 14.0 软件，读取 elbowduct 算例文件。

（2）解释源代码

在 FLUENT 界面中点击菜单"Define /User-defined /Functions /Interpreted…"，如图 6-2-4 所示，将弹出"Interpreted UDFs"对话框，如图 6-2-5 所示，然后点击"Browser…"按钮，将"inlet_ x_ velocity. c"源文件选入，最后点击"Interpret"按钮，对用户所编写的源文件进行解释。

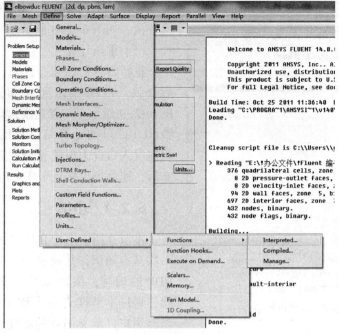

图 6-2-4　Interpreted UDFs 菜单操作

（3）编译源代码

在 FLUENT 界面中点击菜单"Define /User-defined /Functions /Compiled…"，如图 6-2-4 所示，将弹出"Compiled UDFs"对话框，如图 6-2-6 所示。点击"Add…"按钮，将"inlet_ x _ velocity. c"源文件选入，然后点击"Build"对源文件进行编译，点击"Load"按钮，将编译后产生的库加载。

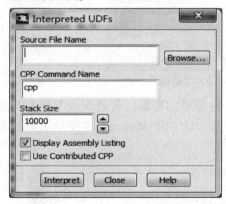

图 6-2-5　"Interpreted UDFs"对话框

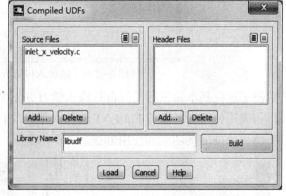

图 6-2-6　"Compiled UDFs"对话框

（4）将 UDF 链接到 FLUENT 中

按上述（2）和（3）将用户自定义函数进行解释或编译后，就可以用定义的速度分布函数来设置速度入口边界条件了。

点击导航栏中"Problem Setup"下面的"Boundary Conditions"进入"Boundary Conditions"任务页面，选中入口边界"in"，如图 6-2-7 所示。然后点击"Edit…"按钮，将弹出速度入口边界条件设置对话框。点击"Momentum"菜单页中"X-velocity"右边的下拉菜单，可以看到 udf 开头的有两项，分别是被编译的 UDF 和被解释的 UDF，任选一项就完成了用户自定义的

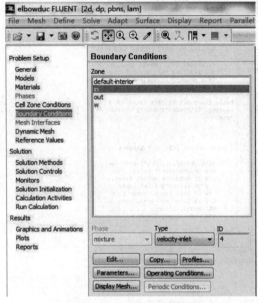

图 6-2-7 设置边界条件

速度入口分布与 x 向的速度入口边界条件之间的链接。如图 6-2-8 所示。

（5）重新计算

重新将其初始化并计算，大约迭代 400 步后收敛，得到等速度线和速度矢量分布如图 6-2-9 所示。与将速度入口边界条件设为常数（0.1m/s）的计算结果相比，通过 UDF 函数将速度入口设为层流充分发展的抛物线速度分布后，速度场更接近于实际流动时的情况。

6.2.4　小结

本节介绍了用户自定义函数（UDF）方面的一些基本知识，并通过一个简单的例子介绍了 UDF 的编写，编译以及与 FLUENT 软件的链接，通过本节读者可大致了解如何使用 UDF。虽然用户自定义函数的功能十分强大，但用户

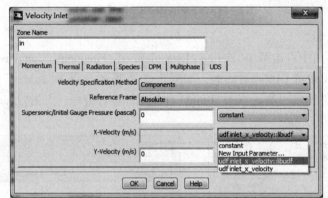

图 6-2-8　速度入口边界条件设置对话框

在掌握了这些基本知识后，再自行深入学习并不是一件很难的事情。若要深入掌握 UDF 的编程和应用，读者可参考 FLUENT 软件的帮助文件 FLUENT UDF Manual，主要是了解 FLUENT 所提供的宏的功能和使用方法。

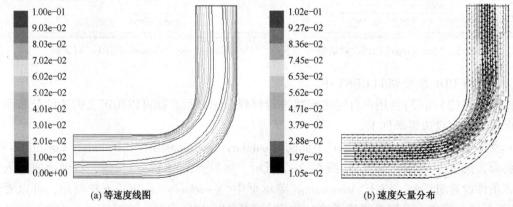

(a) 等速度线图　　　　　　　　　　　　　　(b) 速度矢量分布

图 6-2-9　用 UDF 设置速度入口边界条件后的速度分布

324

§6.3 空气绕流振动圆管对流传热的数值模拟

壁面振动是工程实际中经常碰到的现象。有些是由于设备在运行过程中因动力装置的运转而引起振动，这种情况普遍存在。还有一些是由于流体诱导振动引起的，比如换热器中的管束，当流体绕流管束时，就会引起换热管振动。本节将运用FLUENT软件的动态网格技术对流体绕流振动圆柱的对流换热问题进行数值分析。

6.3.1 问题描述

空气低速绕流一直径 D 为 $\phi20$ mm 圆管，圆管壁面为等壁温边界条件，壁面温度为 350K，用 FLUENT 软件模拟其流动与对流传热情况。设空气流动速度为 0.01 m/s，圆管在垂直流动方向上的振动方程如下，

$$y = A\sin(\omega t) = A\sin(2\pi ft) \tag{6-3-1}$$

式中，A 表示振动圆柱的振幅，ω 表示振动角频率，f 表示振动频率。作为示例，在本例中，设 $A = 4$mm，$f = 25$Hz。

流体绕流静止圆柱对流换热的实验关联式如下，

$$Nu_s = 0.3 + \frac{0.62Re_\infty^{1/2}Pr^{1/3}}{[1 + (0.4/Pr)^{2/3}]^{1/4}}\left[1 + \left(\frac{Re_\infty}{282000}\right)^{5/8}\right]^{4/5} \tag{6-3-2}$$

努塞尔数的定义为，

$$Nu_s = \frac{\alpha d}{\lambda} = \frac{Q}{\pi\lambda(T_w - T_\infty)} \tag{6-3-3}$$

式中，α 为圆柱壁面平均换热系数，Q 为单位长度圆柱壁面传递的热量。Re_∞ 表示雷诺数，$Re_\infty = \dfrac{u_\infty D}{\nu}$，$Pr$ 为普朗特数。此式适用于 $Re_\infty Pr > 0.2$ 情况。

本例中，先用 FLUENT 软件模拟圆管静止时的流动和传热情况，并可用式(6-3-2)来验证模拟结果的准确性，然后应用 UDF(自定义函数)定义壁面的振动并叠加到圆管的壁面边界上，模拟在圆管振动情况下的流动与换热情况。

6.3.2 运用 GAMBIT 建模

6.3.2.1 建立几何模型

应用 GAMBIT 软件进行建模和网格划分。首先作 1000×1000 的正方形，采用+x，+y 方式；然后作一半径为 10 的圆，并将其平移到(500，500)的位置；最后用正方形减去圆即可。如图 6-3-1 所示。

注意，如果圆管的振动幅度较大，圆管之外受影响的区域也将较大，所作的正方形也应相应增大。

6.3.2.2 网格划分

几何模型建立完毕后即可对其进行网格划分。在划分网格时，靠近圆管区域为主要传热区域，网格需要划分得密一些，而外部可疏一些，另外，由于要用到动网格，因此必须用三角形网格进行划分。针对本实例，可划分如下：首先将圆管壁按默认的间距 1 等分；将正方形的四条边按 50 等分均分；最后用三角形网格对整个域划分网格，如图 6-3-2 所示。

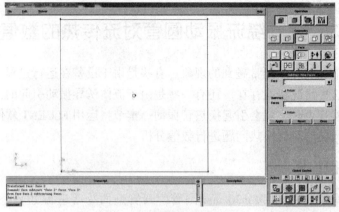

图 6-3-1　几何模型的建立

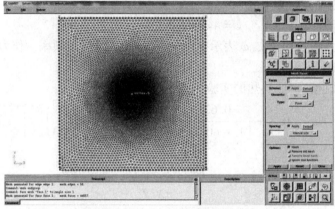

图 6-3-2　所作的网格图

6.3.2.3　设置边界条件

设置进口(in)、上边(n)、下边(s)、右边(o)和圆周(w)5 个边界，均设为壁面边界即可，在 FLUENT 软件中再进行具体设置。

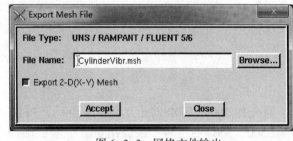

图 6-3-3　网格文件输出

将所作的网格文件保存为 CylinderVibr，此时，将产生 CylinderVibr.dbs、CylinderVibr.jou、CylinderVibr.lok 和 CylinderVibr.trn 四个文件，最后点击 File \ Export \ Mesh…，将弹出输出网格文件对话框，如图 6-3-3 所示。注意：这是二维问题，必须将 Export 2-D(X-Y)Mesh 选项选上。

6.3.3　空气绕流静止圆柱对流传热的模拟

6.3.3.1　网格文件的读入

打开 FLUENT 软件，在 FLUENT Launcher 对话框中选择 2D、双精度(Double Precision)模式。点击 OK 按钮，进入 FLUENT 软件，将刚刚建立的模型文件"CylinderVibr.msh"读入软件中，共 22410 个节点、44557 三角形单元。将模型读入 FLUENT 14.0 后，根据导航栏中的各项依次进行设置。

6.3.3.2　问题设置(Problem Setup)

(1) General 任务页面

双击导航栏中 Problem Setup 下方的 General 进入 General 任务页面，点击 Scale…按钮，将出现 Scale Mesh 对话框，在 Mesh Was Created in 下方的下拉中选择 mm，然后点击 Scale 按钮，将模型尺寸数值缩小 1000 倍，如图 6-3-4 所示。

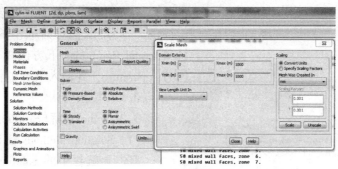

图 6-3-4　缩小模型对话框

(2) Models 任务页面

双击导航栏中 Problem Setup 下方的 Models 进入 Models 任务页面，在本例中，只需要将能量方程选上，其他保持默认设置，打开能量方程如图 6-3-5 所示。

(3) Materials 任务页面

本例的流体为空气，而 FLUENT 软件中默认的流体介质即为空气，无须设置。FLUENT 软件中空气的物性数据库如表 6-3-1 所示。

(4) Boundary Conditions 任务页面

双击导航栏中 Problem Setup 下方的 Boundary Conditions 进入 Boundary Conditions 任务页面，如图 6-3-6 所示。共有 5 个边界需要进行设置，即入口(in)、上边(n)、出口(o)、下边(s)和圆周壁面(w)，分别设置如下。

图 6-3-5　打开能量方程

表 6-3-1　空气的物性参数

密度 ρ/ (kg/m^3)	导热系数 λ/ $[W/(m \cdot K)]$	动力黏度 μ/ $[kg/(m \cdot s)]$	比热 c_p/ $[J/(kg \cdot K)]$	普朗特数 Pr
1.225	0.0242	$1.7894 \times 10-5$	1006.43	0.74415

① 入口(in)

点击 Type 下方的下拉菜单，选择速度入口边界(velocity-inlet)，弹出如图 6-3-7 所示的对话框。在 Momentum 选项页中，设置流体入口的速度大小为 0.01m/s；在 Thermal 选项页中设置流体的入口温度，在本例中，保持为默认的 300K。

② 上边(n)、出口(o)和下边(s)

这三个边界的设置相同，分别点击这三个边界，点击 Type 下方的下拉菜单，选择压力

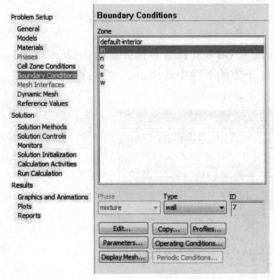

图 6-3-6　边界条件的设置

出口边界(pressure-outlet)后，将弹出的对话框如图 6-3-8 所示，保持对话框中的默认设置，点击 OK 按钮即可。

③ 圆柱壁面(w)

无须改变边界类型 WALL，点击 Edit…按钮，将弹出壁面边界条件对话框，如图 6-3-9 所示，只需设置对话框中的 Thermal 页，在 Thermal Conditions 下方的单选按钮中，选择 Temperature，并输入壁面的温度值 350K，然后点击 OK 按钮确认。

6.3.3.3　求解(Solution)

(1) Solution Methods 任务页面

双击导航栏中的 Solution 下方的 Solution Methods 进入 Solution Methods 任务页面，在任务页面中分别设置成如图 6-3-10 所示。

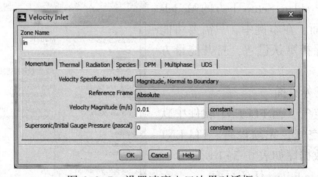

图 6-3-7　设置速度入口边界对话框

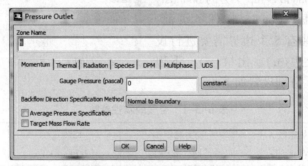

图 6-3-8　压力出口边界条件的设置

(2) Solution Controls 任务页面

双击导航栏中 Solution 下方的 Solution Controls 进入 Solution Controls 任务页面，本实例的 Solution Controls 任务页面只需设置迭代的欠松弛因子。如图 6-3-11 所示，Energy 下方的默认值是 1，当松弛因子为 1 时可能导致迭代不收敛，将其改为小于 1 的值(如 0.98)，其他保持默认值。

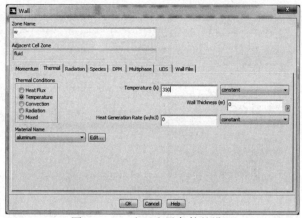

图 6-3-9　壁面边界条件的设置

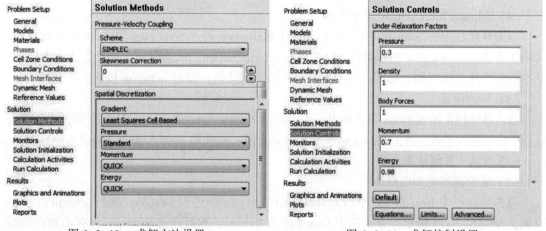

图 6-3-10　求解方法设置　　　　　　　　图 6-3-11　求解控制设置

（3）Monitors 任务页面

① 设置迭代残差

双击导航栏中 Solution 下方的 Monitors 进入 Monitors 任务页面，在任务页面中选择 Residuals-Print，Plot，点击下方的 Edit…按钮，在弹出的对话框中设置残差，本算例中将连续方程的残差设置为 1e-8，如图 6-3-12 所示。

图 6-3-12　设置迭代残差

② 设置面监控（Surface Monitors）

在 Monitors 任务页面中点击 Surface Monitors 下方的 Create…按钮，在弹出的对话框中设置壁面传递热量的面监控量，按图 6-3-13 所示进行设置，点击 OK 关闭对话框。

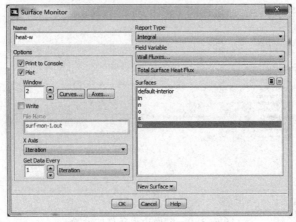

图 6-3-13　设置面监控对话框

（4）Solution Initialization 任务页面

双击导航栏中的 Solution 下方的 Solution Initialization 进入 Solution Initialization 任务页面，初始化方法（Initialization Methods）选择 Standard Initialization，该选项与大家熟悉的 FLUENT 6 系列的初始化方法相同，如图 6-3-14 所示，保持默认值，点击 Initialize 按钮初始化即可。

（5）开始计算

双击导航栏中的 Solution 下方的 Run Calculation 进入 Run Calculation 任务页面，在该任务页面中设置迭代步数，点击 Calculate 按钮即开始计算。迭代约 5000 步后收敛到设置的残差。

6.3.3.4　求解结果分析

（1）显示速度场和温度场

双击导航栏中 Results 下方的 Graphics and Animations 进入 Graphics and Animations 任务页面，如图 6-3-15 所示。分别选中 Contours 或 Vectors，然后点击 Set Up…将弹出相应的对话，如图 6-3-16 所示，分别选中温度和速度，点击 Display 按钮，即可显示温度场和速度场，如图 6-3-17 所示。

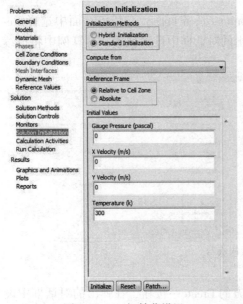

图 6-3-14　初始化设置

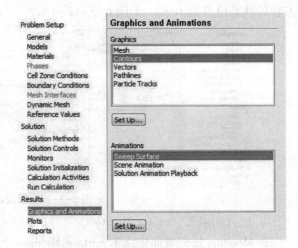

图 6-3-15　显示温度场和速度场

(a) 温度场   (b) 速度场

图 6-3-16 显示温度场和速度场对话框

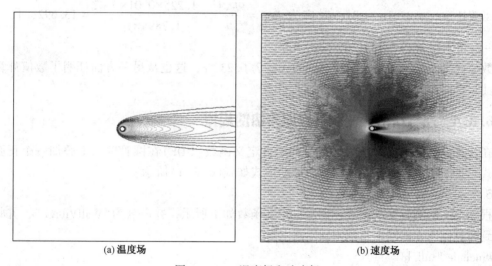

(a) 温度场   (b) 速度场

图 6-3-17 温度场和速度场

（2）计算努塞尔数（Nu）

① 读取壁面传热量

双击导航栏中 Results 下方的 Reports 进入 Reports 任务页面，选择其中 Surface Integrals，然后点击 Set Up…按钮，将弹出 Surface Integrals 对话框，如图 6-3-18 所示。

在 Report Type 的下拉菜单中，选择 Integral，在 Field Varialbe 下方的两个下拉菜单中，分别选择 Wall Fluxes…和 Total Surface Heat Flux，在 Surfaces 下方选择圆管壁面的代号 w，点击 Computer 按钮，将显示壁面的传热量为 8.13153W。

② 努塞尔数的数值计算结果

根据传热学中努塞尔数的计算方法，将读取的壁面传热量代入下式，可计算出努塞尔数，

331

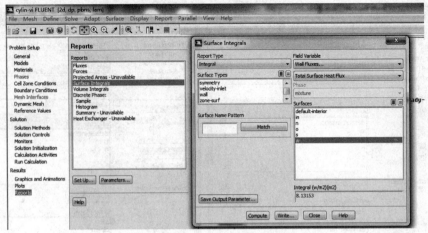

图 6-3-18　读取壁面传热量

$$Nu = h \frac{D}{\lambda} = \frac{Q}{\pi D (T_w - T_\infty)} \frac{D}{\lambda} = \frac{8.13153}{\pi (350 - 300)} \frac{1}{0.0242} = 2.13913$$

③ 应用经验公式求 Nu

当流速 u_∞ 为 0.01m/s 时，对应为 $Re_\infty = \dfrac{\rho u_\infty D}{\mu} = \dfrac{1.225 \times 0.01 \times 0.02}{1.7894 \times 10^{-5}} = 13.692$，代入式

(6-3-2)可求得 $Nu = 2.134176$。

数值计算结果与经验关联式之间的误差为 0.232%，这也从另一方面证明了数值计算的正确性。

6.3.4　空气绕流振动圆柱对流传热的模拟

在计算完空气绕流静止圆柱后，利用自定义函数(UDF)在圆管壁面上叠加一个正弦函数形式垂直于来流方向振动，圆管的运动形式如式(6-3-1)所示。

6.3.4.1　编写自定义函数

根据定义的圆管振动函数，编写自定义函数如下所示，并命名为"WallVibr. c"，并将其拷贝到与算例所在的同一目录中。

```
#include "udf. h"
#define omeg 50 * 3.14159265358979323846
#define   A   0.004 //振幅
DEFINE_ GRID_ MOTION(mc, domain, dt, time, dtime)
{
    Thread * tf = DT_ THREAD (dt);
    face_ tf;
    Node * v;
    int n;
    /* set deforming flag on adjacent cell zone */
    SET_ DEFORMING_ THREAD_ FLAG (tf);
    Message(" \ nprevious time = %.5f \ t current time = %.5f \ n", PREVIOUS_ TIME,
    CURRENT_ TIME);
```

```
Message ( " time = % . 5f \ t dtime = % . 5f \ tN_ time =% d \ n", time, dtime, N_
TIME) ;
begin_ f_ loop (f, tf)
{
    f_ node_ loop (f, tf, n)
    {
        v = F_ NODE (f, tf, n) ;
        if (NODE_ POS_ NEED_ UPDATE (v) )
        {
        / * indicate that node position has been update so that it's not updated more than
        once */
        NODE_ POS_ UPDATED (v) ;
        NV_ D(NODE_ COORD(v) , =, NODE_ X(v) , NODE_ Y(v)+A * sin(omeg
        * (N_ TIME+1)
        * CURRENT_ TIMESTEP) - A * sin(omeg * N_ TIME * CURRENT_ TIME-
        STEP) , NODE_ Z(v)) ;
        }
    }
    end_ f_ loop (f, tf) ;
}
```

6.3.4.2 自定义函数的编译

点击菜单 Define \ User-Defined \ Functions \ Compiled…，弹出如图 6-3-19 所示的自定义函数编译对话框。点击 Add…按钮，将要编译的 WallVibr. c 文件加入，然后点击 Build 按钮，如文件编写无误，将编译成功，最后点击"Load"按钮，将编译后的自定义函数载入FLUENT 程序中。

6.3.4.3 动态网格的设置

点击导航栏中 Problem Setup 下方的 Dynamic Mesh 进入 Dynamic Mesh 任务页面，Mesh Methods 勾选 Smoothing，然后点击 Create/Edit…按钮，弹出动态网格域设置对话框，在 Zone Names 下方的下拉菜单中，选择圆管的壁面 w、在 Type 下方的单选项中，选择 User – Defined，最后点击 Create 按钮，完成圆管壁面的振动设置，如图 6-3-20 所示。

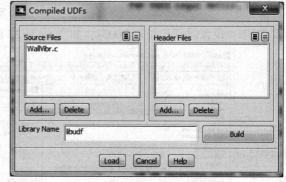

图 6-3-19　自定义函数的编译

6.3.4.4 其他一些需要改动的设置

（1）将求解器改为非稳态

点击导航栏中 Problem Setup 下方的 General 进入 General 任务页面，将求解器由 Steady 改为 Transient，如图 6-3-21 所示。

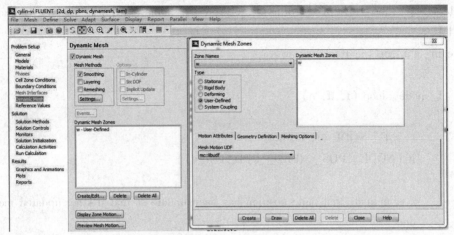

图 6-3-20　动态网格的设置

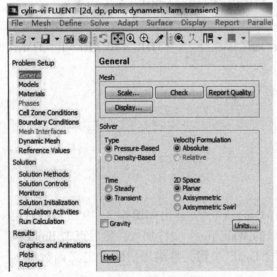

图 6-3-21　将求解器改为非稳态

（2）更改壁面传热量的监控

在计算空气绕流静止圆柱时，监控了壁面的传热量，稳态时监控图中的横坐标是迭代次数 Iteration，在非稳态时，将其改为时间步 Time Step。在导航栏中，双击导航栏中 Solution 下方的 Monitors 进入 Monitors 任务页面，选中 Surface Monitors 下方的壁面监控量，点击 Edit…按钮，将弹出壁面监控对话框，将监控结果写入文件 heat-w. out，并将 X Axis 和 Get Data Every 下方的下拉菜单均改为 Time Step，如图 6-3-22 所示。

（3）设置时间步长

双击导航栏中 Solution 下方的 Run Calculation 进入 Run Calculation 任务页面，按振动频率 25Hz，振动周期 0.04s，每个周期计算 80 步，设置时间步长 0.0005s，如图 6-3-23 所示。

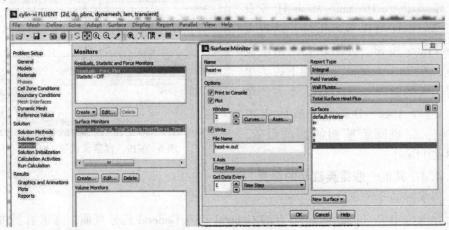

图 6-3-22　更改壁面监控

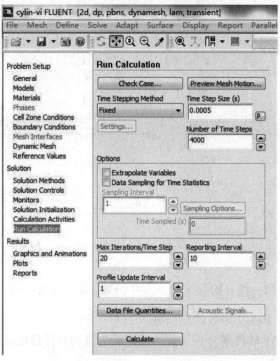

图 6-3-23　设置时间步长

计算约 4000 步左右即可收敛，点击 Calculation 按钮，开始计算。

6.3.4.5　数据处理

将文件 heat-w. out 用写字板打开，取出最后一个周期的 80 个数据进行平均，可得一个周期的平均传热量为 25.68W，一个周期的平均努塞尔数为，

$$\overline{Nu} = h \frac{D}{\lambda} = \frac{\overline{Q}}{\pi D (T_w - T_\infty)} \frac{D}{\lambda} = \frac{25.68}{\pi (350 - 300)} \frac{1}{0.0242} = 6.76$$

与绕流静止圆管的 2.14 相比，上述计算结果约增加了 215%。

§6.4　圆管层流脉冲流动对流传热的数值模拟

在等热流边界条件下，圆管层流脉冲流动对流传热的速度分布和温度分布均有解析解。通过对该问题进行数值模拟，可以掌握 FLUENT 软件模拟非稳态流动与传热问题，运用 UDF 设置入口边界条件。并可将数值结果与解析解进行比较以验证数值模拟结果的正确性。

6.4.1　问题描述

流体在一直径 $\Phi 10mm$ 圆管内作层流脉冲流动，壁面为等热流边界条件，运用 FLUENT 软件模拟其流动与对流传热情况。

所谓脉冲流动，是指流体受压力梯度为正弦或余弦变化下所产生的流动，

$$\frac{\partial p}{\partial x} = A_0 + A_1 \cos(\omega t) = A_0 [1 + \gamma \cos(\omega t)] \tag{6-4-1}$$

其速度分布和温度分布分别为，

$$u^* = u_s^* + u_t^* \tag{6-4-2}$$

$$u_s^* = 2(1 - r^{*2}) \tag{6-4-3}$$

$$u_t^* = 16\gamma \sum_{n=1}^{\infty} \frac{[\lambda_n^{(0)2}\cos(\omega^* t^*) + \omega^* \sin(\omega^* t^*)]}{\lambda_n^{(0)} J_1(\lambda_n^{(0)})(i\omega^{*2} + \lambda_n^{(0)4})} J_0(\lambda_n^{(0)} r^*) \tag{6-4-4}$$

$$\Theta = X + R^2 - \frac{R^4}{4} - \frac{7}{24} -$$

$$64\gamma \sum_{n=1}^{\infty} \frac{[(\lambda_n^{(1)2}E_{1n} + \omega^* \mathrm{Pr} E_{2n})\cos(\omega^* t^*) - (\lambda_n^{(1)2}E_{2n} - \omega^* \mathrm{Pr} E_{1n})\sin(\omega^* t^*)]}{\omega^{*2} \mathrm{Pr}^2 + \lambda_n^{(1)4}} \frac{J_0(\lambda_n^{(1)} r^*)}{J_0(\lambda_n^{(1)})}$$

$$\tag{6-4-5}$$

式中，$E_{1n} = \sum_{m=1}^{\infty} \frac{\lambda_m^{(0)2}}{(\omega^{*2}+\lambda_m^{(0)4})(\lambda_m^{(0)2}-\lambda_n^{(1)2})}$，$E_{2n} = \sum_{m=1}^{\infty} \frac{-\omega^*}{(\omega^{*2}+\lambda_m^{(0)4})(\lambda_m^{(0)2}-\lambda_n^{(1)2})}$，$r^* = \frac{r}{r_0}$，

$\omega^* = \frac{\omega r_0^2}{\nu}$，$t^* = \frac{\nu t}{r_0^2}$，$u_m = \frac{r_0^2}{8\mu}A_0$，$u^* = \frac{u}{u_m}$，$u_s^* = \frac{u_s}{u_m}$，$u_t^* = \frac{u_t}{u_m}$，$\Theta = \frac{T-T_0}{q_w r_0/\lambda}$，$X = \frac{4x}{RePr r_0}$，$Re = $

$\frac{2u_m r_0}{\nu}$，J_0 和 J_1 分别为第一类 0 阶和 1 阶 Bessel 函数，$\lambda_n^{(0)}$ 是第一类 0 阶 Bessel 函数的本征值，$\lambda_n^{(1)}$ 是第一类 1 阶 Bessel 函数的本征值。

下面我们用 FLUENT 软件来分析这种脉冲流动的流动和传热情况，并将数值模拟的结果与解析解进行比较。

6.4.2 运用 GAMBIT 建模

6.4.2.1 建立几何模型

本算例的几何模型比较简单，圆管可用二维轴对称进行模拟。由于流动是非稳态的脉冲流动，无法用周期性边界进来模拟。因此需要作一段较长的长度，保证其流动边界和热边界均能达到充分发展状态，以便和解析解进行比较。在本例中，取圆管长度为 3m，圆管直径为 10mm，按二维轴对称模型，只需要建立一个 3000mm×5mm 的长方形即可。下来我们应用 GAMBIT 软件来此模型、划分网格并设置边界条件。

打开 GAMBIT 软件，点击右侧 Operation 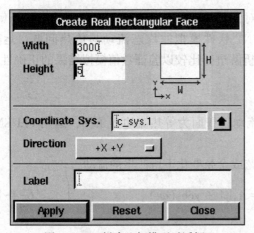 下方按钮（启动之初，这个按钮是默认的）；然后在 Geometry 栏中点击第三个按钮建立面；在 Face 栏中点击第二个按钮直接创建实体面，出现 Create Real Rectangular Face 对话框，如图 6-4-1 所示，在 Height 中输入半径的值 5，Width 指流动的长度方向，输入 3000。默认的单位是米，可在 FLUENT 软件读入后用 Scale 进行缩小。由于是轴对称问题，在 Direction 中必须选择+x+y 方式，然后点击右下角的 Apply 按钮，便建立了一个 3000mm × 5 mm 的长方形。

图 6-4-1 创建几何模型对话框

6.4.2.2 划分网格

在所做的长方形中，两条长边分别是壁面和轴，上方的长边是壁面，需要做边界层，按 0.1×1.2×4 作边界层，下面的长边表示轴，不需要作边界层，两条边按内部间距为 2 进行等

分。前后两条边分别表示进口和出口，作完边界层后，按内部间距0.2均分。作完边界层并对四条边分别划分后，选择"Map"方式对整个面进行网格划分，然后将边界层删除。详细步骤可参考§4.2，划分的网格的进口部分如图6-4-2所示，共39000单元，40527节点。

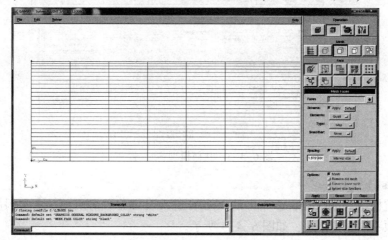

图6-4-2　所作的网格图(局部)

6.4.2.3　边界条件的设定

在本实例中，四条边分别对应四种边界条件：进口(左边)、出口(右边)、壁面(上边)和轴(下边)，依次用i、o、wn和axe分别表示。全部按默认的WALL类型设置，在FLUENT软件中再根据实际边界情况进行改变。

设置完成后，将建模文件保存为"L3h005"，并输出"L3h005.msh"网格文件。

6.4.3　FLUENT模拟

在模拟圆管脉冲流动对流换热时，由于是非稳态问题，一般在模拟时首先模拟稳态时候的情况，然后在进行非稳态情况的模拟。设脉冲流动的压力梯度为，

$$-\frac{\partial p}{\partial x} = 10 + 5\cos(\omega t) = 10[1 + 0.5\cos(\omega t)](\mathrm{Pa/m}) \tag{6-4-6}$$

首先模拟压力梯度$-\frac{\partial p}{\partial x}=10$时的稳态对流换热情况，然后再运用UDF定义入口随时间变化的压力模拟脉冲流动对流换热。

6.4.3.1　稳态情况

启动FLUENT 14.0软件，选择2D、Double Precision并将Display Options后两项去掉(去掉后的图形对话框和FLUENT6系列相似)。点击OK按钮，进入FLUENT软件界面。点击菜单File→Read→Mesh…，出现一个文件选择对话框，将建立的"L3h005.msh"模型文件读入FLUENT软件中。然后按导航栏中的三部分——问题设置(Problem Setup)、求解设置(Solution)和结果分析(Results)逐项设置。

（1）Problem Setup 问题设置

① General 任务页面

General 任务页面是 FLUENT 软件默认显示的任务页面，本实例需要进行两部分设置：首先，将 GAMBIT 软件所建模型按比例缩放成实际大小。点击 Mesh 下方 Scale…按钮，弹出对话框，在 Mesh Was Created In 下方的下拉菜单中，选择 mm，点击 Scale 按钮，将原来长

和宽 3000mm×5mm 变成 3m×0.005m；然后，在 Solver 下方的单选项中，将 Axisysmetric 轴对称选上。其他选项保持默认设置即可，如图 6-4-3 所示。

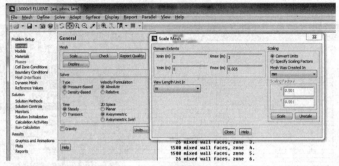

图 6-4-3　几何模型 Scale 操作

② Models 任务页面

双击导航栏中 Problem Setup 下方的 Models 进入 Models 任务页面，本实例加载能量方程方程，其他项不用进行修改，如图 6-4-4 所示。

③ Material 任务页面

双击导航栏中 Problem Setup 下方的 Material 进入 Material 任务页面，点击右侧的 FLUENT Database…，在弹出的对话框选择 water-liquid。

④ Cell Zone Conditions 任务页面

该选项设置流体的介质，将上面 water-liquid 选为流体的介质即可。

⑤ Boundary Conditions 任务页面

双击导航栏中 Problem Setup 下方的 Boundary Conditions 进入 Boundary Conditions 任务页面，如图 6-4-5 所示。在 GAMBIT 中定义的对称轴 axe、壁面 wn、进口 i 和出口 o 四个边界将出现在任务页面中，选择相应的边界，按后点击 Edit…对其进行设置。

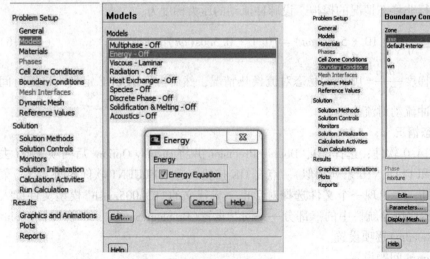

图 6-4-4　Model 模型设置

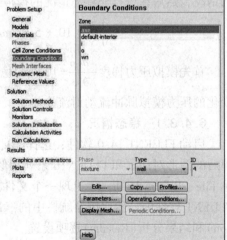

图 6-4-5　边界条件设置界面

a. 轴（axe）的设置：在 Zone 下方选择 axe，在 Type 的下拉菜单中选择 axis。

b. 壁面 wn 的设置：在 Zone 下方选择 wn，点击 Edit…按钮，将弹出壁面设置对话框，点击 Thermal 菜单页，将 Heat Flux 的值设为 4000，其他菜单页按不需要进行设置。

c. 进口 i 和出口 o 的设置：在 Zone 下方选择 i，在 Type 的下拉菜单中选择 Pressure-inlet，然后点击 Edit···按钮，将弹出 Pressure-inlet 设置对话框，由于前面已经设置压力梯度为 10，在本例中，管子长度为 3m，故输入 30，如图 6-4-6 所示。点击 Thermal 菜单页，维持默认值 300K，点击确定按钮。按相同的方法，将出口 o 设置为 Pressure-outlet，并将其压力值设为 0。

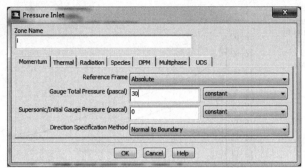

图 6-4-6　压力入口边界条件设置对话框

（2）Solution 求解设置

① Solution Methods 任务页面

双击导航栏中 Solution 下方的 Solution Methods 进入 Solution Methods 任务页面，具体设置情况如图 6-4-7 所示。

② Solution Controls 任务页面

双击导航栏中 Solution 下方的 Solution Controls 进入 Solution Controls 任务页面，如图 6-4-8 所示，将松弛因子增大一些，以加快收敛。能量方程的松弛因子默认的是 1，有时 1 可能导致不能收敛，可将其改为小于 1 的值，如 0.99。

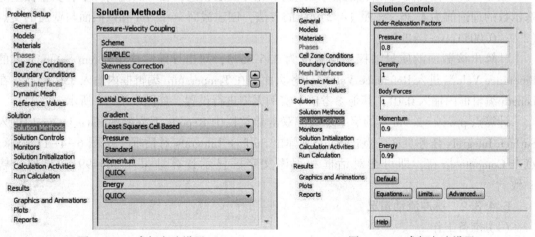

图 6-4-7　求解方法设置　　　　　　图 6-4-8　求解方法设置

③ Monitors 任务页面

双击导航栏中 Solution 下方的 Monitors 进入 Monitors 任务页面，将能量方程项的残差值改为 1e-12。

④ Solution Initialization 任务页面

双击导航栏中 Solution 下方的 Solution Initialization 进入 Solution Initialization 任务页面，

点击 Standard Initialization 单选按钮，按默认值进行初始化。

⑤ Run Calculation 任务页面

双击导航栏中 Solution 下方的 Run Calculation 进入 Run Calculation 任务页面，由于流体是层流流动，容易收敛，在迭代次数 Number of Iterations 中，输入 1000 即可。点击 Calculate 按钮，程序将开始计算，迭代 780 步后收敛，残差变化情况如图 6-4-9 所示。

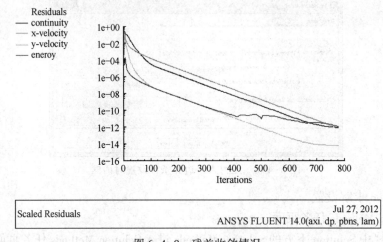

图 6-4-9 残差收敛情况

（3）Results 结果分析

稳态情况的数值解只是为非稳态脉冲流动提供一个初始值，对其结果分析不是本实例的重点。因此，只在接近出口的地方，比如在 x = 2.9m 处创建一个截面以及该截面与壁面的交点（2.9，0.005）。

在 x = 2.9m 位置流动和传热都应该达到了充分发展状态，在等热流情况下，其壁面上努塞尔数的理论值为 4.36。按照 §4.2 介绍的方法，创建截面 x = 2.9m 和该截面与壁面的交点（2.9，0.005）ptw-x = 2.9m。

计算出该截面的质量加权平均温度为 336.8573，双击导航栏中 Problem Setup 下方的 Reference Values 进入 Reference Values 任务页面，在 Temperature 编辑框内输入 336.8573，在 Length 编辑框内输入 0.01，其他参考值本实例无需进行设置，如图 6-4-10 所示。

计算点 ptw-x = 2.9m 上的努塞尔数，双击导航栏中 Reports 下方的 Surface Integrals 进入 Surface Integrals 任务页面。点击 Setup…弹出 Surface Integrals 对话框，按图 6-4-11 选择，点击 Compute 按钮，即可在对话框和程序文字区显示计算结果 4.3644991，与理论解一致。

6.4.3.2 脉冲流动情况

（1）准备工作

在稳态已经计算收敛的基础上进行脉冲流动对流换热的计算工作，主要步骤如下。

① 将求解器由稳态改成非稳态

双击导航栏中 Problem Setup 下方的 General 进入 General 任务页面，求解器选择 Transient，如图 6-4-12 所示。

② 编写压力入口函数

运用 Visual C++ 2010 编辑"Pressure_ inlet. c"文件，并保存在算例所在的目录中。

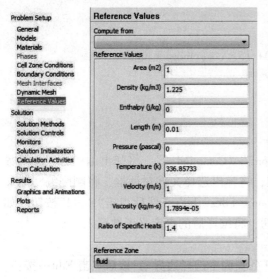

图 6-4-10　设置特征值

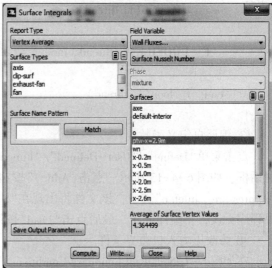

图 6-4-11　计算 x = 2.9m 壁面上 Nu

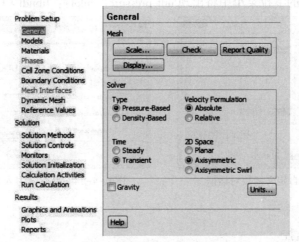

图 6-4-12　将求解器由稳态改成非稳态

```
#include "udf. h"
#define PI 3. 1415926
    double r0 =  0. 005;
    double viscous_ d =  0. 001003;
    double density = 998. 2;
DEFINE_ PROFILE( pressure_ inlet, thread, index)
{
    real time, omega, omega_ d, viscous_ k;
    face_ t f;
    viscous_ k = viscous_ d/density;
    omega_ d = 8; //无量纲角速度
    omega = omega_ d * viscous_ k/r0/r0;
    time = RP_ Get_ Real( "flow-time");
```

341

```
    begin_ f_ loop(f, thread)
    {
        F_ PROFILE(f, thread, index) = 30+ 15 * cos(omega * time);
    }
    end_ f_ loop(f, thread)
}
```

③ 编译自定义函数

点击菜单"Define"/"User-Defined"/"Functions"/"Complied…"，将弹出编译自定义函数对话框，如图 6-4-13 所示。点击"Add…"按钮，将弹出选择文件对话框，将刚刚编写的文件"pressure_ inlet. c"选中，该文件将出现在"Source Files"下方，然后点击"Build"按钮。如果程序无误，将编译成功。最后点击"Load"按钮，将编译后的自定义函数载入。

④ 修改压力入口边界条件

在如图 6-4-5 所示的 Boundary Conditions 任务页面中选择边界 i，按后点击 Edit…按钮，将弹出入口压力边界条件设置对话框，如图 6-4-14 所示。自定义函数经编译、载入后，在压力输入编辑框右边的下拉菜单中将出现 udf pressure_ inlet：：libudf 项，选择该项。

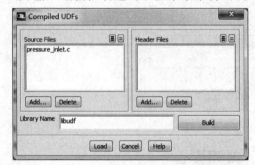

图 6-4-13　编辑自定义函数对话框

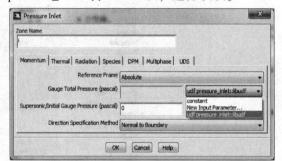

图 6-4-14　修改压力入口边界条件对话框

（2）求解设置

① 设置物理量监控

双击导航栏中 Solution 下方的 Monitors 进入 Monitors 任务页面，在 Surface Monitors 下方点击 Create…按钮，弹出 Surface Monitors 设置对话框，如图 6-4-15 所示，设置截面 x = 2.9m 的质量加权平均温度监控面。

② 计算时间步长

按 UDF 程序中设定，无量纲角速度 $\omega^* = 8$，根据无量纲角速度的定义 $\omega^* = \dfrac{\omega r_0^2}{\nu}$，可求出角速度为 $\omega = \dfrac{\omega^* \nu}{r_0^2} = \dfrac{8 \times 0.001003}{998.2 \times 0.005^2} = 0.32153877$，周期为 $T = \dfrac{2\pi}{\omega} = 19.54098787$，每周期 40 个时间步进入计算，可求出时间步长为 $T/40 = 0.4885247$。

③ 进行脉冲流动计算

双击导航栏中 Solution 下方的 Run Calculation 进入 Run Calculation 任务页面，如图 6-4-16 所示。将刚刚计算的时间步长填入，迭代 3 个周期即 120 个时间步，每步最多迭代 30 次，点击 Calculate 按钮开始计算。如图 6-4-17 所示，在迭代过程中，可以看到x = 2.9m 截面上的质量加权平均温度(Mass Weighted Averaged)的变化情况，每个周期已基本

342

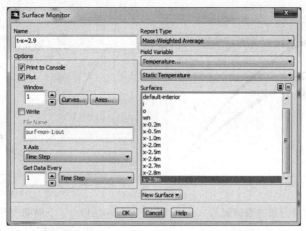

图 6-4-15　Surface Monitors 设置对话框

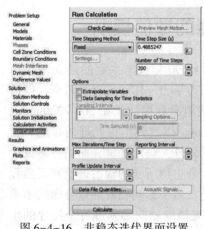

图 6-4-16　非稳态迭代界面设置

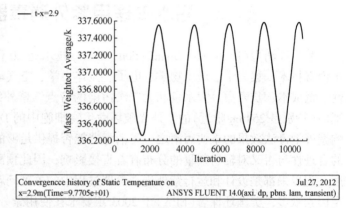

图 6-4-17　面监控物理量随时间步的变化

不发生变化，可以判断已经收敛。

（3）结果分析

① 继续计算 1 个周期

在计算时，利用 FLUENT 软件的自动保存功能，点击菜单 File/Write/Autosave⋯，将弹出自动保存对话框，设置每隔 5 步保存一次数据。

② 速度分布

将 x = 2.9m 处的速度分布写入文件，并与解析解式(6-4-2)进行比较，其中的 0° 和 180°两个相位的速度分布比较如图 6-4-18 所示，可以看到所模拟的脉冲流动与解析解比较吻合。

③ Nu 分布

按 §4.2 求解努塞尔数的方法，将每隔 5 步保存的数据文件依次读入，求出 x = 2.9m 位置处壁面上的点(ptw-x = 2.9m)的努塞尔数，并将结果与解析解进行比较，如图 6-4-19 所示，可以看出计算结果与解析解基本吻合。

从上述结果来看，用自定义函数(UDF)定义余弦变化的压力入口条件，能用 FLUENT 软件很好地模拟脉冲流动的流动与换热问题。

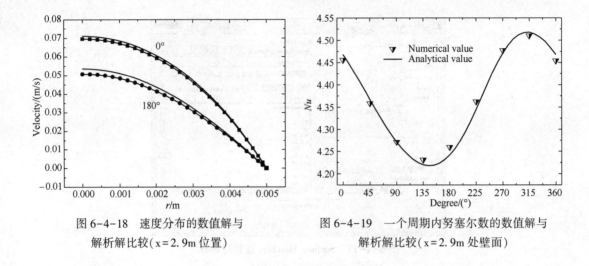

图 6-4-18　速度分布的数值解与
解析解比较(x = 2.9m 位置)

图 6-4-19　一个周期内努塞尔数的数值解与
解析解比较(x = 2.9m 处壁面)

§6.5　污水处理用紫外消毒器的数值模拟

紫外线消毒(Ultraviolet Disinfection, UVD)技术是 20 世纪 90 年代末兴起的最新一代污水消毒技术,集光学、微生物学、电子、流体力学、空气动力学为一体,具有高效率、广谱性、低成本、长寿命、大水量和无二次污染的特点。紫外线消毒利用波长在 200~280nm 范围内(特别是 254nm 附近)的紫外光破坏微生物细胞中的 DNA,以达到消毒处理的目的。影响紫外消毒法效果的重要因素之一是消毒器能否提供足够的紫外光辐射剂量,而消毒器设计的合理性与否又对辐射剂量的分布有着直接影响,因此预测微生物所受的辐射剂量和灭活程度一直以来都是设计和运行紫外光消毒器过程中的关键问题。由于影响辐射剂量分布的不确定因素众多,美国环保署(EPA)于 2003 年要求在使用紫外光消毒器前必须进行全尺寸的生物剂量实验。虽然实验可以通过人为设定操作条件而直接测出特定微生物的灭活程度,但对于不同消毒器均采用全尺寸生物剂量实验会导致研发成本大幅度上升,而且生物剂量实验并不能获得消毒器内部的辐射剂量分布信息。

自 Bass 于 1996 年首次在世界上将 CFD 手段应用于紫外线消毒器的设计工作以来,随着计算机软硬件水平的不断提高和研究程度的逐渐深入,国际上已经公认借助 CFD 手段对紫外线消毒器进行数值模拟可以提高对其处理能力的预测度,并且降低研发成本。世界知名的紫外消毒设备厂家如特洁安(Trojan Technologies)、威德高(ITT Wedeco)、博生(Berson)、得利满(Degrémont)、海诺威(Hanovia)等目前也都已将 CFD 数值模拟作为一种有效的辅助研发手段。

本算例将以某压力管道式紫外消毒器的模拟计算为例介绍 CFD 技术在紫外消毒过程中的应用。

6.5.1　问题描述

6.5.1.1　几何模型简介

图 6-5-1 是某压力管道式紫外消毒系统的二维简化结构。消毒器长 4.36m,宽 1.2m,内设两排六盏直径为 0.068m 的紫外灯,其有效功率为 2000W。壁面附近紫外灯的前沿设置厚度为 0.004m 的挡板,挡板长为 0.185m。x 轴的正向为来流方向,紫外灯的轴线与 y 轴垂直。

6.5.1.2 紫外线消毒理论基础和 CFD 数值模拟要点

影响紫外光消毒器灭菌效果好坏的关键因素在于特定微生物所吸收的紫外光辐射剂量是否达到了该微生物失活所需的最低剂量。按照城市给排水紫外线消毒设备(GB/T 19857—2005)规范,紫外线剂量的定义为单位面积上接收到的紫外线能量,在理想推流状态下(在实际的反应器中不可能达到),紫外线剂量等于紫外线辐射强度乘以水在反应器里的停留时间,这样得到的剂量称为设备紫外线平均剂量,

$$Dose = I \times t \qquad (6-5-1)$$

式中,I 为辐射强度;t 为水在反应器内的停留时间。

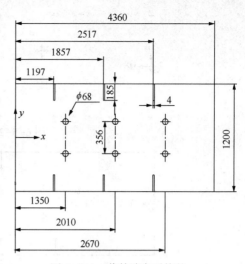

图 6-5-1　紫外消毒系统的
结构尺寸示意图(mm)

实际上,由于紫外光在传播过程中存在微生物颗粒的散射、消毒器内壁反射等原因,消毒器内任意一点的辐射强度都不尽相同,因此从严格的数学意义上讲,必须通过下列积分公式才能准确求得辐射剂量,

$$Dose = \int_{0}^{T} i(x, \, y, \, z, \, t) \, \mathrm{d}t \qquad (6-5-2)$$

式中,$i(x, \, y, \, z, \, t)$ 为 t 时刻某特定点 $(x, \, y, \, z)$ 处的辐射强度;T 为微生物在消毒器内的总停留时间。

从上式不难看出,辐射剂量的多少取决于紫外消毒器内部每一点的辐射强度和微生物在消毒器内停留的时间,由于 $i(x, \, y, \, z, \, t)$、T 又与消毒器内部紫外灯和其它结构布置、颗粒物浓度/大小分布、水的透光率、处理水量等多种因素直接相关,因此无法析解求解,只能借助数值计算手段。

采用 CFD 手段进行紫外光消毒器的数值模拟必须完成以下几项工作:①对消毒器内部流体区域进行适当的网格单元划分,按照单相均质流体来分析内部的流场,获得速度场、压力场、温度场等信息;②利用辐射模型可以计算消毒器内部流体区域所受到的辐射强度;③加入 DPM 模型可以追踪细菌的运动轨迹,计算出某个细菌在消毒器内的总停留时间;④通过 UDF 编程,完成某个细菌所受到的辐射剂量的数值积分计算工作。

6.5.2　模型建立

6.5.2.1　通过 GAMBIT 创建物理模型

(1)创建边界节点

根据图 6-5-1 中各点的坐标,通过由坐标创建节点的方法创建如图 6-5-2 所示的边界控制节点。

(2)由节点创建边界线

打开由节点创建直线的对话框,利用 Shift+左键依次选取紫外消毒系统外围边界线和挡板边界上的的各点,创建紫外消毒系统和挡板的边线。

打开创建圆弧的对话框,利用三点创建圆弧(圆心和两个边界点)的方法创建紫外灯的外围边线,如图 6-5-3 所示。

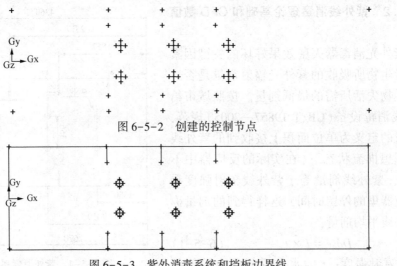

图 6-5-2　创建的控制节点

图 6-5-3　紫外消毒系统和挡板边界线

（3）创建区域分块的辅助线

为了采用四边形网格对紫外消毒系统进行网格划分，同时合理布置网格节点的疏密程度，需要对紫外消毒系统进行分块，根据系统的结构特点，可以采用如图 6-5-4 所示的分块方式。因此，除了边界线之外，还需创建区域划分的辅助线。

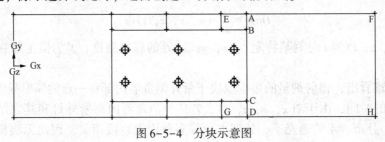

图 6-5-4　分块示意图

要想创建分块的辅助线，首先需要确定辅助线上的节点，即图 6-5-4 中的 A、B、C 和 D 点。由图 6-5-1 中紫外消毒系统的结构尺寸很容易即可获得上述各点的坐标：A(2823，600)、B(2823，415)、C(2823，−415)、D(2823，−600)，因此可以通过输入各点的坐标创建辅助点。辅助点确定之后，利用由点创建直线的命令创建图 6-5-4 中的各辅助线，最后通过点分割线的命令利用点 A 和点 D 分别将外消毒系统的边界 EF 和 GH 分割成两段直线。

（4）由线创建面

边界线以及区域划分的辅助线画好之后，就可以通过由边框线创建面的命令创建各控制面，结果如图 6-5-5 所示。

（5）网格划分

挡板和紫外灯附近的流动变化相对剧烈，因此在布置网格节点时，该部分的网格稍密一些；在远离挡板和紫外灯的地方，流动变化不大，该部分的网格可以相对稀疏一些。图 6-5-6 是网格划分完成之后的结果。

（6）定义边界

网格划分完成后，打开定义边界类型的对话框，定义水的入口为速度入口边界，出口为压力出口边界；定义挡板及系统的边界为壁面边界条件；然后分别定义六盏紫外灯的边界为

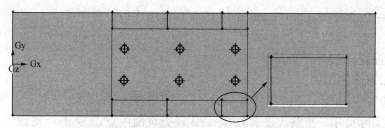

图 6-5-5　紫外消毒系统的控制面

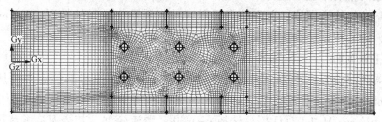

图 6-5-6　网格划分示意图

壁面边界条件。

（7）输出网格

所有操作完成后，删除辅助点——紫外灯的圆心，然后输出网格，复选 Export-2D mesh 前面的复选框，输出网格文件 UV. msh。

6.5.2.2　控制方程

（1）流动控制方程

采用标准 k-ε 模型模拟紫外消毒系统内部的单相不可压缩流动，采用 DPM 模型求解细菌（固相颗粒）在水中的近似液固两相流动，不考虑细菌之间的相互作用。

（2）辐射模型

FLUENT 软件里提供了 5 种辐射模型，根据紫外消毒系统的特征以及相关的研究结果，在此选择 DO（Discrete Ordinates）辐射模型。DO 辐射模型可以计算从表面辐射、半透明介质辐射到燃烧问题中出现的参与性介质辐射在内的各种辐射问题。由于 DO 模型采用灰带模型计算，所以其可以计算灰体辐射，也可以计算非灰体辐射。另外，DO 模型可以考虑离散颗粒的辐射问题。

DO 模型求解的是从有限个立体角发出的辐射传播方程，每个立体角对应着笛卡尔坐标系下的固定方向。有多少个立体角（即方向），DO 模型就求解多少个如式（6-5-8）所示的辐射强度输运方程，求解方法与流动及能量方程求解方法相同。

$$\nabla \cdot (I_\lambda(\vec{r}, \vec{s})\vec{s}) + (a_\lambda + \sigma_s)I_\lambda(\vec{r}, \vec{s}) = a_\lambda n^2 I_{b\lambda} \frac{\sigma_s}{4\pi}\int_0^{4\pi} I_\lambda(\vec{r}, \vec{s})\Phi(\vec{s}, \vec{s}')\mathrm{d}\Omega'$$

$$(6-5-3)$$

式中，λ 为辐射波长，a_λ 为光谱吸收系数，$I_{b\lambda}$ 为由 Planck 定律确定的黑体强度，同时假定散射系数、散射相位函数以及折射系数均与波长无关。

6.5.3　FLUENT 求解设置

启动 FLUENT 软件，选择 2D 模式，进入操作界面。通过 File→Read→Mesh…将创建的名称为 UV. msh 的网格文件读入 FLUENT 软件中，然后根据要求按照 FLUENT 软件导航栏中的三大模块——Problem Setup、Solution 和 Results 逐项进行设置即可。

6.5.3.1 流场模拟

（1）问题设置（Problem Setup）

① General 任务页面

GAMBIT 创建网格时采用的单位是 mm，因此网格读入 FLUENT 软件后，要将其转变为以米为单位的实际尺寸。在默认显示的 General 任务页面中点击 Scale…按钮，在 Scale Mesh 对话框中将创建网格的单位设置为 mm，点击 Scale 按钮，调整模型的尺寸。

点击 Check 按钮检查网格，并在信息显示区域查看网格的具体情况。Solver 选项中保持默认设置不变，即采用以压力为基准的稳态求解器。暂不考虑重力的影响。

② Model 任务页面

紫外消毒器内湍流强度不大，因此采用标准 $k-\varepsilon$ 模型模拟水的稳态不可压缩流动。双击导航栏中 Problem Setup 下方的 Models 进入 Models 任务页面，双击任务页面中的 Viscous-Laminar，弹出 Viscous Model 对话框，选择 k-epsilon 湍流模型，其余保持默认设置即可。

③ Material 任务页面

本例中介质为常温常压液态水，双击 Problem Setup 下方的 Materials 进入 Materials 任务页面，双击任务页面中 Materials 下方的 Fluid，打开创建/编辑材料对话框，如图 6-5-7。点击 FLUENT Database 按钮打开如图 6-5-8 所示的材料库面板，从 FLUENT Fluid Materials 栏内选择液体水，点击 Copy 复制材料。

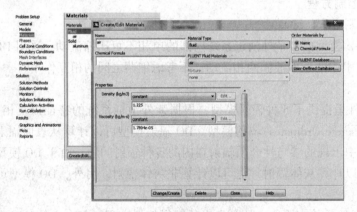

图 6-5-7　创建/编辑材料对话框

④ Cell Zone Conditions 任务页面

针对本问题，该选项只需要设置单元域内的流体介质即可。双击导航栏中 Problem Setup 下方的 Cell Zone Conditions 进入 Cell Zone Conditions 任务页面。双击 Zone 下方的 Fluid，将弹出 Fluid 对话框中，如图 6-5-9 所示。将 Material Name 选为刚刚复制的液态水，点击 OK 关闭对话框。

⑤ Boundary Conditions 任务页面

在建模时已按照实际需要定义好各边界条件，在此只需将边界上的参数输入即可。双击导航栏中 Problem Setup 下方的 Boundary Conditions 进入 Boundary Conditions 任务页面，双击其中的 inlet，打开设置入口边界的对话框，给定入口速度为 1.45m/s。设置出口处的压力出口边界条件以及壁面处的无滑移固壁边界条件。

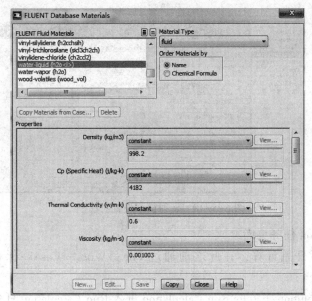

图 6-5-8　FLUENT 材料库

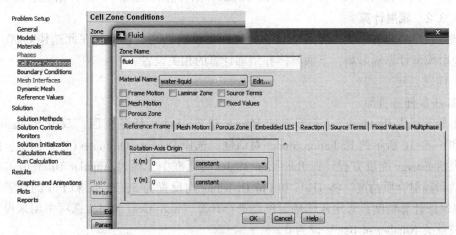

图 6-5-9　定义单元域对话框

（2）求解设置

① Solution Methods 任务页面

参考图 5-2-7 设置如下求解方法：压力和速度的耦合采用 SIMPLE 算法，通过 PRESTO! 方法处理压力梯度项，各方程对流项均通过 QUICK 差分格式进行离散。

② Solution Controls 任务页面

双击导航栏中 Solution 下方的 Solution Controls 进入 Solution Controls 任务页面，在该任务页面中，各方程求解过程中的松弛因子保持默认值即可。

③ Monitors 监控设置

双击导航栏中 Solution 下方的 Monitors 进入 Monitors 任务页面，将各方程的残差值改为 1e-8，其他保持默认设置即可。

④ Solution Initialization 任务页面

参考图 5-2-10，从入口初始化流场。

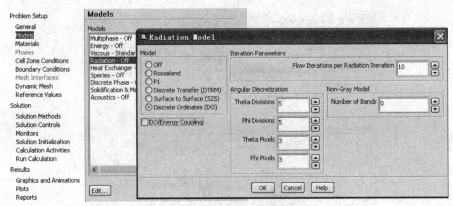

图 6-5-10　辐射模型设置对话框

⑤ Run Calculation 任务页面

流场初始化之后开始计算，在此之前通过 File→Write→Case…保存已设置好的 case 文件。

双击导航栏中 Solution 下方的 Run Calculation 进入 Run Calculation 任务页面，在 Number of Iterations 一栏中输入迭代步数，点击 Calculate 开始计算，视图对话框开始显示残差曲线。

6.5.3.2　辐射计算

一般迭代 200 步左右流场即可收敛，为了保证流场已达到稳定，在此迭代 6000 步再激活 DO 辐射模型计算辐射场，下面具体介绍辐计算的相关设置。

（1）问题创建

① Models 任务页面

双击导航栏中 Problem Setup 下方的 Models 进入 Models 任务页面，双击 Radiation-off，弹出如图 6-5-10 所示的 Radiation Model 对话框。选择 Discrete Ordinates(DO)模型，此时将会自动激活 Energy 能量方程。在 Radiation Model 对话框中，通过 Angular Discretization 设置角度离散和辐射介质情况。将 Theta 和 Phi Divisions 均设置为 5，Theta 和 Phi 的像素点均设为 3，以保证计算精度；采用灰体辐射模型进行计算，Non-Gray Model 选项中用来设置非灰体辐射波段的 Number of Bands 设为 0。

② Material 任务页面

在辐射计算过程中，需要定义材料的吸收、反射系数等参数。双击导航栏中 Problem Setup 下方的 Materials 进入 Materials 任务页面，双击 Fluid 下面的 water-liquid，打开创建/编辑材料对话框，如图 6-5-11 所示。

本实例只考虑液态水的吸收作用，可以采用下式所述的 Lambert 吸收定律，

$$I = I_0 \exp(-ax) \tag{6-5-4}$$

$$a = -100 \times \ln(I/I_0) \tag{6-5-5}$$

式中，I 为距离光源$(I_0)x$ 位置处的光强，当 x 取 1cm 时 I/I_0 为透光率；a 为吸收系数(Absorption Coefficient)。

在此透光率取 90%，计算出 a 为 10.54，其他选项保持默认值不变，点击 Change/Creat 按钮更新材料属性。

③ Boundary Conditions 任务页面

双击导航栏中 Problem Setup 下方的 Boundary Conditions 进入 Boundary Conditions 任务页

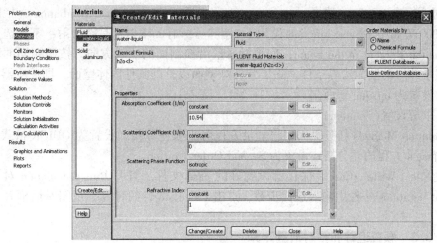

图 6-5-11 材料属性设置

面，在该任务页面中设置辐射计算的边界条件。双击 inlet 边界，打开设置入口边界的对话框如图 6-5-12 所示，在 Radiation 标签栏下设置辐射边界条件，External Black Body Temperature Method 选择 Boundary Temperature，Internal Emissivity 设置为 0.87。按照相同的方法设置出口截面的辐射边界。

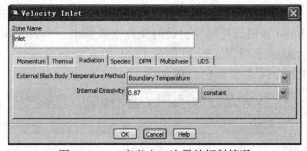

图 6-5-12　定义入口边界的辐射情况

双击 Boundary Conditions 任务页面中的 lamp-1 打开定义灯管壁面边界条件的对话框，如图 6-5-13 所示。

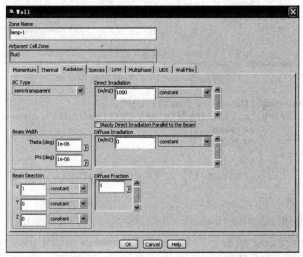

图 6-5-13　灯管壁面边界条件设置

在对话框中 BC Type 选择 semi-transparent 半透明模式；Direct Irradiation 一栏内输入辐射强度 $1000W/m^2$；Diffuse Fraction 设为 1，意味着所有的辐射都是漫反射；不复选 Apply Direct Irradiation Parallel to the Beam，使辐射通量沿控制面的法线方向。按照相同的方法设置另外五盏紫外灯的壁面边界条件。除了紫外灯壁面以外的其他固体壁面，即反应器器壁和挡板的边壁设置为 opaque 壁面。

（2）求解设置（Solution）

在 Solution Methods 任务页面中将能量方程对流项差分格式设置为 QUICK 格式，将 Discrete Ordinates 方程的差分格式设置为 Second Order Upwind。

通过 File→Write→Case… 保存已设置好的 case 文件。打开 Run Calculation 对话框，在 Number of Iterations 一栏中输入迭代步数，点击 Calculate 开始计算，视图对话框开始显示残差曲线。

6.5.3.3 颗粒追踪和辐射剂量计算

（1）问题创建

① 加载 UDF 程序

通过 UDF 设置辐射剂量计算时，需保证电脑上安装有 C 或 C++ 语言，以便执行 UDF 程序的编译。将 UDF 程序的源文件 UV.c 与计算的 .case 和 .data 文件放在一个文件夹内。通过菜单栏 Define→User-Define→Functions→Compiled 打开 Compiled UDFs 对话框。在 Source Files 选项中点击 Add 按钮，然后读入源程序文件 UV.C，Source Files 栏内出现 UV.c，如图 6-5-14 所示；点击 Build 按钮进行编译，此时文件夹里多出一个名为 libudf 的文件夹，信息显示对话框同时显示编译的情况；最后点击 Load 加载动态链接库，信息对话框显示如图 6-5-15 所示的信息时表明数据库已加载成功。

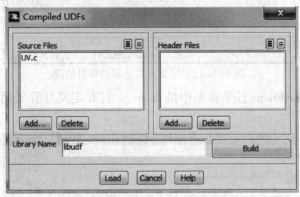

图 6-5-14　UDF 加载对话框

```
Opening library "e:\uv\libudf"...
Library "e:\uv\libudf\win64\2d\libudf.dll" opened
        uv_dose
        uv_output
Done.
```

图 6-5-15　加载动态链接库的信息

② Model 任务页面

双击 Models 任务页面中的 Discrete Phase 标签，打开 Discrete Phase Model 对话框如图 6-5-16 所示。在 Tracking 标签下将 Tracking Parameters 选项中的 Max. Number of Steps 改成 500000，以保证颗粒到达最终运动状态；在 UDF 标签下，将 User Variables 选项中的 Number of Scalars 设置为 1，然后将 User-Defined Function 选项中的 Scalar Update 由 None 更

改为uv_ dose∶∶libudf(其中 uv_ dose 是所编程序的函数名）；点击 Injections 打开 Injections 对话框，点击 Create 按钮打开 Set Injection Properties 对话框设置颗粒的入射情况。此例将入射面设为面入射源，在 Turbulent Dispersion 面板中激活 Stochastic Tracking 下面的 Discrete Random Walk Model 选项，将 Number of Tries 设为 1 则每一个入射位置每次入射 1 个粒子，将 Number of Tries 设为 5 则每一个入射位置每次入射 5 个粒子。

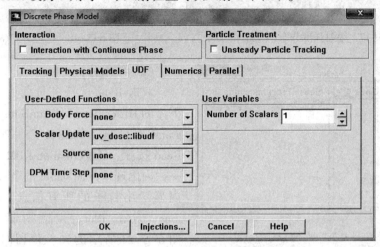

图 6-5-16　离散模型设置对话框

（2）求解设置

辐射剂量通过 UDF 程序中的代数运算即可获得，无需设置求解参数。

6.5.4　模拟及结果分析

6.5.4.1　辐射强度和截面速度对比

双击导航栏中 Results 下方的 Graphics and Animations 进入 Graphics and Animations 任务页面，双击其中的 Contour 打开显示云图的对话框；复选 Draw Mesh，显示截面的轮廓线；Contours of 下面的第一个下拉列表中选择 Radiation，第二个下拉列表中选择 Incident Radiation；Surfaces 一栏中不选中任何截面；点击 Display 即在视图对话框中显示出带有轮廓线的截面上辐射强度云图，如图 6-5-17 所示。从图中可以看出紫外灯附近的辐强度最高，以紫外灯为中心径向向外辐射强度呈云状扩散，由于水对紫外光有一定的吸收作用，距离紫外灯越远的位置辐射强度越弱。

采用相同的方法查看如图 6-5-18 所示的速度分布。从图中可以看出，挡板附近的流场速度最低，在上下两排紫外灯的中间区域流场速度最高，在紫外灯的下游存在局部低速区。

6.5.4.2　辐射剂量和停留时间分析

（1）相关设置

双击导航栏中 Results 下方的 Reports 进入 Reports 任务页面，双击 Discrete Phase 下方的 Sample 打开 Sample Trajectories 对话框，如图 6-5-19 所示。在 Release From Injections 一栏选择 injection-0；在 Boundaries 一栏内选择 outlet；在 User-defined Functions 选项中 Output 下拉菜单中选择 uv-output∶∶libudf；点击 Compute，文件夹中出现两个名称分别为 outlet 和 output 的 DPM 文件，output 文件中包含了采集到的从入口释放从出口流出的粒子信息。

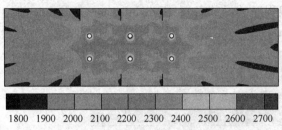

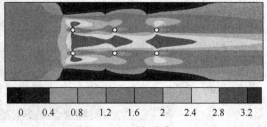

图 6-5-17　辐射强度分布(W/m²)　　　　图 6-5-18　速度分布(m/s)

图 6-5-19　采样设置对话框

（2）结果分析

双击 Reports 任务页面中 Discrete Phase 下方的 Histogram 打开 Trajectory Sample Histograms 对话框，如图 6-5-20 所示。点击 Read 按钮，读入 output. DPM 文件，Sample 一栏内出现采样面 outlet 的名称，Fields 一栏内显示出粒子的所有信息。选择 outlet 和 time，点击 Plot，视图对话框中出现如图 6-5-21 所示的颗粒停留时间分布情况；点击 UV-Dosage，点击 Plot，视图对话框中出现如图 6-5-22 所示的颗粒辐射剂量分布。

本例共计算 300 个粒子，粒子最短停留时间为 1.84s，最长停留时间为 13.15s，平均停留时间为 3.22s。从图 6-5-21 中可以看出，70%左右的粒子在紫外消毒系统中的停

图 6-5-20　颗粒采样直方图设置对话框

留时间为 2~3s。从图 6-5-22 中出口粒子辐射剂量分布可以看出，粒子的最小辐射剂量为 3767J/m²，最大辐射剂量为 26177J/m²，平均辐射剂量为 6448J/m²，70%左右的粒子的辐射剂量为 4500~5600J/m²，辐射剂量的统计结果与粒子在紫外消毒系统内停留时间的统计结果一致。

双击菜单 Results→Graphics and Animations→Particle Tracks，打开 Trajectory Sample Histograms 对话框，如图 6-5-23 所示。Style 一栏选择线形显示模式；Color by 选择 Particle Variables 中用户自定义的颗粒辐射剂量；Release from Injections 选项中选择 injection-0；复选 Track Single Particle Stream 显示一个位置入射粒子的辐射剂量分布。

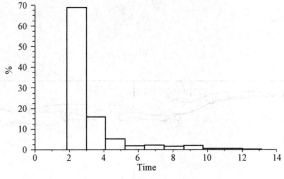

图 6-5-21　颗粒停留时间分布

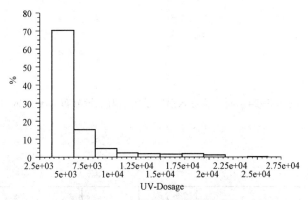

图 6-5-22　颗粒辐射剂量分布

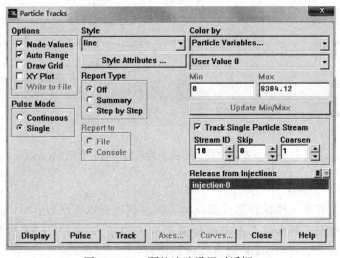

图 6-5-23　颗粒追踪设置对话框

　　图 6-5-24 和图 6-5-25 分别是相同位置入射和不同位置入射的粒子的运动轨迹和轨迹上的辐射剂量分布。从图中可以看出，随着颗粒(细菌)运动轨迹的逐渐延伸，颗粒(细菌)在紫外消毒器内的停留时间逐渐增长，颗粒(细菌)辐射剂量逐渐增大。但是，由于颗粒(细菌)运动轨迹具有随机性，所以相同位置入射的颗粒其辐射剂量可能相差较大，不同位置入射的颗粒其辐射剂量可能相差不大。

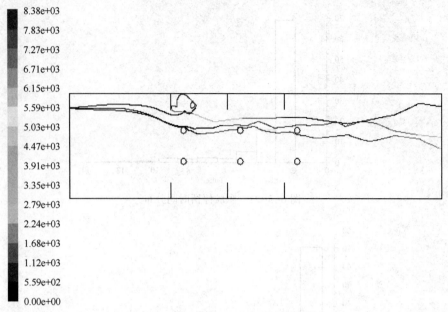

图 6-5-24 同一位置入射粒子的辐射剂量分布情况(J/m²)

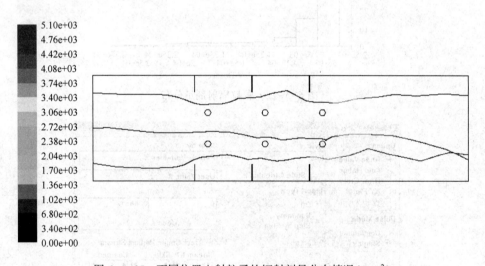

图 6-5-25 不同位置入射粒子的辐射剂量分布情况(J/m²)

【本章复习与练习题】

1. 结合§6.1有关三维搅拌器过程模拟算例，试进行以下练习：

(1) 改变示踪剂乙醇和溶剂水的初始温度为330K，应用 FLUENT 模拟乙醇均匀混合所用的时间，并与初始温度为 300K 的混合时间比较；

(2) 在其他条件不变的情况下，将搅拌桨的转速分别改为 200r/min 和 300r/min，分别计算混合时间，并与转速为 240r/min 的混合时间比较。

2. §6.1介绍的是相溶液体在搅拌槽内的溶解过程浓度分布随时间变化的模拟。除了液体间浓度计算之外，也可计算不同相间混合的情况。具体的情况可参考以下文献，请读者自行练习：Qinghua Zhang, Yumei Yong, Zaisha Mao, et al. Experimental determination and numerical simulation of mixing time in a gas - liquid stirred tank [J]. Chemical Engineering Science,

2009, 64: 2926-2933.

3. 请读者自行完整练习运行空气弯曲通道内流动的算例。

4. 结合圆管振动流动的算例，改变圆管的振幅和振动频率，模拟在不同雷诺数、不同振幅和振动频率下的对流传热情况。

5. 结合圆管层流脉冲流动对流换热的算例，（1）将热边界条件改为等壁温热边界条件，比如设壁面温度为330K，先计算稳态时的对流换热情况，然后再计算脉冲流动情况；（2）改变脉冲流动的角速度、γ等值进行数值分析，观察努塞尔数的周期平均值是否与稳态时的努塞尔数相同。

6. 结合§6.5有关紫外消毒的算例，请读者自行完成顺流式紫外消毒器的模拟计算。

参 考 文 献

［1］ Francis H. Harlow, Jacob E. Fromm. Computer Experiments in Fluid Dynamics［J］. Scientific American—SCI AMER, 1965, 212(3): 104—110.

［2］ A. Harten. High resolution schemes of hyperbolic conservation laws［J］. Journal of Computational Physics, 1983, 49: 357—362.

［3］ A. Harten, P. D. Lax, B. Van Leer. On upstream differencing and Godunov—type schemes for hyperbolic conservation laws［J］. SIAM(Society for Industrial and Applied Mathematics) Review, 1983, 25(1): 35—61.

［4］ J. Blazek. Computational Fluid Dynamics: Principles and Applications［M］. Amsterdam: Elsevier, 2001.

［5］ T. J. Chung. Computational Fluid Dynamics［M］. Cambridge: Cambridge University Press, 2002.

［6］ T. Cebeci, J. R. Shao, F. Kafyeke, E. Laurendeau. Computational Fluid Dynamics for Engineers［M］. Berlin: Springer, 2005.

［7］ John C. Tannehill, Dale A. Anderson, Richard H. Pletcher. Computational Fluid Mechanics and Heat Transfer (Second Edition)［M］. London: Taylor & Francis Publisher, 1997.

［8］ Joel H. Ferziger, Milovan Perit. Computational Methods for Fluid Dynamics (Third Edition)［M］. Berlin: Springer, 2002.

［9］ Ben Q. Li. Discontinuous Finite Elements in Fluid Dynamics and Heat Transfer［M］. Berlin: Springer, 2005.

［10］ O. C. Zienkiewicz, R. L. Taylor. The Finite Element Method(Fifth edition) Volume 3: Fluid Dynamics［M］. Oxford: Butterworth—Heinemann, 2000.

［11］ Jacob Fish, Ted Belytschko. A First Course in Finite Elements［M］. Hoboken: John Wiley & Sons, 2007.

［12］ C. Pozrikidis. Fluid Dynamics: Theory, Computation, and Numerical Simulation［M］. Dordrecht: Kluwer Academic Publishers. 2001.

［13］ Harvard Lomax, Thomas H. Pulliam, David W. Zingg. Fundamentals of Computational Fluid Dynamics［M］. Berlin: Springer, 1999.

［14］ Roland W. Lewis, Perumal Nithiarasu, Kankanhally N. Seetharamu. Fundamentals of the Finite Element Method for Heat and Fluid Flow［M］. Hoboken: John Wiley & Sons, 2004.

［15］ W. J. Minkowycz, E. M. Sparrow, J. Y. Murthy. Handbook of Numerical Heat Transfer(Second Edition)［M］. Hoboken: John Wiley & Sons, 2006.

［16］ Anil W. Date. Introduction to Computational Fluid Dynamics［M］. Cambridge: Cambridge University Press. 2005.

［17］ Rainer Ansorge. Mathematical Models of Fluid Dynamics［M］. Hoboken: John Wiley & Sons, 2003.

［18］ Rodolfo Salvi. Navier—Stokes Equations Theory and Numerical Methods［M］. New York: Marcel Dekker Inc., 2002.

［19］ Suhas V. Patankar. Numerical Heat Transfer and Fluid Flow［M］. London: Taylor & Francis Publisher, 1980.

［20］ 周力行. 湍流两相流动与燃烧的数值模拟［M］. 北京: 清华大学出版社, 1991.

［21］ 陶文铨. 数值传热学［M］. 西安: 西安交通大学出版社, 2006.

［22］ 张建文, 杨振亚, 张政 编著. 流体流动与传热过程的数值模拟基础与应用［M］. 北京: 化学工业出版社, 2009.

［23］ 徐江荣, 裘哲勇 著. 热流过程的数学模型和数值模拟［M］. 北京: 国防工业出版社, 2012.

［24］ P. Wesseling. Principles of Computational Fluid Dynamics［M］. Berlin: Springer, 2001.

［25］ David C. Wilcox. Turbulence Modeling for CFD［M］. La Canada: DCW Industries, Inc., 1993.

［26］ Klaus A. Hoffmann, Steve T. Chiang. Computational Fluid Dynamics(Fourth Edition) Volume I［M］. Wichita: Engineering Education System, 2000.

［27］ C. A. J. Fletcher. Computational Techniques for Fluid Dynamics(Volume 1) — Fundamental and General Techniques(Second Edition)［M］. Berlin: Springer, 1988.

[28] John D. Anderson. Computational Fluid Dynamics – the Basics with Applications[M]. New York：McGraw-Hill Inc.，1995.

[29] 许京荆. ANSYS 13.0 Workbench 数值模拟技术[M]. 北京：中国水利水电出版社，2012.

[30] 丁源，王清. ANSYS ICEM CFD 从入门到精通[M]. 北京：清华大学出版社，2013.

[31] 纪兵兵，陈金瓶. ANSYS ICEM CFD 网格划分技术实例详解[M]. 北京：中国水利水电出版社，2012.

[32] 凌桂龙，丁金滨，温正. ANSYS Workbench 13.0 从入门到精通[M]. 北京：清华大学出版社，2012.

[33] 朱红钧，林元华，谢龙汉. FLUENT 12 流体分析及工程仿真[M]. 北京：清华大学出版社，2011.

[34] 周俊杰，徐国权，张华俊. FLUENT 工程技术与实例分析[M]. 北京：中国水利水电出版社，2010.

[35] 吴光中，宋婷婷，张毅. FLUENT 基础入门与案例精通[M]. 北京：电子工业出版社，2012.

[36] 韩占忠，王敬，兰小平. FLUENT：流体工程仿真计算实例与应用(第 2 版)[M]. 北京：北京理工大学出版社，2010.

[37] 王国峰. Workbench 的基础应用：流体仿真[M]. 北京：国防工业出版社，2012.

[38] 张德良. 计算流体力学教程[M]. 北京：高等教育出版社，2010.

[39] 李鹏飞，徐敏义，王飞飞. 精通 CFD 工程仿真与案例实战[M]. 北京：人民邮电出版杜，2011.

[40] 王福军. 计算流体动力学分析 —— CFD 软件原理与应用[M]. 北京：清华大学出版社，2004.

[41] 江帆. FLUENT 高级应用与实例分析[M]. 北京：清华大学出版社，2008.

[42] 王瑞金，张凯，王刚. FLUENT 技术基础与应用实例[M]. 北京：清华大学出版社，2007.

[43] 温正，石良臣，任毅如. FLUENT 流体计算应用教程[M]. 北京：清华大学出版社，2009.

[44] 于勇. FLUENT 入门与进阶教程[M]. 北京：北京理工大学出版社，2008.

[45] 李进良，李承曦，胡仁喜. 精通 FLUENT 6.3 流场分析[M]. 北京：化学工业出版社，2009.

[46] 郝吉明，马广大. 大气污染控制工程(第二版)[M]. 北京：高等教育出版社，2002. 372-374.

[47] 陈家庆 主编. 环保设备原理与设计(第二版)[M]. 北京：中国石化出版社，2008.

[48] ANSYS FLUENT(2006) Modeling Species Transport and Finite-Rate Chemistry. FLUENT 6.3 User's guide chapter 14.1

[49] http：//flowvision-energy.com/scr-cfd-simulation？phpMyAdmin＝lcU0IDqFEbA-FBdyAh8ubt9kr8e

[50] Stamou I. Modeling of oxidation ditches using an open channel flow I-D advection – dispersion equation and ASM process description[J]. Water Science and Technology，1997，36(5)：269-276.

[51] Alex Munoz, Stephen Craik, and Suzanne Kresta. Computational fluid dynamics for predicting performance of ultraviolet disinfection—sensitivity to particle tracking inputs[J]. J. Environ. Eng. Sci.，2007，(6)：285-301.

[52] 俞接成，陈家庆，王波. 液-液分离用水力旋流器内部流场的三维数值模拟[J]. 石油矿场机械，2007，36(5)：9-14.

[53] 陈家庆，王波，吴波，初庆东. 标准孔板流量计内部流场的 CFD 数值模拟[J]. 实验流体力学，2008，22(2)：51-55.

[54] 王敦球，赵成根，孙晓杰，等. 桂林市七里店污水净化厂氧化沟升级改造[J]. 中国给水排水，2010，26(22)：69-71，74.

[55] I. Stamou. Modeling of oxidation ditches using an open channel flow I-D advection – dispersion equation and ASM process description[J]. Water Science and Technology，1997，36(5)：269-276.

[56] 胡满银，乔欢，徐勤云，等. 火电厂 SCR 系统运行仿真数学模型的研究[J]. 华北电力大学学报，2006，33(3)：105-109.

[57] 钟秦. 燃煤烟气脱硫脱硝技术及工程实例[M]. 北京：化学工业出版社，2007.

[58] 俞接成，陈家庆，王春升，等. 紧凑型气浮装置油水预分离区结构选型的数值研究[J]. 过程工程学报，2012，12(5)：742-747.

[59] 陈家庆，张男，王金惠，等. 机动车加油过程中气液两相流动特性的 CFD 数值模拟[J]. 环境科学，2011，32(12)：3710-3716.

［60］Akshai K. Runchal. Brian Spalding: CFD & Reality［C］. Proceedings of CHT-08, ICHMT International Symposium on Advances in Computational Heat Transfer, May 11-16, 2008, Marrakech, Morocco.

［61］Humphrey Pasley, Colin Clark. Computational fluid dynamics study of flow around floating-roof oil storage tanks［J］. Journal of Wind Engineering and Industrial Aerodynamics, 2000, 86(1): 37-54.

［62］Mateusz Korpyś, Mohsen Al-Rashed, Grzegorz Dzido, Janusz Wójcik. CPU heat sink cooled by nanofluids and water: experimental and numerical study［J］. Computer Aided Chemical Engineering, 2013, 32, 409-441.

［63］Jeehoon Choi, Minjoong Jeong, Junghyun Yoo, Minwhan Seo. A new CPU cooler design based on an active cooling heatsink combined with heat pipes［J］. Applied Thermal Engineering, 2012, 44, 50-56.

［64］J. H. Ferziger, M. Peric. Computational Methods for Fluid Dynamics (Second Edition)［M］. Springer, Berlin, 1999.

［65］John F. Wendt. Computational Fluid Dynamics: An Introduction(Third Edition)［M］. Springer, Berlin, 2009.

［66］Paul D. Bates, Stuart N. Lane, Robert I. Ferguson. Computational Fluid Dynamics: Applications in Environmental Hydraulics［M］. John Wiley & Sons, Ltd. , 2005.

［67］Bas Wols. Computational Fluid Dynamics in Drinking Water Treatment［M］. IWA Publishing, 2011.

［68］C. J Brouckaert, C. A. Buckley. Applications of computational fluid dynamics modeling in water treatment［C］. WRC Report, 2005.

［69］毛羽，庞磊，王小伟，等．旋风分离器内三维紊流场的数值模拟［J］．石油炼制与化工，2002，33(2): 1-6.

［70］I. Karagoz, F. Kaya. Evaluations of turbulence models for highly swirling flows in cyclones［J］. Computer Modeling in Engineering & Sciences, 2009, 43(2): 111-129.

［71］H. Shalaby, K. Pachler, K. Wozniak, G. Wozniak. Comparative study of the continuous phase flow in a cyclone separator using different turbulence models［J］. International Journal for Numerical Methods in Flows, 2005, 48(11): 1175-1197.

［72］Cristóbal Cortés, Antonia Gil. Modeling the gas and particle flow inside cyclone separators［J］. Progress in Energy and Combustion Science, 2007, 33(5): 409-452.

［73］Chen X, Zhao X S, Rangaiah G P. Performance analysis of ultraviolet water disinfection reactors using computational fluid dynamics simulation［J］. Chemical Engineering Journal, 2013, 221(1): 398-406.

［74］Ducoste J, Liu D, Linden K. Alternative approaches to modeling fluence distribution and microbial inactivation in ultraviolet reactors: Lagrangian versus Eulerian［J］. Journal of Environmental Engineering, 2005, 131(10): 1393-1403.

［75］Ducoste J, Linden K, Rokjer D, et al. Assessment of reduction equivalent fluence bias using computational fluid dynamics［J］. Environmental Engineering Science, 2005, 22(5): 615-628.

［76］Elyasi S, Taghipour F. Simulation of UV photoreactor for water disinfection in Eulerian framework［J］. Chemical Engineering Science, 2006, 61(14): 4741-4749.

［77］Wols B A, Hofman J A, Beerendonk E F, et al. A systematic approach for the design of UV reactors using Computational Fluid Dynamics［J］. AIChE Journal, 2011, 57(1): 193-207.

［78］J. Huang, Y. Jin. Numerical modeling of type I circular sedimentation tank［J］. Journal of Environmental Engineering, 2011, 137(3): 196-204.

［79］X. Wang, L. Yang, Y. Sun, L. Song, M. Zhang, Y. Cao. Three-dimensional dimulation on the water flow field and suspended solids concentration in the rectangular sedimentation tank［J］. Journal of Environmental Engineering, 2008, 134(11): 902-911.

［80］Qinghua Zhang, Yumei Yong, Zaisha Mao, et al. Experimental determination and numerical simulation of mixing time in a gas-liquid stirred tank［J］. Chemical Engineering Science, 2009, 64: 2926-2933.

［81］Titus Petrila, Damian Trif. Basics of Fluid Mechanics and Introduction to Computational Fluid Dynamics［M］.

Berlin: Springer, 2005.

[82] J. Blazek. Computational Fluid Dynamics: Principles and Applications[M]. Amsterdam: Elsevier, 2001.

[83] 毛在砂. 颗粒群研究: 多相流多尺度数值模拟的基础[J]. 过程工程学报, 2008, 8(4): 645-659.

[84] F. R. Menter, R. Langtry, S. Völker. Transition Modelling for General Purpose CFD Codes [J]. Flow Turbulence Combust, 2006, 77(1): 277-303.

[85] V. Artemov, S. B. Beale, G. de Vahl Davis, et al. A tribute to D. B. Spalding and his contributions in science and engineering[J]. International Journal of Heat and Mass Transfer, 2009, 52(17-18): 3884-3905.

[86] Akshai K. Runchal, Brian Spalding: CFD and reality-A personal recollection[J]. International Journal of Heat and Mass Transfer, 2009, 52(17-18): 4063-4073.

[87] Victor Yakhot and Steven A. Orszag. Renormalization Group Analysis of Turbulence. I. Basic Theory[J]. Journal of Scientific Computing, 1986, 1(1): 3-51.

[88] P. R. Spalart and S. R. Allmaras. A one equation turbulence model for aerodynamic flows[C]. In AIAA 92-0439, AIAA 30th Aerospace Sciences Meeting and Exhibit, Reno, NV, January 1992.